高等院校规划教材

电子工艺与实训

第2版

主　编　张红琴　王云松
参　编　张建民　吴建明　等

机械工业出版社

本书是作者在多年教学和科研经验的基础上为电子工艺实训教学而编写的。结合电子制造行业的发展，本书根据教学实践的要求，更注重学生动手能力的训练，内容包括安全用电常识和触电预防与救护、电子元器件识别与检测、电子焊接工艺技术、计算机电路设计（Protel DXP）、印制电路板设计与制作、电子实训产品、调试工艺及电子产品的检修方法与检修经验等，以及常用仪表仪器的使用方法。

本书内容充实、详略得当、可读性强，兼具实用性、资料性和先进性，配有思考题和技能训练，并介绍了大量生产实践的经验。

本书既可作为各类理工科学生参加电子工艺实习的教材，也可作为电子科技大赛创新实践、课程设计、毕业实践等活动的实用指导书，同时也可供职业教育、技术培训及有关技术人员参考。

图书在版编目（CIP）数据

电子工艺与实训/张红琴，王云松主编. —2版. —北京：机械工业出版社，2019.6（2024.7重印）
ISBN 978-7-111-62378-6

Ⅰ.①电… Ⅱ.①张… ②王… Ⅲ.①电子技术—高等学校—教材 Ⅳ.①TN

中国版本图书馆CIP数据核字（2019）第058189号

机械工业出版社（北京市百万庄大街22号 邮政编码100037）
策划编辑：王 欢 责任编辑：王 欢
责任校对：陈 越 封面设计：陈 沛
责任印制：单爱军
北京虎彩文化传播有限公司印刷
2024年7月第2版第9次印刷
184mm×260mm · 18印张 · 445千字
标准书号：ISBN 978-7-111-62378-6
定价：49.00元

凡购本书，如有缺页、倒页、脱页，由本社发行部调换

电话服务
服务咨询热线：010-88361066
读者购书热线：010-68326294

网络服务
机 工 官 网：www.cmpbook.com
机 工 官 博：weibo.com/cmp1952
金 书 网：www.golden-book.com
教育服务网：www.cmpedu.com

第2版前言

随着科学技术的迅猛发展，电子产品充实和丰富了人们的生活，成为生活中的必需品。电子产品多元化的一个重要前提，就是相应人员对产品电子电路知识的深入掌握和灵活应用。为了培养与时代接轨的高素质人才，为学生搭建理论和实践联系的桥梁，很多学校工科专业开设了电子工艺实训课程。

电子工艺实训是一门以实践为主，理论贯穿其中的课程。在实训过程中，除了基本的制作外，学生还可以掌握一些生活用电常识、常用工具的使用方法，了解高科技的发展现状及与电子专业的紧密联系。掌握这些不但有助于提高学生的专业知识和进行毕业设计，而且也可以通过实际操作提高动手能力，从而激发学生的创新意识。

随着电子工艺实训在本科教学中的开展，经过不断完善和发展，各学校初步形成了比较规范的教学体系和教学方法，并配备了多媒体教室、网络教学、SMT实训室等硬件设施。目前，很多高校的实训项目包括函数发生器、FM收音机、流水灯及直流稳压电源等内容。本书介绍的技术主要包括安全用电、焊接技术、常用工具的使用、电子元器件识别与检测、印制电路板设计与制作、电子产品装配与调试等。

另外，很多大型电子产品公司对其产品都有严格的工艺要求并规范成文档，对SMT有专门的培训并有对应的内部培训教材。但是，目前很多教材未覆盖SMT各方面的知识，为了能让学生与社会接轨，了解最新电子工艺技术和SMT，本书在第1版内容的基础上做了修改和补充。

本书根据编者二十几年的教学经验编写，可作为高等院校和其他学校的教材，供学生参加电子工艺实习或有关技术培训时参考使用。本书在第1版的基础上进行了修订，除保留第1版注重实践的特点，突出实训项目等以外，还补充和增加了有关贴片元器件的相关内容，并增加了对应的实训项目。全书共分11章，第1章为安全用电常识，第2~7章分类介绍了电子元器件识别与检测方面的知识，第8章介绍了电路焊接工艺，第9章介绍了如何利用Protel DXP设计电路原理图和印制电路板，第10章介绍了印制电路板基础知识及制作，第11章介绍了电子实训产品（第11章结合实践，给出了大量的实训项目）。本书还有一个附录，介绍了常用电子仪器仪表的使用。

本书的第1章由张建民编写，第2~7章由王云松编写，第8~11章及其他部分由张红琴编写，附录由吴建明编写。张红琴负责全书的统稿工作，石磊和陈鉴富也参与了本书部分内容的编写工作。编者长期从事电子产品的研制、开发和生产及工艺实践教学，对电子工艺技术有较深刻的认识，对教学规律有深入的理解，将丰富的实践经验与严谨的教学要求进行了有机结合。

本书得到江苏理工学院出版教材立项资助，在教材编写中，俞洋、朱雷、陈太洪、任艳玲等提出了宝贵建议，在此一并表示感谢！

由于编者的水平有限，加之时间仓促，不妥之处在所难免，敬请广大读者批评指正。

编　者

第1版前言

创新精神和实践能力是对新时期高素质人才的基本要求，电子工艺实训是工程训练的一部分，也是电子信息类大专院校学生在校期间非常重要的实践环节之一。在实训过程中，学生可在电子元器件的识别与检测，电子元器件的焊接，电路的计算机辅助设计（Protel 99 SE）和印制电路板的设计与制作，电子测试仪器的使用，电子产品的调试与维修等方面得到训练。掌握这些技能不但会使学生在毕业设计获得帮助，而且也可以通过实际操作提高动手能力，从而激发学生的创新意识。

电子工艺与实训是以学生自己动手，掌握一定操作技能和制作一两种实际产品为特色的。它既不同于培养劳动观念的公益劳动，又不同于让学生自由发挥的科技创新活动；它既是基本技能和工艺知识的入门向导，又是创新实践的开始和创新精神的启蒙。要构筑这样一个基础扎实、充满活力的实践平台，仅靠课堂讲授和动手训练是不够的，需要有一本既能指导学生实习，又能开阔眼界；既是教学的参考书，又是指导实践的实用资料。本书编者就是立足于这个目标，付出了辛勤的劳动，努力使本书既成为电子工艺基础训练的教材，也成为从事电子技术实践和创新的实用指导书。

本书根据编者十几年的教学经验编写，可作为高等院校和其他学校的教材，供学生参加电子工艺实习或有关技术培训时参考使用。本书在内容编排上打破传统，主要考虑教学实践的要求，尽可能多提供一些实训项目，并介绍了一些新的知识。全书共分12章，第1章介绍了安全用电常识，第2~7章分类介绍了电子元器件识别与检测方面的知识，第8章介绍了电路焊接工艺，第9章主要介绍了利用Protel 99 SE设计电路原理图和印制电路板，第10章介绍了印制电路板基础知识及制作，第11章介绍了电子实训产品（第11章结合实践，给出了大量的实训项目），第12章介绍了常用电子仪器仪表的使用。

本书的第1、8章由张建民编写，第2~7章由王云松编写，第11、12章由吴建明编写，第9、10章及其余部分由张红琴编写。张红琴负责全书的统稿工作。编者长期从事电子产品的研制、开发和生产及工艺实践教学，对电子工艺技术有较深刻的认识，对教学规律有深入的理解，将丰富的实践经验与严谨的教学要求进行了有机的结合。

由于编者水平有限，加之时间仓促，不妥之处在所难免，敬请广大读者批评指正。

编　者

目　录

第1章 安 全 用 电

电是现代化生产和生活中不可缺少的重要能源。若用电不慎，就可能造成电源中断、设备损坏、人身伤亡，给生产和生活造成很大的影响，因此安全用电具有特殊重要的意义。对于电子产品的生产工人来说，经常接触的是用电安全问题。人体是导电的，一旦有电流流过将会受到不同程度的伤害。由于触电的种类、方式及条件不同，受伤害的后果也不一样。

1.1 触电及其对人体的危害

1.1.1 触电的种类和方式

1. 人体触电的种类

触电是指人体触及带电体后，电流对人体造成的伤害。它有两种类型，即电击和电伤。

（1）电击。它是指电流通过人体时所造成的内伤。它可使肌肉抽搐、内部组织损伤，造成发热、发麻、神经麻痹等。严重的会使人昏迷、窒息，甚至心脏停止跳动、血液循环终止等而导致死亡。100mA 的工频电流可使人遭到致命电击。人们通常所说的触电就是指电击，大部分触电死亡事故都是由电击造成的。

（2）电伤。它是指在电流的热效应、化学效应、机械效应及电流本身作用下造成的人体外伤。常见的有灼伤、烙伤和皮肤金属化等现象。灼伤由电流的热效应引起，主要是电弧灼伤，造成皮肤红肿、烧焦或皮下组织损伤；烙伤是由电流热效应或力效应引起，使皮肤被电气发热部分烫伤或由人体与带电体紧密接触而留下肿块、硬块，使皮肤变色等；皮肤金属化是由于电流热效应和化学效应导致熔化金属微粒渗入皮肤表层，使受伤部位带金属色且留下硬块。

2. 人体触电的方式

（1）单相触电。人体的一部分接触带电体的同时，另一部分由于大地或零线（中性线）相接，电流经人体到达地或零线形成回路，这种触电叫做单相触电。在接触电气线路或设备时，若不采用防护措施，一旦电气线路或设备绝缘损坏漏电，将引起间接的单相触电。若站在地上误触带电体的裸露金属部分，将造成直接的单相触电（见图 1-1a）。

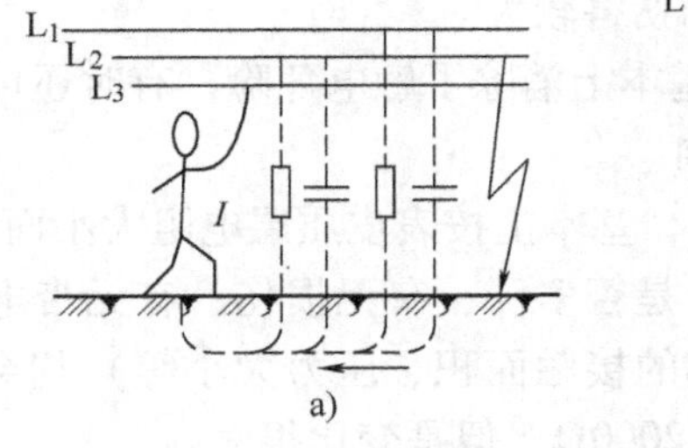

图 1-1 人体触电方式

a）单相触电 b）两相触电

（2）两相触电。人体不同部位同时接触两相电源带电体而引起的触电叫做两相触电。对于这种情况，无论电网中性点是否接地，人体所承受的线电压比单相触电时要高，危险性更大（见图 1-1b）。

（3）悬浮电路上的触电。交流 220V 工频电压通过变压器相互隔离的一次、二次绕组后，从二次绕组输出的电压零线不接地，变压器绕组间不漏电时，即相对于大地处于悬浮状态。若人站在地上接触其中一根带电导线，不会构成电流回路，没有触电感觉。如果人体一部分接触二次绕组的一根导线，另一部分接触该绕组的另一导线，则会造成触电。例如，部分彩色电视机的金属底板是悬浮电路的公共接地点，在接触或检修这类机器电路时，若一只手接触电路的高电位点，另一只手接触低电位点，则人体将电路连通造成触电，这就是悬浮电路触电。

1.1.2 电流伤害人体的因素

1. 电流大小对人体的影响

通过人体的电流越大，人体的生理反应越明显，感觉越强烈，从而引起心室颤动所需的时间越短，致命的危险性就越大。对工频电流，按照通过人体的电流大小和人体呈现的不同状态，可划分为下列三种。

（1）感知电流。它是指引起人体感知的最小电流。实验表明，成年男性的平均感知电流有效值约为 1.1mA，成年女性的约为 0.7mA。感知电流一般不会对人体造成伤害，但是电流增大时，感知增强反应变大，可能造成坠落等事故。

（2）摆脱电流。人触电后能自行摆脱电源的最大电流称为摆脱电流。一般男性的平均摆脱电流约为 16mA，成年女性的约为 10mA，儿童的摆脱电流比成年人小。摆脱电流是人体可以忍受而一般不会造成危险的电流。若通过人体的电流超过摆脱电流且时间过长会造成昏迷、窒息，甚至死亡。因此人体承受摆脱电流的能力随时间的延长而降低。

（3）致命电流。它是指在短时间内危及生命的最小电流。当电流达到 50mA 以上就会引起心室颤动，有生命危险；100mA 以上，则足以致人于死亡；而 30mA 以下的电流通常不会有生命危险。

2. 电源频率对人体的影响

常用的 50~60Hz 的工频电源对人体的伤害程度最为严重。当电源的频率偏离工频越远，对人体的伤害程度越轻。在直流和高频情况下，人体可以承受更大的电流，但高压高频电流对人体依然是十分危险的。

1）50~100Hz，对人的伤害最大。

2）125Hz，对人的伤害较大。

3）200Hz 以上，基本上消除了触电危险，有时还可以用于治疗疾病。

3. 人体电阻的影响

人体电阻因人而异，基本上按表皮质层电阻大小而定。影响人体电阻值的因素很多，皮肤状况（如皮肤厚薄、是否多汗、有无损伤、有无带电灰尘等）和触电时与带电体的接触情况（如皮肤与带电体的接触面积、压力大小等）均会影响到人体电阻值的大小。一般情况下人体电阻为 1000~2000Ω，但是变化很大。

4. 电压大小的影响

当人体电阻一定时，作用于人体的电压越高，通过人体的电流越大。实际上，通过人体的电流与作用于人体的电压并不成正比，这是因为随着作用于人体电压的升高，人体电阻急剧下降，致使电流迅速增加而对人体的伤害更为严重。

5. 电流路径的影响

1）头部触电电流流经脊髓使人昏迷，还可能导致人肢体瘫痪。

2）电流流经心脏最易导致人死亡。

1.2 安全防护

1.2.1 触电的防护措施

（1）组织措施。在电气设备的设计、制造、安装、运行、使用和维护及专用保护装置的配置等环节中，要严格遵守国家规定的标准和法规。

（2）技术措施如下：

1）电气设备的外壳要采取保护接地或接零。

2）安装自动断电装置。在带电线路或设备上发生触电事故时，在规定的时间内能自动切断电源而起保护作用的措施。例如，漏电保护、过电流保护、过电压保护或欠电压保护等。

3）尽可能采用安全电压。为了保障操作人员的生命安全，各国都规定了安全操作电压。所谓安全操作电压是指人体长时间接触带电体而不发生触电危险的电压，其数值与人体可承受的安全电流及人体电阻有关。

4）保证电气设备具有良好的绝缘性能。

5）采用电气安全用具。

6）设立屏护装置。采用屏护装置将带电体与外界隔离，以杜绝不安全因素的措施。常用的屏护装置有护栏、护罩、护盖、栅栏等。

7）保证人或物与带电体的安全距离。为防止人体或设备触及或过分接近带电体，防止火灾、过电压放电及短路事故且操作方便，在带电体与地面之间、带电体与带电体之间、带电体与其他设备之间，均应保持一定的安全间距。

8）定期检查用电设备。为保证用电设备的正常运行和操作人员的安全，必须对用电设备进行定期检查。

1.2.2 触电现场的救护

1）发生触电事故时，千万不要惊慌失措，必须以最快的速度使触电者脱离电源。这时最有效的措施是切断电源。在一时无法或来不及寻到电源的情况下，可用绝缘物（竹竿、木棒或塑料制品等）移开带电体。

2）抢救中要记住触电者未脱离电源前，其本身是一带电体，抢救时会造成抢救者触电伤亡，所以要在保证自身不触电的前提下做到尽可能快（见图1-2）。

3）触电者脱离电源后，还有心跳和呼吸的应尽快送医院进行抢救。

4）如果心跳已停止，应立即采用人工心脏按压法（见图1-3），使患者维持血液循环。若呼吸已停止，应立即采用口对口人工呼吸方法施救（见图1-4），并同时拨打急救电话。

5）心跳、呼吸全停止时，应该同时采用上述两种方法施救，并且边急救边送医院做进一步抢救。

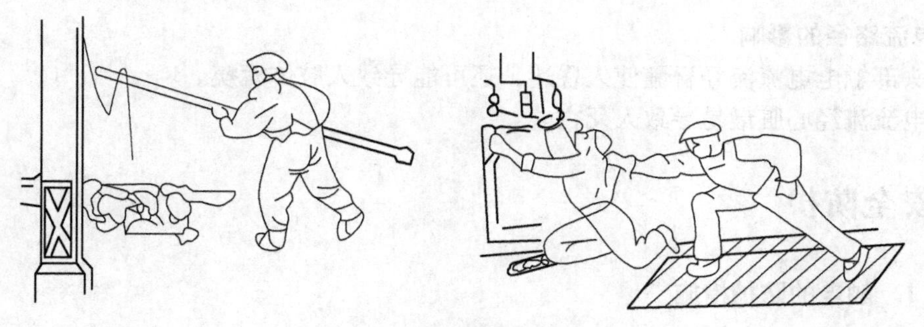

图1-2 移开带电体

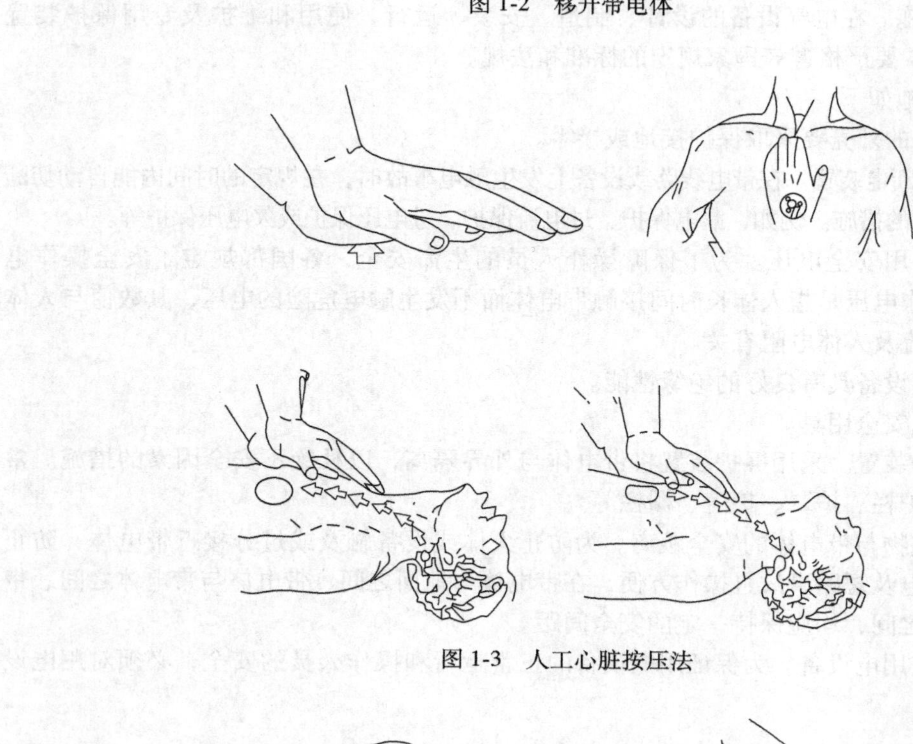

图1-3 人工心脏按压法

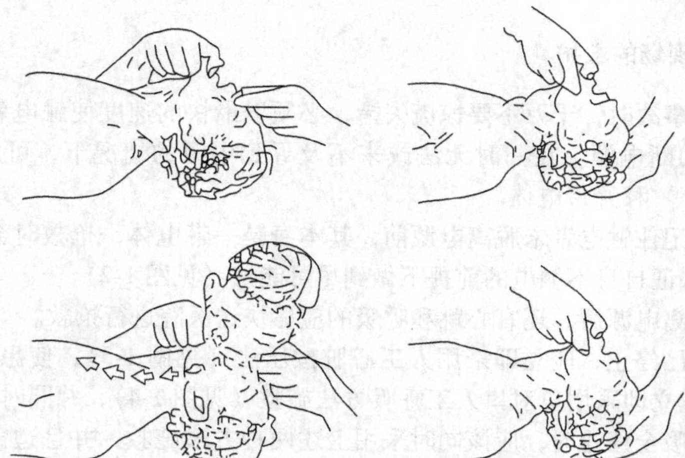

图1-4 口对口人工呼吸方法

1.3 安全常识

1.3.1 用电安全注意事项

1）操作带电设备时，注意不要触及非安全电压，更不能用手直接触及带电体来判断是否有电。在非安全电压下作业时，应尽可能用单手操作，脚应站在绝缘的物体上。

2）无论永久性还是临时性的电气设备或电动工具，都应接好安全保护地线。

3）进行高压试验时，实验场地周围应设有护栏，非试机人员禁止入内，护栏上挂“高压危险”的警告牌。操作者应穿绝缘鞋、戴绝缘手套。

4）场地布线要合理。场地的电源符合国家电气安全标准，并在总电源装有剩余电流断路器（俗称漏电开关）；不能乱拉临时线；熔断器（俗称保险）要符合标准；插头、插座要连接良好；带电导体及线头不能裸露在外，必须有良好的绝缘措施。

5）注意防火，易燃易爆的物品必须远离高温，场地内必须有良好的消防设施。

6）发现电气设备不正常时，应立即断开开关，进行检修。

7）对有静电要求的产品，应做到防静电，如操作人员戴防静电手环或安装离子风扇等。

1.3.2 其他伤害的防护

（1）烫伤的预防。烫伤在电子装配操作中发生较为频繁，这种烫伤一般不会造成严重后果，但会给操作者带来痛苦和伤害，所以要注意下面几点操作规范：

1）工作中应将电烙铁放置在烙铁架上，并将烙铁架置于工作台右前方。

2）观察电烙铁的温度，应用电烙铁熔化松香，千万不要用手触摸电烙铁头。

3）在焊接工作中要防止被加热熔化的松香及焊锡溅落到皮肤上。

4）通电调试、维修电子产品时，要注意电路中发热电子元器件（散热片、功率器件、功耗电阻）可能造成的烫伤。

（2）机械损伤的预防。机械损伤在电子装配操作中较为少见，但违反安全操作规程仍会造成严重的伤害事故，所以要注意下面几点操作规范：

1）在钻床上给印制板钻孔时不可以披长发或戴手套操作。

2）使用螺钉旋具（俗称螺丝刀、改锥）紧固螺钉时，应正确使用该类型工具，以免打滑伤及自己的手。

3）剪断印制板上元器件的引脚时，应正确使用剪切工具，以免被剪断的引脚飞射并伤及眼睛。

1.4 文明生产

搞好文明生产是实现全面质量管理的重要条件。如果不重视文明生产，即使有先进的技术设备，也不能保证高质量的产品。文明生产，就是创造一种正规、清洁明亮、安全、井然有序、有稳定人心作用、符合最佳布局的良好环境，养成按标准秩序和良好工艺技术精心操作的习惯。

电子产品的生产对场地环境的要求比较高。一般应做到室内照明灯光充足而不耀眼；墙壁、地面、仪器设备等的颜色要适合，对人眼不刺激；场地应有排气通风设备，使室内空气中有害气体不能超标；室内的噪声不能超过85dB；严禁场地内吸烟、喧哗打闹。

为保证文明生产，必须具备一流的现场管理。只有这样，才能生产出一流的产品、向用户提供一流的服务。针对生产环境，起源于日本的5S现场管理体系比较适用，已被许多企业采用和发扬。有些企业在此基础上提出了6S和7S，甚至10S，但基础仍是5S。

5S的现场管理包括整理、整顿、清扫、清洁、修养。后来6S是在此基础上加了“安全”，7S又在之基础上加了“服务”。现场管理的目的是对生产现场中的人员、机器、材料、方法、环境进行充分而有效的科学管理，其基本思想是“物有其位，物在其位”。

（1）整理。整理就是将必需品与非必需品区分开。必需品摆在指定的位置上，有明确的标示；不要的物品坚决处理掉，在工作现场不放置必需品以外的物品，以免妨碍工作或有碍观瞻。这些被处理掉的物品可能包括原辅材料、半成品和成品、仪器设备、工装夹具、管理文件、表册单据、无关的书报、个人物品等。

（2）整顿。整顿就是将整理好的物品明确地规划、定位并加以标示。这样，就可以达到快速、准确、安全地取用所需物品。其原则是“定位、定物、定量；易见、易取、易还”。

（3）清扫。清扫就是将工作场所、机械设备、材料、工具等上面的灰尘、污垢、碎屑、泥沙等脏污清扫、擦拭干净，创造一个洁净的环境。其原则是划分每个人应负责的清洁区域、确定清扫频率。划分区域时必须界限清楚，不留下无人负责的区域。

（4）清洁。清洁就是维持以上3S（即整理、整顿、清扫），使之成为日常活动和习惯，即规范化、标准化，其原则是制定标准，定时检查。

（5）修养。修养就是培养全体员工良好的工作习惯、组织纪律和敬业精神。这是5S活动的最终目的。通过持续进行“整理、整顿、清扫、清洁”活动，逐步使每一位员工都自觉养成遵守规章制度、工作纪律的习惯，并创造一个具有良好氛围的工作场所。

思考题

1. 触电对人体的危害主要有几种？绝大部分触电死亡事故是由哪一种造成的？
2. 直流电对人体一般造成什么危害？交流电对人体又造成什么危害？
3. 什么是直接电击？什么是间接电击？
4. 对人体危害最大的交流电的频率范围是多少？人们日常使用的工频市电频率是多少？
5. 触电的形式及防范救护措施有哪些？
6. 用电事故发生的原因是什么？
7. 触电时如何急救？

第 2 章　电　阻　器

2.1　电阻器的命名和分类

电阻（Resistance）是物质对电流的阻碍作用，利用这种阻碍作用做成的元件称为电阻器。电阻器是电工电子元器件中应用最广泛的一种，在电子设备中约占元器件总数的 30% 以上，其质量的好坏对电路工作的稳定性有极大的影响。电阻器的主要用途是稳定和调节电路中的电流和电压，其次还可作为分流器、分压器和负载使用。

2.1.1　电阻器的命名

电阻器（Resistor），简称电阻，通常用 R 表示。它是指具有一定阻值、一定几何形状、一定技术性能的，在电路中起特定作用的元件。电阻的单位是欧姆，用希腊字母 Ω 表示。在实际应用中，常常使用的单位有 kΩ（千欧）、MΩ（兆欧）等。在电子设备中，电阻器主

表 2-1　国产电阻器的型号命名

第 1 部分		第 2 部分		第 3 部分			第 4 部分
用字母表示主称		用字母表示材料		用数字或字母表示特征			
符号	意义	符号	意义	符号	意义		
					电阻器	电位器	
R	电阻器	T	碳膜	1、2	普通	普通	
W	电位器	H	合成膜				
		S	有机实心	3	超高频	—	用数字表示：额定功率阻值允许误差的精度等级 对主称、材料相同，仅性能指标、尺寸大小有差别，但基本不影响互换使用的产品，给予统一序号；若性能指标、尺寸大小明显影响互换使用时，则在序号后面用大小写字母作为区别代号
		N	无机实心	4	高阻	—	
		J	金属膜（箔）	5	高温	—	
		Y	氧化膜	6	—	—	
		C	沉积膜	7	精密	精密	
		I	玻璃釉膜	8	高压	特殊函数	
		P	硼碳膜	9	特殊	特殊	
		U	硅碳膜	G	高功率	—	
		X	线绕	T	可调	—	
		M	压敏	W	—	微调	
		G	光敏	D	—	多圈	
		R	热敏	B	温度补偿	—	
				C	温度测量	—	
				P	旁热式	—	
				W	稳压式	—	
				Z	正温度系数	—	

要用于稳压和调节电路中的电流和电压，其次还可作为消耗电能的负载，分流器、分压器、稳压电源中的取样电阻，晶体管电路中的偏置电阻等。常用国产电阻器的命名方法见表2-1。

示例如下：

（1）精密金属膜电阻器

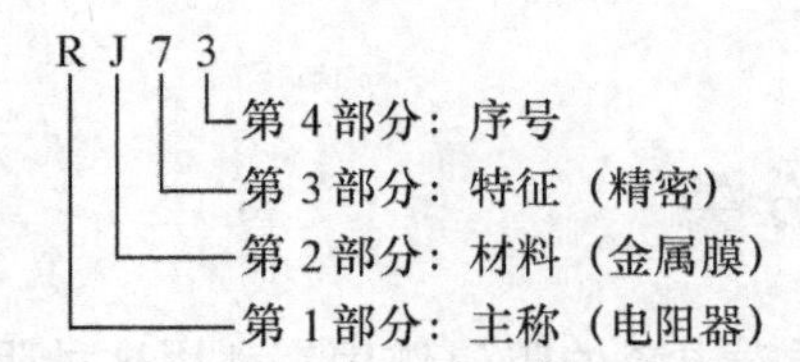

（2）多圈线绕电位器

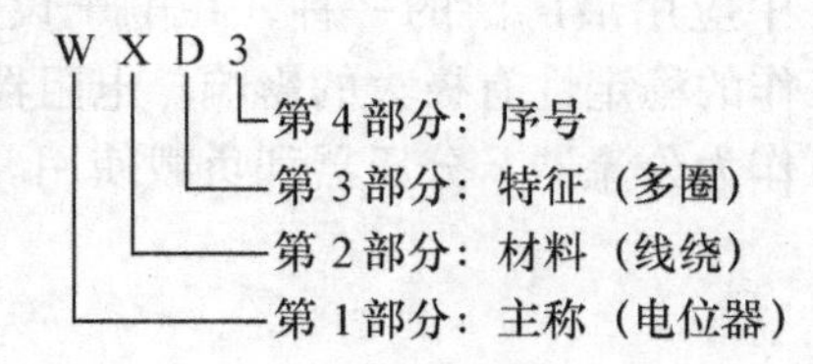

2.1.2 电阻器的分类

电阻器按结构可分为固定电阻器和可调电阻器两大类。固定电阻器的阻值是固定的，一经制成后不再改变。可调电阻器的阻值可以在一定范围内调整。

1. 固定电阻器

固定电阻器一般也简称为“电阻”，由于制作材料和工艺不同，固定电阻器又可分为实心电阻器、薄膜电阻器、线绕电阻器（RX）和特殊电阻器4种类型。

实心电阻器是由石墨和炭黑等导电材料及不良导电材料混合加入黏结剂后压制而成。其成本低，但阻值误差大，稳定性差。

薄膜电阻器是利用蒸镀的方法将具有一定电阻率的材料蒸镀在绝缘材料表面制成。常用的蒸镀材料是碳或某些金属合金，因而薄膜电阻器有碳膜电阻器（用“RT”标志）和金属膜电阻器（用“RJ”标志），最常用的是金属膜电阻器。碳膜电阻器的电压稳定性好，造价低，家电产品中大多采用碳膜电阻器。金属膜电阻器具有较高的耐高温性能、温度系数小、热稳定性好、噪声小等优点，但造价高。

线绕电阻器是用镍铬合金、锰铜合金等电阻丝在绝缘支架上制成，其外面涂有耐热的绝缘层。线绕电阻器主要用在额定功率需要较大的场合。

图2-1 几种固定电阻器

图2-1给出了几种固定电阻器的实物照片，上面的分别是不同规格的色环电阻器、贴片电阻器、小功率绕线电阻器；下面是排阻，排阻是多个电阻器的组合，其带点的一端为公共端。图2-1所示的3个排阻分别有5个、6个和7个引脚，它们内部分别由具有

公共端的4个、5个和6个电阻器组成。

2. 可调电阻器

可调电阻器又称电位器，是一种阻值在一定范围内连续可调的电阻器。一般的可调电阻器有3个接头，它主要用在阻值需要调整的电路中。几种常见的可调电阻器如图2-2所示。

可调电阻器按阻值随转角变化的关系，可分为线性可调电阻器和非线性可调电阻器。非线性可调电阻器的阻值与转角的关系又分为指数型和对数型。

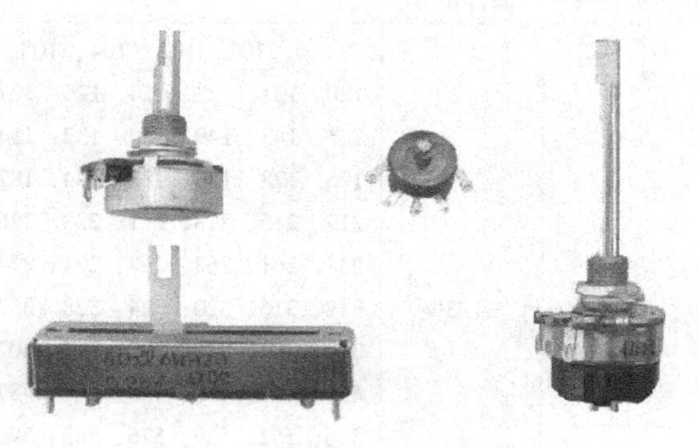

图2-2 几种常见的可调电阻器

2.2 电阻器的功能和技术指标

电阻器的主要物理特性是将电能转变为热能，也就是说它是一个耗能元件，电流经过它就产生热能。电阻在电路中通常起分压、分流的作用。对信号来说，交流与直流信号都可以通过电阻器。电阻器是一个线性元件。在一定条件下，流经一个电阻器的电流和电阻器两端电压成正比。也就是说，它是符合欧姆定律的，即

$$I = U/R$$

电阻器的技术指标通常有标称值、允许偏差与额定功率。

1. 标称阻值

阻值是电阻器的主要参数之一，不同类型的电阻器，阻值范围不同，不同精度的电阻器其组值系列亦不同。根据国家标准，常用的标称阻值系列见表2-2。

E6、E12和E24系列也适用于电位器和电容器。

表2-2 系列电阻器标称阻值表

系列代号	允许偏差	标称阻值系列
E6	±20%	1.0、1.5、2.2、3.3、4.7、6.8
E12	±10%	1.0、1.2、1.5、1.8、2.2、2.7、3.3、3.9、4.7、5.6、6.8、8.2
E24	±5%	1.0、1.1、1.2、1.3、1.5、1.6、1.8、2.0、2.2、2.4、2.7、3.0、3.3、3.6、3.9、4.3、4.7、5.1、5.6、6.2、6.8、7.5、8.2、9.1
E48	±2%	100、105、110、115、121、127、133、140、147、154、162、169、178、187、196、205、215、226、237、249、261、274、287、301、316、332、348、365、383、402、422、442、464、487、511、536、562、590、619、649、681、715、750、787、825、866、909、953
E96	±1%	100、102、105、107、110、113、115、118、121、124、127、130、133、137、140、143、147、150、154、158、162、165、169、174、178、182、187、191、196、200、205、210、215、221、226、232、237、243、249、255、261、267、274、280、287、294、301、309、316、324、332、340、348、357、365、374、383、392、402、412、422、432、442、453、464、475、478、499、511、523、536、549、562、576、590、604、619、634、649、665、681、698、517、732、750、768、787、806、825、845、866、887、909、931、953、976

（续）

系列代号	允许偏差	标称阻值系列
E192	±1.5%	110、101、102、104、105、106、107、109、110、111、113、114、115、117、118、120、121、123、124、126、127、129、130、132、133、135、137、138、140、142、143、145、147、149、150、152、154、156、158、160、162、164、166、167、169、172、174、176、178、180、182、184、187、189、191、193、196、198、200、203、205、208、210、213、215、218、221、223、226、229、232、234、237、240、243、246、249、252、255、258、261、264、267、271、274、277、280、284、287、291、294、298、301、305、309、312、316、320、324、328、332、336、340、344、348、352、357、361、365、370、374、379、383、388、392、397、402、407、412、417、422、427、432、437、442、448、453、459、464、470、475、481、487、493、499、505、511、517、523、530、536、542、549、556、562、569、576、583、590、597、604、612、619、626、634、642、649、657、665、673、681、690、698、706、715、723、732、741、750、759、768、777、787、796、806、816、825、835、845、856、866、876、887、898、909、920、931、942、953、965、976、988

任何固定电阻器的阻值都应符合表2-2所列数值乘以$10^n\Omega$，n为整数。

对常用的阻容元件进行标注，一般省略其基本单位，采用实用单位或辅助单位。电阻的基本单位Ω一般不出现在元件的标注中。如果出现表示单位的字符，则是用它代替小数点，如5Ω6。

电阻器的实用单位有mΩ、Ω、kΩ、MΩ和GΩ。

对于电阻器的阻值标注应当注意，0.56Ω、5.6Ω、56Ω、560Ω、5.6kΩ、56kΩ、560kΩ和5.6MΩ在型号中分别被标注为Ω56、5Ω6、56、560、5k6、56k、560k和5M6。

2. 允许偏差

允许偏差是指电阻器或电位器的实际阻值对于标称阻值的最大允许偏差范围，其表示产品的精度。允许偏差可从下式求得，即

$$\delta=\frac{R-R_R}{R_R}\times 100\%$$

式中 δ——允许偏差；

R——电阻器的实际阻值；

R_R——电阻器的标称阻值。

允许偏差等级见表2-3。等级中的英文字母为国际通用偏差等级，括号中的数字为我国20世纪规定的偏差等级。线绕电位器的允许偏差一般小于±10%，非线绕电位器的允许偏差一般小于±20%。

表2-3 电阻器允许偏差等级

级别	B	C	D（005）	F（01）	G（02）	J（Ⅰ）	K（Ⅱ）	（Ⅲ）
允许偏差	±0.1%	±0.25%	±0.5%	±1%	±2%	±5%	±10%	±20%

市场上电阻器的精度大多为J、K级（我国标准为Ⅰ、Ⅱ级），它们已可满足一般的使用要求。B、C、D、F、G等级的电阻器，仅供精密仪器及特殊设备使用，其标称阻值系列属于E48、E96、E192系列。

电阻器的阻值和偏差，一般都用数字标印在电阻器上。但体积较小的一些电阻器，其阻值和偏差常用色环来表示。如图 2-3 所示，从靠近电阻器边缘的一端开始印有四道或五道（精密电阻）色环。其中，第一、第二及精密电阻的第三道色环，都表示其相应位数的数字；其后的一道色环表示倍率，即前面数字再乘以 10 的幂，最后一道色环则表示阻值的允许偏差。各种颜色所代表的意义见表 2-4。

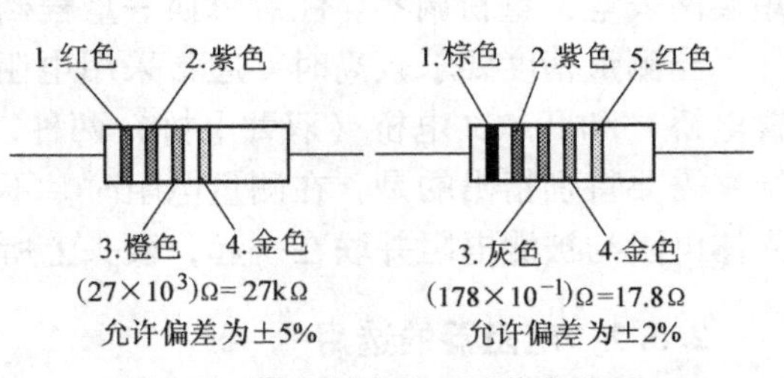

图 2-3　用色环表示电阻值和偏差

表 2-4　电阻器色环颜色的意义

颜色	黑	棕	红	橙	黄	绿	蓝	紫	灰	白	金	银	本色
数值	0	1	2	3	4	5	6	7	8	9			
倍率	1	10^1	10^2	10^3	10^4	10^5	10^6	10^7	10^8	10^9	10^{-1}	10^{-2}	
允许偏差级别		F	G			D	C	B			J	K	M

例如，某四色环电阻器的第一、二、三、四道色环分别为棕、绿、红、金色，则该电阻器的阻值和允许偏差分别为

$$R=(15\times10^2)\Omega=1500\Omega\text{，允许偏差为}\pm5\%$$

即表示该电阻器的阻值和允许偏差为 1.5kΩ，±5%。

3. 额定功率

电阻器的额定功率是指在规定的环境温度和湿度下，在长期连续负载而不损坏或基本不改变性能的情况下，电阻器上允许消耗的最大功率。当超过额定功率时，电阻器的阻值将发生变化，甚至发热烧毁。为保证安全使用，在选用电阻器一般选择其额定功率比它在电路中所消耗的功率高 1~2 倍。

额定功率分为 19 个等级，常用的有 1/20W、1/8W、1/4W、1/2W、1W、2W、4W、5W 等。

实际应用较多的电阻器是 1/4W、1/2W、1W、2W。线绕电位器应用较多的有 2W、3W、5W、10W 等。

2.3　电阻器的选用与检测

测量电阻器的方法很多，可用欧姆表、指针式万用表（欧姆档）、电阻电桥和数字万用表（欧姆档）直接测量，也可根据欧姆定律 $R=U/I$，通过测量流过电阻器的电流 I 及电阻器上的电压 U 来间接测量电阻值。

当测量精度要求不高时，可直接用欧姆表测量电阻。现以 MF-47 型万用表为例，首先将万用表的功能选择开关置欧姆档相应量程，将红、黑表笔短接，指针应指在刻度线零点，若不在零点，则要调节“Ω”旋钮（零欧调整电位器）使指针回零。调回零后即可把被测电阻器串接于两根表笔之间，此时表头指针偏转，待稳定后可从欧姆刻度线上直接读出所示数值，再乘以事先所选择的量程，即可得到被测电阻器的阻值。当换另一量程时，必须再次短接两表笔，重新调零。注意每换一量程档，都必须调零一次。

当测量精度要求较高时，通常采用电阻电桥来测量电阻。电阻电桥有惠斯通电桥（单臂电桥）和开尔文电桥（双臂电桥）两种，这里不进行详细介绍。

需要特别指出的是，在测量电阻时，不能用双手同时捏住电阻器或表笔，因为那样会使人体电阻与被测电阻并联在一起，表头上所指示的数值就不单纯是被测电阻器的阻值了。

2.3.1 电阻器的选用

1. 型号的选取

一般用途可选择通用型电阻器，其价格便宜、货源充足。军用和特殊场合使用的电阻器，则应选择专用型电阻器，以保证电路所需的高性能指标和高稳定性。高频电路中一般不采用线绕电阻器，因其分布电感比非线绕电阻器大得多。

2. 阻值和精度的选取

电阻值应根据需要选择接近的电阻标称值（见表2-2）。若有高精度要求，则应选择精密电阻器。在某些场合，可采用串、并联方式来满足阻值和精度的要求。

3. 额定功率的选择

一般情况下，电阻器额定功率的选择应为实际耗散功率的两倍以上，若功率较大，应选用功率电阻器。在某些场合，也可将小功率电阻器串、并联使用，以满足功率的要求。当电阻器在脉冲状态下工作时，只要其脉冲平均功率不大于额定功率即可。

4. 注意最高工作电压的限制

每个电阻器都有一定的耐压限制。超过这个电压，电阻器就可能会击穿、烧坏或产生飞弧现象。在高压下使用的电阻器及高阻值电阻器，尤其要注意这种情况。

5. 其他注意事项

为了减少电阻器因使用时间增长而发生阻值变化，在使用电阻器前，应先对其进行人工老化。电阻器的功率大于10W时，应保证其有足够的散热空间。较大功率的电阻器应采用螺钉和支架固定，以防折断引线或造成短路。电阻器的引线不要从根部折弯，否则易断开。焊接电阻器时动作要快，不要使电阻器长期受热，以免引起阻值变化。电阻器在存放和使用过程中，要保持漆膜的完整，一般不允许用锉、刮电阻膜的方法来改变电阻器的阻值，因为漆膜脱落后，电阻器的防潮性能变坏，无法保证其正常工作。

2.3.2 电阻器的检测

1. 固定电阻器的检测

将两表笔（不分正负）分别与电阻器的两端引脚相接即可测出实际电阻值。

为了提高测量精度，应根据被测电阻标称值的大小来选择量程。由于欧姆档刻度的非线性关系，它的中间一段分度较为精细，因此应使指针指示值尽可能落到刻度的中段位置，即全刻度起始的20%~80%弧度范围内，以使测量更准确。根据电阻偏差等级的不同，读数与标称阻值之间分别允许有±5%、±10%或±20%的偏差。如不相符，超出偏差范围，则说明该电阻器变值了。

2. 水泥电阻器的检测

检测水泥电阻器的方法及注意事项与检测普通固定电阻器完全相同。

3. 熔断电阻器的检测

在电路中，当熔断电阻器熔断开路后，可根据经验作出判断：若发现熔断电阻器表面发黑或烧焦，可断定是其负荷过重，通过它的电流超过额定值很多倍所致；如果其表面无任何痕迹而开路，则表明通过的电流刚好等于或稍大于其额定熔断值。对于表面无任何痕迹的熔断电阻器好坏的判断，可借助万用表 $R\times1$ 档来测量，为保证测量准确，应将熔断电阻器一端从电路上焊下。若测得的阻值无穷大，则说明此熔断电阻器已失效开路；若测得的阻值与标称值相差甚远，表明电阻变值，也不宜再使用。在维修实践中发现，也有少数熔断电阻器在电路中被击穿短路的现象，检测时也应予以注意。

4. 电位器的检测

检查电位器时，首先要转动旋柄，看看旋柄转动是否平滑，开关是否灵活，开关通、断时"咔哒"声是否清脆，并听一听电位器内部接触点和电阻体摩擦的声音，如有"沙沙"声，说明质量不好。用万用表测试时，先根据被测电位器阻值的大小，选择万用表的合适电阻档位，然后可按下述方法进行检测。

（1）用万用表的欧姆档测电位器"1""2"两端，其读数应为电位器的标称阻值，如万用表的指针不动或阻值相差很多，则表明电位器已损坏。

（2）检测电位器的活动臂与电阻片的接触是否良好。用万用表的欧姆档测电位器"1""2"（或"2""3"）两端，将电位器的转轴按逆时针方向旋至接近"关"的位置，这时电阻值越小越好。再顺时针慢慢旋转轴柄，电阻值应逐渐增大，表头中的指针应平稳移动。当轴柄旋至极端位置"3"时，阻值应该接近电位器的标称值。如万用表的指针在电位器的轴柄转动过程中有跳动现象，说明活动触点有接触不良的故障。

5. 正温度系数（Positive Temperature Coefficient，PTC）热敏电阻的检测

检测时，用万用表 $R\times1$ 档，具体可分为两步操作：

（1）常温检测（室内温度接近25℃）。将两表笔接触PTC热敏电阻的两引脚，测出其实际阻值，并与标称阻值相对比，两者相差在±2Ω内即为正常；实际阻值若与标称阻值相差过大，则说明其性能不良或已损坏。

（2）加温检测。在常温测试正常的基础上，即可进行第二步测试——加温测试。将热源（例如电烙铁）靠近PTC热敏电阻对其加热，同时用万用表监测其电阻值是否随温度的升高而增大，如是，说明热敏电阻正常；若阻值无变化，说明其性能变劣，不能继续使用。注意，不要使热源与PTC热敏电阻靠得过近或直接接触热敏电阻，以防止将其烫坏。

6. 负温度系数（Negative Temperature Coefficient，NTC）热敏电阻的检测

（1）测量标称电阻值 R_t。用万用表测量NTC热敏电阻的方法与测量普通固定电阻的方法相同，即根据NTC热敏电阻的标称阻值选择合适的电阻档可直接测出 R_t 的实际值。但因NTC热敏电阻对温度敏感，故测试时应注意以下几点：

1）R_t 是生产厂商在环境温度为25℃时所测得的，所以用万用表测 R_t 时，也应在环境温度接近25℃时进行，以保证测试的可信度。

2）测量功率不得超过规定值，以免电流热效应引起测量误差。

3）注意正确操作。测试时，不要用手捏住热敏电阻体，以防止人体温度对测试产生影响。

（2）估测温度系数 Q_t。先在室温 t_1 下测得电阻值 R_{t_1}，再用电烙铁作为热源，靠近热敏电阻测出电阻值 R_{t_2}，同时用温度计测出此时热敏电阻表面的平均温度 t_2 再进行计算。

7. 压敏电阻的检测

用万用表的 $R\times1$k 档测量压敏电阻两引脚之间的正、反向绝缘电阻，均为无穷大，否则说明漏电流大。若所测电阻很小，说明压敏电阻已损坏，不能使用。

8. 光敏电阻的检测

（1）用一张黑纸片将光敏电阻的透光窗口遮住，此时万用表的指针基本保持不动，阻值接近无穷大。此值越大说明光敏电阻性能越好。若此阻值很小或接近零，说明光敏电阻已烧穿损坏，不能再继续使用。

（2）将一光源对准光敏电阻的透光窗口，此时万用表的指针应有较大幅度的摆动，阻值明显减小。此值越小说明光敏电阻性能越好。若此值很大甚至无穷大，表明光敏电阻内部开路损坏，也不能再继续使用。

（3）将光敏电阻透光窗口对准入射光线，用小黑纸片在光敏电阻的遮光窗口上部晃动，使其间断受光，此时万用表指针应随黑纸片的晃动而左右摆动。如果万用表指针始终停在某一位置不随纸片晃动而摆动，说明光敏电阻的光敏材料已经损坏。

2.4 技能训练

项目：安装电阻调压器

本项目中的电阻调压器是一个在一定输入电压下，能输出不同电压值的调压器。本电路由两个电阻器和一个可变电阻器组成。

1. 实训目的

（1）理解串联电路的构成及特点。

（2）能正确分析串联电路中的电压分配关系。

（3）会按图装接电路并按要求调节输出电压。

（4）培养学生认真细致安装，安全文明操作的工作态度。

2. 基础知识

电阻串联的概念是，把电阻一个接一个地连接起来，这就叫电阻的串联。

串联电路的总电压与任一电阻上的电压之比等于总电阻跟该电阻之比；电阻上的电压跟电阻的阻值成正比，即电压的分配跟电阻成正比。电阻串联后总电阻变大。

熟悉串联电路的构成及特点，能正确分析串联电路中电压分配关系及电阻、电压、电流之间的关系，会计算串联电路中各元器件的功率。

3. 实训器材及元器件

（1）万用表一块、电烙铁一把。

（2）器材及元器件如下：

序号	品种	型号规格	数量	配件图号
1	碳膜电阻	RT-0.5-470Ω	1	R1
2	碳膜电阻	RT-0.5-680Ω	1	R2
3	电位器	WT-0.5-1kΩ	1	Rp
4	导线		若干	
5	万用电路板	普通型	1	

4. 实训步骤

（1）指针式万用表的正确使用。

1）指针式万用表应谨慎使用，不得受震动、受热和受潮。

2）使用前指针应调到机械零位，红表笔为“+”，黑表笔为“-”。在测量直流电压或电流时，应将红表笔和黑表笔分别接在被测物的正极和负极。否则，会因接反而烧毁仪表。

3）选用量程时，要先选用最高量程，满足指针移动至满刻度的2/3附近，这样可使读数比较精确。测量直流电压前（特别是高压）一定要先了解正负极。如果不知道正负极，可将两表笔快接快离，如指针顺时针转，则说明接对了；反之，应交换表笔。

4）当转换开关转到测量电流的位置时，绝对不能将两表笔直接跨接在电源上。否则，因万用表通过短路电流会被烧毁。

（2）在万用电路板上用电烙铁安装电阻器和电位器，要严格按照电路图安装元器件，并用万用表检查电路是否正确。

（3）输入端接实验台上的+12V电压。

（4）调节电位器，用万用表检测并记录输出电压值，得出电压的调节范围。

5. 实训评价

（1）在规定时间内正确安装电路并通电测试，布线正确规范。

（2）电压可调表明电路工作正常，如测不到电压或电压不可调表明电路安装没有成功。

（3）会使用基本的电工工具，会识图并能按图装接电路，能排除电路故障。

思　考　题

1. 电阻器是如何命名的？电阻器的主要参数有哪些？
2. 如何检查电阻器和电位器的好坏？
3. 三色环电阻的允许偏差是多少？
4. 绕线电阻器的优缺点有哪些？它是否适用于高频？

第3章　电　容　器

3.1　电容器的命名和分类

电容器是一种储能元件，在电路中用于调谐、滤波、耦合、旁路、能量转换和延时。电容器通常简称电容。

电容量表明电容器存储电荷的能力，它是电容器的基本参数，电容量由下式确定：

$$C = \frac{Q}{U} \tag{3-1}$$

式中　C——电容量，单位为F（法）；

Q——各电极板上的电荷量，单位为C（库）；

U——两极板之间的电位差，单位为V（伏）。

电容器具有隔直流和通交流的能力，它在电子工程中占有非常重要的地位。利用电容器的充电放电特性，可以组成定时电路、微分和积分电路、锯齿波产生电路及滤波电路等。

在交流电路中，电容器的容抗 X_C 与频率 f 和电容量的大小 C 成反比，即

$$X_C = \frac{1}{2\pi fC} \tag{3-2}$$

式中　X_C——容抗，单位为Ω；

f——交流电路的频率，单位为Hz；

C——电容量，单位为F；

π——常数，一般取3.14。

一般而言，在电路中电容用于：

1）稳定电压（滤波电容）；

2）交流通路（耦合电容）；

3）隔离直流（隔直电容）；

4）与电阻或电感形成谐振（时间常数电容）；

5）定时（时间常数电容）。

除上述用途外，电容器还具有存储电荷的能力，可以将电能逐渐积累起来，也可在很短的时间内将电能向外电路输送出去，从而获得大功率的瞬间脉冲。

3.1.1　电容器的命名

国产电容器的命名见表3-1。例如，CJX-250-0.33-±10%电容器，其中C表示电容器，J表示材料是金属化纸介，X表示特征为小型，其余数字表示工作电压是250V，标称电容量为0.33μF，允许偏差为±10%。

通常根据需要仅列出电容器型号的主要部分，例如CC203表示电容量为20000pF的瓷

片电容器，CD10μF50V 表示电容量为 10μF、耐压值为 50V 的铝电解电容器。

表 3-1 国产电容器型号命名

第1部分		第2部分		第3部分		第4部分
用字母表示主称		用字母表示材料		用数字或字母表示特征		用数字表示：品种、尺寸代号、温度特性、直流工作电压、标称值、允许偏差、标准代号
符号	意义	符号	意义	符号	意义	
C	电容器	C	瓷介	T	铁电	
		I	玻璃釉	W	微调	
		O	玻璃膜	J	金属化	
		Y	云母	X	小型	
		V	云母纸	S	独石	
		Z	纸介	D	低压	
		J	金属化纸	M	密封	
		B	聚苯乙烯	Y	高压	
		F	聚四氟乙烯	C	穿心式	
		L	涤纶（聚酯）			
		S	聚碳酸酯			
		Q	漆膜			
		H	纸膜复合			
		D	铝电解			
		A	钽电解			
		G	金属电源			
		N	铌电解			
		T	钛电解			
		M	压敏			
		E	其他材料电解			

3.1.2 电容器的分类

电容器按其结构可分为固定电容器、微调电容器和可调电容器三种。

1. 固定电容器

固定电容器是指电容器一经制成后，其电容量不再改变的电容器。固定电容器分为无极性电容器和有极性电容器两种。

无极性电容器是指电容器的两个金属电极没有正、负之分，使用时两极可以交换连接。

图 3-1 几种常用的固定电容器

有极性电容器是指电容器的两极有正、负之分，使用时一定要将正极性端连接到电路的高电位，负极性端连接到电路的低电位，否则会引起电容器的损坏。图 3-1 所示为几种常用的固定电容器。

2. 微调电容器

微调电容器常以空气、云母或陶瓷作为介质，电容器容量可在小范围内变化，其可变容量为10~100pF。图3-2所示为两种陶瓷介质微调电容器（左边两个）和一种线绕微调电容器（最右边）的外形。

3. 可调电容器

可调电容器的电容量在一定范围内可调节。可调电容器通常有单联、双联之分。由若干片形状相同的金属片分别连接成一组定片和一组动片，定片与动片间一般以空气作介质，也有用有机薄膜作介质的。动片可以通过转轴转动，以改变动片插入定片的面积，从而使电容器容量可在一定范围内连续变化。图3-3所示为空气介质可调电容器（左）和有机薄膜介质可调电容器（右）。

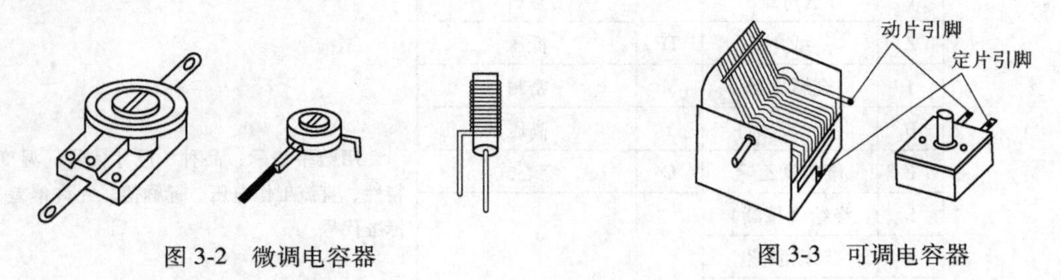

图3-2 微调电容器

图3-3 可调电容器

如按电容器介质材料进行分类，可将电容器分为以下几种。

（1）电解电容器。它是指以铝、钽、铌、钛等金属氧化膜作介质的电容器。其中应用最广的是铝电解电容器。其优点是容量大、体积小，耐压一般在500V以下（耐压越高，体积也就越大）。常用于交流旁路和滤波。其缺点是容量偏差大，且随频率而变动，绝缘电阻低。电解电容有正、负极之分。

（2）云母电容器。它是指以云母片作介质的电容器。其特点是高频率性能稳定、损耗小、漏电流小、耐压高，但容量小。

（3）瓷介电容器。它是指以高介电常数、低损耗的陶瓷材料为介质的电容器，其体积小、温度系数小，可工作在超高频范围，但耐压较低（一般为60~70V），容量较小（一般为1~1000pF）。为克服电容量小的缺点，现在采用了铁电陶瓷电容器和独石电容器。它们的电容量分别可达680pF~0.047μF和0.01~10μF，但其温度系数大、损耗大、电容量偏差大。

（4）玻璃釉电容器。它是指以玻璃釉作介质的电容器。它具有瓷介电容器的优点，且体积比同容量的瓷介电容器要小。其容量范围为47pF~4μF。另外，其介电常数在很宽的频率范围内保持不变，还可在125℃高温下应用。

（5）纸介电容器。纸介电容器的电极用铝箔或锡箔做成，其绝缘介质是浸蜡的纸，相叠后卷成圆柱体，外包防潮物质，有时外壳采用密封的铁壳以提高防潮性。大容量的电容器在铁壳里灌满电容器油或变压器油，以提高耐压强度，被称为油浸纸介电容器。

纸介电容器的优点是在一定体积内可以得到较大的电容量，其结构简单、价格低廉，但介质损耗大、稳定性不高。纸介电容器主要用于低频电路的旁路和隔断直流。其容量一般为100pF~10μF。

（6）有机薄膜电容器。它是指用聚苯乙烯、聚四氟乙烯或涤纶等有机薄膜代替纸介质做成的各种电容器。与纸介电容器相比，其优点是体积小、耐压高、损耗小、绝缘电阻大、稳定性好，但温度系数大。

3.2 电容器的检测与识别

3.2.1 电容器的检测

1. 固定电容器的检测

（1）检测10pF以下的小电容。因10pF以下的固定电容器电容量太小，用万用表进行测量，只能定性地检查其是否有漏电、内部短路或击穿现象。测量时，可选用万用表的$R\times10k$档，用两表笔分别接电容的两个引脚，阻值应为无穷大，若测出阻值（指针向右摆动）为零，则说明电容漏电损坏或内部击穿。

（2）检测10pF~0.01μF固定电容器是否有充电现象，进而判断其好坏。万用表选用$R\times1k$档，两只晶体管的β值均为100以上，且穿透电流要小，可选用3DG6等型号硅晶体管组成复合管。万用表的红和黑表笔分别与复合管的发射极（E）和集电极（C）相接。由于复合管的放大作用，对被测电容的充放电过程进行放大，使万用表指针摆幅度加大，从而便于观察。应注意的是，在测试操作时，特别是测试较小电容量的电容时，要反复调换被测电容的引脚，才能明显地看到万用表指针的摆动。

（3）对于0.01μF以上的固定电容，可用万用表的$R\times10k$档直接测试电容器有无充电过程及有无内部短路或漏电，并可根据指针向右摆动的幅度大小估计电容的电容量。

2. 电解电容的检测

（1）因为电解电容的电容量较一般固定电容大得多，所以测量时应针对不同的电容量选用合适的量程。根据经验，一般情况下，1~47μF的电容可选用$R\times1k$档测量，大于47μF的电容可用$R\times100$档测量。

（2）用万用表红表笔接负极，黑表笔接正极，在刚接触的瞬间，万用表指针即向右偏转（对于同一电阻档，电容量越大，摆幅越大），接着逐渐向左回转，直到停在某一位置，此时的阻值便是电解电容的正向漏电阻，此值略大于反向漏电阻。实际使用经验表明，电解电容的漏电阻一般应在数百kΩ以上，否则将不正常工作。在测试中，若正向、反向均无充电的现象，即指针不动，则说明容量消失或背部断路；如果所测阻值很小或为零，说明电容漏电大或已击穿损坏，不能再使用。

（3）对于正、负极标志不明确的电解电容，可利用上述测量漏电阻的方法加以判别。即先任意测一下漏电阻，记住其大小，然后交换表笔再测出一个阻值，两次测量中阻值大的那一次便是正向接法，即黑表笔接的是正极，红表笔接的是负极。

（4）使用万用表欧姆档，采用给电解电容进行正、反向充电的方法，根据指针向右摆动幅度的大小，可估测出电解电容的容量。

3. 可调电容器的检测

（1）用手轻轻旋动转轴，应感觉十分平滑，不应感觉有时松有时紧甚至有卡滞现象，将转轴向前、后、上、下、左、右等各方向推动时，转轴不应有松动现象。

（2）用一只手旋动转轴，另一只手轻摸动片组的外缘，不应感觉有任何松动现象，转轴与动片之间接触不良的可调电容器，是不能再继续使用的。

（3）将万用表置于 $R\times10k$ 档，一只手将两表笔分别接可调电容器的动片和定片的引出端，另一只手将转轴缓缓转动几个来回，万用表指针都应在无穷大位置不动。在旋转转轴的过程中，如果指针有时指向零，说明动片和定片之间存在短路点；如果在某一角度，万用表读数不为无穷大而是出现一定阻值，说明可调电容器动片与定片之间存在漏电现象，不能再继续使用。

3.2.2 电容器的识别

电容器的识别需了解电容器的电容量标称方法。

1. 直接表示法

通常在电容量小于10000pF时，用pF做单位；电容量大于10000pF时，用μF作单位。为了简便起见，1~100μF的电容常常不标注单位。

2. 数码表示法

通常采用三位数字表示，前两位表示有效数字，第三位表示有效数字乘以10的幂，单位为μF，如201表示200μF。电容量有小数部分的电容器一般用字母表示小数点，如1p5表示1.5pF。

数码表示法有一种特例，就是第三位若是9，则电容量是前两位有效数字乘以 10^{-1}，如229表示（22×10^{-1}）pF。

3. 字母表示法

字母表示法是国际电工委员会推荐的标注方法，使用的标注字母有4个，即p、n、μ、m，分别表示pF、nF、μF、mF，用2~4个数字和1个字母表示电容量，字母前为电容量的整数部分，字母后为电容量的小数部分，如1p5、4μ7、3n9分别表示1.5pF、4.7μF、3.9nF。

4. 色环表示法

顺引线方向，第一、二道色环表示电容量的有效数字，第三道色环表示倍数（分别用黑、棕、红、橙、黄、绿、蓝、紫、灰、白表示100~109），如电容色环为黄、紫、橙表示 47×10^3pF=47000pF。

电容器的误差一般用字母表示，具体含义：C为±0.25pF，D为±0.5pF，F为±1%，J为±5%，K为±10%，M为±20%。

电容器的耐压有低压和中高压两种，低压为200V以下，一般有16V、50V、100V等；中高压一般有160V、200V、250V、400V、500V、1000V等。

3.3 电容器的功能和作用

电容器的基本作用就是充电与放电，但是利用这种基本的充放电作用可延伸出来的许多现象，使得电容器有着种种不同的用途。而在电子电路中，电容器不同性质的用途尤其多，虽然这些不同性质的用途有截然不同之处，但其作用均来自充电和放电。下面介绍一些电容器作用：

（1）耦合电容。用在耦合电路中的电容称为耦合电容，在阻容耦合放大器和其他电容耦合电路中大量使用这种电容，起隔直流通交流作用。

（2）滤波电容。用在滤波电路中的电容器称为滤波电容，在电源滤波和各种滤波器电路中使用这种电容，滤波电容将一定频道内的信号从总信号中去除。

（3）退耦电容。在退耦电路中的电容器称为退耦电容，在多级放大器的直流电压供给电路中使用这种电容电路，退耦电容消除每级放大器之间的有害低频交联。

（4）高频消振电容。用在高频消振电路中的电容称为高频消振电容，在音频负反馈放大器中，为了消除可能出现的高频自激，采用这种电容电路，以消除放大器可能出现的高频啸叫。

（5）谐振电容。用在 *LC* 谐振电路中的电容器称为谐振电容，*LC* 并联和串联谐振电路中都需要使用这种电容电路。

（6）旁路电容。用在旁路电路中的电容器称为旁路电容，电路中如果需要从信号中去掉某一段的信号，可以使用旁路电容电路，根据所去掉的信号频率的不同，有全频域（所有交流信号）旁路电容电路和高频旁路电容电路。

（7）中和电容。用在中和电路中的电容器称为中和电容。在收音机高频和中频放大器以及电视机高频放大器中，采用这种中和电容电路以消除自激。

（8）定时电容。用在定时电路中的电容器称为定时电容。在需要通过电容充、放电进行时间控制的电路中使用定时电容电路，该电容起控制时间常数大小的作用。

（9）积分电容。用在积分电路中的电容器称为积分电容，在电视场扫描的同步分离级电路中，采用这种积分电容电路，以从行场复合同步信号中取出场同步信号。

（10）微分电容。用在微分电路中的电容器称为微分电容。在触发电路中为了得到尖顶触发信号，采用这种微分电容电路，以从各类（主要是矩形脉冲）信号中得到尖顶脉冲触发信号。

（11）补偿电容。用在补偿电路中的电容器称为补偿电容。在卡座的低音补偿电路中，使用这种低频补偿电容电路，以提升放音信号中的低频信号，此外还有高频补偿电容电路。

（12）自举电容。用在自举电路中的电容器称为自举电容。常用的 OTL 功率放大器输出级电路采用这种自举电容电路，以通过正反馈的方式少量提升信号的正半周幅度。

（13）分频电容。在分频电路中的电容器称为分频电容。在音箱的扬声器分频电路中，使用分频电容电路，以使高频扬声器工作在高频段，中频扬声器工作在中频段，低频扬声器工作在低频段。

3.4 技能训练

项目：电容器的识别与检测

1. 实训目的

通过对电容器的识别和检测，熟悉电容器的类别及参数的标注方法。

2. 工具与器材

工具：万用表一只。

器材：不同规格、不同材料、不同类别的电容器若干（视情况而定），并给每个电容器编号。

3. 实训步骤

（1）将电容器的标称电容量、耐压值、种类填入表中相应的位置。

（2）利用万用表根据电容器的标称电容量选择合适的量程测其质量的好坏。将测量结果填入表内。

电容器检测记录表

编号	电容器名称	标称电容量	标称耐压	标称偏差	万用表量程	所测阻值	好坏判断
1							
2							
3							
4							
5							
6							
7							
8							
9							
10							

思 考 题

1. 电容器的主要技术指标有哪些？哪种电容器的稳定性较好？
2. 简述电解电容器的特点、结构和用途。
3. 如何合理选用电容器？如何利用万用表判断电容器的质量？
4. 电容器有哪几种标识方法？

第4章 电感器

4.1 电感器的命名、主要技术参数和分类

4.1.1 电感器的命名

电感器也叫电感线圈，简称电感（Inductor），是利用电磁感应原理制成的。在任何通以电流的电路周围，都有磁场存在。当电路内电流强度变化时，电路周围的磁场也随着变化，磁通的变化又在电路的导体内产生感应电动势，这种现象称为电磁感应。可用电感来表示电磁感应特性，它等于某一回路通过一定电流时所建立的自感应磁通量与该电流的比值，即

$$L=\frac{\Phi_L}{I} \tag{4-1}$$

式中 L——电感，单位为H（亨）、mH（毫亨）和μH（微亨）；

Φ_L——自感磁通量；

I——电流。

国产电感器的标称由4部分组成，第1部分主称表示方法见表4-1。

表4-1 国产电感器主称表示方法

字母	L	LZ	DB	CB	RB	GB	HB
主称	线圈	阻流圈	电源变压器	音频输出变压器	音频输入变压器	高压变压器	灯丝变压器

4.1.2 电感器的主要技术参数

1. 电感量及精度

线圈电感量的大小，主要取决于线圈直径、线圈匝数及有无磁心等。线圈的用途不同，所需的电感量也不同。例如，在高频电路中，线圈的电感量一般为0.01~100mH；而在电源整流滤波中，线圈的电感量可达1~30H。

电感的精度（即实际电感量和要求电感量的误差）视用途而定。对振荡线圈要求较高，精度为0.2%~5%；对耦合线圈和高频扼流圈要求较低，一般为10%~15%。

2. 线圈的品质因数

品质因数Q是表示线圈质量的一个量。它等于线圈在某一交流电压频率下工作时，线圈所呈现的感抗和线圈直流电阻的比值，用公式表示为

$$Q=\frac{2\pi fL}{R}=\frac{\omega L}{R} \tag{4-2}$$

式中 ω——工作角频率，等于$2\pi f$；

L——线圈的电感；

R——线圈总损电阻。

线圈的品质因数 Q 根据使用的要求而确定。高频电感线圈的 Q 值一般为 50~300。在调谐回路中，Q 值要求较高，以减少回路的损耗。对于耦合线圈则要求较低。对于高频扼流圈和低频扼流圈则不作要求。Q 值的提高，往往受到一些因素的限制，如导线的直流电阻，骨架的介质损耗，以及铁心和屏蔽引起的损耗，还有在高频工作时的趋肤效应等。因此实际上线圈的 Q 值不可能达到很高，通常为几十到 100，最高至四五百。

3. 分布电容

线圈的匝和匝之间存在着电容，线圈与地、线圈与屏蔽盒之间，以及线圈的层和层之间都存在着电容。这些电容统称为线圈的分布电容，它和线圈一起可以等效为一个由 L、R 和 C 组成的并联谐振电路，其谐振频率为

$$f_0 = \frac{1}{2\pi\sqrt{LC}} \tag{4-3}$$

f_0 称为线圈的固有频率。为了保证线圈的稳定性，使用电感线圈时，应使其工作频率远低于线圈的固有频率。分布电容的存在，不仅降低了线圈的稳定性，同时也降低了线圈的品质因数，因此一般总希望线圈的分布电容尽可能小些。

4. 感抗 X_L

电感线圈对交流电流起阻碍作用的大小称为感抗 X_L，单位为 Ω。它与电感 L 和交流电流频率 f 的关系为

$$X_L = 2\pi fL \tag{4-4}$$

5. 额定工作电流

额定工作电流是指在规定的工作条件下，电感器中允许通过的最大工作电流。若电流超过此值，则电感器会过度发热而造成参数的改变甚至烧毁。小型固定电感器的额定工作电流通常用字母表示，具体字母所代表的含义：A 表示 50mA，B 表示 150mA，C 表示 300mA，D 表示 700mA，E 表示 1600mA 等。

4.1.3 电感器的分类

电感器是根据电磁感应原理制成的元件。在无线电元器件中电感器分为两大类：一类是应用自感原理的线圈（Coil），另一类是应用互感原理的变压器（Transformer）或互感器（Mutual Inductor）。

电感线圈可以用来组成 LC 滤波器、谐振回路、均衡电路和去耦电路等。

电感线圈包括单层线圈、多层线圈、蜂房式线圈、带磁心线圈、固定电感器、可调电感器、低频扼流圈等多种形式。

变压器主要用来变换电压或阻抗，包括电源变压器、低频输入变压器、低频输出变压器、中频变压器、宽频带变压器、脉冲变压器等。从原理上说，变换电流的互感器实际上也是变压器的一种。

1. 固定电感器

用导线绕在骨架上，就构成了线圈。线圈有空心线圈和带磁心的线圈，绕组形式有单层

和多层之分，单层绕组有间绕和密绕两种形式，多层绕组有分层平绕、乱绕、蜂房式绕等形式。

（1）小型固定电感线圈。它是将线圈绕制在软磁铁氧体的基体上构成的，这样能获得比空心线圈更大的电感量和较大的 Q 值；一般有立式和卧式两种，外体涂有环氧树脂或其他材料作保护层；由于其重量轻、体积小、安装方便等优点，被广泛应用在电视机、收音机等滤波、陷波、扼流、振荡、延迟等电路中。

（2）高频天线线圈。磁体天线线圈一般采用纸管，用多股漆包线绕制而成。

（3）偏转线圈。黑白电视机的偏转线圈有两组线圈、铁氧体磁环和中心位置调节片等组成。为了在显像管的屏幕上显示图像，就要使电子束沿着荧光屏进行扫描。偏转线圈就是利用磁场产生的力使电子束偏转，行偏转使得电子束沿水平方向运动，同时场偏转又使电子束沿垂直方向运动，结果在荧光屏上就形成了长方形的光栅。

2. 可变电感线圈

线圈电感量的变化可分为跳跃式和平滑式两种。例如，电视机的谐振选台所用的电感线圈，就可将一个线圈引出数个抽头，以供接收不同频道的电视信号。这种引出抽头改变电感量的方法，使得电感量呈跳跃式变化，所以也叫跳跃式线圈。

当需要平滑均匀改变电感值时，有以下三种方法：

1）通过调节插入线圈中磁心或铁心（中频、高频的也有用铜心的）的相对位置来改变线圈电感量。

2）通过调节线圈中触点的位置来改变线圈的匝数，从而改变电感量。

3）将两个串联线圈的相对位置进行均匀改变以达到互感量的改变，从而使线圈的总电感量值随着变化。

3. 变压器

利用两个电感线圈的互感作用，把一次绕组上的电能传递到二次绕组上去，利用这个原理所制作的具有交联、变压作用的器件叫变压器。其主要功能就是变换电压、电流和阻抗，还可对电源盒中的负载之间进行隔离等。常用的变压器有电源变压器、输入和输出变压器及中频变压器，其外形和图形符号如图 4-1 所示。

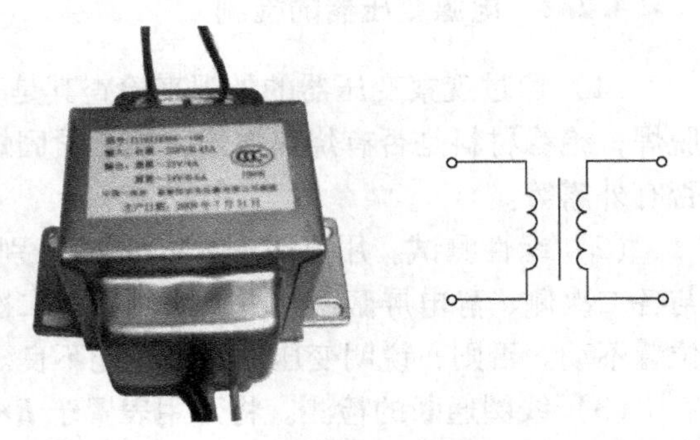

图 4-1　变压器外形和图形符号

（1）低频变压器。低频变压器可分为音频变压器和电源变压器两种，是变换电压和作阻抗匹配的器件。其中，音频变压器又分为输入变压器、级间变压器、推动变压器、输出变压器等。

（2）中频变压器。中频变压器又叫中周，适用频率范围从几十赫兹到几千赫兹。一般变压器仅利用了电磁感应原理，而中频变压器还运用了并联谐振原理。因此，中频变压器不仅具有普通变压器变换电压、电流和阻抗的特性，它还具有谐振于某一固定频率的特性。在超外差式收音机中，它起到了选频和耦合的作用，在很大程度上决定了收音机的灵敏度、选择性和通频带等指标。其谐振频率在调幅式接收机中为 465kHz（或 455kHz），调频半导体收音机中频变压器的中心频率为 10.7MHz±

100kHz，频率可调范围大于500kHz。

（3）高频变压器。高频变压器又称耦合线圈或调谐线圈，天线线圈和振荡线圈也是一种高频变压器。

（4）电视机行输出变压器。行输出变压器是电视机行扫描电路的专用变压器，常称回扫变压器。现在一般的一体化结构的行输出变压器的高压线圈绕组是分段绕制的，并在各段之间分别接上高压整流二极管，其输出的直流超高压是经过分级整流后串联在一起的，形成一次升压，通常称为多级一次升压方式。这种行输出变压器的高压绕组、低压绕组和高压整流二极管均被封灌在一起，所以称为一体化行输出变压器。其主要特点是体积小、可靠性高、输出的直流超高压稳定。

4.2 电感器的检测与识别

4.2.1 电感器的检测

电感器的检测主要有直观检测和万用表欧姆档测量直流电阻大小两种方法。

直观检查主要是查看引脚是否断裂、磁心是否松动、线圈是否发霉等。

用万用表测量电感器直流电阻的具体方法：万用表 $R\times1$ 档，两支表笔分别接线圈的两根引脚，此时的电阻应为几欧姆，甚至更小；对于匝数较多、线径较细的线圈，其直流电阻可达到几十欧姆，甚至几百欧姆。通常情况下，线圈的直流电阻只有几欧姆。

用万用表检测线圈质量时应注意以下几个问题：

1）由于线圈的直流电阻很小，要注意每次测量时万用表均要校零。

2）如果测量直流电阻很大，说明线圈已经开路，这是线圈的常见故障。

3）测量时手指碰到线圈引脚对测量结果的影响很小，可以忽略不计。

4）对于有抽头的线圈，抽头到另两根引脚的直流电阻均应该很小，若有一个很大，说明线圈存在开路故障。

4.2.2 电源变压器的检测

（1）通过观察变压器的外观来检查其是否有明显异常现象，如观察线圈引线是否断裂、脱焊，绝缘材料是否有烧焦痕迹，铁心紧固螺杆是否有松动，硅钢片有无锈蚀，绕组线圈是否有外露等。

（2）缘性测试。用万用表 $R\times10$k 档分别测量铁心与一次侧、一次侧与各二次侧、铁心与各二次侧、静电屏蔽层与一二次侧、各二次绕组间的电阻值，万用表指针均应指在无穷大位置不动。否则，说明变压器绝缘性能不良。

（3）线圈通断的检测。将万用表置于 $R\times1$ 档，测试中，若某个绕组的电阻值为无穷大，则说明此绕组有断路性故障。

（4）判别一次、二次绕组。电源变压器一次侧引脚和二次侧引脚一般都是分别从两侧引出的，并且一次绕组多标有220V字样，二次绕组则标出额定电压值（如15V、24V、35V等），再根据这些标记进行识别。

（5）空载电流的检测。

1）直接测量法：将所有二次绕组全部开路，把万用表置于交流电流500mA档，串入一次绕组。当一次绕组的插头插入220V交流市电时，万用表所指示的便是空载电流值。此值不应大于变压器满载电流的10%~20%。一般常见电子设备电源变压器的正常空载电流应在100mA左右。如果超出太多，则说明变压器可能有短路故障。

2）间接测量法：在变压器的一次绕组中串联一个10Ω/5W的电阻，二次侧仍全部空载。万用表置于交流电压档。加电后，用两表笔测出电阻R两端的电压降U，然后用欧姆定律算出空载电流$I=U/R$。

（6）空载电压的检测。将电源变压器的一次侧接220V市电，用万用表交流电压档依次测出各绕组的空载电压值（U_{21}、U_{22}、U_{23}、U_{24}）应符合要求值，允许偏差范围一般为，高压绕组不大于±10%，低压绕组不大于±5%，带中心抽头的两组对称绕组的电压差应不大于±2%。

（7）一般小功率电源变压器允许温升为40~50℃，如果所用绝缘材料质量较好，允许温升还可提高。

（8）检测判别各绕组的同名端。在使用电源变压器时，有时为了得到所需的二次电压，可将两个或多个二次绕组串联起来使用。采用串联法使用电源变压器时，参加串联的各绕组的同名端必须正确连接，不能搞错。否则，变压器不能正常工作。

（9）电源变压器短路性故障的综合检测判别。电源变压器发生短路性故障后的主要表现是发热严重和二次绕组输出电压失常。通常，线圈内部匝间短路点越多，短路电流就越大，而变压器发热就越严重。检测判断电源变压器是否有短路性故障的简单方法是测量空载电流。

存在短路故障的变压器，其空载电流值将远大于满载电流的10%。当短路严重时，变压器在空载加电后几十秒之内便会迅速发热，用手触摸铁心会有烫手的感觉。此时不用测量空载电流便可断定变压器有短路点存在。

4.2.3　电感器的识别

1. 常规电感器

常规电感器的电感量通常有以下两种表示法。

（1）直标法。电感量是由数字和单位直接标在外壳上，数字是标称电感量，其单位是μH或mH。

（2）数码表示法。通常采用三位数字和一位字母表示，前两位表示有效数字，第三位表示有效数字乘以10的幂，小数点用R表示，最后一位英文字母表示偏差范围，单位为pH，如220K表示22pH，8R2J表示8.2pH。

电感器绕组的通/断、绝缘等可用万用表的电阻档进行检测。检测时，将万用表置于R×1档或R×10k档，用两表笔接触电感的两端，指针应指示导通，否则说明断路。该法适合粗略、快速测量电感是否烧坏。

2. 贴片电感器

贴片电感器可分为小功率电感器及大功率电感器两类。小功率电感器主要用于主板电路等；大功率电感器主要用于逆变器的储能元件或滤波元件。

（1）贴片电感的标注方法。小功率电感常用单位有nH及μH。用nH作为单位时，用N或R表示小数点。例如，4N7表示4.7nH，4R7则表示4.7pH；10N表示10nH，而10pH则用 100 来表示。大功率电感上有时印有 680K、220K 字样，分别表示 68pH 和 22pH。

（2）小功率贴片电感器。小功率贴片电感器有三种结构：绕线贴片电感器、多层贴片电感器、高频贴片电感器。

1）绕线贴片电感器：绕线贴片电感器是用漆包线绕在骨架上做成的，根据不同的骨架材料、不同的匝数而有不同的电感量及 0 值。它有三种外形，如图 4-2 所示。

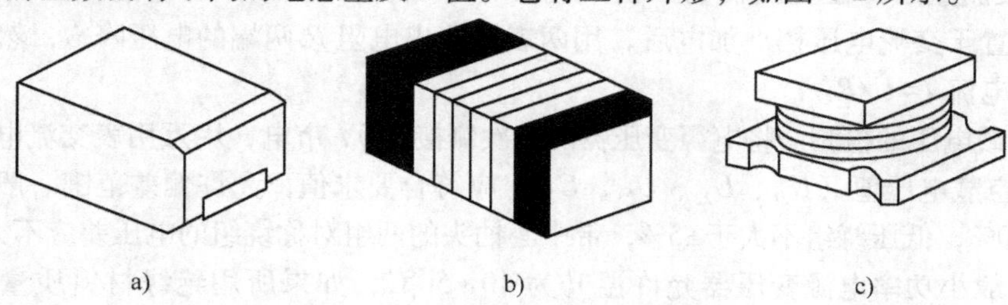

图 4-2 绕线贴片电感器的外形

a）外部塑料模压（有屏蔽） b）长方形陶瓷 c）工字形铁氧体骨架

图 4-2a 所示的内部有骨架绕线，外部有磁性材料屏蔽，经塑料模压封装的结构；图 4-2b 所示的用长方形骨架绕线而成（骨架有陶瓷骨架或铁氧体骨架），两端头供焊接用；图 4-2c 所示的为工字形陶瓷、铝或铁氧体骨架，焊接部分在骨架底部。

图 4-2a 所示的结构有磁屏蔽，与其他电感之间相互影响小，可高密度安装；图 4-2b 所示的尺寸最小，图 4-2c 所示的尺寸最大。绕线贴片电感器的工作频率主要取决于骨架材料。例如，采用空心或铝骨架的电感器是高频电感器，采用铁氧体的骨架则为中、低频电感器。

2）多层贴片电感器：多层贴片电感器是用磁性材料采用多层生产技术制成的无绕线电感器。它采用铁氧体膏浆及导电膏浆交替层叠并采用烧结工艺形成整体单片结构，有封闭的磁回路，所以有磁屏蔽作用。该类电感器的特点有，尺寸可做得极小，最小为 1mm×0.5mm×0.6mm；具有高可靠性；由于有良好的磁屏蔽，无电感器之间的交叉耦合，可实现高密度安装。

3）高频（微波）贴片电感器：高频（微波）贴片电感器是在陶瓷基片上采用精密薄膜多层工艺技术制成，具有高精度[±(2%~5%)]，且寄生电容极小。

（3）大功率贴片电感器。大功率贴片电感器都是绕线型的，主要用于电源、逆变器中，用作储能元件或大电流 *LC* 滤波元件（降低噪声电压输出）。它由方形或圆形的工字形铁氧体为骨架，采用不同直径的漆包线绕制而成，如图 4-3 所示。

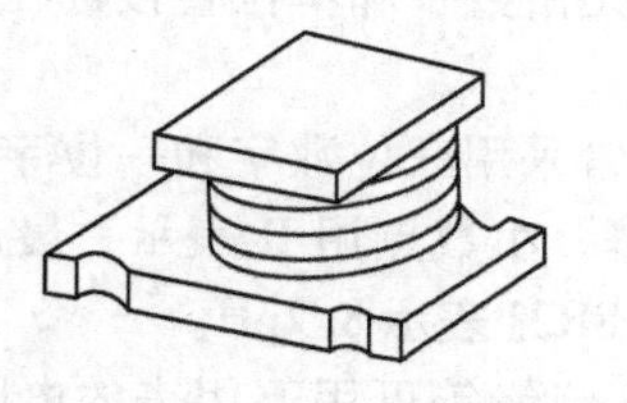
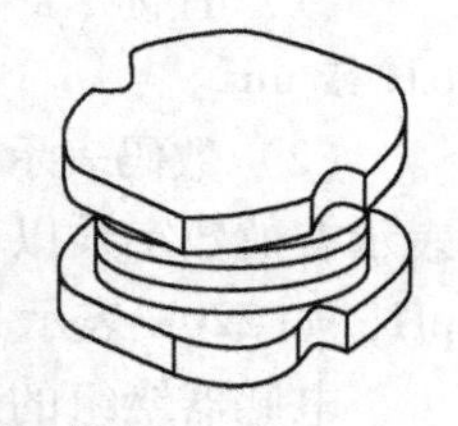

图 4-3 大功率贴片电感器外形

4.3 电感器的功能和作用

当电感中通过直流电流时，其周围只呈现固定的磁力线，不随时间而变化；可是当在线圈中通过交流电流时，其周围将呈现出随时间而变化的磁力线。根据法拉第电磁感应定律，变化的磁力线在线圈两端会产生感应电动势，此感应电动势相当于一个“新电源”。当形成闭合回路时，此感应电动势就要产生感应电流。由楞次定律知道感应电流所产生的磁力线总要力图阻止磁力线的变化。磁力线变化来源于外加交变电源的变化，故从客观效果看，电感线圈有阻止交流电路中电流变化的特性。电感线圈有与力学中的惯性相类似的特性，在电学上取名为“自感应”。通常在拉开或接通刀开关的瞬间，会产生火花，这是自感现象产生很高的感应电动势所造成的。当电感线圈接到交流电源上时，线圈内部的磁力线将随电流的交变而时刻在变化着，致使线圈产生电磁感应。这种因线圈本身电流的变化而产生的电动势，称为“自感电动势”。

由此可见，电感量只是一个与线圈的圈数、大小形状和介质有关的一个参量，它是电感线圈惯性的量度而与外加电流无关。

电感器的功能和作用有以下几点：

（1）电感线圈阻流作用。电感线圈中的自感电动势总是与线圈中的电流变化相抗。电感线圈对交流电流有阻碍作用，阻碍作用的大小称感抗 X_L，单位是 Ω。它与电感量 L 和交流电频率 f 的关系为 $X_L=2\pi fL$，电感器主要可分为高频阻流线圈及低频阻流线圈。

（2）调谐与选频作用。电感线圈与电容器并联可组成 LC 调谐电路。即电路的固有振荡频率 f_0 与非交流信号的频率 f 相等，则回路的感抗与容抗也相等，于是电磁能量就在电感、电容之间来回振荡，这是 LC 回路的谐振现象。谐振时电路的感抗与容抗等值又反向，回路总电流的感抗最小，电流量最大（指 $f=f_0$ 的交流信号），LC 谐振电路具有选择频率的作用，能将某一频率 f 的交流信号选择出来。

（3）电感器还有筛选信号、过滤噪声、稳定电流及抑制电磁波干扰等作用。

（4）在电子设备中，这种磁环与连接电缆构成一个电感器（电缆中的导线在磁环上绕几圈电感线圈），它是电子电路中常用的抗干扰元件，对高频噪声有很好的屏蔽作用，故被称为吸收磁环，通常使用铁氧体材料制成，又称铁氧体磁环（简称磁环）。磁环在不同的频率下有不同的阻抗特性。在低频时阻抗很小，当信号频率升高后磁环的阻抗急剧变大。

信号频率越高，越能辐射出去，而有的信号线都是没有屏蔽层的，这些信号线就成了很好的天线，会接收周围环境中各种杂乱的高频信号，而这些信号叠加在传输的信号上，甚至会改变传输的有用信号，严重干扰电子设备的正常工作。降低电子设备的电磁干扰（EMI）已经是设计中要考虑的问题。在磁环作用下，既能使正常有用的信号顺利通过，又能很好地抑制高频干扰信号，而且成本低廉。

4.4 技能训练

项目：电感器、变压器的识别与检测

1. 实训目的

熟悉掌握用万用表检测和判别电感器、变压器的方法与技能。

2. 工具与器材

工具：万用表、Q 表各一只。

器材：各类常用电感器和变压器若干。

3. 实训步骤

（1）将 Q 表的功能档置于电感档。

（2）分别接好电感器，选择适当的量程，读取电感量，填入表中。

（3）将 Q 表的功能档置于 Q 值档。

（4）分别接好电感器，选择适当的量程，读取电感器的 Q 值，填入表中。

（5）用万用表测量电感器两端电阻值，填入下表：

电感器测量记录表

电感器编号	电感量	电感器 Q 值	电感器阻值	电感器好坏

（6）用万用表测量变压器两侧绕组的电阻，初步判别变压器的好坏。

思 考 题

1. 电感器的基本参数有哪些？
2. 试述几种常用电感器的结构、特点及用途。
3. 常用变压器有哪些特点？如何用万用表判断其质量？

第 5 章　半导体分立器件

5.1　半导体分立器件的命名和分类

半导体分立器件包括二极管、晶体管及半导体特殊器件。虽然集成电路飞速发展，并在不少领域取代了这些器件。但是半导体器件有其自身的特点，仍是电子产品中不可缺少的器件。

5.1.1　国产半导体分立器件的命名

国产半导体分立器件由 5 个部分组成，前 3 个部分的符号意义见表 5-1。第 4 部分用数字表示器件序号，第 5 部分用汉语拼音字母表示规格号。

表 5-1　国产半导体分立器件命名

第 1 部分		第 2 部分		第 3 部分			
用数字表示器件的电极数目		用汉语拼音字母表示器件的材料与极性		用汉语拼音字母表示器件的类型			
符号	意义	符号	意义	符号	意义	符号	意义
2	二极管	A	N 型，锗材料	P	普通管	S	隧道管
		B	P 型，锗材料	Z	整流管	U	光电管
		C	N 型，硅材料	L	整流堆	N	阻尼管
		D	P 型，硅材料	W	稳压管	Y	体效应管
		E	化合物	K	开关管	EF	发光管
3	三极管	A	PNP 型，锗材料	X	低频小功率管	T	晶闸管
		B	NPN 型，锗材料	D	低频大功率管	V	微波管
		C	PNP 型，硅材料	G	高频小功率管	B	雪崩管
		D	NPN 型，硅材料	A	高频大功率管	J	阶跃恢复管
		E	化合物	K	开关管	U	光敏管
				CS	场效应晶体管	BT	特殊器件
				FH	复合管	JG	激光器件

注：场效应晶体管、半导体特殊器件、复合管、PIN 型管、激光器件的命名只有第 3、4、5 部分。

示例

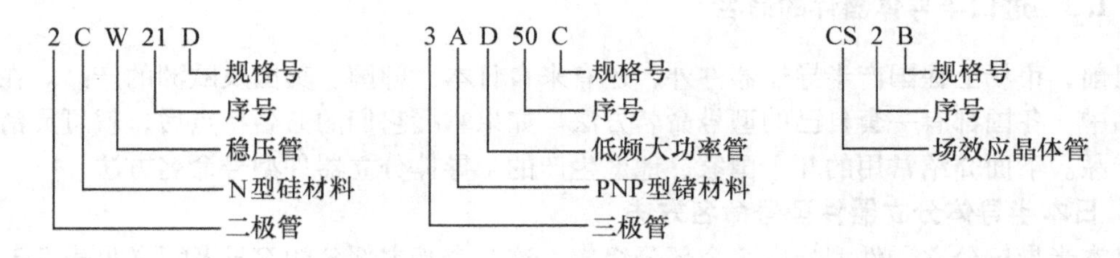

5.1.2 半导体分立器件的分类

半导体分立器件种类很多，分类方式有多种。按半导体材料可分为硅管与锗管；按极性可分为N型与P型，PNP型与NPN型；按结构及制造工艺可分为扩散型、合金型与平面型；按电流容量可分为小功率管、中功率管与大功率管；按工作频率可分为低频管、高频管与超高频管；按封装结构可分为金属封装、塑料封装、玻璃钢壳封装、表面封装与陶瓷封装；按功能和用途可分为低噪声放大晶体管、中高频放大晶体管、低频放大晶体管、开关晶体管、达林顿晶体管、带阻尼晶体管、微波晶体管、光电晶体管与磁敏晶体管等多种类型。表5-2列出了半导体分立器件的分类。

表5-2 半导体分立器件分类

<table>
<tr><td rowspan="4">半导体二极管</td><td>普通二极管</td><td colspan="2">整流二极管、检波二极管、稳压二极管、恒流二极管、开关二极管等</td></tr>
<tr><td>特殊二极管</td><td colspan="2">微波二极管、变容二极管SBD、雪崩管、TD管、PIN管、TVP管等</td></tr>
<tr><td>敏感二极管</td><td colspan="2">光敏、温敏、压敏、磁敏等</td></tr>
<tr><td>发光二极管</td><td colspan="2">采用砷化镓、磷化镓、镓铝砷等材料</td></tr>
<tr><td rowspan="3">双极型晶体管</td><td rowspan="2">锗管</td><td colspan="2">高频小功率（合金型、扩散型）</td></tr>
<tr><td colspan="2">低频大功率（合金型、扩散型）</td></tr>
<tr><td>硅管</td><td colspan="2">低频大功率管、大功率高反压管（扩散型、扩散台面型、外延型）
高频小功率管、超高频小功率管、高速开关管（外延平面工艺）
低噪声管、微波低噪声管、超β管（外延平面工艺、薄外延、纯化技术）
高频大功率管、微波功率管（外延平面型、覆盖式、网状结构、复合型）
专用器件：单结晶体管、可编程单结晶体管</td></tr>
<tr><td rowspan="4">晶闸管</td><td>单向晶闸管</td><td colspan="2">普通晶闸管、高频（快速）晶闸管</td></tr>
<tr><td>双向晶闸管</td><td colspan="2"></td></tr>
<tr><td>可关断晶闸管</td><td colspan="2"></td></tr>
<tr><td>特殊晶闸管</td><td colspan="2">正（反）向阻断管、逆导管等</td></tr>
<tr><td rowspan="4">场效应晶体管</td><td rowspan="2">结型</td><td>硅管</td><td>N沟道（外延平面型）、P沟道（双扩散型）
隐埋栅、V沟道（微波大功率）</td></tr>
<tr><td>砷化镓</td><td>肖特基势垒栅（微波低噪声、微波大功率）</td></tr>
<tr><td rowspan="2">MOS（硅）</td><td>耗尽型</td><td>N沟道、P沟道</td></tr>
<tr><td>增强型</td><td>N沟道、P沟道</td></tr>
</table>

5.1.3 进口半导体器件的命名

目前，市场上除国产半导体器件外，还有来自日本、韩国、美国及欧洲的产品。在众多的产品中，各国都有一套自己的型号命名方法。如果掌握它们的命名特点后，就可灵活地选用其产品。下面介绍常用的几个国家、地区生产的半导体分立器件型号命名方法。

1. 日本半导体分立器件型号命名方法

日本半导体分立器件型号由5个部分组成，这5个基本部分的符号及意义见表5-3。

表 5-3 日本半导体分立器件型号命名方法

第1部分		第2部分		第3部分		第4部分		第5部分	
用数字表示器件有效电极数目		日本电子工业协会（JEIA）注册标志		用字母表示器件的材料、极性和类型		器件在日本电子工业协会（JEIA）登记号		同一型号的改进型产品标志	
符号	意义	符号	意义	符号	意义	符号	意义	符号	意义
0	光敏二极管或三极管及其组合管	S	已在日本电子工业协会（JEIA）注册的半导体器件	A B C D F G J K M	PNP 高频晶体管 NPN 低频晶体管 PNP 高频晶体管 NPN 低频晶体管 P 控制可控硅 N 基极单结晶体管 P 沟道场效应晶体管 N 沟道场效应晶体管 双向晶闸管	多位数字	该器件在日本电子工业协会（JEIA）登记号，性能相同而厂家不同，生产的器件使用同一个登记号	A B C D ⋮	表示这一器件是原型号的改进型产品
1	二极管								
2	三极管								
3	具有4个有效电极器件								
$n-1$	具有 n 个有效电极器件								

示例

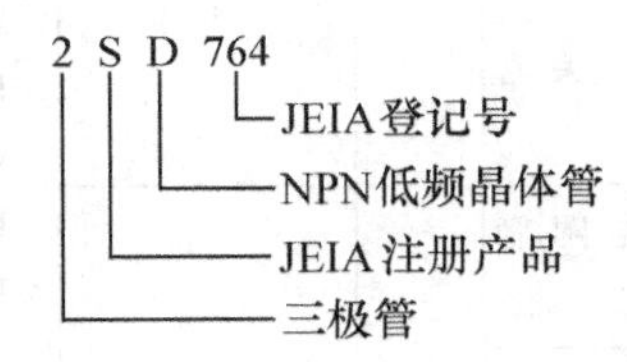

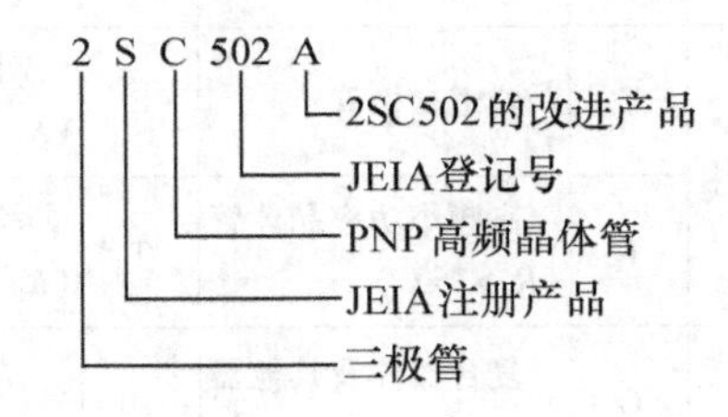

2. 美国半导体分立器件型号命名方法

美国电子工业协会（EIA）的半导体分立器件型号命名方法规定，半导体分立器件型号由5部分组成，第1部分为前缀，第5部分为后缀，中间3部分为型号的基本部分。这5部分的符号及意义见表5-4。

表 5-4 美国半导体分立器件型号命名方法

第1部分		第2部分		第3部分		第4部分		第5部分	
用符号标示器件类别		用数字表示 PN 结数目		美国电子工业协会（EIA）注册标志		美国电子工业协会（EIA）登记号		用字母表示器件分档	
符号	意义	符号	意义	符号	意义	符号	意义	符号	意义
JAN 或 J	军品用	1 2	二极管 三极管	N	该器件已在美国电子工业协会（EIA）注册登记	多位数字	该器件在美国电子工业协会（EIA）登记号	A B C D	同一型号器件的不同档别
无	非军用品	3 n	3个 PN 结器件 n 个 PN 结器件						

示例

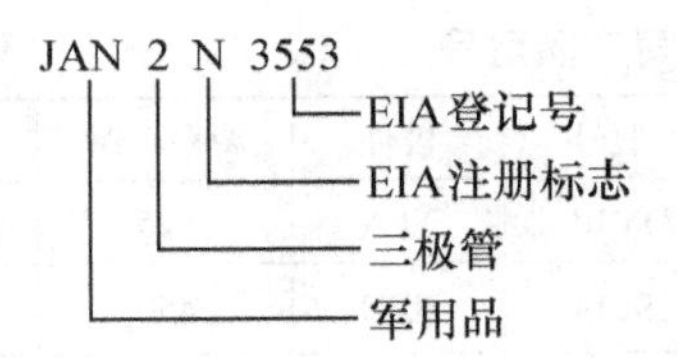

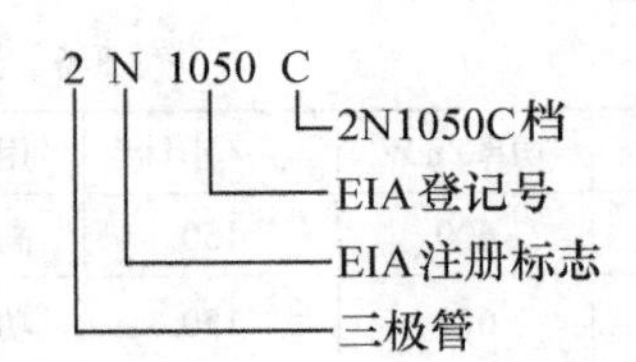

3. 欧洲半导体分立器件型号命名方法

欧洲国家大都使用国际电工委员会的标准半导体分立器件型号命名方法对晶体管型号命名，其命名方法由 4 个基本部分组成，见表 5-5。

表 5-5 欧洲半导体分立器件型号命名方法

第 1 部分		第 2 部分				第 3 部分		第 4 部分	
用字母表示器件使用的材料		用字母表示器件的类型与主要特性				用数字或字母表示登记号		用字母表示同一器件分档	
符号	意义	符号	意义	符号	意义	符号	意义	符号	意义
A	锗材料	A	检波二极管、开关二极管、混频二极管	M	封闭磁路中的霍尔元件	三位数字	代表通用半导体器件的登记序号	A B C D E ⋮	表示同一型号的半导体器件按某一参数进行分档的标志
		B	变容二极管	P	光电器件				
B	硅材料	C	低频小功率晶体管 (R_{tj}>15℃/W)	Q	发光器件				
		D	低频大功率晶体管 (R_{tj}≤15℃/W)	R	小功率晶闸管 (R_{tj}>15℃/W)				
C	砷化镓材料	E	隧道二极管	S	小功率开关管 (R_{tj}>15℃/W)				
		F	高频小功率晶体管 (R_{tj}>15℃)	T	大功率晶闸管 (R_{tj}>15℃/W)	一个字母两个数字	代表专用半导体器件的登记序号		
D	锑化铟材料	G	复合器件及其他器件	U	大功率开关管 (R_{tj}>15℃/W)				
		H	磁敏二极管	X	倍增二极管				
R	复合材料	K	开放磁路中的霍尔元件	Y	整流二极管				
		L	高频大功率晶体管 (R_{tj}≤15℃/W)	Z	稳压二极管				

示例

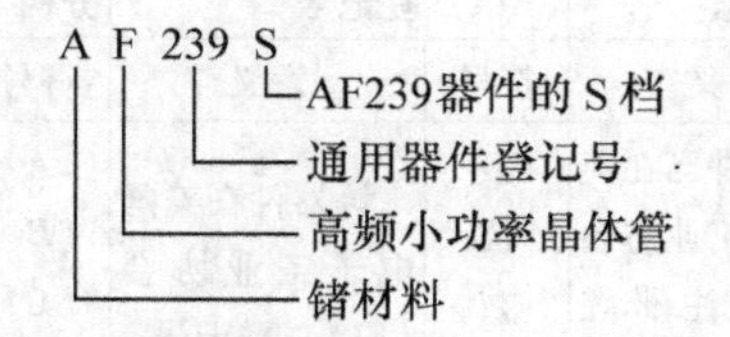

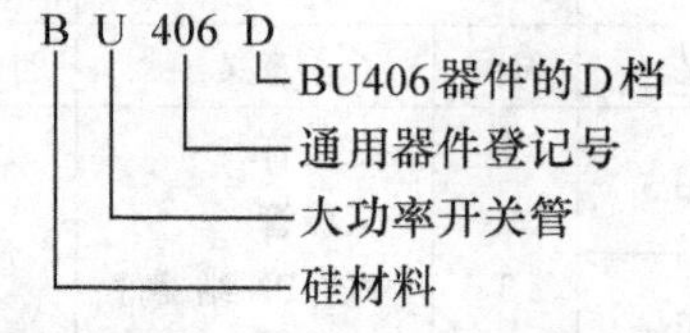

市场上常见的还有韩国三星公司的晶体管，它是以 4 位数字来表示型号的，三星公司的晶体管型号见表 5-6。

表 5-6 三星公司产品型号

型号	极性	功率/mW	f_T/MHz	用途	型号	极性	功率/mW	f_T/MHz	用途
9011	NPN	400	150	高放	9013	NPN	625	140	功放
9012	PNP	625	150	功放	9014	NPN	450	80	低放

（续）

型号	极性	功率/mW	f_T/MHz	用途	型号	极性	功率/mW	f_T/MHz	用途
9015	PNP	450	80	低放	8050	NPN	1000	100	功放
9016	NPN	400	500	超高频	8550	PNP	1000	100	功放
9018	NPN	400	500	超高频					

5.2 二极管

二极管（Diode）和晶体管（Transistor）是组成分立器件电子电路的核心器件。二极管具有单向导电性，可用于整流、检波、稳压、混频等电路。晶体管对信号具有放大作用和开关作用。二极管和晶体管的管壳上一般都印有规格和型号。二极管的符号如图5-1所示，图示左边引脚为二极管正（阳）极，右边引脚为二极管负（阴）极。

图5-1 二极管的符号

5.2.1 二极管的种类

1. 检波二极管

检波二极管用来对收音机、电视机等接收到的信号进行检波。由于这些信号频率较高，因此检波二极管对工作频率有较高要求。

2. 整流二极管

整流二极管用来将交流电源转变成直流电源。对整流二极管要求有一定的耐压值，并能通过一定的电流。

3. 开关二极管

开关二极管在电路中起开关作用，要求它工作速度快，其反向恢复时间（t_0）只有几纳秒（$1ns=10^{-9}s$）。开关二极管具有良好的高频开关特性，现已被广泛用于电子计算机、电视机中的开关电路，还被用到控制、高频电路中。

硅高速开关二极管的典型产品有1N4148、1N4448。两者除零偏压结电容（即反向偏压$U_R=0$时的结电容）值略有差异之外，其他技术指标完全相同。

4. 发光二极管

发光二极管（Light Emitting Diode，LED）通常是用砷化稼、磷化稼等材料制成。它具有工作电压低、耗电少、响应速度快、抗冲击、耐振动、性能好、轻而小的特点，被广泛应用于显示电路中。发光二极管如图5-2所示。

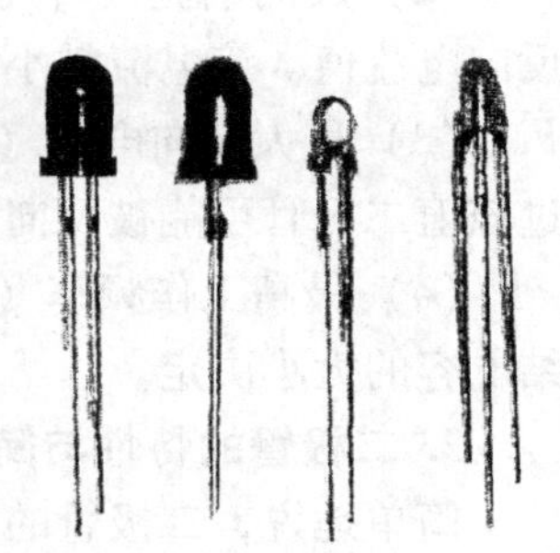

图5-2 发光二极管

发光二极管和普通二极管一样具有单向导电性，正向导通时才能发光。发光二极管发光颜色有多种，例如红、绿、黄等，形状有圆形和长方形等。发光二极管出厂时，一般将正极引线做得比负极引线长，若辨别不出引线的长短，则可以用辨别普通二极管引脚的方法来辨别其阳极和阴极。发光二极管正向工作电压一般在1.2~2.5V，允许通过的电流为2~20mA，电流越大发光越亮。发光二极管电压、电流的大小依器件型号不同而稍有差异。发光二极管若与 TTL 组件相连接使用时，一般需串接一个 300Ω 左右的降压电阻，以防止损坏器件。

5. 稳压二极管（简称稳压管）

稳压管有玻璃封装、塑料封装和金属外壳封装几种。前者外形与普通二极管相似。稳压管在电路中是反向连接的，它能使稳压管所接电路两端的电压稳定在一个规定的电压范围内，这个电压范围被称为稳压值。确定稳压管稳压值的方法有 3 种：

（1）根据稳压管的型号查阅手册。

（2）在晶体管测试仪上测出其伏安特性曲线，从而获得稳压值。

（3）通过简单的实验电路测得。

6. 光电二极管

光电二极管是一种将光信号转换成电信号的半导体器件，其符号如图 5-3 所示。

在光电二极管的管壳上备有一个玻璃窗口，以便接受光照。当有光照时，其反向电流随光照强度的增加而上升。因此，利用光电二极管反向电流可测量光强。

7. 变容二极管

变容二极管在电路中能起到可调电容的作用，其结电容随反向电压的增加而减小。变容二极管的符号如图 5-4 所示。

变容二极管主要应用于高频电路中，常常用变容二极管制作调谐电路。

图 5-3 光电二极管符号　　图 5-4 变容二极管符号

5.2.2 二极管的主要参数与简单测试

1. 二极管的主要参数

（1）最大整流电流（I_f）。最大整流电流也叫直流电流，是指二极管长期工作时所允许的最大正向平均电流。该电流的大小与二极管的种类有关，小的十几毫安，大的几千安培，是由 PN 结的面积和散热条件决定的。

（2）反向电流（I_R）。反向电流也叫反向漏电流，是指二极管加反向电压未被击穿时的反向电流值。该电流越小，二极管的单向导电性能越好。

（3）最大反向电压（U_R）。最大反向电压是指二极管工作时所承受的最高反向电压，超过该值二极管可能被反向击穿。

（4）最高工作频率（f_M）。最高工作频率是指二极管工作频率的最大值，主要由 PN 结结电容的大小决定。

2. 二极管的特性与简单测试

简单地说，二极管的特性就是单向导电性，即正向导通、反向截止。

从图 5-5 所示的二极管的特性曲线可知，在二极管两端加正向电压，当正向电压小于某个值 U_a 时，二极管电流几乎等于 0，只有当二极管两端加上超过 U_a 的正向电压时，流过二极管的电流才迅速增大。我们把 U_a 称为二极管的导通电压，用锗材料制作的二极管的正向导通电压大约为 0.2V，用硅材料制作的二极管的正向导通电压大约为 0.7V；发光二极管的正向导通电压一般为1.2~2.5V（与型号有关）。如果在二极管两端加反向电压，则二极管基本不导通，电流几乎等于0。但如果二极管两端所加反向电压过高，则二极管会被反向击穿，反向击穿后如在电路中不加以控制，则反向电流会迅速升高。

普通小功率二极管一般有玻璃封装和塑料封装两种，如图5-6所示。图5-6所示上面两个是整流二极管，下面两个分别是开关二极管和稳压二极管。

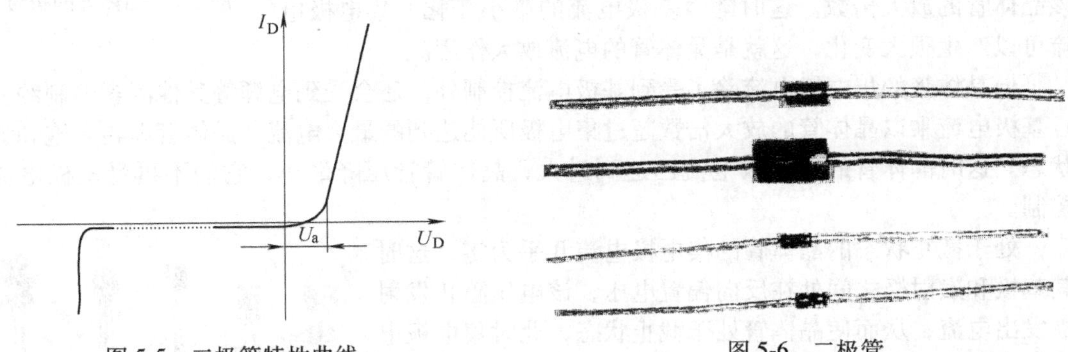

图5-5　二极管特性曲线　　　　图5-6　二极管

二极管的外壳上一般均印有型号和正负标记。有的二极管上只印有一个色环，一般印有环的一端为负极。若遇到型号标记不清时，可以根据二极管正向导通电阻值小，反向截止电阻值大的原理，借助万用表来简单判定二极管的好坏和极性。模拟万用表正端（+）红表笔接的是表内电池的负极，而负端（-）黑表笔接的是表内电池的正极。具体做法是，将模拟万用表置于R×100或R×1kΩ档，将红、黑两表笔接触二极管两端，万用表有一指示值；将红、黑两表笔反过来再次接触二极管两端，万用表又有一指示值。若两次指示的阻值相差很大，说明该二极管单向导电性好，并且阻值大（几百千欧以上）的那次红表笔所接为二极管的阳极；若两次指示的阻值相差很小，说明该二极管已失去单向导电性；若两次指示的阻值都很大，则说明该二极管已开路。

如果采用数字万用表判别，则可直接用数字万用表的二极管档测量二极管。若红表笔接二极管阳（正）极，黑表笔接二极管阴（负）极，则二极管正偏，万用表有一定数值显示。若红表笔接二极管阴（负）极，黑表笔接二极管阳（正）极，则二极管反偏，万用表高位显示“1”或很大的数值。这样说明二极管是好的。若两次测量的数值都很小，则二极管内部短路；若都很大或高位为“1”，则二极管内部开路。

5.3　晶体管

5.3.1　晶体管种类与工作特性

1. 晶体管及其分类

晶体管有发射极（Emitter，用E表示）、基极（Base，用B表示）、集电极（Collector，用C表示）3个电极，晶体管按其材料分，有锗晶体晶体管和硅晶体晶体管；按PN结组合分有NPN型晶体管和PNP型晶体管；按工作频率（特征频率）分，有高频管（f_T> 3MHz）、低频管（f_T<3MHz）；按功率分，有大功率管（P_C>1W）、中功率管（0.5W≤P_C≤1W）和小功率管（P_C<0.5W）。晶体管的符号如图 5-7 所示。

2. 晶体管工作特性

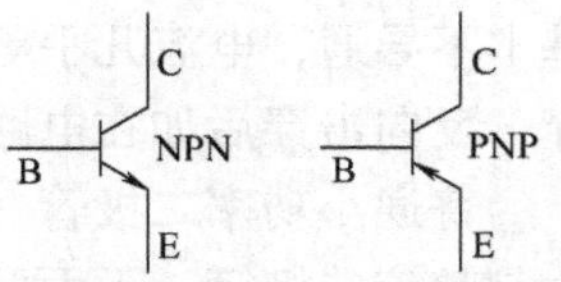

从工作原理看，晶体管可以工作在截止状态、放大状态或饱和状态。

当晶体管工作在放大状态时，集电极电流除以基极电流等于该晶体管的放大倍数。这时随着基极电流的微小变化，集电极电流可以产生很大变化，这就是晶体管的电流放大作用。

图 5-7 晶体管的符号

但晶体管的集电极电流除了受到基极电流控制外，还会受到电源等其他因素的制约。一旦基极电流乘以晶体管的放大倍数超过集电极所能达到的最大电流，晶体管即转入饱和导通状态。这时晶体管的集电极电流已达到最大，晶体管管压降最小，它们不再受基极电流的控制。

处于截止状态的晶体管的集电极电流几乎为零，这时其基极和发射极之间处在反向偏置电压，该电压阻止发射极发出电流，从而使晶体管处于截止状态，此时集电极电流为零，晶体管管压降最大。

常用的中小功率晶体管如图 5-8 所示。

图 5-8 常用的中小功率晶体管

3. 晶体管的判别

晶体管是由管芯（两个 PN 结）、三个电极和管壳组成，三个电极分别叫集电极（C）、发射极（E）和基极（B），目前常见的晶体管有硅平面管和锗合金管两种，每种又有 PNP 型和 NPN 型两类。这里介绍如何用万用表测量晶体管的三个引脚的简单方法。

（1）找出基极。对于 PNP 型晶体管，C、E 极分别为其内部两个 PN 结的正极，B 极为它们共同的负极；而对于 NPN 型晶体管而言，则正好相反，C、E 极分别为两个 PN 结的负极，而 B 极则为它们共用的正极。根据 PN 结正向电阻小反向电阻大的特性就可以很方便地判断基极和管子的类型。

具体方法如下：将万用表置于 R×100 或 R×1k 档。分别红表笔接触某一引脚，用黑表笔分别接另外两个引脚，这样就可得到三组（每组两次）读数。当其中一组中两次测量的都是几百欧的低阻值时，则红表笔所接触的引脚就是基极，且晶体管的管型为 PNP 型。如用上述方法测得一组中两次测量的都是几十至上百千欧的高阻值时，则红表笔所接触的引脚即为基极，且晶体管的管型为 NPN 型。

（2）判别发射极和集电极。由于在制作晶体管时，两个 P 区或两个 N 区的掺杂浓度不同，如果发射极、集电极使用正确，晶体管具有很强的放大能力；反之，如果发射极、集电极互换使用，则放大能力非常弱，由此即可把管子的发射极、集电极区别开来。在判别出管型和基极后，可用下列方法之一来判别集电极和发射极。

1）将万用表置于 R×1 档，用手将基极与另一引脚捏在一起（注意，不要让电极直接相碰），为使测量现象明显，可将手指湿润一下，将红表笔接在与基极捏在一起的引脚上，黑表笔接另一引脚，注意观察万用表指针向右摆动的幅度。然后将两个引脚对调，重复上述测量步骤。比较两次测量中指针向右摆动的幅度，找出摆动幅度大的一次。这时黑表笔接的是集电极，红表笔接的是发射极。对PNP型晶体管，则将黑表笔接在与基极捏在一起的引脚上，重复上述实验，找出指针摆动幅度大的一次。这种判别电极方法的原理是，利用万用表内部的电池，给晶体管的集电极、发射极加上电压，使其具有放大能力。用手捏其基极、集电极时，就等于通过手的电阻给晶体管加一正向偏流，使其导通，此时指针向右摆动幅度就反映出其放大能力的大小，因此可正确判别出发射极、集电极来。

2）将万用表置于$R×1$档，将万用表两个表笔接在管子的另外两个引脚，用手摸一下基极（湿润点效果更好），看指针指示，再将表笔对调，重复上述步骤，找出摆动大的一次。对于PNP型晶体管，红表笔接的是集电极，黑表笔接的是发射极；而对于NPN型晶体管，黑表笔接的是集电极，红表笔接的是发射极。

5.3.2　其他半导体器件

1. 单结晶体管

单结晶体管（Crystal Transistor）有1个PN结和3个电极、1个发射极及2个基极，所以又称为双基极二极管（Double-base Diode）。单结晶体管具有一种重要的电气性能——负阻特性，利用这种特性，可以组成弛张振荡器、自激多谐振荡器、阶梯波发生器及定时器等多种脉冲单元电路，并使这些电路的结构大为简化。

2. 晶闸管

晶闸管（Crystal Thyratron），曾称可控硅（Silicon Controlled Rectifier，SCR），是一种能对强电进行控制的大功率半导体器件。它实际上是一种可控的导电开关，能在弱电信号的作用下，可靠地控制强电系统的各种电路，去完成人们预想的工作。图5-9所示是几种晶闸管的外形及符号。

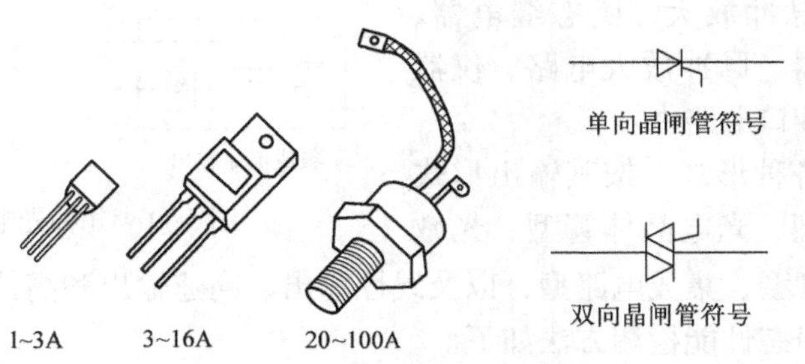

图5-9　晶闸管的外形及符号

3. 场效应晶体管

场效应晶体管（Field-Effect Transistor，FET），俗称场效应管。它是一种电压控制的半导体器件，即场效应晶体管的电流受控于栅极电压。目前，场效应晶体管的品种很多，但大致可以划分为两大类：一类是结型场效应晶体管；另一类是绝缘栅型场效应晶体管，也叫金属氧化物半导体场效应晶体管，通常简称为MOS场效应晶体管。图5-10所示为常用场效应晶体管的符号。

同晶体管有PNP和NPN两种极性类型一样，场效应晶体管根据其沟道所采用的半导体材料不同，又可区分为N型沟道和P型沟道两种。所谓沟道，就是电流的通道。由于场效应晶体管有极高的输入阻抗，常用于放大电路的输入级，它也可以接成源极跟随器对电路阻抗进行变换。另外，由于MOS场效应晶体管的制作工艺简单，因此已被大量用来制作集成电路。

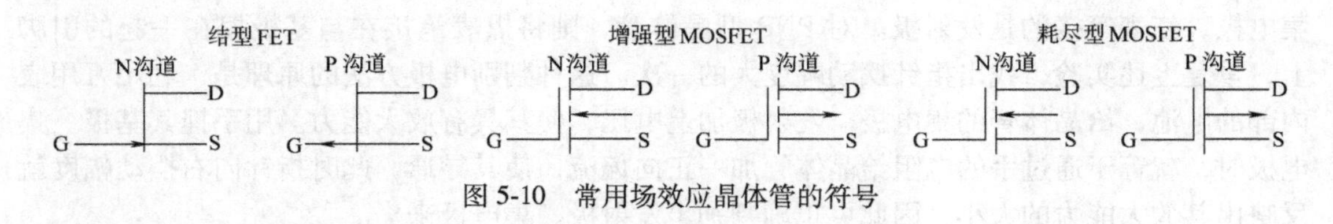

图 5-10 常用场效应晶体管的符号

5.3.3 常用光电器件

前面介绍了发光二极管、光电管等单独的光电器件。如果把发光二极管、光电管及其他一些器件组合起来，可以得到光电耦合器、光电开关、LED 数码管、LCD 显示器等光电器件。

1. 光电耦合器

光电耦合器（Optically Coupled Isolator）是以光为媒介传输电信号的器件。它由一只发光二极管和一只光控的光电器件（如光电晶体管、光电二极管）组成。图 5-11 所示为几种光电耦合器的符号。

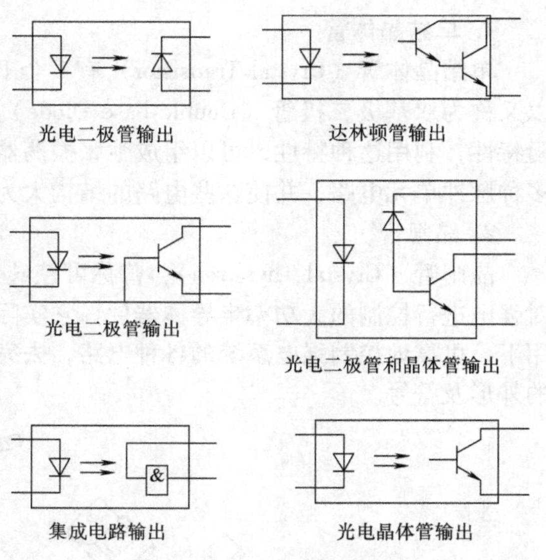

图 5-11 几种光电耦合器输出

光电耦合器的主要优点是，信号单向传输，输入端与输出端隔离，输出信号对输入端无影响，抗干扰能力强，传输效率高，工作稳定，无触点，使用寿命长等。现已广泛用于电气隔离、电平转换、级间耦合、驱动电器、开关电路、脉冲放大、固态继电器、斩波器、多谐振荡器、脉冲放大电路、仪器仪表和微型计算机接口电路中。

光电耦合器有各种形式，按其输出形式分，有光电二极管型、光电晶体管型、光敏电阻型、光控晶闸管型、集成电路型，以及线性输出、高速输出和高传输比输出等。

光电耦合器的静态性能检测方法如下。

（1）利用 $R\times100$（或 $R\times1\text{k}\Omega$）档测量发射管的正、反向电阻，检查单向导电性。发光二极管具有一般二极管的单向导电特性，即正向电阻小，反向电阻大。通常正向电阻为几百欧，反向电阻为几千欧或几十千欧。如果测量的结果是正、反向电阻非常接近，表明发光二极管性能欠佳或已损坏。检查时，要注意只能使用万用表 $R\times10\Omega$、$R\times100\Omega$ 或 $R\times1\text{k}\Omega$ 档，不能使用 $R\times10\ \text{k}\Omega$ 档。因为发光二极管工作电压一般在 1.5~2.3V，而 $R\times10\ \text{k}\Omega$ 档电池电压为 9~15V，会导致发光二极管击穿。

（2）分别测量接收管的集电结与发射结的正、反向电阻，均应单向导电。然后用读取电流法测量穿透电流 I_{CEO}，应等于零。将黑表笔接 C 极，红表笔接 E 极，指针应只有微动。对换两表笔再测，指针应不动。也就是说，无论正、反向测量其阻值均为无穷大，否则光电晶体管已损坏。

（3）用 $R\times10\ \text{k}\Omega$ 档检查初级（发射管）与次级（接收管）的绝缘电阻，应为无穷大。

有条件者可用绝缘电阻表（俗称摇表、兆欧表）实际测一下发射管与接收管之间的绝缘电压与绝缘电阻值。绝缘电阻表的额定电压应略低于光电耦合器手册中所规定的耐压值，测量耐压时间为1min。

上述发光二极管或光电晶体管只要有一个器件损坏，或者它们之间的绝缘不良，光电耦合器就不能正常使用。

2. 光电开关

光电开关（Photoelectric Switch）是光电接近开关的简称，属接近开关中的一类。光电开关是通过把光强度的变化转换成电信号的变化来实现控制。光电开关没有机械磨损，不产生电火花，是一种安全、可靠和寿命长的无触点开关。

3. LED数码管

LED数码管是目前最常用的一种数码显示器件，它由若干发光二极管组成。

（1）构造和显示原理。LED数码管分共阳极与共阴极两种，如图5-12所示，a~g代表7个笔段的驱动端，亦称为笔段电极，dp是小数点，com表示公共极。

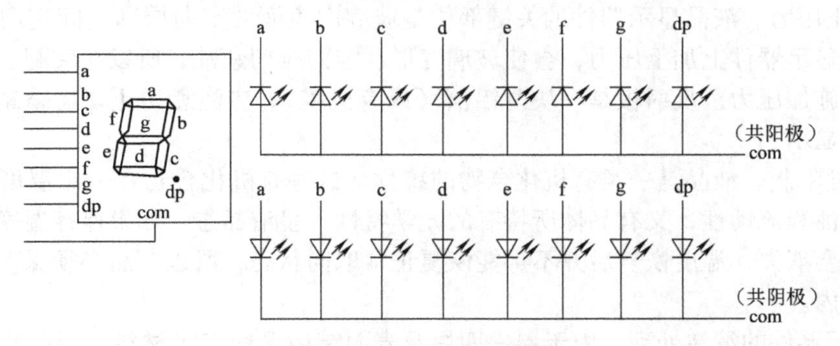

图5-12 常用的LED数码管

对于共阳极LED数码管，将8只发光二极管的阳极（正极）连接在一起作为公共阳极。其工作特点是，当笔段电极接低电平，公共阳极接高电平时，相应笔段可以发光。

共阴极LED数码管则与之相反，它是将发光二极管的阴极（负极）连在一起作为公共阴极。当驱动信号为高电平，com端接低电平时，才能发光。

（2）简易检测。LED数码管外观要求颜色均匀、无局部变色、无气泡等，在业余条件下可用干电池或稳压电源作进一步检查。以共阴极数码管为例，将电源负极引出线固定接触在LED数码管的公共负极端上，电源正极引出线依次接触各笔段的正极端。该引出线接触到某一笔段的正极端时，那一笔段就应显示出来。用这种简单的方法就可检查出数码管是否断笔（某笔画不能显示）、连笔（某些笔画连在一起），并且可比较不同笔段发光的强弱性能。若检查共阳极数码管，只需将电源正负极引出线对调一下，检测方法同上。

4. 液晶显示器

液晶显示器件（Liquid Crystal Display，LCD）是一种新型显示器件。它利用液晶分子在电场中会改变排列方向的特点，来达到显示的目的。

（1）基本特点。液晶显示器件有很多独特的优越性能，如低压、微功耗、不怕光、体薄、结构紧凑、可以实现彩色化、可制成存储型等。但也有不少显著的缺点，如使用温度范围窄、显示视角小、本身不发光、不能做成大面积器件等。

常用TN型液晶显示器件具有下列优点。

1）工作电压低（2~6V），微功耗（$1\mu W/cm^2$ 以下），能与CMOS电路匹配。

2）显示柔和、字迹清晰；不怕强光冲刷，光照越强对比度越大，显示效果越好。

3）体积小、重量轻、平板型。

4）设计、生产工艺简单；器件尺寸既可做得很大，也可做得很小；显示内容在同一显示面内可以做得多，也可以少，且显示字符可设计得美观大方。

5）可靠性高、寿命长、价格低廉。

（2）注意事项如下：

1）防止施加直流电压。驱动电压中的直流成分越小越好，一般不得超过100mV，长时间地施加过大的直流成分，会使LCD发生电解和电极老化，从而降低寿命。

2）防止紫外线的照射。液晶是有机物，在紫外线照射下会发生化学反应，所以液晶显示器在野外使用时应考虑在前面放置紫外滤光片或采取别的防紫外线措施。使用时也应避免阳光的直射。

3）防止压力。液晶显示器件的关键部位是玻璃内表面的定向层和其间定向排列的液晶层，如果在显示器件上加上压力，会使玻璃变形、定向排列紊乱，所以在装配、使用时须尽量防止随便施加压力。反射板是一块薄铝箔（或有机膜），应注意防止硬物磕碰，以免出现划痕，影响显示。

4）温度限制。液晶是一类有机化合物的统称，这些有机化合物在一定温度范围内既有液体的连续性和流动性，又有晶体所特有的光学特性，呈液晶态。如果保存温度超过规定范围，液晶态会消失，温度恢复后并不都能恢复正常取向状态，所以产品必须保存和使用在许可温度范围内。

5）显示器件的清洁处理。由于器件四周及表面结构采用有机材料，所以只能用柔软的布擦拭，避免使用有机溶剂。

6）防止玻璃破裂。显示器件是玻璃的，如果跌落，玻璃肯定会破裂。在设计时还应考虑装配方法及装配的耐振和耐冲击性能。

7）防潮。液晶显示器件工作电压甚低，液晶材料电阻率极高（达 $1\times10^{10}\Omega\cdot m$ 以上），所以潮湿造成的玻璃表面导电，就可以使器件在显示时发生“串段”现象，设计和使用时必须考虑防潮。

5.4 技能训练

项目：二极管、晶体管的识别与检测

1. 实训目的

通过对二极管、晶体管的检测学会以下两点：

1）对二极管、晶体管判别好坏。

2）对二极管、晶体管判别极性。

2. 工具与器材

工具：万用表一只

器材：不同型号规格的二极管和晶体管若干。

3. 实训步骤

（1）将万用表量程置于 R×1k 档。

（2）分别测量二极管的阻值并记录如下：

二极管测量记录表

二极管编号	初测阻值	对调表笔测量阻值	质量好坏	标出二极管负极

（3）测量晶体管各极之间的电阻并做记录。电阻下标在前数字（或字母）代表接万用表红表笔。

晶体管测量记录表

晶体管编号	R_{12}	R_{13}	R_{21}	R_{23}	R_{31}	R_{32}	基极

晶体管编号	NPN				PNP			
	R_{B1}	R_{B2}	C	E	R_{B1}	R_{B2}	C	E

思　考　题

1. 常用二极管有哪些类型？它们分别有哪些特点？
2. 如何判断普通二极管的质量好坏？
3. 如何利用指针式万用表判断普通晶体管的 E、B、C 极？

第 6 章　集 成 电 路

6.1　集成电路的命名和分类

6.1.1　集成电路的命名

集成电路的品种、型号非常繁多、难以计数，面对世界上如此飞速发展的电子产业，国际上对集成电路的型号命名无统一标准。各厂商或公司都按自己的一套命名方法来生产。这给识别集成电路型号带来了极大的困难，因此在选择集成电路时要以相应产品手册为准。

我国集成电路型号的命名采用与国际接轨的准则，共由 5 部分组成，各部分的含义见表 6-1。

表 6-1　国产半导体集成电路命名

第 1 部分		第 2 部分		第 3 部分	第 4 部分		第 5 部分	
		用字母表示器件类型		用数字表示器件的系列和品种代号	用字母表示器件的工作温度范围		用字母表示器件的封装	
符号	意义	符号	意义	要求	符号	意义	符号	意义
C	符合我国国家标准	T	TTL	与国际接轨	C	0~70℃	W	陶瓷扁平
		H	HTL		E	−40~85℃	B	塑料扁平
		E	ECL		R	−55~85℃	F	全封闭扁平
		C	CMOS		M	−55~125℃	D	陶瓷直插
		F	线性放大器				P	塑料直插
		D	音响、电视电路				J	黑陶瓷直插
		W	稳压器				K	金属菱形
		J	接口电路				T	金属圆形
		B	非线性电路					
		M	存储器					
		μ	微型机电路					

示例

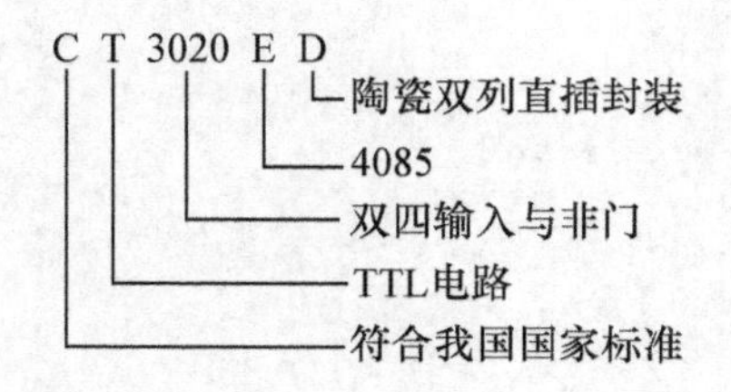

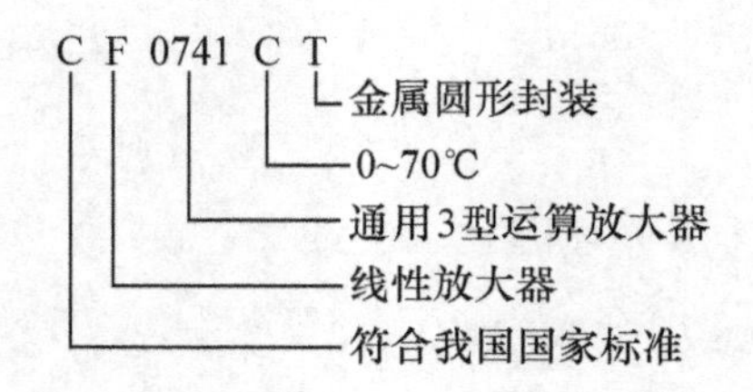

国外不同的集成电路制造厂商或公司，对产品有各自的型号命名方法，所使用符号和数字都有特定的含义。一般，用自己公司名称的缩写字母或者用公司的产品代号放在型号的开头，作为公司的标志，表示该公司的集成电路产品。从产品型号上可大致反映出该产品在制造工艺、性能、封装、等级等方面的基本特性和要求。例如，日本东芝公司产品型号用字母T开头，日本三菱公司产品型号用字母M开头，美国摩托罗拉公司产品型号用字母MC开头。对于此类集成电路，只要知道了该集成电路是哪个国家哪个公司的产品，按相应的集成电路手册查找即可。

6.1.2 集成电路的分类

集成电路的品种相当多，按其功能不同可分为模拟集成电路和数字集成电路两类。前者用来产生、放大和处理各种模拟电信号，后者则用来产生、放大和处理各种数字电信号。

按其制作工艺不同，可分为半导体集成电路、膜集成电路和混合集成电路3类。半导体集成电路是采用半导体工艺技术，在硅基片上制作包括电阻、电容、晶体二极管、晶体管等元器件，并具有某种电路功能的集成电路。膜集成电路是在玻璃或陶瓷片等绝缘物体上，以“膜”的形式制作电阻、电容等无源元件。根据膜的厚薄不同，膜集成电路可分为厚膜集成电路（膜厚1~10μm）和薄膜集成电路（膜厚1μm以下）两种。

按集成度高低不同，可分为小规模集成电路、中规模集成电路、大规模集成电路和超大规模集成电路4类。

6.2 模拟集成电路

模拟集成电路处理的是连续变化的电信号，它对电信号可能出现的各种值都要加以处理，比如声音信号就是模拟信号，声音的响度和频率都是连续变化的。

简单的模拟集成电路是线性模拟集成电路，这些线性集成电路包括各类运算放大器、乘法器、专用放大器、稳压器等。

模拟集成电路被广泛地应用在各种视听设备中。收录机、电视机、音响设备等，即使冠以“数码设备”之名，也离不开模拟集成电路。

实际上，模拟集成电路在应用上比数字集成电路复杂些。每个数字集成电路只要元器件良好，一般都能按预定的功能工作，即使电路工作不正常，检修起来也比较方便，1是1，0是0，不含糊。模拟集成电路就不一样了，一般需要一定数量的外围元器件配合它的工作。那么，既然是“集成电路”，为什么不把外围元器件都做进去呢？这既是因为集成电路制作工艺上的限制，也是为了让集成电路更多地适应于不同的应用电路。

对于模拟集成电路的参数、在线各引脚电压，家电维修人员是很关注的，它们就是凭借这些来判断故障的。对业余电子爱好者来说，只要掌握常用的集成电路是做什么用的就行了，要用时去查找相关的资料。

许多电子爱好者都是从装收音机、音响放大器开始的，用集成电路装，确实是一种乐趣。相信大家对这两者也都感兴趣。装的收音机有两种，一是AM中波的，通常用CIC7642、TA7641集成块装；另一种是FM调频的，通常要求具有一定的水平，用TDA7010、TDA7021、TDA7088、CXA1019（CXA1191）、CXA1238等。这些集成块也是收音机厂商所采用的经典IC。CIC7642外形像9013，仅三个引脚，工作于1.5V下，其内部集成了多个晶体管，用于组装直放式收音机，而且极易成功，因此许多电子入门套件少不了它。其兼容型号为MK484、YS414，许多进口的微型收音机、电子表收音机都采用。

TA7641P装出来的收音机为超外差式，性能要好，但是因为有中周，制作调试都有点复杂，如果能买到套件组装，那也不算麻烦（照着图样把元器件焊到电路板上就行了）。TDA7000系列是瑞典飞利浦公司的产品，还有TDA7010T、TDA7021T、TDA7088T，后三者有个后缀T，表示是微型贴片封装的。但目前，没见过标准DIP（双列直插塑封装）的。所以尽管它们的应用电路简单，但做起来麻烦，整个集成电路的大小和一粒赤豆差不多。

6.3 数字集成电路

数字集成电路的处理对象是数字信号，数字信号一般只把电信号分为高电平和低电平两种。人们也把数字集成电路称为数字逻辑电路。

数字集成电路目前主要采用半导体集成电路工艺，它包括双极型电路和金属氧化物半导体（MOS）电路两种。

常用的集成电路有TTL电路和CMOS电路。

TTL逻辑电路于1964年由美国德克萨斯仪器公司开始生产，其发展速度快、系列产品多。有速度及功耗折中的标准型；还有改进型、高速及低功耗的肖特基型。所有TTL电路的输出、输入电平都是兼容的。该产品有军用54XXX型和工业用74XXX型两个常用的系列。

CMOS集成电路的特点是功耗低，工作电源电压范围较宽，速度快（可达7MHz）。CMOS逻辑的CC4000系列有陶瓷封装（温度范围为-550 ~125℃）和塑料封装（温度范围为-40~85℃）等。

还有一种常用的ECL集成电路，其最大特点是工作速度高。

6.4 可编程集成电路

由于电子产品多样化的需要，市场不仅需要以上有特定功能的集成电路，也需要一些可以由开发者自己进行再次开发的编程芯片。目前可由开发者进行编程的芯片有可编程存储器，如可擦除可编程存储器（Erasable Programmable Read-Only Memory，EPROM）、电可擦除可编程存储器（Electrically EPROM，E^2PROM）、闪存（Flash ROM）；小规模可编程逻辑器件，如可编程阵列逻辑（Programmable Array Logic，PAL）、通用阵列逻辑（Generic-Array logic，GAL）；单片机，如微控制单元（Micro-Control Unit，MCU）；大规模可编程器件，如复杂可编程逻辑器件（Complex-Programmable Logic Device，CPLD）、现场可编程门阵列（Field-Programmable Gate Array，FPGA）；数字信号处理器（Digital Signal Processor，DSP），可编程模拟芯片等。学会使用这些可编程器件，能使设计提高一个档次。

6.5 封装和引脚

6.5.1 集成电路的封装和引脚

使用集成电路时，除了要明确集成电路的功能外，还必须弄清楚集成电路的各个引脚。

集成电路的引脚与集成电路的封装紧密相关。所谓封装是指安装集成电路芯片用的外壳，它不仅起着安放、固定、密封、保护芯片和增强电热性能的作用，而且还是沟通芯片内部与外部电路的桥梁，芯片上的接点用导线或直接连接到封装外壳的引脚上，只有通过这些引脚，芯片上的接点才能够与其他器件建立连接。

在表6-2中按引脚方式对几种集成电路的封装形式进行了归类。

表6-2 几种集成电路的基本封装形式

引脚方式	封 装 系 列
圆壳引脚	金属壳圆形
单边引脚	TO系列，SIP系列，ZIP系列
双边引脚	DIP系列，SOP系列
四周引脚	QFP系列，LCC系列
矩阵式引脚	PGA系列，BGA系列，CSP系列

表6-2列出的封装是基本封装，在各系列代号前往往还可加字母。如对于有引线芯片载体（Leaded Chip Carrier，LCC）基本封装，有陶瓷LCC（Ceramic LCC，CLCC）和塑料LCC（Plastics LCC，PLCC）等。BGA封装也可分为塑料BGA（PBGA）、载带BGA（TBGA）、陶瓷BGA（CBGA）、陶瓷柱BGA（CCGA）、中空金属BGA（MBGA）、柔性BGA（tu-BGA或Micro BGA）等。

下面对这些基本封装系列的引脚进行说明。

金属壳圆形的封装是很早的一种封装形式。这种封装的引脚从圆柱形底部引出。识别引脚时，面向引脚正视，从定位标记开始顺时针方向依次为1、2、3、4、…，其引脚识别如图6-1所示。

TO系列封装与晶体管外形基本一致，识别引脚时，面向集成块正面（有字的一面），脚朝下，从左方开始是第1脚，其引脚识别如图6-1所示。

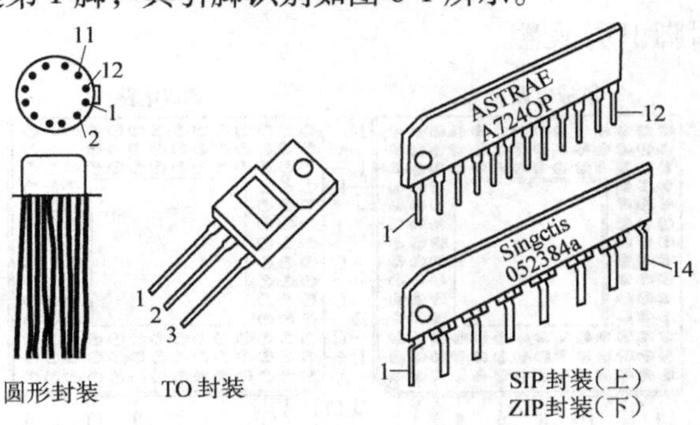

图6-1 几种集成电路的封装

单列直插封装（Single In-line Package，SIP）和单列弯脚式封装（Zig-zag In-line Package，ZIP）的引脚仅从集成电路一边引出。在识别引脚时，面向集成电路正面（有字的一面），引脚朝下，从左方开始是第1脚，许多SIP系列和ZIP系列封装往往还在第1脚的附近留有缺口标记或作出圆点标记，如图6-1所示。

双列直插封装（Dual In-line Package，DIP）和小尺寸封装（Small Outline Package，SOP）的引脚分别在集成电路的两边。它们的识别方法基本一致，即面向集成电路背部（俯视），从定位标记开始，逆时针方向依次为1、2、3、4、…；如果是面向引脚正视（仰视），则从定位标记（缺口）开始，顺时针方向依次为1、2、3、4、…，其引脚识别如图6-2所示。

有引线芯片载体（Lead Chip Carrier，LCC）封装和四边引出扁平封装（Quad Flat Package，QFP）均是在零件的四边都有引脚，LCC的引脚向零件底部弯曲，QFP的引脚向外张开。它们的引脚识别方法基本一致，即面向集成电路背部（俯视），从定位缺口标记开始，顺时针方向邻边的中间是第1脚，然后从此引脚开始逆时针方向引脚号依次为2、3、4、…,其引脚识别如图6-3所示。

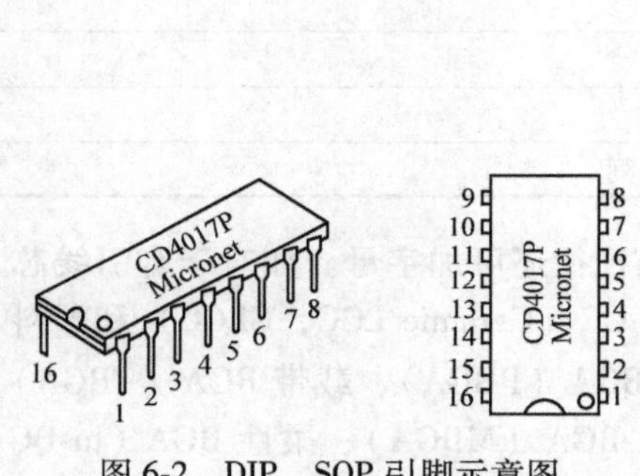

图6-2 DIP、SOP引脚示意图

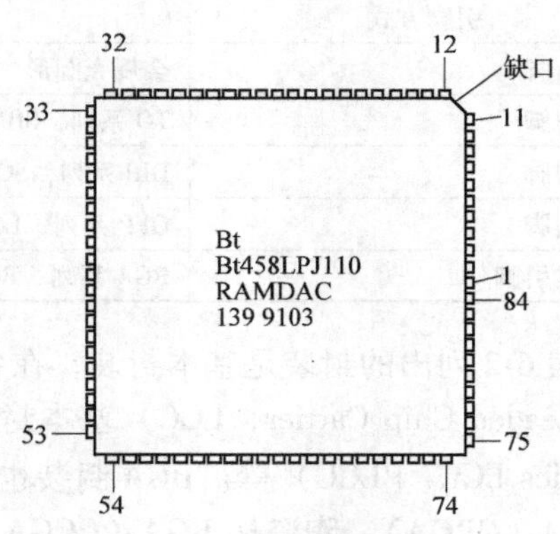

图6-3 四周引脚编号排列

引脚阵列（Pin Grid Array，PGA）封装、球栅阵列（Ball Grid Array，BGA）封装和芯片尺寸封装（Chip Size Package或Chip Scale Package，CSP）的引脚不是在零件四边，而是成矩阵排列于零件底部。PGA为针状引脚，BGA的引脚是球状焊点。它们的引脚编号采用行列来定位：面向集成电路引脚正视（仰视），将缺口放于左下方，则从下到上的各行分别是A、B、C、D、E、F、…；从左到右的各列分别是1、2、3、4、5、6、…。每一个引脚（或焊点）的编号即是它所在的行列号，比如上述放置的集成电路最靠近缺口的引脚编号为A1。图6-4给出了其引脚识别示意。

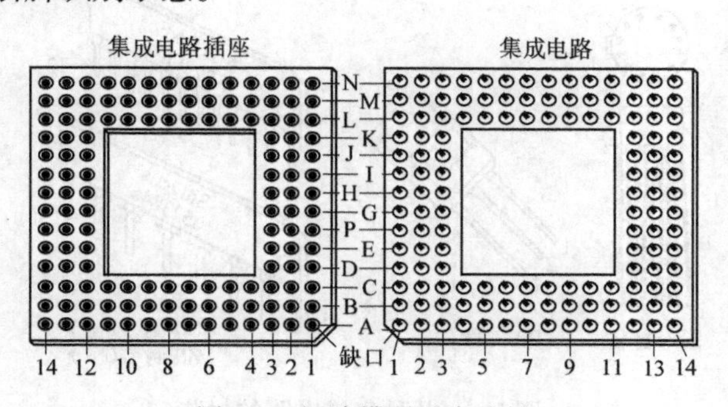

图6-4 矩阵排列引脚编号

在以上各封装中，一般 DIP、LCC、PGA 使用插座与印制电路板连接。图 6-5 给出了 DIP 和 LCC 集成电路的插座。除 LCC 外，DIP、PGA 也可以很方便地焊接在印制电路板上，而 SOP、QFP、BGA 和 CSP 只能使用贴片焊接。其中，BGA 和 CSP 由于只提供焊点没有引脚，其焊接工艺要求很高。其他封装的集成电路都较好焊接。建议初学者一般采用 DIP 的集成电路，并且要使用相应的集成电路插座。

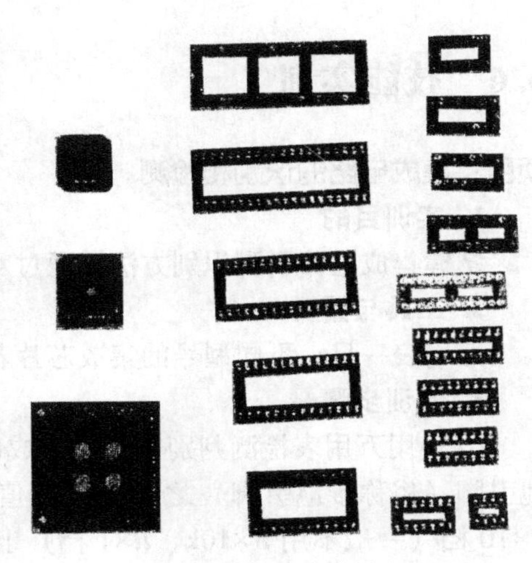

图 6-5　集成电路插座

6.5.2　集成电路的引脚识别和性能检测

1. 集成电路的引脚识别

集成电路的封装形式有晶体管式封装、扁平封装和直插式封装。集成电路的引脚排列次序有一定规律，一般是从外壳顶部向下看，从左下角按逆时针方向读起，其第 1 脚附近一般有参考标志，如缺口、凹坑、斜面、色点等。引脚排列的一般顺序如下：

1）缺口：在集成电路的一端有一半圆形或方形的缺口。

2）凹坑：色点或金属片在集成电路一角有一凹坑、色点或金属片。

3）斜面：集成电路一角或散热片上有一斜面切角。

4）无识别标志：在整个集成电路无任何识别标记，一般可将集成电路型号面对自己，正视型号，从左下向右逆时针依次为 1、2、3、…，如图 6-6 所示。

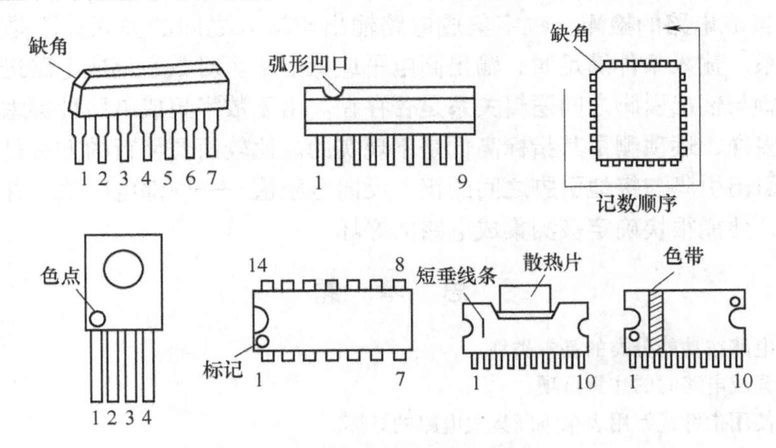

图 6-6　集成电路引脚识别方法

2. 集成电路的性能检测

集成电路常用的检测方法有在线测量法、非线性测量法（裸式测量法）。

在线测量法是通过万用表检测集成电路在线直流电阻，对地交、直流电压及工作电流是否正常，来判断该集成电路是否损坏。这种方法是检测集成电路常用和实用的方法。

非线性测量法是在集成电路未接入电路时，通过万用表测量集成电路各引脚与接地引脚之间的正、反向直流电阻值，然后与已知正常同型号集成电路对应各引脚之间的直流电阻值进行比较，以确定其是否正常。

6.6 技能实训

项目：集成电路的识别和检测

1. 实训目的

掌握集成电路引脚识别方法，通过对集成电路的检测判别集成电路的好坏。

2. 工具与器材

万用表一只；不同型号的集成芯片若干。

3. 实训步骤

（1）用万用表检测判别非在线集成电路好坏。使用万用表测量集成电路各引脚对其接地引脚（俗称接地引脚）之间的电阻值。具体方法如下：将万用表置于 $R\times1k$ 或 $R\times100$、$R\times10$ 档（一般不用 $R\times10k$、$R\times1$ 档）上，先让红表笔接集成电路的接地引脚，且在整个测量过程中不变。然后利用黑表笔从其第 1 只引脚开始，按 1、2、3、4、…的顺序，依次测出相应的电阻值。用这种方法可得知，集成电路的任一只引脚与其接地引脚之间的值不应为零或无穷大（空引脚除外）；多数情况下具有不对称的电阻值，即正、反向（或称黑表笔接地、红表笔接地）电阻值不相等，有时差别小一些，有时差别悬殊。这一结论也可以这样叙述：如果某一引脚与接地引脚之间，应当具有一定大小的电阻值，而现在变为 0 或∞；或者其正、反向电阻应当有明显差别，而现在变为相同或差别的规律相反，则说明该引脚与接地引脚之间有短路、开路、击穿等故障。显然，这样的集成电路是坏的，或者性能已变差。这一结论就是利用万用表检测集成电路好坏的根据。

（2）数字集成电路的检测。数字集成电路输出与输入之间的关系并不是放大关系，而是一种逻辑关系。输入条件满足时，输出高电平或低电平。对数字集成电路进行检测，就是检测其输入引脚与输出引脚之间逻辑关系是否存在。由于数字集成电路种类太多，完成的逻辑功能又多种多样，逐项测量其指标高低是不现实的。比较简便易行的方法是，用万用表测量集成电路各引出引脚与接地引脚之间的正、反向电阻值——内部电阻值，并与正品的内部电阻值相比较，便能很快确定被测集成电路的好坏。

思 考 题

1. 简述集成电路按功能分类的基本类别。
2. 简述使用集成电路时的注意事项。
3. 简述如何使用指针式万用表来判断集成电路的好坏。

第 7 章　其他元器件

7.1　电声器件

电声器件是一种电、声换能器，常见的电声器件有传声器、扬声器、耳塞、蜂鸣器等。

传声器是一种将声音信号转变为相应电信号的转能器，俗称麦克风、话筒等。常见的传声器有动圈式传声器、驻极体传声器和压电陶瓷片等。

扬声器是一种利用电磁感应、静电感应、压电效应等，将电信号转变为相应声音信号的换能器，又称受话器、喇叭等，常见的扬声器有气动式、压电式、电磁式和电动式等几种。

7.1.1　传声器

传声器（Microphone）俗称话筒。按其结构不同，可分为驻极体式、动圈式、晶体式、铝带式、电容式等多种；按产生电压作用原理不同，可分为恒速式和恒幅式两类；按对传声器膜片作用力性质不同，可分为压力式和压差式两类。

传声器的主要技术参数有灵敏度、频率响应、固有噪声等。

下面介绍几种常用的传声器。

1. 驻极体传声器

从结构上看，驻极体传声器由声电转换和阻抗变换两部分组成。声电转换的关键部件是驻极体振动膜。它是一片极薄的塑料膜片，在其中一面蒸发上了一层纯金薄膜，再经过高压电场驻极后，两面分别驻有异性电荷，形成一个电容。当驻极体膜片遇到声波振动时，引起电容两端的电场发生变化，从而产生了随声波变化的交变电压。

驻极体膜片与金属极板之间的电容量比较小，一般为几十 pF。因而它的输出阻抗值很高（$X_c=\pi fC/2$），约几十 MΩ 以上。这样高的阻抗是不能直接与音频放大器相匹配的。所以在传声器内接入一只结型场效应晶体管来进行阻抗变换。场效应晶体管的特点是输入阻抗极高、噪声系数低。普通场效应晶体管有源极（S）、栅极（G）和漏极（D）3 个极。

驻极体传声器与场效应晶体管电路的接法有两种：源极输出与漏极输出。

驻极体传声器具有体积小、结构简单、电声性能好、价格低的特点，广泛用于小型录音设备、无线传声器及声控等电路中。驻极体传声器的外形如图 7-1 所示。

2. 动圈式传声器

动圈式传声器由永久磁铁、音膜、输出变压器等部件组成。音膜的音圈套在永久磁铁的圆形磁隙中，当音膜受声波的作用力而振动时，音圈则切割磁力线而在两端产生感应电压。由于传声器的音圈圈数很少，其输出电压和输出阻抗都很低。为了提高其灵敏度并满足与扩音机输入阻抗匹配，在话筒中还装有一只输出变压器。变压器有自耦合互感两种，根据一、二次侧圈数比不同，其输出阻抗又有高阻和低阻两种。传声器的交流输出阻抗在 2kΩ 以下的一般称为低阻传声器；交流输出阻抗在 2kΩ 以上的称为高阻传声器。

动圈式传声器的常见故障有无声、音小、失真或声音时断时续等。主要原因是音膜变形、音圈与磁铁相碰、音圈及输出变压器短路或断路、磁隙位置变动、磁力减小、插塞与插口接触不好或短接、传声器线短路或断路。

检查传声器是否正常，可利用万用表 $R\times10$ 档来测量传声器的直流电阻值，低阻传声器阻值应为 50~200Ω，高阻传声器阻值应为 500~1500Ω，如果传声器的音圈和变压器的一次侧电路正常，在测量电阻时，传声器会发出清脆的“喀喀”声。动圈式传声器外形如图 7-2 所示。

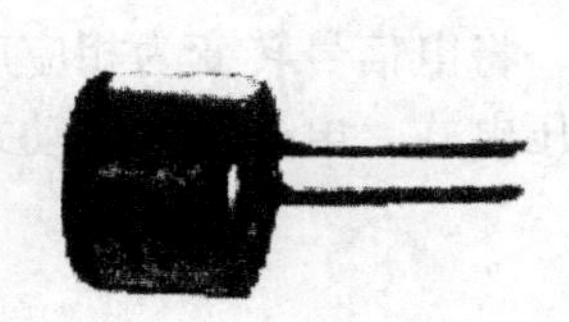

图 7-1 驻极体传声器

图 7-2 动圈式传声器

3. 晶体式传声器

晶体式传声器又称压电式传声器，它是利用某些晶体的“压电效应”制成的。当人们对着晶体式传声器讲话时，声波的作用力使晶片作弯曲或张缩的变动，从而在晶体的两个面上产生一个微小的电压，即晶体的“压电效应”。

晶体式传声器的优点是构造简单、造价低、灵敏度较高，但是它在受潮和受热后，较易损坏，损坏后又难以修理，因此晶体式传声器目前较少使用。

4. 铝带式传声器

铝带式传声器是用很薄的有折纹的铝带悬在一对强磁极之间构成的。铝带的轴向与磁力线垂直，而带面则与磁力线平行。铝带受声波的作用而振动时，切割永久磁铁的磁力线，于是在铝带的两端就感应出电压来。

铝带式传声器是双向性传声器，铝带的质量很轻，较低和较高频率的声波都能使它振动，因此频率响应较好，用在固定的录音室作音乐录音是很合适的。

铝带式传声器本身的阻抗很低，输出需用变压器进行匹配后方可使用。

5. 电容式传声器

电容式传声器实质是一个平板形的预调电容器，它由一固定电极与一膜片组成。膜片由铝合金或不锈钢制成。使用时在两合金片间接上 250V 左右的直流高压，并串入一个高阻值的电阻。平常电容器呈充电状态，当声波传来时，膜片因受力而振动，使两片间的电容量发生变化，电路中的充电电流因电容量的变化而变化。该变化的电流流过高阻值的电阻时，形成变化的电压而输出。

电容式传声器的频率响应好、固有噪声电平低、失真小，常在固定的录音室和实验室中作为标准仪器来校准其他电声器件。其不足之处就是体积较大，维修比较困难。

7.1.2　扬声器

扬声器（Speaker），俗称喇叭，是一种将电能转变为声能的电声器件。

扬声器的种类很多，可按不同的方式进行分类。按照磁场供给的方式，可以分为永磁式、励磁式；按照频率特性，可以分为高音和低音；根据能量的转换方式，可分为电动式、电磁式、压电式；按照声辐射方式，则可分为直射式（又称纸盆式）和反射式（又称号筒式）。在以上种类中，电动扬声器是人们使用最多的扬声器。下面主要以电动扬声器为例进行说明。

1. 电动扬声器的结构和工作原理

电动扬声器是应用最广泛的扬声器，其剖面结构如图7-3所示。音圈放置在由磁体和软铁心构成的磁场中，当音圈中通过音频电流时，音圈会受到磁场力的作用而发生振动，从而带动发音膜发出声音。由于电动式扬声器是由音圈的振动发出声音，因此常称其为动圈式扬声器。

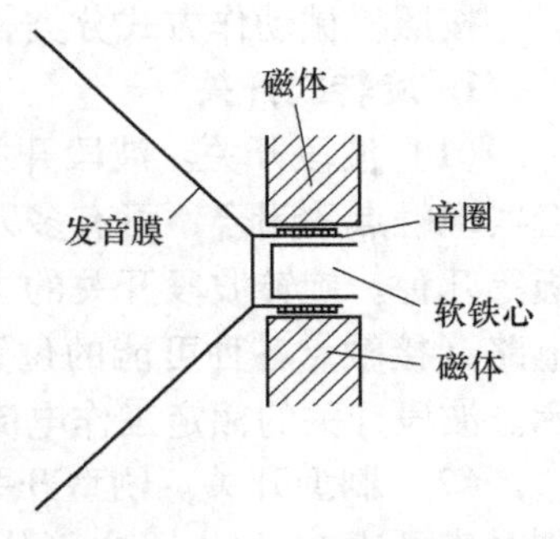

图7-3　电动扬声器

2. 扬声器的性能参数

（1）额定功率。扬声器的额定功率是指扬声器的非线性失真不超过某一数值时，所能输入的最大功率。它取决于扬声器音圈的散热和振动系统的机械强度。通常为了获得较好的音质，扬声器的输入功率要小于其额定功率，往往取额定功率的1/2~2/3。

（2）阻抗。扬声器的阻抗是指交流阻抗，是频率的函数，其定义为加在扬声器输入端的电压U与流过音圈的电流I之比，即$Z=U/I$。在这个阻抗上，扬声器可获得最大的功率。一般在扬声器上均注明阻抗的大小，该数值一般表示在频率为400Hz时的阻抗值。

（3）扬声器的频率响应。给扬声器加一恒定电压，当电压的频率改变时，扬声器所产生的声压将随频率而改变，这种特性叫做扬声器的声压灵敏度频率特性，或称频率响应。

（4）效率。扬声器的效率是指输出的声功率和输入的电功率的比值。通常电动扬声器的效率为2%~5%；电磁式扬声器的效率为7%~8%；而高质量的号筒式扬声器效率可达25%。由于测量效率比较困难，因此实际应用中常采用测量灵敏度来进行判断。

（5）灵敏度。扬声器的灵敏度指的是输入扬声器的视在功率为0.1W时，在扬声器轴线上距离1m处测出的平均声压，称为扬声器的灵敏度。

（6）非线性失真。由于扬声器振动的幅度和输入的电平不是线性关系，故发出的声音除原来的声音外，还会产生不少谐波，因此产生了失真。这种失真称为非线性失真。

（7）方向性。扬声器的方向性是指扬声器放音时，声压在它周围空间分布的情况。

3. 扬声器的使用常识

（1）扬声器应安装在木箱或机内，这有利于扩展音量、改善音质。

（2）扬声器应远离热源，否则磁铁长期受热容易退磁，晶体受热会改变性能。

（3）扬声器应防潮，潮湿的空气对各种扬声器都有损害，尤其纸盆扬声器受潮干燥后纸盆会产生变形，而导致线圈位移，无法使用。

（4）扬声器在使用中严禁撞击和剧烈的振动，以防失磁、变形和损坏。

（5）扬声器接入电路时，一定要注意输入的电功率不应超过它的额定功率。

7.2 开关及继电器

7.2.1 开关

开关在电子设备中用于接通和切断电源，大多数都是手动式机械结构。由于构造简单、操作方便、廉价可靠，其使用十分广泛。随着新技术的发展，各种非机械结构的电子开关，例如气动开关、水银开关及高频振荡式、感应电容式、霍尔效应式等接近开关正在不断出现。这里只简要介绍几种机械类开关。

按照机械动作方式分类，有旋转式开关、按动式开关和拨动式开关。

1. 旋转式开关

（1）波段开关。波段开关分为大、中、小型三种，如图7-4所示。波段开关靠切入和咬合实现触点的闭合，可有多刀位、多层型的组合，绝缘基体有纸质、瓷质和玻璃丝环氧树脂板等几种。旋转波段开关的中轴，它的各层接触点（俗称“刀”）联动，同时接通或切断电路（接触点各种可能的位置俗称“掷”），因此波段开关的性能规格常用几刀几掷来表示。波段开关的额定工作电流一般为0.05~0.3A，额定工作电压为50~300V。

（2）刷型开关。刷型开关如图7-5所示，它靠多层弹簧片实现接点的摩擦接触，额定工作电流可达1A以上，也可分为多刀、多层的不同规格。

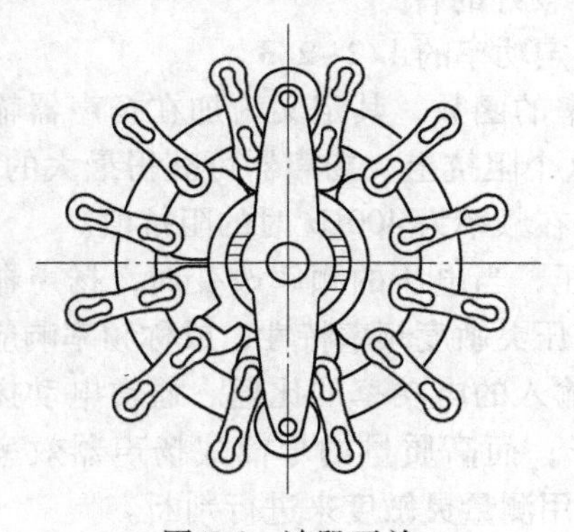

图7-4 波段开关

图7-5 刷型开关

2. 按动式开关

（1）按钮开关。按钮开关分为大、小型，形状多为圆柱体和长方体，其结构主要有簧片式、组合式、带指示灯和不带指示灯的几种。按下或松开按钮开关，电路则接通或断开，此类开关常用于控制电子设备中的交流接触器。

（2）键盘开关。键盘开关如图7-6所示，多用于计算机（或计算器）中数字式电信号的快速通断。键盘有数码键、字母键及功能键或它们的组合，其接触形式有簧片式、导电橡胶式和电容式多种。

（3）直键开关。直键开关俗称琴键开关，属于摩擦接触式开关，有单键的，也有多键的，如图7-7所示。每一键的触点个数均是偶数（即二刀、四刀、…、十二刀）；键位状态可以锁定，也可以是无锁的；可以是自锁的，也可以是互锁的（当某一键按下时，其他键就会弹开复位）。

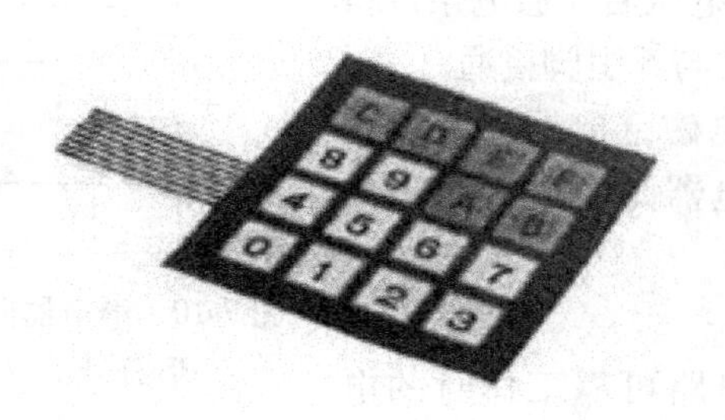

图 7-6　键盘开关

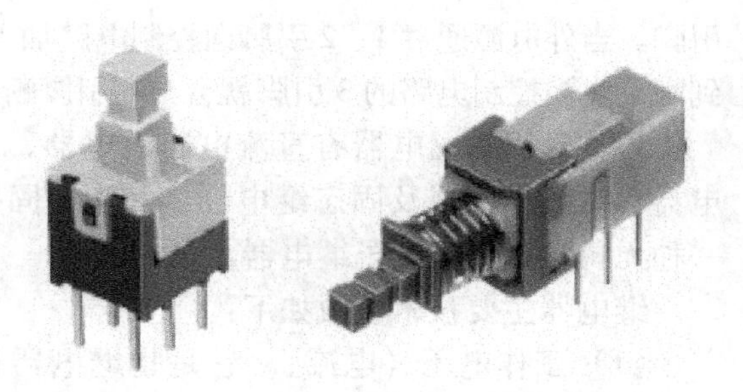

图 7-7　直键开关

（4）波形开关。波形开关俗称船形开关，其结构与钮子开关相同，只是把钮柄换成波形而按动换位，如图 7-8 所示。波形开关常用作设备的电源开关。其触点分为单刀双掷和双刀双掷几种。有些开关带指示灯。

图 7-8　波形开关

3. 拨动开关

如图 7-9 所示，拨动开关是电子设备中最常用的一种开关，有大、中、小型和超小型的多种，触点有单刀、双刀及三刀几种，接通状态有单掷和双掷的两种，额定工作电流为 0.5~5A 范围中的多档。

图 7-9　拨动开关

7.2.2　继电器

继电器（Relay）是自动控制电路中常用的一种元件。它实际上是用较小的电流来控制较大电流的一种自动开关。在电路中起着自动操作、自动调节、安全保护等作用。

继电器的图形符号如图 7-10 所示，它分为两个部分，一部分是控制电路（一次回路），另一部分是被控制电路（二次回路），控制电路与外部通过 1、2 引脚相连，被控制电路与外部通过 3、4、5 引脚相连。平时被控制电路的 3 引脚与 4 引脚接通，3 引脚与 5 引脚断开，我们把 3 引脚称为动触头接线引脚，4 引脚称为常闭触头接线引脚，5 引脚称为常开触头接线引脚。当外电源通过1、2引脚向控制电路加上适当电压后，通电条件得到满足，被控制电路的3引脚就会与4引脚断开，并与5引脚接通。

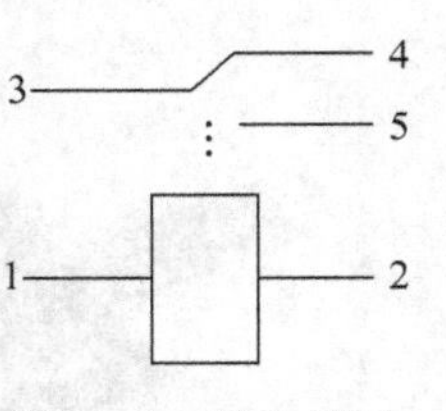

图7-10 继电器图形符号

现在常用的继电器有直流电磁继电器、交流电磁继电器、舌簧继电器、时间继电器及固态继电器。其中，固态继电器是新发展起来的一种无机械触头的电子继电器。

继电器主要技术参数如下：

（1）工作电压（电流）。它是指继电器控制电路可靠工作时的电压（或电流），又称额定电压（电流）。工作时输入继电器的电参量应该等于这一数值。

（2）吸合电压（电流）。继电器的所有触头（被控电路）从释放状态到达工作状态的电参量最小值（但不能作为可靠工作值）。

（3）释放电压（电流）。继电器所有触头（被控电路）恢复至释放状态时所需电参量的最大值。

（4）吸合时间。从继电器控制电路通电到被控制的触头全部从释放状态到达工作状态的时间。

由于电磁继电器和固态继电器的型号规格品种很多，各生产厂商的型号规格也不完全一样。选用继电器时可参阅有关产品手册。表7-1列出了部分通用型继电器型号规格，表7-2列出了部分固态继电器型号规格。

表7-1 部分通用型继电器型号规格

名称	型号	规格/V	名称	型号	规格/V
通用型继电器	JTX-2C	6，9，12，18，24，36，48 10，127，AC 220 AC 380，DC 220	通用型继电器	JQX-10F3Z	6，9，12，18，24，36，48 110，127，AC 220 AC 380，DC 220
	JTX-3C	6，9，12，18，24，36，48 110，127，AC 220 AC 380，DC 220		MK2P-1	6，12，24，36，48 110，AC 220 AC 380，DC 220
	JQX-10F2Z	6，9，12，18，24，36，48 110，127，AC 220 AC 380，DC 220		MK3P-1	6，12，24，36，48 110，AC 220 AC 380，DC 220

表7-2 部分固态继电器型号规格

名称	型号	规格/A	名称	型号	规格/A
固态继电器	JGX-1F	1	固态继电器	JGX-40F	40
	JGX-2F	2		JGX-60F	60
	JGX-3F	3		JGX-80F	80
	JGX-5F	5		JGS	10
	JGX-10F	10		JGS	25
	JGX-25F	25			

7.2.3 接插件

接插件多数用在串联电路中，其质量和可靠性直接影响电子系统或设备的可靠性。其突出的问题是接触问题，接触不可靠不仅影响电路的正常工作，而且也是噪声的重要来源之一。合理选择和正确使用接插件，将会大大降低电子设备的故障率。

接插件一般可以按照工作频率和外形结构特征来分。按照接插件的工作频率分类，低频接插件通常是指适合在100MHz以下频率工作的连接器。而适合在100MHz以上频率工作的高频接插件，在结构上需要考虑高频电场的泄漏、反射等问题，一般都采用同轴结构，以便与同轴电缆连接，所以也称为同轴连接器。

按照接插件的外形结构特征分类，常见的有圆形接插件、矩形接插件、印制板接插件、带状电缆接插件等。

（1）圆形接插件。圆形接插件的插头具有圆筒状外形，插座焊接在印制电路板上或紧固在金属机箱上，插头与插座之间有插接和螺接两类连接方式，广泛用于系统内各种设备之间的电气连接。插接方式的圆形接插件用于插拔次数较多、连接点数少且电流不超过1A的电路连接，常见的台式计算机键盘、鼠标插头（PS/2端口）就属于这一种。螺接方式的圆形接插件俗称航空插头、插座，如图7-11所示。它有一个标准的螺旋锁紧机构，特点是接点多、插拔力较大、通过电流大、连接较方便、抗震性好等，容易实现防水密封及电磁屏蔽等特殊要求。这类连接器的接点数目从两个到近百个，而电流可从1A到数百安，工作电压均在300~500V。

（2）矩形接插件。矩形接插件如图7-12所示，矩形接插件的体积较大，电流容量也较大，并且矩形排列能够充分利用空间，所以这种接插件被广泛用于印制电路板上安培级电流信号的相互连接，有些矩形接插件带有金属外壳及锁紧装置，可以用于机外的电缆之间和电路板与面板之间的电气连接。

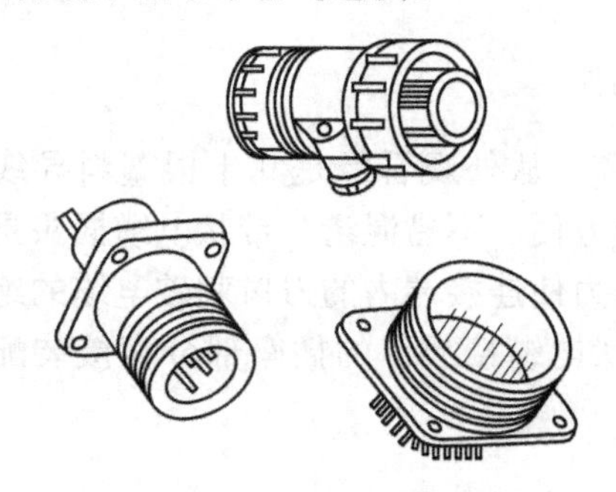

图7-11　圆形接插件

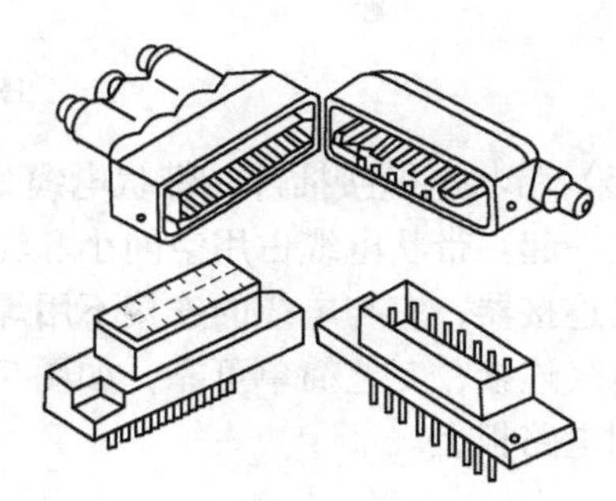

图7-12　矩形接插件

（3）印制板接插件。印制板接插件如图7-13所示，用于印制板电路之间的直接连接，其外形是长条形，结构有直接型、绕接型、间接型等形式。插头由印制电路板（子板）边缘上镀金的排状铜箔条（俗称金手指）构成；插座根据设计要求订购，焊接在母板上。子板插入母板上的插座，就连接了两个电路。印制板插座的型号很多，主要规格有排数（单排、双排）、针数（引线数目，从7线到近200线不等）、针间距（相同接点簧片之间的距离）及有无定位装置、有无锁定装置等。在台式计算机主板上最容易见到符号不同的总线规范的印制板插座，用户选择的显卡、声卡等就是通过这种插座与主板实现连接的。

（4）同轴接插件。同轴接插件又叫做射频接插件或微波接插件，用于传输射频信号、数字信号的同轴电缆之间的连接，工作频率可达数千MHz以上，如图7-14所示。Q9型卡口式同轴接插件常用于示波器的探头电缆连接。

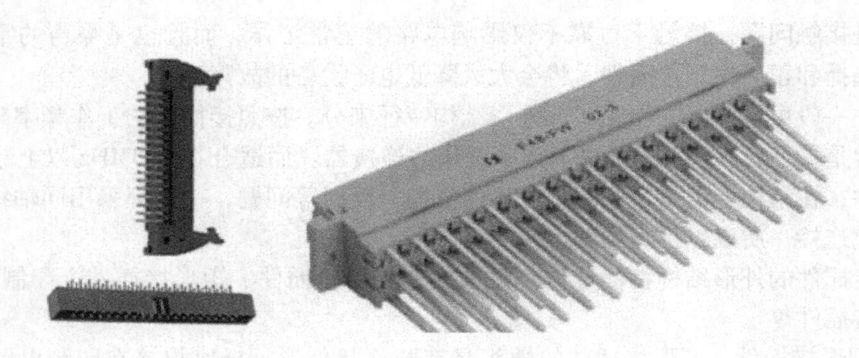

图 7-13 印制板接插件

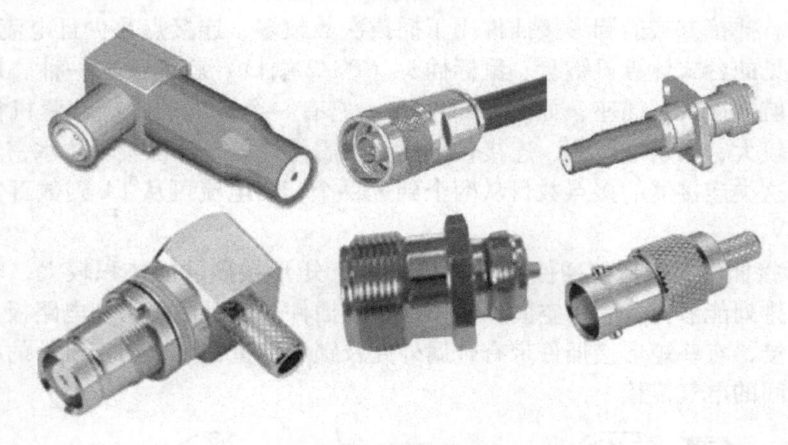

图 7-14 同轴接插件

（5）带状电缆接插件。带状电缆是一种扁平电缆，从外观看像是几十根塑料导线并排黏合在一起。带状电缆占用空间小、轻巧柔韧、布线方便、不易混淆。带状电缆插头是电缆两端的连接器，它与电缆的连接不用焊接，而是靠压力使连接端内的刀口刺破电缆的绝缘层实现电气连接，工艺简单可靠，如图 7-15 所示。带状电缆接插件的插座部分直接装配焊接在印制电路板上。

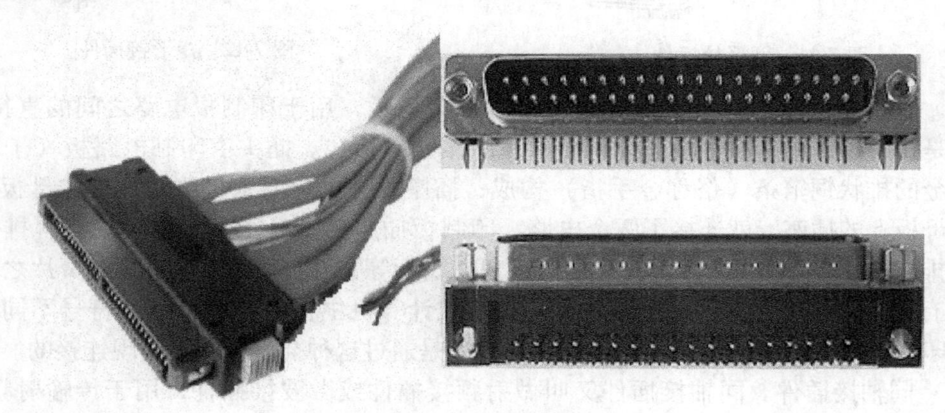

图 7-15 带状电缆接插件

带状电缆接插件用于低电压、小电流的场合，能够可靠地同时传输几路到几十路数字信号，但不适合用在高频电路中。在高密度的印制电路板之间已经越来越多地使用带状电缆接插件，特别是在微型计算机中，主板和硬盘、软盘驱动器等外部设备之间的电气连接几乎全部使用这种接插件。

（6）插针式接插件。常见的插针式接插件有两类，如图7-16所示。插座可以装配焊接在印制电路板上，插头压接（或焊接）导线，连接印制板外部的电路或器件。例如，电视机里可以使用这种接插件连接开关电源、偏转线圈和视放输出电路。

（7）D形接插件。这种接插件的端面很像字母D，具有非对称定位和连接锁紧机构，如图7-17所示。常见的接点数有9、15、25、37等几种，连接可靠，定位准确，用于电气设备之间的连接。典型的应用有计算机的RS-232串行数据接口和LPT并行数据接口。

图7-16 插针式接插件

图7-17 D形接插件

（8）条形接插件。条形接插件如图7-18所示，广泛用于印制电路板与导线之间的连接。接插件的插针间距有2.54mm（额定电流1.2A）和3.96mm（额定电流3A）两种，工作电压为250V，接触电阻约为0.01Ω，插座焊接在电路板上，导线压接在插头上，压接质量对连接可靠性影响很大。这种接插件保证插拔次数约为30次。

（9）直流电源接插件。如图7-19所示，这种接插件用于连接小型电子产品的便携式直流电源，例如随身听（Walkman）的小电源和笔记本的电源适配器（AC Adaptor）都是使用这种接插件连接。插头的额定电流一般为2~5A，尺寸有3种规格，外圆直径×内孔直径分别为3.4mm×1.3mm、5.5mm×2.1mm、5.5mm×2.5mm。

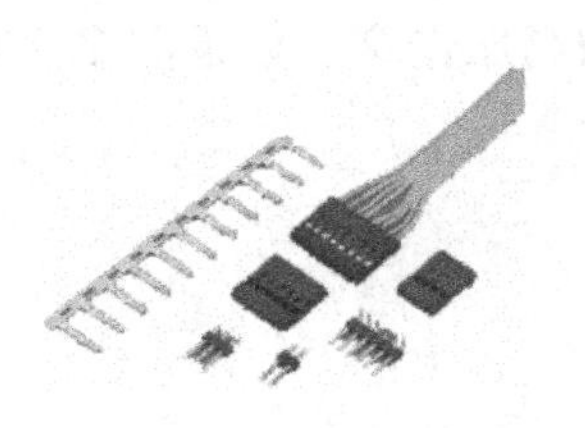

图7-18 条形接插件

图7-19 直流电源接插件

7.3 技能训练

项目：常用电声器件的检测

1. 实训目的

（1）掌握用万用表检测和判别各类常用电声器件的方法。

（2）掌握各类电声器件的识别方法。

2. 工具与器材

工具：万用表一只。

器材：各类电声器件若干。

3. 实训步骤

（1）驻极体传声器的检测

1）将万用表置于 $R\times100\Omega$ 档。

2）对于两个引脚的驻极体传声器，将万用表黑表笔接漏极，红表笔接源极，观察万用表的表头指示情况，此时数值应比较大。

3）用嘴对准传声器轻轻吹气（吹气速度慢而均匀），边吹边观察万用表指针的摆动情况。在吹气的瞬间指针摆动幅度越大，则说明传声器灵敏度越高，送话、录音效果就越好；若摆动幅度不大（微动）或根本不动，说明此传声器性能差，不宜使用。

4）对于三根引脚的驻极体电容式传声器，应先将源极和接地引脚连接在一起，然后再检测，方法同上。

（2）普通扬声器的检测

1）将万用表置于 $R\times100\Omega$ 档。

2）先将万用表的一支表笔接于扬声器线圈的一个接线柱上，然后将耳朵靠近扬声器的振膜附近，接着用另一支表笔触动圈的另一个接线柱；在接触接线柱的瞬间，若听到扬声器发出“咔嚓”的声音，同时万用表指针有摆动现象，则说明扬声器的动圈是好的；若没有听到“咔嚓”声，且指针没有摆动，则表明动圈已损坏。

3）将万用表两表笔与扬声器的两接线柱接好，观察万用表的读数。低阻抗扬声器的数值应很小（一般为 8Ω 或 4Ω）；对于高阻抗扬声器，其数值应与标称阻值接近。

（3）压电式扬声器的检测

1）将万用表置于 $R\times100\Omega$ 档。

2）先将万用表的一支表笔接于扬声器线圈的某一个引脚上，然后用另一支表笔快速接触另一引脚，观察万用表指针的变化情况。若在表笔接触的瞬间指针有小的摆动，然后再慢慢地返回到 ∞ 处，则表明扬声器基本正常；如果指针没有摆动则表明其内部可能已断路；如果指针摆动后，许久不复原，则表明内部可能短路或已被高压击穿。如果需多次观察充、放电，则每次检测时，均应对换两表笔连接的引脚。

思 考 题

1. 怎样对扬声器进行检测？
2. 简述开关及接插件的功能及影响其可靠性的主要因素。
3. 如何正确选用开关和接插件？

第8章 焊 接 技 术

在电子产品的装配过程中，焊接是一种主要的连接方法，是一项重要的基础工艺技术，也是一项基本的操作技能。了解焊接的机理，熟悉焊接工具、材料和基本原则，掌握最起码的操作技艺是必不可少的。本章主要介绍焊接的基本知识及铅锡焊接的方法、操作步骤，手工焊接技巧与要求等。

8.1 焊接的分类与锡钎焊

8.1.1 焊接的分类

焊接是金属加工的基本方法之一，通常焊接技术分为熔焊、加压焊、钎焊三大类。图8-1所示为现代焊接的主要类型。

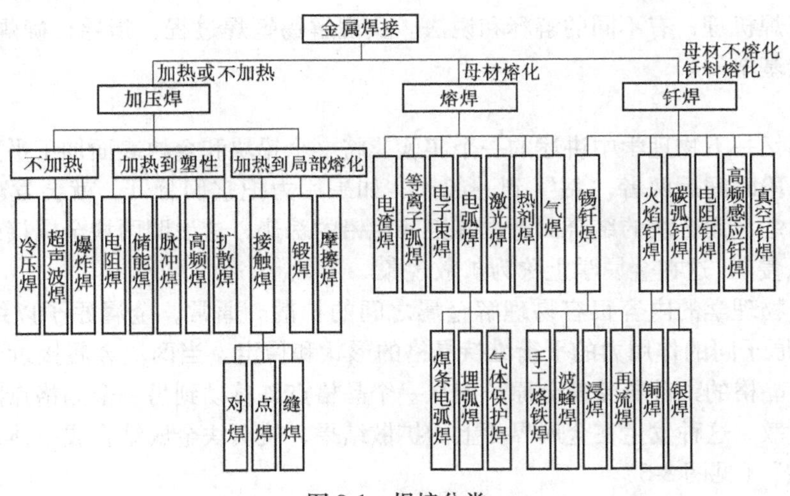

图8-1 焊接分类

1. 熔焊

它是一种利用加热被焊件，使其熔化产生合金而焊接在一起的焊接技术，如气焊、电弧焊等。

2. 加压焊

它是一种不用钎料与焊剂就可获得可靠连接的焊接技术，如点焊等。

3. 钎焊

用加热熔化成液态的金属把固体金属连接在一起的方法称为钎焊。在钎焊中，起连接作用的金属材料称为钎料。钎料的熔点必须低于被焊接金属的熔点。钎焊按钎料熔点的不同，分为硬钎焊和软钎焊。钎料的熔点高于450℃的称为硬钎焊，钎料的熔点低于450℃的称为软钎焊。电子元器件的焊接采用为锡钎焊。锡钎焊属于软钎焊，它的钎料是铅锡合金，熔点比较低，如共晶焊钎锡的熔点为183℃，在电子元器件的焊接工艺中得到了广泛应用。

锡钎焊。简略地说，就是将铅锡钎料熔入焊件的缝隙使其连接的一种焊接方法，其特征如下：

1）钎料熔点低于焊件。

2）焊接时将焊件与钎料共同加热到焊接温度，钎料熔化而焊件不熔化。

3）连接的形式是由熔化的钎料润湿焊件的焊接面产生冶金、化学反应形成结合层而实现的。

它可以用糨糊粘物品来简单比喻，但机理不同，后面将详细阐述。但锡钎焊的确像使用糨糊一样方便，使其在电子装配中获得广泛应用：

1）铅锡钎料熔点低于200℃，适合半导体等电子材料的连接。

2）只需简单的加热工具和材料即可加工，投资少。

3）焊点有足够强度和电气性能。

4）锡钎焊过程可逆，易于拆焊。

8.1.2 锡钎焊机理

关于锡钎焊机理，有不同的解释和说法。从理解锡钎焊过程，指导正确焊接操作来说，以下几点是最基本的。

1. 扩散

首先来回忆一下物理学中讲述的一个实验：将一个铅块和金块表面加工平整后紧紧压在一起，经过一段时间后两者“粘”到一起了，如果用力把它们分开，就会发现银灰色铅的表面有金光闪烁，而金块的结合面上也有银灰色铅的踪迹，这说明两块金属接近到一定距离时能相互“入侵”，这在金属学上称为扩散现象。

根据原子物理学的内容很容易理解金属之间的扩散。通常，金属原子以结晶状态排列（见图8-2），原子间的作用力的平衡维持晶格的形状和稳定。当两块金属接近到足够小的距离时，界面上晶格的紊乱导致部分原子能从一个晶格点阵移动到另一个晶格点阵，从而产生金属之间的扩散。这种发生在金属界面上的扩散结果，使两块金属结合成一体，实现了金属之间的“焊接”（见图8-3）。

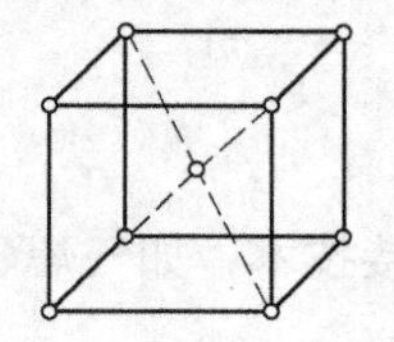
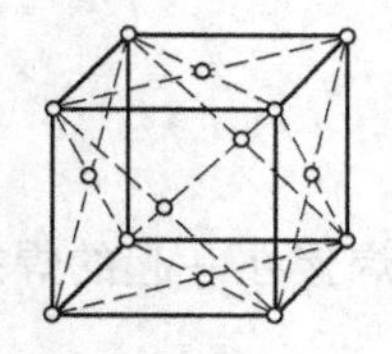
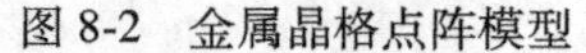

图8-2 金属晶格点阵模型

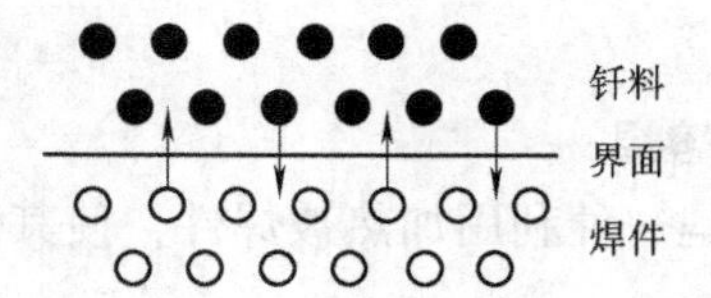

图8-3 钎料与焊件扩散示意图

金属之间的扩散不是任何情况下都会发生，而是有条件的。两个基本条件如下：

（1）距离。两块金属必须接近到足够小的距离。只有在一定小的距离内，两块金属原子间引力作用才会发生。金属表面的氧化层或其他杂质都会使两块金属达不到这个距离。

（2）温度。只有在一定温度下金属分子才具有动能，使得扩散得以进行。理论上说，温度到0K时便没有扩散的可能。实际上在常温下扩散进行是非常缓慢的。

锡钎焊就其本质上说，是钎料与焊件在其界面上的扩散。要注意的是，焊件表面的清洁和焊件的加热是达到其扩散的基本条件。

2. 润湿

润湿是发生在固体表面和液体之间的一种物理现象。如果液体能在固体表面漫流开，就说这种液体能润湿该固体表面。例如，水能在干净的玻璃表面漫流而水银就不能，就说水能润湿玻璃而水银不能润湿玻璃。这种润湿作用是物质所固有的一种性质（见图8-4）。

从力学的角度不难理解润湿现象。不同的液体和固体，它们之间相互作用的附着力和液体的内聚力是不同的，其合力就是液体在固体表面漫流的力。当力的作用平衡时流动也停止了，液体和固体交界处形成一定的角度，这个角称润湿角，也称接触角，用θ表示。它是定量分析润湿现象的一个物理量。如图8-5所示，角θ在0°~180°。角θ越小，润湿越充分。实际中我们以90°为润湿与不润湿的分界。

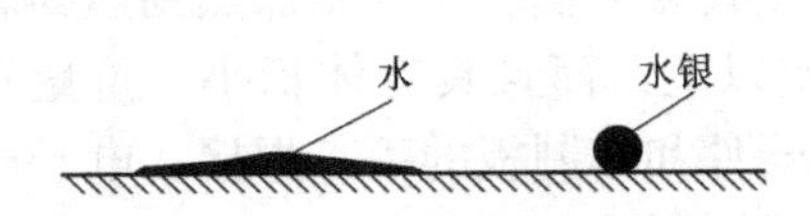

图8-4　干净玻璃表面的水和水银

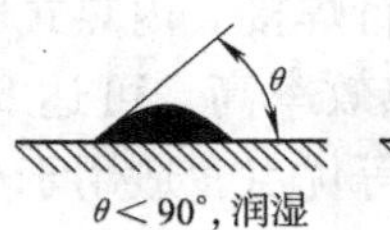
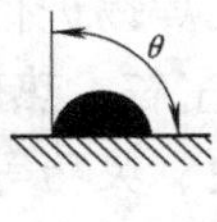
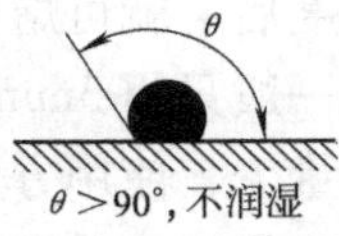

图8-5　润湿角

锡钎焊过程中，熔化的铅锡钎料和焊件之间的作用，正是基于这种润湿现象。如果钎料能润湿焊件，则说它们之间可以焊接。观测润湿角是锡钎焊检测的方法之一。润湿角越小，焊接质量越好。

一般质量合格的铅锡钎料和铜之间润湿角可达20°，实际应用中一般以45°为焊接质量的检验标准（见图8-6）。

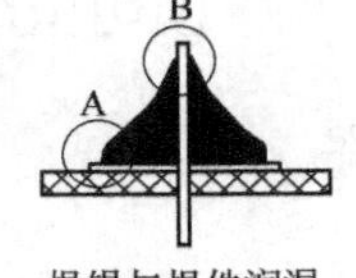

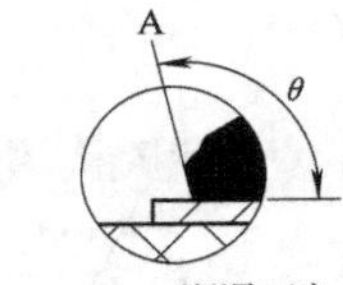

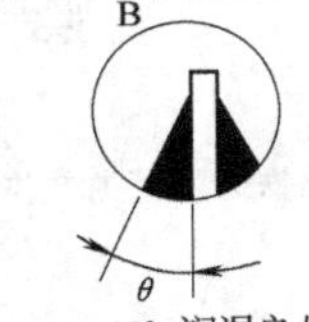

图8-6　钎料润湿角

3. 结合层

钎料润湿焊件的过程中，符合金属扩散的条件，所以钎料和焊件的界面有扩散现象发生。这种扩散的结果，使得钎料和焊件界面上形成一种新的金属合金层，称之为结合层（见图8-7）。结合层的成分既不同于钎料又不同于焊件，而是一种既有化学作用（生成金属化合物，例如Cu_6Sn_5、Cu_3Sn、$Cu_{31}Sn_8$等），又有冶金作用（形成合金固溶体）的特殊层。结合层的作用是将钎料和焊件结合成一个整体，实现金属连续性。如图8-8所示，焊接过程同粘接物品的机理不同之处即在于此，黏合剂粘接物品是靠固体表面凸凹不平的机械啮合作用，而锡钎焊则靠结合层的作用实现连接。

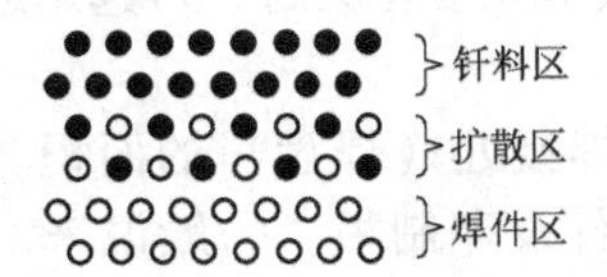

图8-7　钎料与焊件扩散示意图

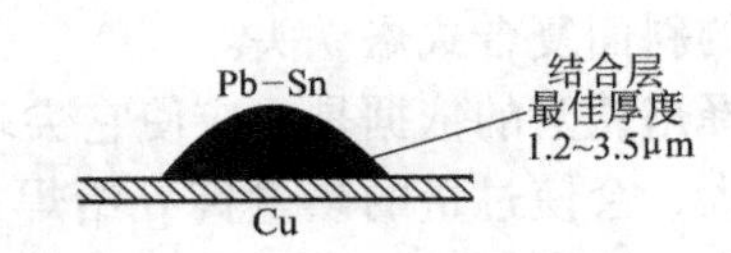

图8-8　锡钎焊结合层示意图

铅锡钎料和铜在锡焊过程中生成结合层，厚度可达1.2~10μm。由于润湿扩散过程是一种复杂的金属组织变化和物理冶金过程，结合层的厚度过薄或过厚都不能达到最好的性能。结合层厚度小于1.2μm，实际上是一种半附着性结合，强度很低；而大于6μm则使组织粗化，产生脆性，降低强度。理想的结合层厚度是1.2~3.5μm，强度最高，导电性能好。

8.1.3 焊接工具

1. 电烙铁

电烙铁是手工施焊的主要工具，按烙铁的功率可分为20W、30W、…、300W等；按功能可分为单用式、两用式、调温式等；按加热方式还可分为直热式、感应式、气体燃烧式等。

常用的电烙铁一般为直热式。直热式又分为外热式、内热式、恒温式三大类。加热体亦称烙铁心，是由镍铬电阻丝绕制而成的。加热体位于烙铁头外面的称为外热式；位于烙铁头内部的称为内热式；恒温式电烙铁则通过内部的温度传感器及开关进行温度控制，实现恒温焊接。它们的工作原理相似，在接通电源后，加热体升温，烙铁头受热温度升高，达到工作温度后，就可熔化焊锡进行焊接。内热式电烙铁比外热式热得快，从开始加热到达到焊接温度一般只需3min左右，热效率高，可达85%~95%或以上，而且具有体积小、重量轻、耗电量少、使用方便、灵巧等优点，适用于小型电子元器件和印制板的手工焊接。电子产品的手工焊接多采用内热式电烙铁。直热式电烙铁结构组成如图8-9所示。

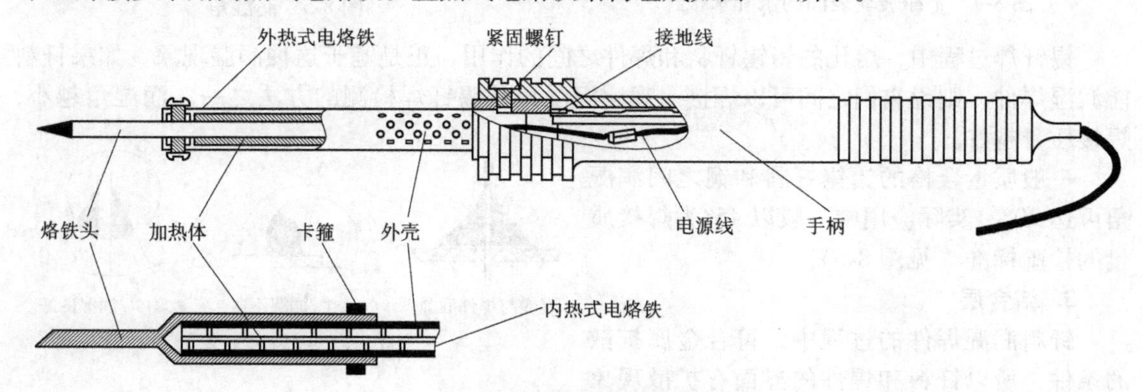

图8-9 直热式电烙铁结构图

烙铁头的选择与修整：

（1）烙铁头的选择。为了保证可靠方便地焊接，必须合理选用烙铁头的形状与尺寸，图8-10所示为几种常用烙铁头的外形。其中，圆斜面式是市售烙铁头的一般形式，适用于在单面板上焊接不太密集的焊点；凿式和半凿式多用于电器维修工作；尖锥式和圆锥式烙铁头适用于焊接高密度的焊点和小而怕热的元器件。当焊接对象变化大时，可选用适合于大多数情况的斜面复合式烙铁头。

选择烙铁头的依据是，应使它尖端的接触面积小于焊接处（焊盘）的面积。烙铁头接触面过大，会使过量的热量传导给焊接部位，损坏元器件及印制板。一般说来，烙铁头越长、越尖，温度越低，需要焊接的时间越长；反之，烙铁头越短、越粗，则温度越高，焊接的时间越短。

（2）烙铁头的修整。烙铁头一般用纯铜制成，表面有镀层，如果不是特殊需要，一般不需要修锉打磨。因为镀层的作用就是保护烙铁头不被氧化生锈。但目前市售的烙铁头大多只是在纯铜表面镀一层锌合金。镀锌层虽然有一定的保护作用，但经过一段时间的使用以

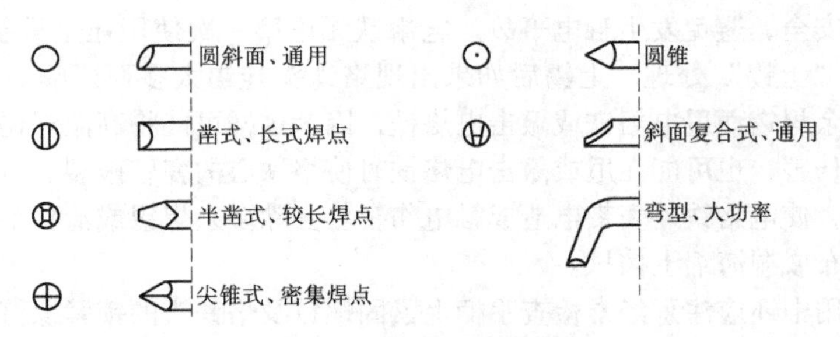

图 8-10 各种常用烙铁头形状

后，由于高温和助焊剂的作用，烙铁头被氧化，使表面凹凸不平，这时就需要修整。

修整的方法一般是将烙铁头拿下来，根据焊接对象的形状及焊点的密度，确定烙铁头的形状和粗细。夹到台钳上，先用粗锉刀修整，然后用细锉刀修平，最后用细砂纸打磨光。修整过的烙铁头要马上镀锡，方法是将烙铁头装好后，在松香水中浸一下，然后接通电源，待烙铁热后，用烙铁头沾上锡，在松香中来回摩擦，直到整个烙铁头的修整面均匀地镀上一层焊锡为止。也可以在烙铁头沾上锡后，在湿布上反复摩擦。

（3）电烙铁的选用。根据不同的施焊对象选择不同的电烙铁。主要从烙铁的种类、功率及烙铁头的形状三个方面考虑，在有特殊要求时，选择具有特殊功能的电烙铁。

1）电烙铁种类的选择：电烙铁的种类繁多，应根据实际情况灵活选用。一般的焊接应首选内热式电烙铁。对于大型元器件及直径较粗的导线应考虑选用功率较大的外热式电烙铁。对要求工作时间长、被焊元器件又少的，则应考虑选用长寿命型的恒温电烙铁，如焊表面封装的元器件。表 8-1 列出了选择电烙铁的依据，仅供参考。

表 8-1 选择电烙铁的依据

焊接对象及工作性质	烙铁头温度（室温、220V 电压）/℃	选用烙铁
一般印制板、安装导线	300~400	20W 内热式、30W 外热式、恒温式
集成电路	350~400	20W 内热式、恒温式
焊片、电位器、2~8W 电阻、大电解电容、大功率管	350~450	35~50W 内热式、恒温式，50~75W 外热式
8W 以上大电阻、ϕ2mm 以上导线	400~550	100W 内热式、150~200W 外热式
汇流排、金属板等	500~630	300W 外热式
维修、调试一般电子产品	300~400	20W 内热式、恒温式、感应式、储能式、两用式

2）电烙铁功率的选择：晶体管收音机、收录机等采用小型元器件的普通印制板和 IC 电路板的焊接应选用 20~25W 内热式电烙铁或 30W 外热式电烙铁。这是因为小功率的电烙铁具有体积小、重量轻、发热快、便于操作、耗电省等优点。

对一些采用较大元器件的电路（如电子管收音机、扩音器及机壳底板）的焊接则应选用功率大一些的电烙铁，如 50W 以上的内热式电烙铁或 75W 以上的外热式电烙铁。

电烙铁的功率选择一定要合适，功率过大易烫坏晶体管或其他元器件，功率过小则易出现假焊或虚焊，直接影响焊接质量。

（4）电烙铁的正确使用。使用电烙铁前首先要核对电源电压是否与电烙铁的额定电压相符，注意用电安全，避免发生触电事故。电烙铁无论第一次使用还是重新修整后再使用，使用前均需进行“上锡”处理。上锡后如果出现烙铁头挂锡太多而影响焊接质量时，千万不能为了去除多余焊锡而甩电烙铁或敲击电烙铁，因为这样可能将高温焊锡甩入周围人的眼中或身体上造成伤害，也可能在甩或敲击电烙铁时使烙铁心的瓷管破裂、电阻丝断损或连接杆变形发生移位，使电烙铁外壳带电造成触电伤害。去除多余焊锡或清除烙铁头上的残渣的正确方法是在湿布或湿海绵上擦拭。

电烙铁在使用中还应注意经常检查手柄上紧固螺钉及烙铁头的锁紧螺钉是否松动，若出现松动，易使电源线扭动、破损，引起烙铁心引线相碰，造成短路。电烙铁使用一段时间后，还应将烙铁头取出，清除氧化层，以避免发生日久烙铁头取不出的现象。

焊接操作时，电烙铁一般放在方便操作的右方烙铁架中，与焊接有关的工具应整齐有序地摆放在工作台上，养成文明生产的良好习惯。

2. 其他的装配工具

（1）尖嘴钳。尖嘴钳头部较细，适用于夹持小型金属零件或弯曲元器件引线，以及电子装配时其他钳子较难涉及的部位。不宜过力夹持物体。

（2）平嘴钳。平嘴钳钳口平直，可用于夹弯元器件引脚与导线。因为钳口无纹路，所以对导线拉直、整形比尖嘴钳适用。但因钳口较薄，不易夹持螺母或需施力较大的部位。

（3）斜嘴钳。用于剪掉焊后的线头或元器件的引脚，也可与平嘴钳配合剥导线的绝缘皮。

（4）平头钳（克丝钳）。其头部较宽平，适用于螺母、紧固件的装配操作，但不能代替锤子敲打零件。

（5）剥线钳。其专门用于剥去有绝缘包皮的导线。使用时应注意将需剥皮的导线放入合适的槽口，剥皮时不能剪断导线。剪口的槽并拢后应为圆形。

（6）镊子。有尖嘴镊子和圆嘴镊子两种。尖嘴镊子用于夹持细小的导线，以便于装配焊接。圆嘴镊子用于弯曲元器件引线和夹持元器件焊接等，用镊子夹持元器件焊接时还能起到散热的作用。元器件拆焊也需要镊子。

（7）螺钉旋具。俗称螺丝刀、起子或改锥。有“一”字形和“十”字形两种，专用于拧螺钉。根据螺钉大小可选用不同规格的螺钉旋具。

8.1.4 焊接材料

1. 钎料

钎料是易熔金属，熔点应低于被焊金属。钎料熔化时，在被焊金属表面形成合金而与被焊金属连接到一起。钎料按成分可分为锡铅钎料、铜钎料、银钎料等。在一般电子产品装配中，主要使用锡铅钎料，俗称焊锡。

（1）锡铅合金与锡铅合金状态图。锡（Sn）是一种质软低熔点的金属，熔点为232℃。金属锡在高于13.2℃时呈银白色，低于13.2℃时呈灰色，低于-40℃时变成粉末。常温下锡的抗氧化性强，并且容易同多数金属形成化合物。纯锡质脆，机械性能差。

铅（Pb）是一种浅青白色的软金属，熔点为327℃，塑性好，有较高的抗氧化性和抗腐蚀性。铅属于对人体有害的重金属，在人体中积蓄能引起铅中毒。纯铅的机械性能也很差。

1）铅锡合金：锡与铅以不同比例熔合成合金后，具有一系列锡与铅不具备的优点。

① 熔点低，各种不同成分的铅锡合金熔点均低于锡和铅各自的熔点（见图8-11）。

② 机械强度高，合金的各种机械强度均优于纯锡和纯铅。

③ 表面张力小，黏度下降，增大了液态流动性，有利于焊接时形成可靠接头。

④ 抗氧化性好，铅具有的抗氧化性优点在合金中继续保持，使钎料在熔化时减少氧化量。

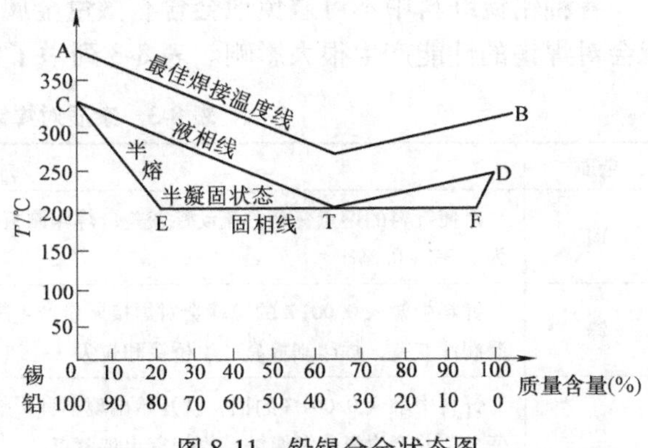

图 8-11 铅锡合金状态图

2）铅锡合金状态图：图 8-11 所示为不同成分的铅和锡的合金状态。不同比例的铅和锡组成的合金熔点与凝固点各不相同。除纯铅、纯锡和共晶合金是在单一温度下熔化外，其他合金都是在一个区域内熔化。

图中 CTD 线称液相线，温度高于此线时合金为液相；CETFD 线称固相线，温度低于此线时合金为固相；在两线之间的两个三角形区域内，合金是半熔半凝固状态；AB 线称最佳焊接温度线，它高于液相线约 50℃。

（2）共晶焊锡。图中的 T 点称共晶点，对应的合金成分是铅 38.1%、锡 61.9%，此合金称为共晶合金，也叫共晶焊锡。它的熔点与凝固点都是 183℃，是铅锡钎料中性能最好的一种。它具有以下优点：

1）熔点低，使焊接时加热温度降低，可防止元器件损坏。

2）熔点与凝固点温度相同，可使焊点快速凝固，不会因半熔状态时间间隔长而造成焊点结晶疏松，强度降低。这一点对自动焊接具有重要意义，因为自动焊接传输中不可避免地存在振动。

3）流动性好，表面张力小，有利于提高焊点质量。

4）机械强度高，导电性好。

（3）焊锡物理性能及杂质影响。表 8-2 给出了不同成分铅锡钎料的物理性能。由表中可以看出，含锡 60%的焊料，其抗张强度和剪切强度都较优，而铅量过高或过低性能都不理想。

表 8-2 钎料物理性能及机械性能

锡（Sn）%	铅（Pb）（%）	导电性（铜 100%）	抗张力/MPa	抗断力/MPa
100	0	13.6	1.49	2.0
95	5	13.6	3.15	3.1
60	40	11.6	5.36	3.5
50	50	10.7	4.73	3.1
42	58	10.2	4.41	3.1
35	65	9.7	4.57	3.6
30	70	9.3	4.73	3.5
0	100	7.9	1.42	1.4

各种铅锡钎料中不可避免地会含有微量金属。这些微量金属作为杂质，超过一定限度量就会对焊锡的性能产生很大影响。表8-3列举了各种杂质对焊锡性能的影响。

表8-3 杂质对焊锡的性能影响

杂质	对钎焊的影响
铜	会使钎料的熔点变高，流动性变差，焊印制板组件易产生桥接和拉尖缺陷，一般焊锡中铜的允许含量为0.3%~0.5%
锌	钎料中融入0.001%的锌就会对焊接质量产生影响，融入0.005%时会使焊接点表面失去光泽，钎料的湿润性变差，焊印制板易产生桥接和拉尖
铝	钎料中融入0.001%的铝，就开始出现不良影响，融入0.005%时，就可使焊接能力变差，钎料流动性变差，并产生氧化和腐蚀，使焊点出现麻点
镉	使钎料熔点下降，流动性变差，钎料晶粒变大且失去光泽
铁	使钎料熔点升高，难于熔接。钎料中有1%的铁时，钎料就焊不上，并且会使钎料带有磁性
铋	使钎料熔点降低，机械性能变脆，冷却时产生龟裂
砷	钎料流动性增强，表面变黑，硬度和脆性增加
磷	含量少的磷可增加钎料的流动性，但对铜有腐蚀作用
金	金溶解到钎料里，会使钎料表面失去光泽，焊点呈白色，机械强度降低，质变脆
银	提高钎料中银的含量，可改善钎料性质。在共晶焊锡中，增加3%的银，就可使熔点降为177℃，且钎料的焊接性能、扩展焊接强度都会有不同程度的提高
锑	加入少量锑（5%）会使锡的机械强度增强，光泽变好，但润滑性变差

不同标准的焊锡规定了杂质的含量标准。不合格的焊锡可能是成分不准确，也可能是杂质含量超标。

为了使焊锡获得某种性能，也可掺入某些金属。如掺入0.5%~2%的银，可使焊锡熔点低、强度高。掺入铜，可使焊锡变为高温焊锡。

手工焊接常用的焊锡丝，是将焊锡制成管状，内部充加助焊剂。助焊剂一般是优质松香添加一定的活化剂。焊锡丝直径有0.5mm、0.8mm、0.9mm、1.0mm、1.2mm、1.5mm、2.0mm、2.5mm、3.0mm、4.0mm、5.0mm。

2. 焊剂

焊剂又称为助焊剂，一般是由活化剂、树脂、扩散剂、溶剂四部分组成，主要用于清除焊件表面的氧化膜、保证焊锡浸润。

（1）焊剂的作用如下：

1）除去氧化膜，其实质是助焊剂中的氯化物、酸类同氧化物发生还原反应，从而除去氧化膜。反应后的生成物变成悬浮的渣，漂浮在钎料表面。

2）防止氧化，液态的焊锡及加热的焊件金属都容易与空气中的氧接触而氧化。助焊剂熔化后，漂浮在钎料表面，形成隔离层，因而防止了焊接面的氧化。

3）减小表面张力，增加焊锡的流动性，有助于焊锡浸润。

4）使焊点美观，合适的焊剂能够整理焊点形状，保持焊点表面的光泽。

（2）对焊剂的要求如下：

1）熔点应低于钎料，只有这样才能发挥助焊剂的作用。

2）表面张力、黏度、比重应小于钎料。

3）残渣应容易清除，焊剂都带有酸性，会腐蚀金属，而且残渣影响美观。

4）不能腐蚀母材，焊剂酸性太强，在除去氧化膜的同时，也会腐蚀金属，从而造成危害。

5）不产生有害气体和臭味。

（3）助焊剂的分类与选用。助焊剂大致可分为有机焊剂、无机焊剂和树脂焊剂三大类。其中，以松香为主要成分的树脂焊剂在电子产品生产中占有重要地位，成为专用型的助焊剂。

1）无机焊剂。无机焊剂的活性最强，常温下就能除去金属表面的氧化膜。但这种强腐蚀作用很容易损伤金属及焊点，电子焊接中是不用的。

2）有机焊剂。有机焊剂具有较好的助焊作用，但也有一定的腐蚀性，残渣不易清除，且挥发物污染空气，一般不单独使用，而是作为活化剂与松香一起使用。

3）树脂焊剂。这种焊剂的主要成分是松香。松香的主要成分是松香酸和松香酯酸酐，在常温下几乎没有任何化学活力，呈中性，当加热到熔化时，成弱酸性。可与金属氧化膜发生还原反应，生成的化合物悬浮在液态焊锡表面，也起到焊锡表面不被氧化的作用。焊接完毕恢复常温后，松香又变成固体，无腐蚀、无污染、绝缘性能好。

为提高其活性，常将松香溶于酒精中再加入一定的活化剂。但在手工焊接中并非必要，只是在浸焊或波峰焊的情况下才使用。

松香反复加热后会被炭化（发黑）而失效，发黑的松香不起助焊作用。现在普遍使用氢化松香，它从松脂中提炼而成，是专为锡焊生产的一种高活性松香，常温下性能比普通松香稳定，助焊作用也更强。

助焊剂的选用应优先考虑被焊金属的焊接性能及氧化、污染等情况。铂、金、银、铜、锡等金属的焊接性能较强，为减少助焊剂对金属的腐蚀，多采用松香作为助焊剂。焊接时，尤其是手工焊接时，多采用松香焊锡丝。铅、黄铜、青铜、铍青铜及带有镍层金属材料的焊接性能较差，焊接时，应选用有机助焊剂。焊接时能减小钎料表面张力，促进氧化物的还原作用，它的焊接能力比一般焊锡丝要好，但要注意焊后的清洗问题。

3. 阻焊剂

焊接中，特别是在浸焊及波峰焊中，为提高焊接质量，需要耐高温的阻焊涂料，使焊料只在需要的焊点上进行焊接，而把不需要焊接的部分保护起来，起到一种阻焊作用，这种阻焊材料叫做阻焊剂。

（1）阻焊剂的优点如下：

1）防止桥接、短路及虚焊等情况的发生，减少印制板的返修率，提高焊点的质量。

2）因印制板的板面部分被阻焊剂覆盖，焊接时受到的热冲击小，降低了印制板的温度，使板面不易起泡、分层，同时也起到保护元器件和集成电路的作用。

3）除了焊盘外，其他部位均不上锡，这样可以节约大量的焊料。

4）使用带有色彩的阻焊剂，可使印制板的板面显得整洁美观。

（2）阻焊剂的分类。阻焊剂按成膜方法，分为热固性和光固性两大类，即所用的成膜材料是加热固化还是光照固化。目前热固化阻焊剂被逐步淘汰，光固化阻焊剂被大量采用。

热固化阻焊剂具有价格便宜、黏结强度高的优点，但也具有加热温度高、时间长、印制板容易变形、能源消耗大、不能实现连续化生产等缺点。

光固化阻焊剂在高压汞灯下照射2~3min即可固化，因而可节约大量能源，提高生产效率，便于自动化生产。

4. 锡钎焊的条件及特点

任何种类的焊接都有严格的工艺要求，不但要了解焊接材料及施焊对象的性质，还要了解施焊温度、施焊时间及施焊环境的不同对焊接所造成的影响。印制电路板的焊接也是如此，这些工艺要求是很好地完成焊接的前提。

（1）锡焊的条件如下：

1）必须具有充分的可焊性。金属表面被熔融钎料浸湿的特性叫可焊性，是指被焊金属材料与焊锡在适当的温度及助焊剂的作用下，形成结合良好合金的能力。只有能被焊锡浸湿的金属才具有可焊性。并非所有的金属都具有良好的可焊性。有些金属，如铝、不锈钢、铸铁等可焊性就很差，而铜及其合金、金、银、铁、锌、镍等都具有良好的可焊性。即使是可焊性好的金属，因为表面容易产生氧化膜，为了提高其可焊性，一般采用表面镀锡、镀银等。铜是导电性能良好和易于焊接的金属材料，所以应用得最为广泛。常用的元器件引线、导线及焊盘等，大多采用铜材制成。

2）焊件表面必须保持清洁。为了使熔融焊锡能良好地润湿固体金属表面，并使焊锡和焊件达到原子间相互作用的距离，要求被焊金属表面一定要清洁，从而使焊锡与被焊金属表面原子间的距离最小，彼此间充分吸引扩散，形成合金层。即使是可焊性好的焊件，由于长期贮存和污染等原因，焊件的表面可能产生有害的氧化膜、油污等。所以，在实施焊接前也必须清洁表面，否则难以保证质量。

3）使用合适的助焊剂。助焊剂的作用是清除焊件表面氧化膜并减小钎料熔化后的表面张力，以利于浸润。助焊剂的性能一定要适合于被焊金属材料的焊接性能。不同的焊件，不同的焊接工艺，应选择不同的助焊剂。如镍镉合金、不锈钢、铝等材料，需使用专用的特殊助焊剂；在电子产品的电路板焊接中，通常采用松香助焊剂。

4）加热到适当的温度。焊接时，将钎料和被焊金属加热到焊接温度，使熔化的钎料在被焊金属表面浸润扩散并形成金属化合物。因此，要保证焊点牢固，一定要有适当的焊接温度。加热过程中不但要将焊锡加热熔化，而且要将焊件加热到熔化焊锡的温度。只有在足够高的温度下，钎料才能充分浸润，并充分扩散形成合金层。但过高的温度也是有害的。

5）钎料要适应焊接要求。钎料的成分和性能应与被焊金属材料的可焊性、焊接温度、焊接时间、焊点的机械强度相适应，以达到易焊和牢固的目的。此外，还要注意钎料中的杂质对焊接的不良影响。

6）要有适当的焊接时间。焊接时间是指在焊接过程中，进行物理和化学变化所需要的时间。它包括被焊金属材料达到焊接温度的时间，焊锡熔化的时间，助焊剂发生作用并生成金属化合物的时间等。焊接时间的长短应适当，时间过长会损坏元器件并使焊点的外观变差；时间过短钎料不能充分润湿被焊金属，从而达不到焊接要求。

（2）锡焊的特点。锡焊在手工焊接、波峰焊、浸焊、再流焊等有着广泛的应用，其特点如下：

1）钎料的熔点低于焊件的熔点。

2）焊接时将焊件与钎料加热到最佳焊接温度，钎料熔化而焊件不熔化。

3）焊接的完成依靠熔化状态的钎料浸润焊接面，由毛细作用使钎料进入间隙，形成一个结合层，从而实现焊件的结合。

8.2　手工焊接技术

手工焊接是焊接技术的基础，也是电子产品装配中的一项基本操作技能。手工焊接适用于小批量生产的小型化产品、一般结构的电子整机产品、具有特殊要求的高可靠产品、某些不便于机器焊接的场合及在调试和维修中修复焊点和更换元器件等。

目前的元器件焊接分为通孔插装技术（THT）和表面组装技术（SMT）两类，下面分别说明其手工焊接方法。

8.2.1　THT 手工焊接

1. 焊接准备

由于焊剂加热挥发出的气体对人体是有害的，在焊接时应保持烙铁距口鼻的距离不少于20cm，通常以30cm为宜。

（1）电烙铁的使用方法。使用电烙铁的目的是为了加热被焊件而进行焊接，不能烫伤、损坏导线和元器件，为此必须正确掌握手持电烙铁的方法。

手工焊接时，电烙铁要拿稳对准，可根据电烙铁的大小和被焊件的要求不同，决定手持电烙铁的手法，通常有三种手持方法，如图8-12所示。

1）反握法　如图8-12a所示。这种方法焊接时动作稳定，长时间操作不易疲劳，适于大功率烙铁的操作和热容量大的被焊件。

2）正握法　如图8-12b所示。它适于中等功率烙铁或带弯头烙铁的操作。一般在操作台上焊印制板等焊件时，多采用正握法。

3）握笔法　如图8-12c所示。这种握法类似于写字时手拿笔的姿势，易于掌握，但长时间操作易疲劳，烙铁头会出现抖动现象，适于小功率的电烙铁和热容量小的被焊件。

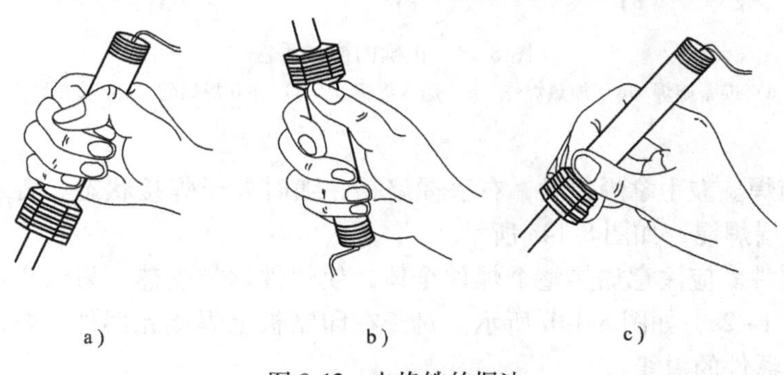

图8-12　电烙铁的握法
a）反握法　b）正握法　c）握笔法

（2）焊锡丝的拿法。手工焊接中一手握电烙铁，另一手拿焊锡丝，帮助电烙铁吸取钎料。拿焊锡丝的方法一般有两种，如图8-13所示。

1）连续焊锡丝拿法　即用拇指和四指握住焊锡丝，其余三根手指配合拇指和食指把焊锡丝连续向前送进，如图 8-13a 所示。它适于成卷焊锡丝的手工焊接。

2）断续焊锡丝拿法　即用拇指、食指和中指夹住焊锡丝。这种拿法，焊锡丝不能连续向前送进，适用于小段焊锡丝的手工焊接，如图 8-13b 所示。

由于焊锡丝成分中铅占有一定的比例，因此操作时应戴手套或操作后洗手，以避免食入。电烙铁使用后一定要放在烙铁架上，并注意烙铁线等不要碰烙铁头。

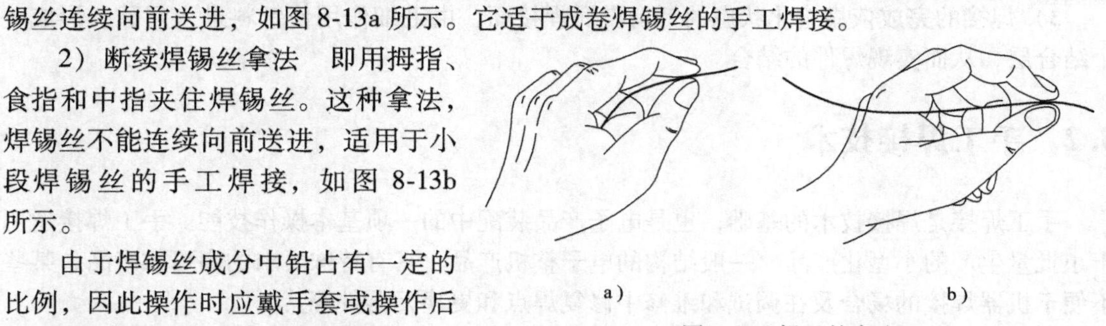

图 8-13　锡丝的拿法
a）连续焊锡丝拿法　b）断续焊锡丝拿法

2. 焊接操作的基本步骤

为了保证焊接的质量，掌握正确的操作步骤是很重要的。

经常看到有些人采用这样一种操作方法，即先用烙铁头沾上一些焊锡，然后将烙铁放到焊点上停留，等待焊件加热后被焊锡润湿，这不是正确的操作方法。它虽然也可以将焊件连接，但却不能保证质量。由焊接机理不难理解这一点：当焊锡在烙铁上熔化时，焊锡丝中的焊剂附着在焊料的表面，由于烙铁头的温度在 250～350℃或以上，当烙铁放到焊点上之前，松香焊剂将不断挥发，很可能会挥发大半或完全挥发，因而润湿过程中由于缺少焊剂而造成润湿不良。而当烙铁放到焊点上时，由于焊件还没有加热，结合层不容易形成，很容易虚焊，正确的操作步骤应该是五步。图 8-14 所示为焊接五步法示意图。

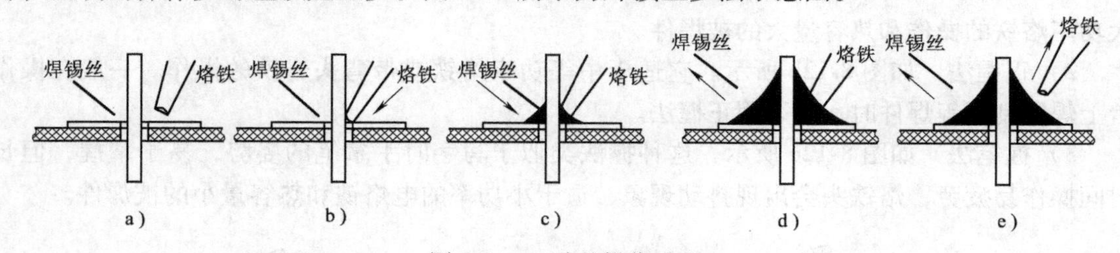

图 8-14　正确的操作手法
a）准备施焊　b）加热焊件　c）送入焊锡丝　d）移开焊锡丝　e）移开烙铁

焊接五步法

（1）准备施焊。左手拿焊锡丝，右手握烙铁，随时处于焊接状态。要求烙铁头保持干净，表面镀有一层焊锡，如图 8-14a 所示。

（2）加热焊件。应注意加热整个焊件全体，使焊件均匀受热。烙铁头放在两个焊件的连接处，时间为 1～2s，如图 8-14b 所示。对于在印制板上焊接元器件，要注意使烙铁头同时接触焊盘和元器件的引线。

（3）送入焊锡丝。焊件加热到一定温度后，焊锡丝从烙铁对面接触焊件，如图 8-14c 所示。注意不要把焊丝送到烙铁头上。

（4）移开焊锡丝。当焊锡丝熔化一定量后，立即将焊锡丝向左上 45°方向移开，如图 8-14d 所示。

（5）移开烙铁。焊锡浸润焊盘或焊件的施焊部位后，向右上45°方向移开烙铁，完成焊接，如图8-14e所示。

对于热容量小的焊件，如印制板与较细导线的连接，可简化为三步操作。即准备施焊、加热与送丝、去丝移烙铁。烙铁头放在焊件上后即放入焊锡丝。焊锡在焊接面上扩散达到预期范围后，立即拿开焊锡丝并移开烙铁。去丝时注意不得滞后于移开烙铁的时间。上述整个过程只有2~4s，各步时间的控制、时序的准确掌握、动作的熟练协调，都要通过大量的训练和用心体会。有人总结出了用五步骤操作法时用数数的方法控制时间，即烙铁接触焊点后数一、二（约2s），送人焊丝后数三、四即移开烙铁。焊丝熔化量靠观察决定。但由于烙铁功率、焊点热容量的差别等因素，实际操作中掌握焊接火候，必须具体条件具体对待。

3. 焊接操作手法

（1）保持烙铁头清洁。焊接时烙铁头长期处于高温状态，又接触焊剂、钎料等，烙铁头的表面很容易氧化并粘上一层黑色的杂质，这些杂质容易形成隔热层，降低烙铁头的加热作用。因此，要随时将烙铁头上的杂质除去，使其随时保持洁净状态。

（2）加热要靠焊锡桥。所谓焊锡桥，就是靠烙铁上保持少量的焊锡作为加热时烙铁头与焊件之间传热的桥梁。在手工焊接中，焊件大小、形状是多种多样的，需要使用不同功率的电烙铁及不同形状的烙铁头。而在焊接时不可能经常更换烙铁头，为增加传热面积需要形成热量传递的焊锡桥，因为液态金属的导热率要远远高于空气。

（3）采用正确的加热方法。不要用烙铁头对焊件施压。在焊接时，对焊件施压并不能加快传热，却加速了烙铁头的损耗，更严重的是会对元器件造成不易察觉的隐患。

（4）在焊锡凝固前保持焊件静止。用镊子夹住焊件施焊时，一定要等焊锡凝固后再移去镊子。因为焊锡凝固的过程就是结晶的过程，在结晶期间受到外力（焊件移动或抖动）会改变结晶条件，形成大粒结晶，造成所谓的“冷焊”，使焊点内部结构疏松，造成焊点强度降低，导电性能差。因此，在焊锡凝固前，一定要保持焊件静止。

（5）采用正确的方法撤离烙铁。焊点形成后烙铁要及时向后45°方向撤离。烙铁撤离时轻轻旋转一下，可使焊点保持适当的钎料，这是实际操作中总结出的经验。图8-15所示为不同撤离方向对钎料的影响。

（6）焊锡量要合适。过量的焊锡不但造成了浪费，而且增加了焊接时间，降低了工作速度，还容易在高密度的印制板线路中造成不易察觉的短路。

焊锡过少的话不能牢固地结合，降低了焊点的强度。特别是在印制板上焊导线时，焊锡不足容易造成导线脱落。

（7）不要过量使用助焊剂。适量的助焊剂会提高焊点的质量。如过量使用松香助焊剂后，当加热时间不足时，又容易形成“夹渣”的缺陷。焊接开关、接插件时，过量的助焊剂容易流到触点处，会造成接触不良。适量的助焊剂，应该是仅能浸湿将要形成的焊点，不会透过印制板流到元器件面或插孔里。对使用松香芯焊锡丝的焊接来说，正常焊接时基本不需要再使用助焊剂，而且印制板在出厂前大多都进行过松香浸润处理。

（8）不要使用烙铁头作为运载钎料的工具。有人习惯用烙铁头沾上焊锡去焊接，这样容易造成钎料氧化，焊剂挥发。因为烙铁头温度一般在300℃左右，焊锡丝中的助焊剂在高温下很容易分解失效。

图 8-15 烙铁撤离方向与钎料的关系

a）烙铁向 45°方向撤离 b）向上撤离 c）水平方向撤离 d）垂直向下撤离 e）垂直向上撤离

4. 焊接技艺

（1）焊前的准备。为了提高焊接的质量和速度，在产品焊接前准备工作应提前就绪，如熟悉装配图及原理图，检查印制电路板。除此之外，还要对待焊的电子元器件进行整形、镀锡处理。

1）镀锡 为了提高焊接的质量和速度，避免虚焊等缺陷，应在装配前对焊接表面进行可焊性处理——镀锡，这是焊接之前一道十分重要的工序。特别是对一些可焊性差的元器件，镀锡是可靠连接的保证。

镀锡同样要满足锡钎焊的条件及工艺要求，才能形成结合层，将焊锡与待焊金属这两种性能、成分都不相同的材料牢固连接起来。

① 元器件镀锡：在小批量的生产中，可以使用锡锅来镀锡。注意保持锡的合适温度，锡的温度可根据液态焊锡的流动性来大致判断。温度低，则流动性差；温度高，则流动性好。但锡的温度也不能太高，否则锡的表面将很快被氧化。

在大规模的生产中，从元器件清洗到镀锡，都由自动生产线完成。中等规模的生产亦可使用搪锡机给元器件镀锡。

在业余条件下，给元器件镀锡可用沾锡的电烙铁沿着浸沾了助焊剂的引线加热，注意使引线上的镀层要薄且均匀。待镀件在镀锡后，良好的镀层表面应该均匀光亮，没有颗粒及凹凸点。如果元器件的表面污物太多，要在镀锡之前采用机械的办法预先去除。

② 导线的镀锡：在一般的电子产品中，用多股导线连接还是很多的。如果导线接头处理不当，很容易引起故障。对导线镀锡要把握以下几个要点。

a. 剥绝缘层不要伤线：使用剥线钳剥去导线的绝缘皮，若刀口不合适或工具本身质量不好，容易造成多股线头中有少数几股线断掉或者虽未断离但有压痕的情况，这样的线头在使用中容易折断。

b. 多股导线的线头要很好地绞合：剥好的导线端头，一定要先将其绞合在一起再镀锡，否则镀锡时线头就会散乱，无法插入焊孔，一两股散乱的导线很容易造成电气故障。同时，绞合在一起的多股线也增加了强度。

c. 涂助焊剂镀锡要留有余地：通常在镀锡前要将导线头浸蘸松香水。有时也将导线放在松香块上或放在松香盒里，用烙铁给导线端头敷涂一层松香，同时也镀上焊锡。注意不要让焊锡浸入到导线的绝缘皮中去，要在绝缘皮前留出 1~3mm 没有镀锡的间隔。

2）元器件引线成形 在组装印制电路板时，为提高焊接质量、避免浮焊，并使元器件排列整齐、美观，对元器件引线的加工就成为不可缺少的一个步骤。元器件间引线成形在工厂多采用模具，而业余爱好者只能用尖嘴钳或镊子加工。元器件引线成形的各种形状如图

8-16所示。

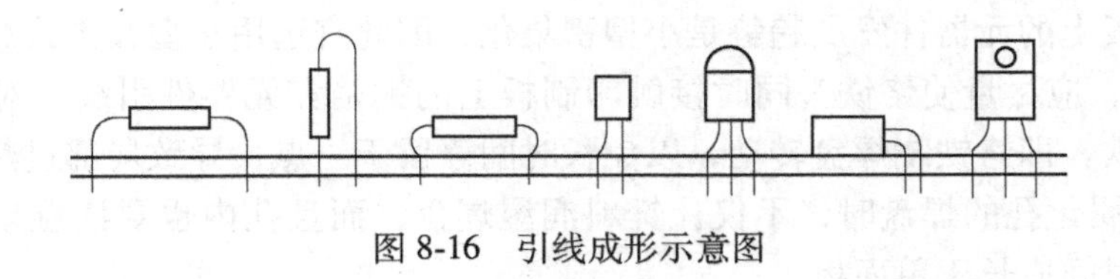

图8-16 引线成形示意图

其中大部分需要在装插前弯曲成形，弯曲成形的要求取决于元器件本身的封装外形和印制板上的安装位置。元器件引线成形应注意几点：

① 所有元器件引线均不得从根部弯曲，因为制造工艺上的原因，根部容易折断，一般应留1.5mm以上。

② 弯曲一般不要成死角，圆弧半径应大于引线直径的1~2倍。

③ 要尽量将所有元器件的字符置于容易观察的位置。

（2）元器件的安装与焊接。印制电路板的装焊在整个电子产品制造中处于核心地位，其质量对整机产品的影响非常大，印制板的装焊日臻完善，实现了自动化，但在产品研制、维修领域主要还是手工操作。

1）印制板和元器件的检查　装配前应对印制板和元器件进行检查，主要包括如下内容：

① 印制板。印制板的图形、孔位及孔径是否符合图样，有无断线、缺孔等，表面处理是否合格，有无污染或变质。

② 元器件。元器件的品种、规格与外封装是否与图样吻合，元器件引线有无氧化、锈蚀。对于要求较高的产品，还应注意操作时的条件，如手汗会影响锡焊性能、腐蚀印制板；使用的工具如螺钉旋具、钳子碰上印制板会划伤铜箔；橡胶板中的硫化物会使金属变质等。

2）元器件的插装　元器件引线经过成形后，即可插入印制电路板的焊孔中。在插装元器件时，要根据元器件所消耗的功率大小充分考虑散热问题，工作时发热的元器件在安装时不宜紧贴在印制板上，这样不但有利于元器件的散热，同时热量也不易传到印制电路板上，从而延长了电路板的使用寿命，降低了产品的故障率。元器件的安装及注意事项如下：

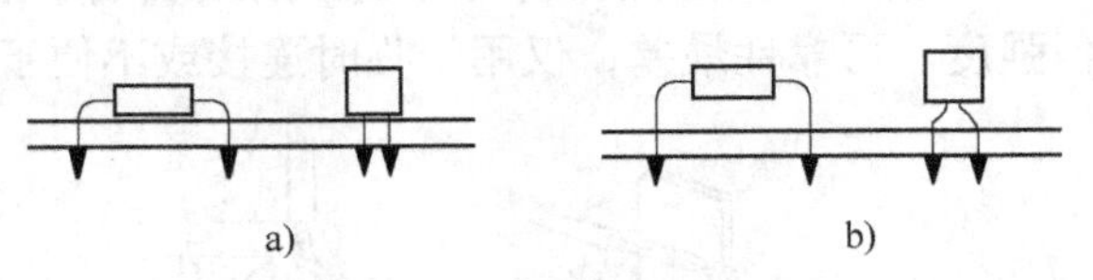

图8-17 元器件插装方式
a）贴板插装 b）悬空安装

① 贴板插装。如图8-17a所示，小功率元器件一般采用这种安装方法。优点是稳定性好、插装简单；缺点是不利于散热，某些安装位置不适应。

② 悬空安装。如图8-17b所示，优点是适应范围广、有利于散热；缺点是插装较复杂，需控制一定高度以保持美观一致。悬空高度一般取2~6mm。

③ 安装时注意元器件字符标注方向应一致，这样易于读取参数。

④ 安装时不要用手直接碰元器件引线和印制板上的铜箔，因为汗渍会影响焊接。

⑤ 插装后为了固定元器件可对引线进行弯折处理。

3）印制电路板的焊接　焊接印制板，除遵循锡钎焊要领外，需注意以下几点：

① 电烙铁一般应选内热式20~35W或调温式，烙铁头形状应根据印制板上焊盘大小确定。目前印制板上的元器件发展趋势是小型密集化，因此宜选用小型圆锥式烙铁头。

② 加热时，应尽量使烙铁头同时接触印制板上的铜箔和元器件引线。对较大的焊盘焊接时可移动烙铁，即烙铁绕焊盘转动，以免长时间停留于一点，导致局部过热。

③ 焊接金属化孔的焊盘时，不仅让钎料润湿焊盘，而且孔内也要润湿填充。因此，金属化孔的加热时间应长于单面板。

④ 焊接时不要用烙铁头摩擦焊盘的方法增强钎料润湿性能，要靠元器件的表面处理和预焊。

⑤ 耐热性差的元器件应使用工具辅助散热。

4）焊后处理如下：

① 剪去多余的引线，注意不要对焊点施加剪切力以外的力。

② 检查印制板上所有元器件引线的焊点，修补焊点缺陷。

5）导线的焊接　电子产品中常用的导线有四种，即单股导线、多股导线、排线和屏蔽线。单股导线的绝缘皮内只有一根导线，也称“硬线”，多用于不经常移动的元器件的连接（如配电柜中接触器、继电器的连接用线）；多股导线的绝缘皮内有多根导线，由于弯折自如，移动性好又称为“软线”，多用于可移动的元器件及印制板的连接；排线属于多股线，是将几根多股线做成一排故称为排线，多用于数据传送；屏蔽线是在绝缘的“芯线”之外有一层网状的导线，因具有屏蔽信号的作用，被称为屏蔽线，多用于信号传送。

① 导线同接线端子的焊接方法。

a. 绕焊：把经过镀锡的导线端头在接线端子上缠几圈，用钳子拉紧缠牢后进行焊接，如图8-18a所示。注意，导线一定要紧贴端子表面，绝缘层不要接触端子，一般$L=1\sim3$mm为宜，这种连接可靠性最好。L为导线绝缘皮与焊面之间的距离。

b. 钩焊：将导线端子弯成钩形，钩在接线端子上并用钳子夹紧后施焊，如图8-18b所示，端头处理与绕焊相同。这种方法强度低于绕焊，但操作简便。

绕焊、钩焊导线弯曲的形状如图8-18c所示。

c. 搭焊：把经过镀锡的导线搭到接线端子上施焊，如图8-18d所示。这种连接最方便，但强度、可靠性最差，仅用于临时连接或不便于缠、钩的地方及某些接插件上。

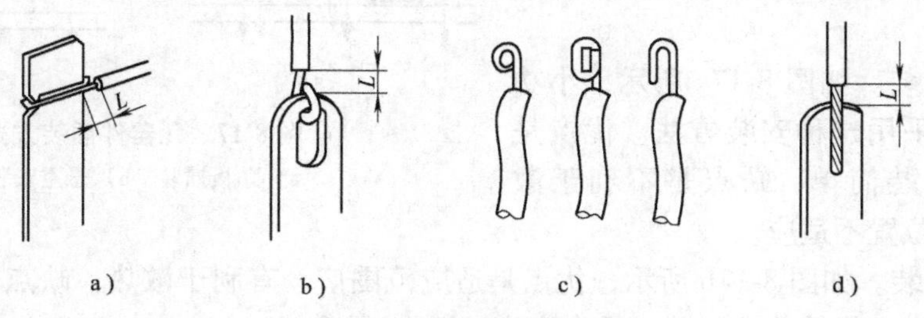

图8-18　导线与端子的焊接

a）绕焊　b）钩焊　c）绕焊、钩焊导线形状　d）搭焊

② 导线与导线的焊接。导线之间的焊接以绕焊为主，操作步骤如下：

a. 去掉一定长度的绝缘皮。

b. 端头上锡，并穿上合适套管。

c. 绞合，施焊。

d. 趁热套上套管，冷却后套管固定在接头处。

对调试或维修中的临时线，也可采用搭焊的办法，只是这种接头强度和可靠性都较差，不能用于生产中的导线焊接。

（3）集成电路的焊接。MOS 电路特别是绝缘栅型电路，由于输入阻抗很高，稍有不慎就可使内部击穿而失效。双极性集成电路不像 MOS 集成电路那样，但由于内部集成度高，通常管子隔离层都很薄，一旦受热过量也很容易损坏。无论哪种电路，都不能承受高于 200℃的温度，因此焊接时必须非常小心。

集成电路的安装焊接有两种方式：一种是将集成块直接与印制板焊接；另一种是通过专用插座（IC 插座）在印制板上焊接，然后将集成块插入。

在焊接集成电路时，应注意下列事项：

1）集成电路引脚如果是镀金镀银处理的，不要用刀刮，只需要用酒精擦洗或绘图橡皮擦干净就可以了。

2）对 CMOS 电路，如果事先已将各引线短路，焊前不要拿掉短路线。

3）焊接时间在保证浸润的前提下尽可能短，每个焊点最好用 3s 焊好，最多不能超过 4s，连续焊接时间不要超过 10s。

4）使用的烙铁最好为 20W 内热式，接地线应保证接触良好。若用外热式，最好采用烙铁断电用余热焊接，必要时还要采取人体接地的措施。

5）使用低熔点助焊剂，一般不要高于 150℃。

6）工作台上如果铺有橡皮、塑料等易于积累静电的材料，集成电路芯片及印制板等不宜放在台面上。

7）集成电路若不使用插座，直接焊在印制板上，安全焊接顺序为地端→输出端→电源端→输入端。

8）焊接集成电路插座时，必须按集成块的引线排列图焊好每一个点。

（4）几种易损元器件的焊接

1）注塑元器件的焊接　目前，各种有机材料广泛地应用在电子元器件、零部件的制造中，通过注塑工艺，它们被制成各种形状复杂、结构精密的开关及接插件等。但其最大的弱点是不能承受高温。在对这类元器件焊接时，如加热时间控制不当，极易造成塑性变形，导致零件失效或降低性能，造成故障隐患。图 8-19 所示是钮子开关结构示意图及由于焊接技术不当造成失效的例子。

图 8-19b 所示为施焊时侧向加力，造成接线片变形，导致开关不通；图 8-19c 所示为焊接时垂直施力，使接线片 1 垂直位移，造成闭合时接线 2 不能通；图 8-19d 所示为焊接时助焊剂过多，沿接线片浸润到接点，造成接点绝缘或接触电阻过大；图 8-19e 所示为镀锡时间过长，造成开关下部塑料壳软化，接线片因自重移位，簧片无法接通。

正确的焊接方法如下：

① 在元器件预处理时将接点清理干净，一次镀锡成功，特别是将元器件放在锡锅中浸锡时，更要掌握好进入深度及时间。

② 焊接时，烙铁头要修整得尖一些，以便在焊接时不碰到相邻接点。

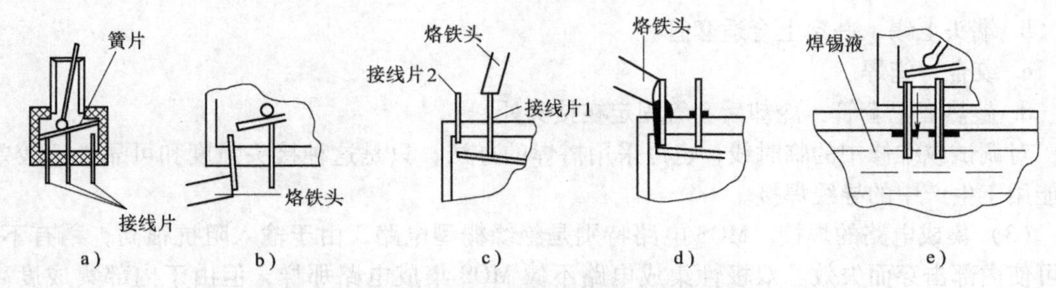

图 8-19 钮子开关结构及焊接不当导致失效的示意图

a）开关结构示意图 b）施焊时侧向加力 c）焊接时垂直施力 d）焊接时助焊剂过多 e）镀锡时间过长

③ 非必要时，尽量不使用助焊剂；必须添加时，要尽可能少用助焊剂，以防止其进入电接触点。

④ 烙铁头在任何方向上均不要对接线片施加压力，避免接线片变形。

⑤ 在保证浸润的情况下，焊接时间越短越好。焊接后，不要在塑料壳冷却前对焊点进行牢固性试验。

2）簧片类元器件的接点焊接 这类元器件如继电器、波段开关等，其特点是在制造时给接触簧片施加了预应力，使之产生适当弹力，保证电接触的性能。在安装施焊的过程中，不能对簧片施加过大的外力和热，以免破坏接触点的弹力，造成元器件失效。因此，簧片类元件的焊接要领如下：

① 可靠地预焊；

② 加热时间要短；

③ 不可对焊点的任何方向加力；

④ 焊锡量宜少。

8.2.2 SMT 手工焊接

1. 片式元器件

片式元器件的焊接五步法适用于片式电阻器、电容器、电感器和片式发光二极管及各种方形端子元器件的手工焊接。

根据所选电烙铁的烙铁头的不一样，分凿形点焊和刀形点焊五步法。所谓凿形/刀形点焊五步法，即用凿形/刀形烙铁头，逐点焊接元器件的每个可焊端，其焊接过程分为五步。

（1）凿形点焊五步法

下面介绍凿形点焊五步法：步骤一，一端焊盘加锡；步骤二，镊子夹取元器件；步骤三，元器件一端固定；步骤四，焊接另外一端；步骤五，修饰其固定端，如图 8-20 所示。

1）一端焊盘加锡

首先选择烙铁头尺寸适合的，去除烙铁头上的旧锡，要最大面积接触焊盘，让烙铁头与板面呈 45°，预热时间大约为 1s，然后选择适合的焊锡丝，在烙铁头与焊盘结合处加适量的焊锡；保证焊锡充分地浸润焊盘后，先撤离焊锡丝，后撤烙铁；要保证焊盘表面焊锡薄而均匀。焊盘上加焊锡的多少直接影响到下一步焊接的动作，量太少没法固定元器件，量太多则可能接触到元器件的本体或导致元器件倾斜等。

2）镊子夹取元器件

镊子的选择很重要，从材质上讲常用的有金属和塑料两种，从形状上常用的尖嘴和圆

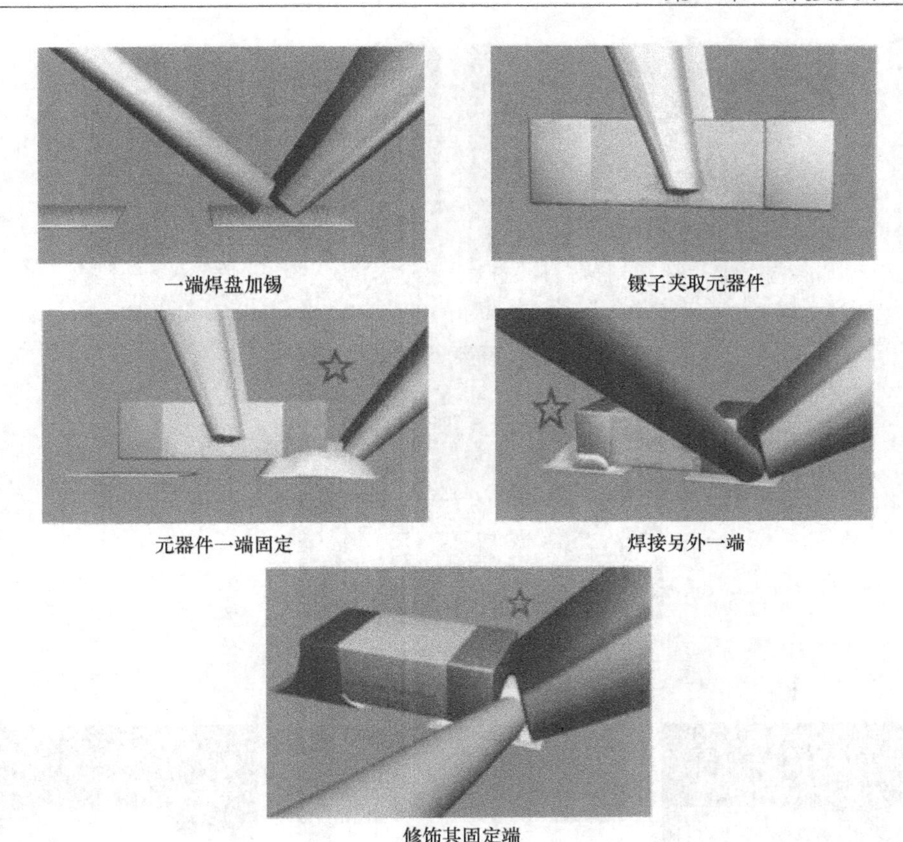

一端焊盘加锡　　镊子夹取元器件

元器件一端固定　　焊接另外一端

修饰其固定端

图 8-20　凿形点焊五步法

嘴，又有直头和弯头。实际工作中，要注意有些元器件是不能用金属镊子夹取的。本节选用尖嘴镊子。

使用时，应该是夹取中心位置偏下；若镊子夹取位置偏下，元器件定位时容易浮高或倾斜；若镊子夹取位置偏上，则无法固定元器件，容易掉落，还可能损坏元器件，如图 8-21 所示。

3）元器件一端固定

每次把电烙铁放回支架之前，都需要在烙铁头上加一层新焊锡进行保护，防止烙铁头在高温状态下被氧化而影响后继操作，从而大大提高烙铁头的使用寿命。每次从支架上拿起电烙铁前，一点要清理烙铁头上的旧焊锡，旧焊锡的助焊剂已经挥发，无法形成可靠焊点。常用的去除旧焊锡方法，是在湿海绵上轻轻擦除，甩锡、敲手柄等必须严格禁止。

在固定元器件时，拿元器件的手的手臂要寻找好支撑点，防止固定时元器件抖动；待焊锡融化后从左向右或由上向下放置元器件；先撤离电烙铁，待焊锡固话后撤离镊子，期间要避免手臂抖动（防止焊点受扰）。

检查元器件竖向是否偏移，如图 8-22 所示。其中竖向偏移 $A \leqslant$ 元器件端子宽度 W 的 25%或焊盘宽度 P 的 25%，取两者中较小者。检查元器件横向（末端）是否偏移，如图 8-23 所示。检查元器件是否倾斜。元器件的定位质量是衡量焊接技术好坏的一个基本要素。在手工焊接过程中，希望达到最优。图 8-22 和图 8-23 也给出了不够完美的情况。另外，在不同的检验标准中，具体的量化要求也不一样，详细要求请参考 SMT 的相关检验标准。

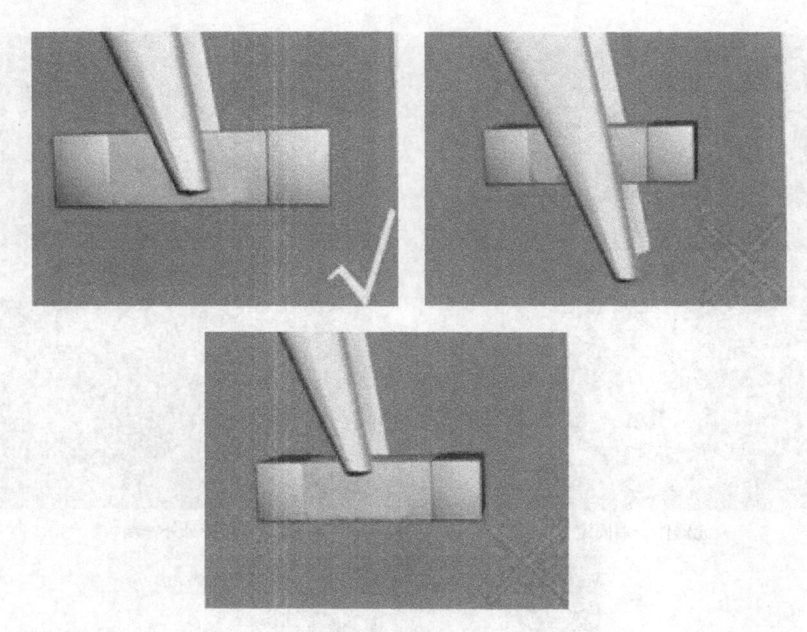

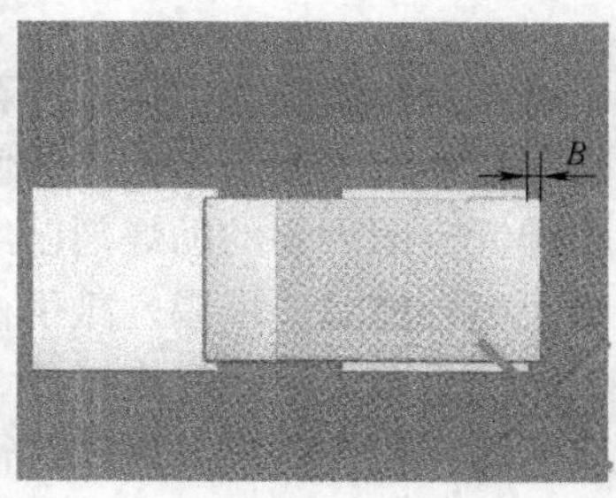

图 8-21 夹取位置

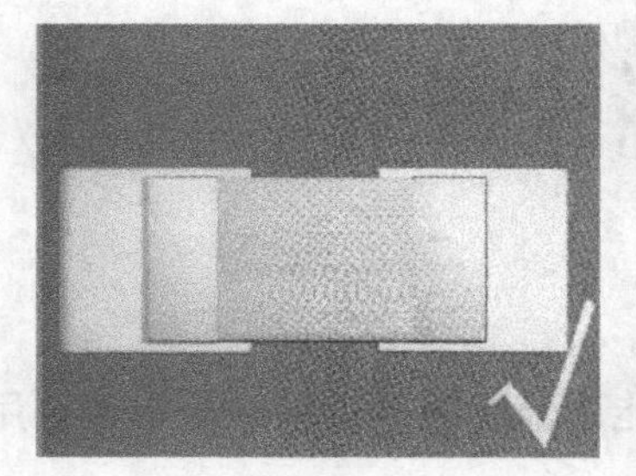

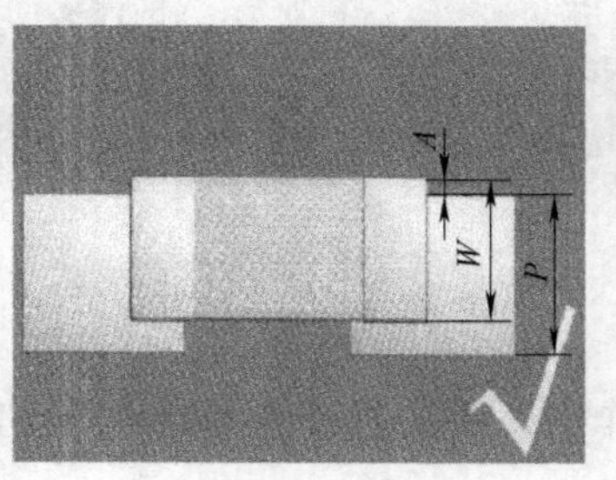

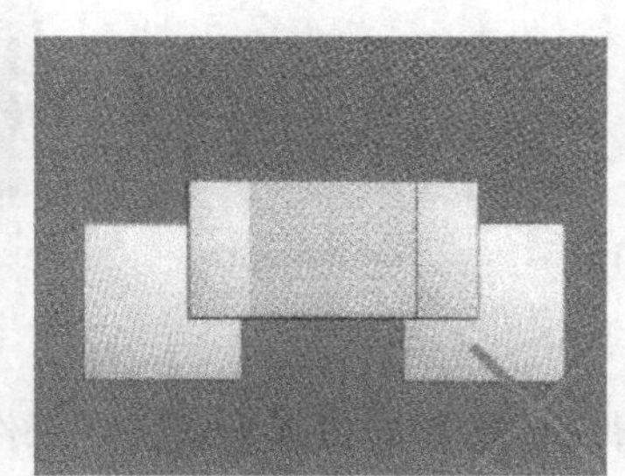

无偏移　　$A \leqslant 25\%W$，可接受　　$A \geqslant 25\%W$，缺陷

图 8-22 元器件竖向偏移

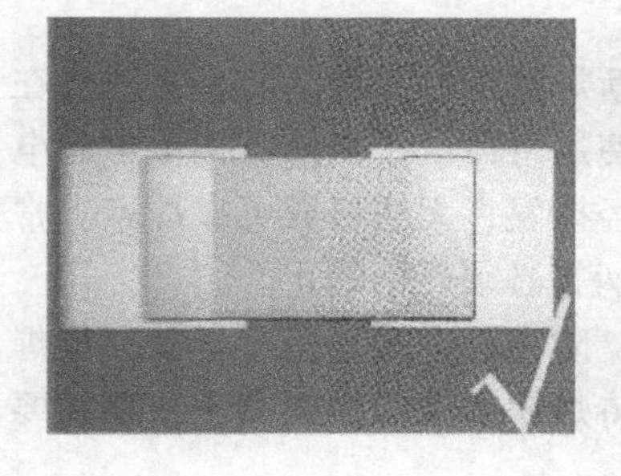

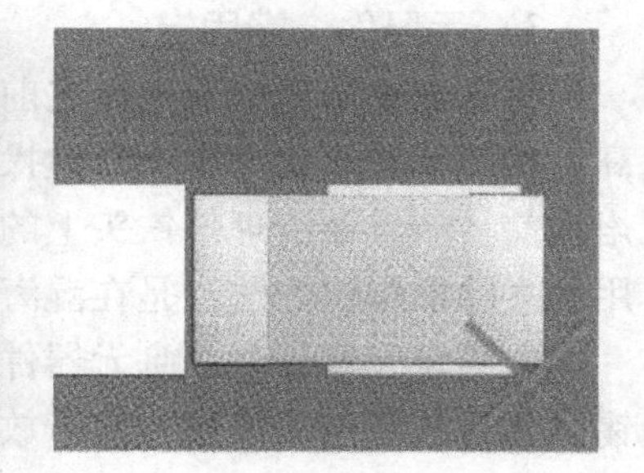

图 8-23 元器件横向偏移（末端位置）

4）焊接另外一端

焊接另外一端时最好一次完成，如果希望焊出较小的浸湿角则可以采用先预热后加焊锡的方法，但其他方法也不排斥。

去除烙铁头上的旧焊锡，烙铁头与板面呈 45°夹角，预热时间大约为 1s，然后选择适合的焊锡丝，在烙铁头与焊盘结合处加适量的焊锡；保证焊锡充分地浸润焊盘后，先撤离焊锡丝，后撤电烙铁；焊盘表面焊锡薄而均匀。焊盘上加焊锡的多少直接影响下一步焊接的动作，量太少没法固定元器件，量太多则可能接触到元器件的本体或导致元器件倾斜等。

5）修饰其固定端

修饰其固定端可视为焊接过程的一个正常工序而不是返工。初学者固定元器件时很容易因抖动造成焊点受扰，必须进行修饰。

焊点检查要求在焊锡和焊接表面结合处呈明显的浸润和附着，焊接连接的外观大致平滑，焊锡和 PCB 间以及焊锡和元器件可焊接端之间的夹角不超过 90°，特殊情况除外。

焊点质量检测，可借助三视图方式全面系统地检查，如图 8-24 所示。主要检测焊点的末端连接宽度 C、侧面连接长度 D、最大填充高度 E、最小填充高度 F。

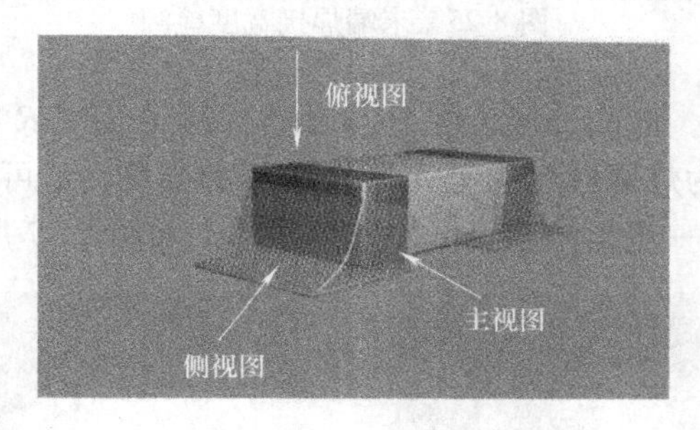

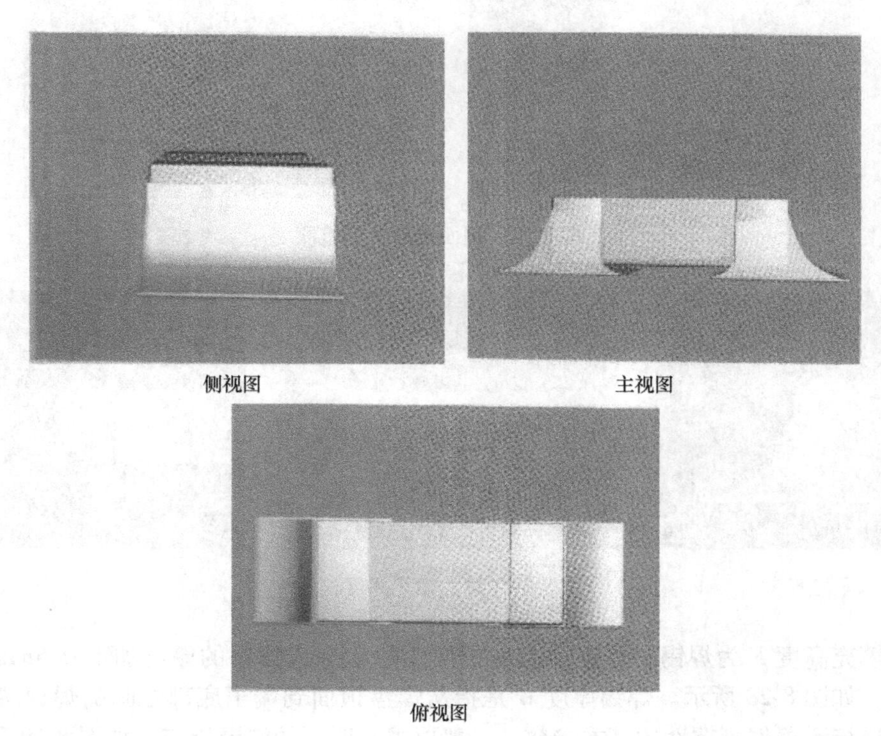

图 8-24 元器件三视图

从侧视图角度检验时，末端连接宽度 C 与端子宽度 W 的关系：$C \geqslant 75\% W$ 可以接受，

$C<75\%$为缺陷。图 8-25 所示的末端焊接宽度检测包括了 $C=W$ 和 $C\geqslant75\%W$ 及 $C<75\%W$ 的情况。

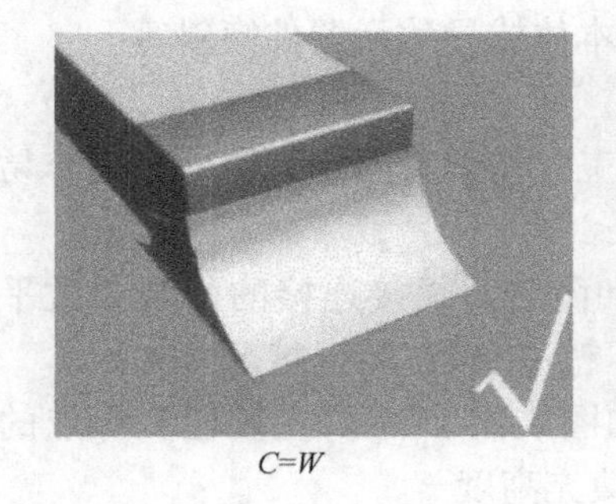

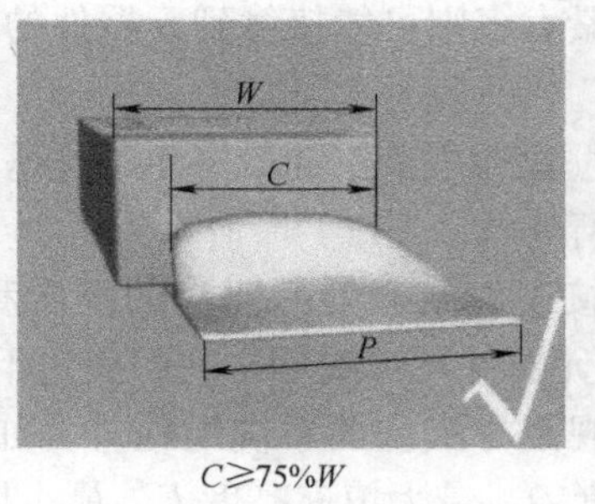

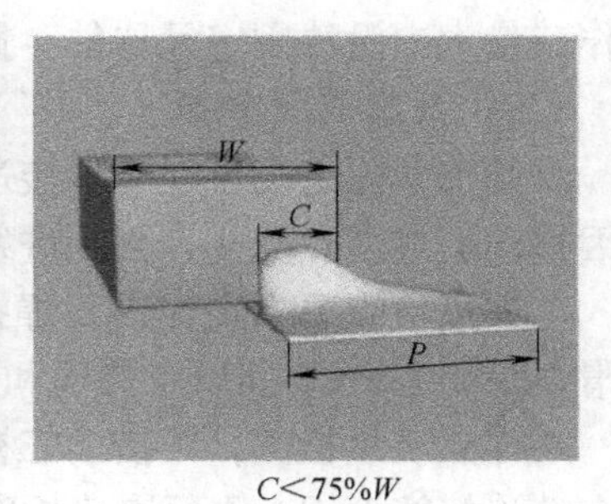

图 8-25 末端焊接宽度检测

从主视图角度检验时，侧面连接长度 D 与元器件端子长度 R 的关系：$D>0$ 即可（见图 8-26）。最大填充高度 E 为焊锡厚度加上元器件端子的高度，E 可以超过焊盘或延伸至端帽金属镀层顶部，但不可进一步延伸至元器件本体顶部，如图 8-27 所示。

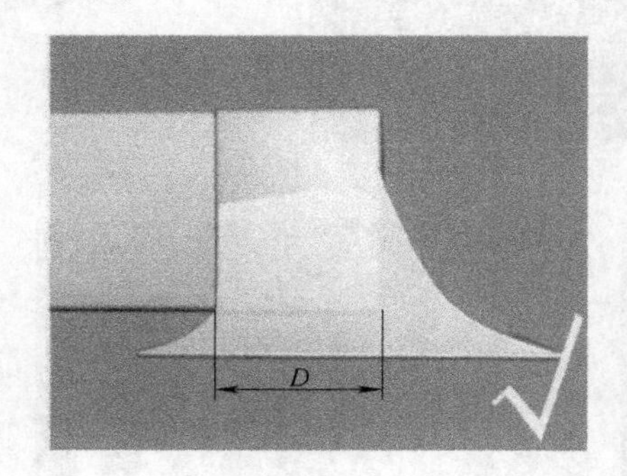

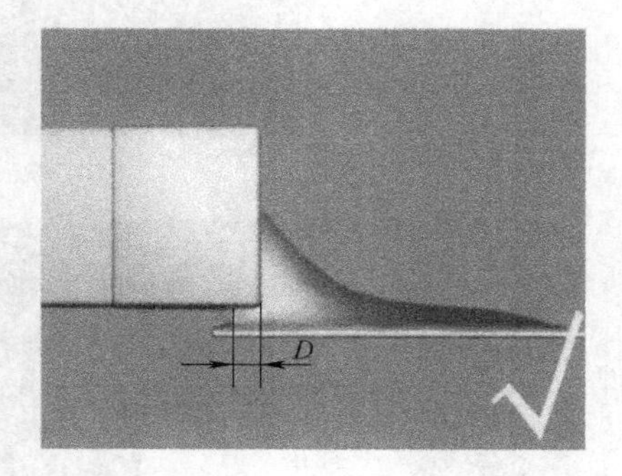

图 8-26 侧面连接长度检测

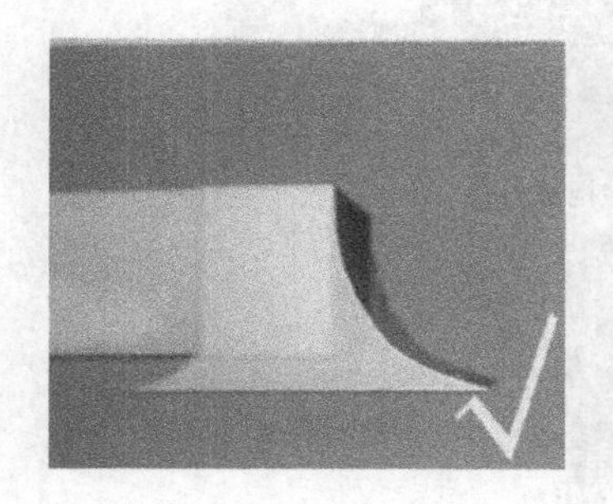

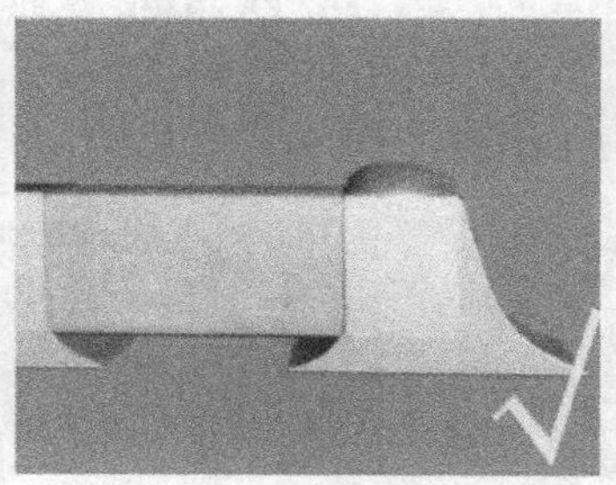

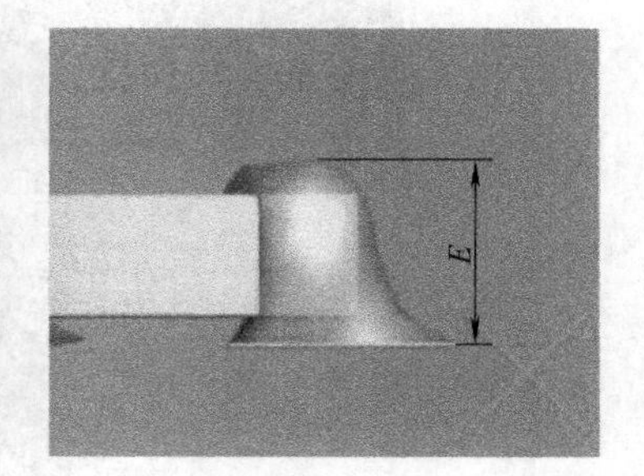

图 8-27 最大填充高度检测

最小填充高度 F 为焊锡的厚度加上端子高度的25%或焊锡的厚度加上 0.5mm，取两者中较小者，如图 8-28 所示。焊锡厚度 G 是指从焊盘顶面到端子底部之间的焊锡填充，是决定无引线连接元器件可靠性的基本参数。一般要求有明显的浸湿填充，如图 8-29 所示。

（2）刀形点焊五步法

刀形点焊五步法的各步骤名称与凿形点焊五步法一致，不同的是烙铁头和焊锡的位置，如图 8-30 所示。

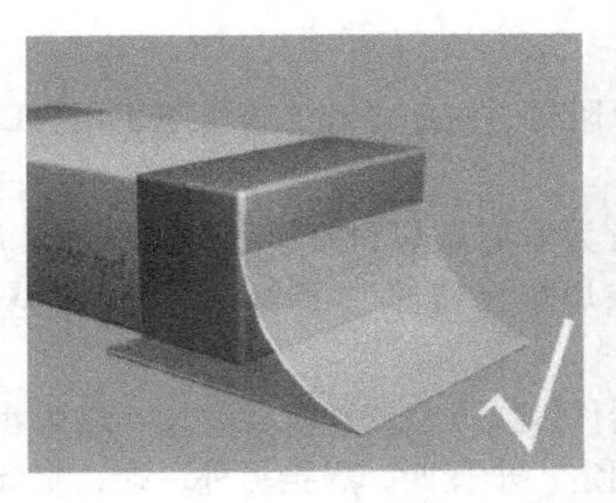

图 8-28 最小填充高度检测

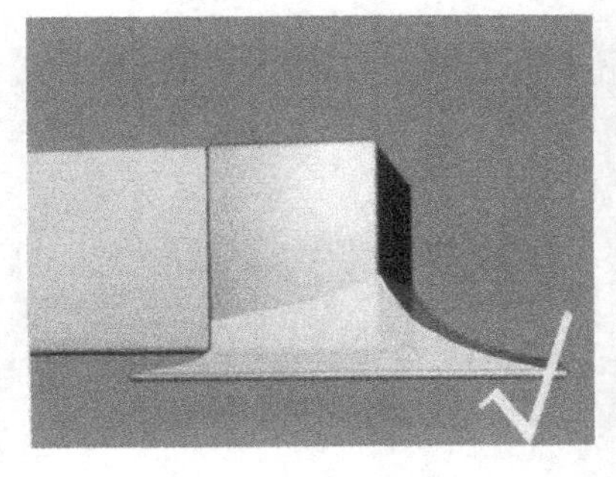
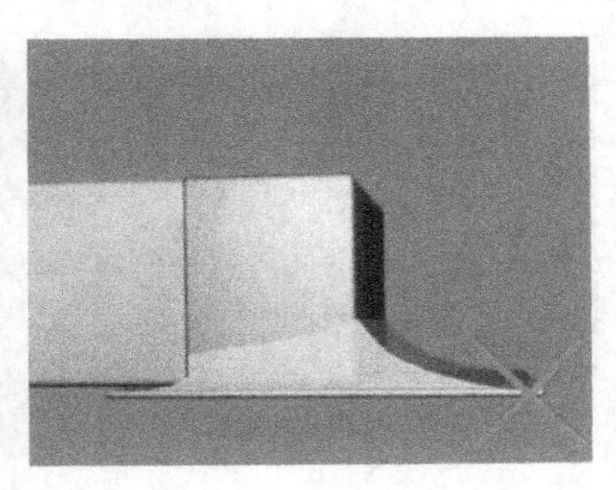

图 8-29 焊料厚度检测

一端焊盘加锡

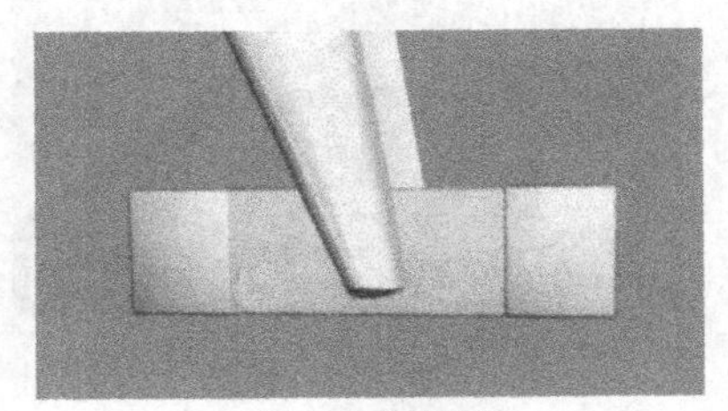

镊子夹取元器件

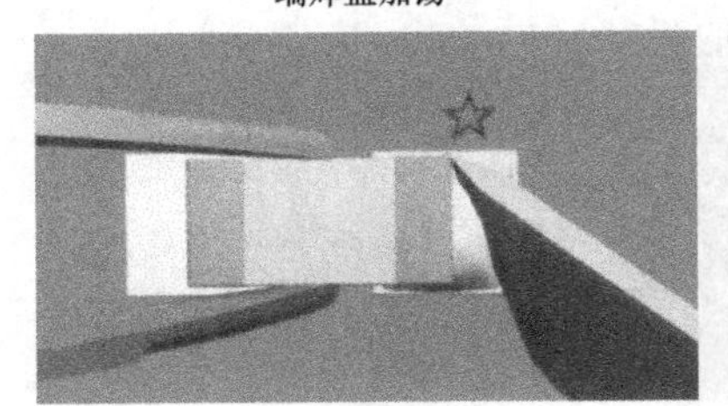

元器件一端固定

焊接另外一端

修饰其固定端

图 8-30 刀形点焊五步法

2. 圆柱形元器件

圆柱形元器件焊接五步法适用于圆柱状电阻器、电感器和二极管等采用 MELF 封装形式元器件的手工焊接。

根据所选电烙铁的烙铁头的不一样，也分为凿形点焊和刀形点焊五步法。所谓凿形/刀形点焊五步法，即用凿形/刀形烙铁头，逐点焊接元器件的每个可焊端，其焊接过程分为五步。

与片式元器件类似，下面介绍圆柱形元器件焊接五步法：步骤一，一端焊盘加锡；步骤二，镊子夹取元器件；步骤三，元器件一端固定；步骤四，焊接另外一端；步骤五，修饰其固定端，如图 8-31 所示。

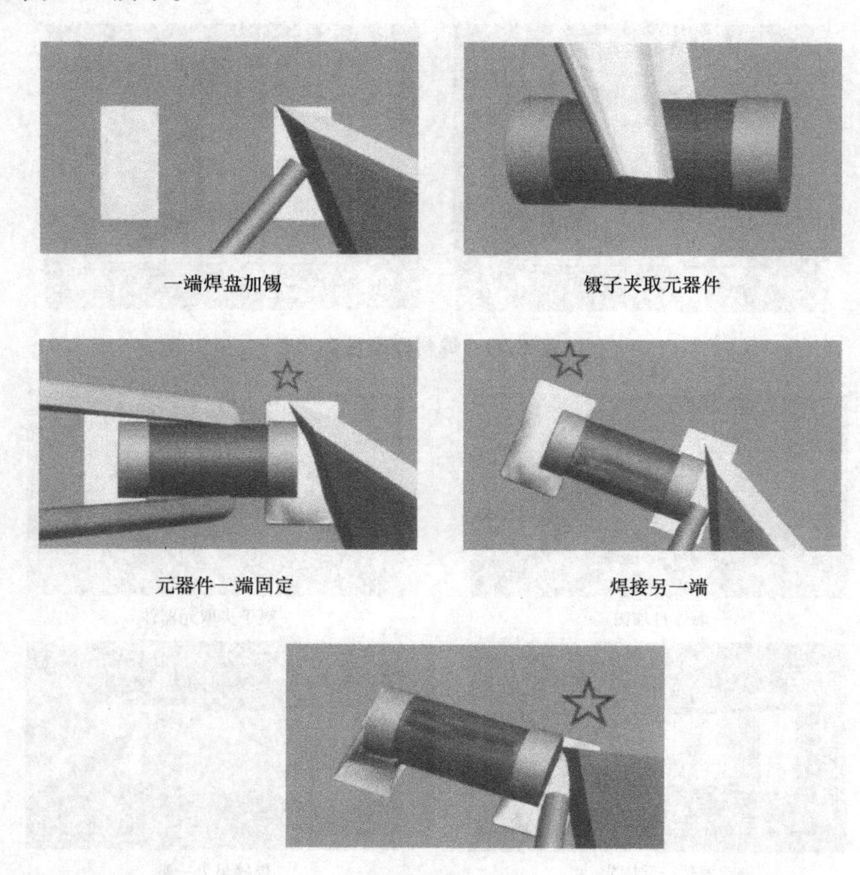

图 8-31 圆柱形元器件焊接五步法

其焊点质量检测与前面片式元器件的一致，如图 8-32 所示。

元器件的定位质量是衡量焊接技巧的一个基本要素。在手工焊接过程中，希望达到最优。图 8-32 也给出了不够完美的情况。另外，在不同的检验标准中，具体的量化要求也不一样，详细要求请参考 SMT 的相关检验标准。

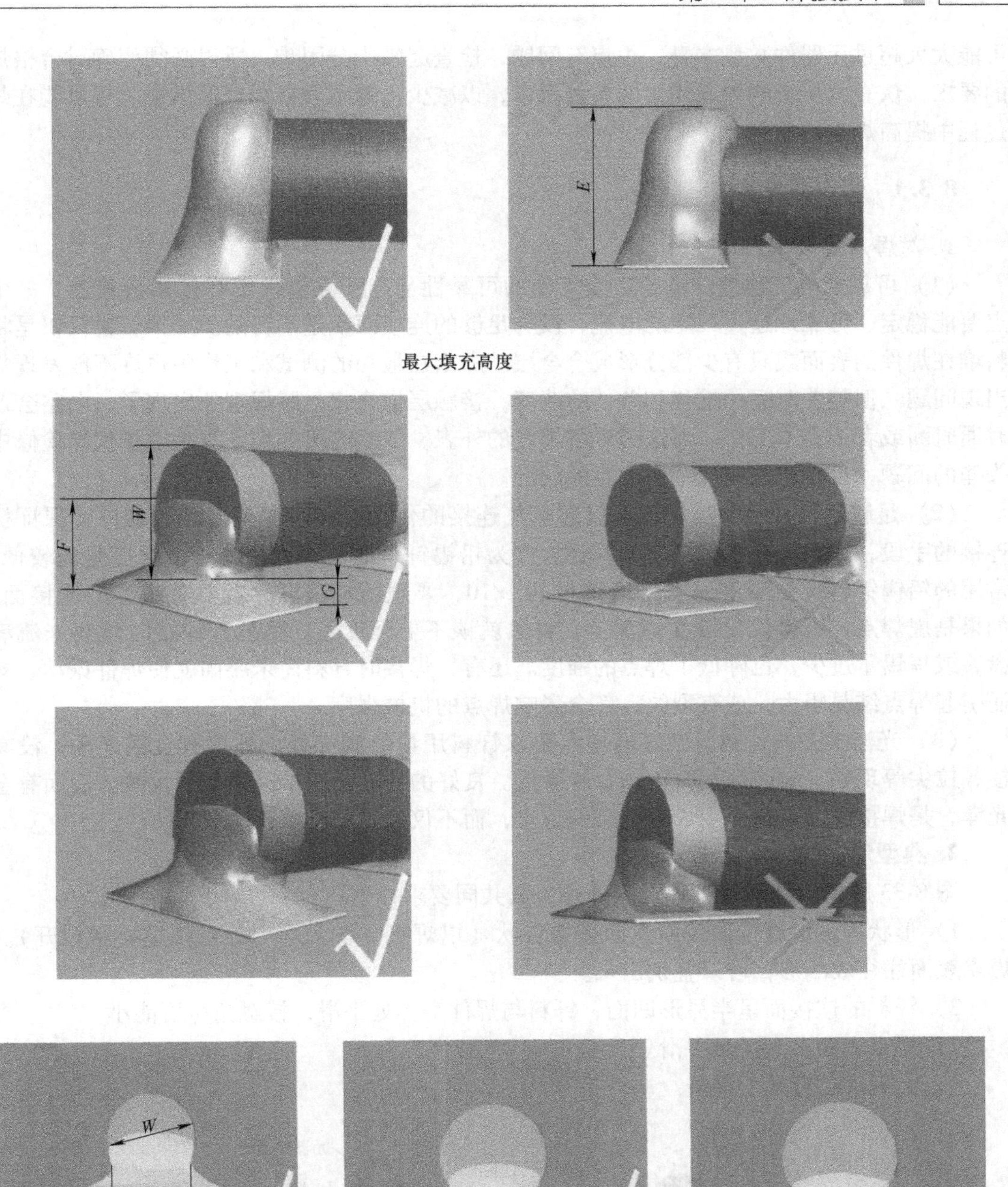

图 8-32 圆柱形元器件焊点的质量检测

8.3 焊接质量要求

焊点的质量直接关系着产品的稳定性与可靠性等电气性能。对于电子产品，其焊点数量可能大大超过元器件数量本身，焊点有问题，检查起来十分困难。所以必须明确对合格焊点的要求，认真分析影响焊点质量的各种因素，以减少出现不合格焊点的机会，尽可能在焊接过程中提高焊点的质量。

8.3.1 焊点质量检查

1. 对焊点的要求

（1）可靠的电气连接。电子产品工作的可靠性与电子元器件的焊接紧密相连。一个焊点要能稳定、可靠地通过一定的电流，没有足够的连接面积是不行的。如果焊锡仅仅是将钎料堆在焊件的表面或只有少部分形成合金层，那么在最初的测试和工作中也许不能发现焊点出现问题。但随着时间的推移和条件的改变，接触层被氧化，脱焊现象出现了，电路会产生时通时断或者干脆不工作。而这时观察焊点的外表，依然连接如初，这是电子仪器检修中最头痛的问题，也是产品制造中要注意的问题。

（2）足够的机械强度。焊接不仅起电气连接的作用，同时也是固定元器件、保证机械连接的手段，因而就有机械强度的问题。作为铅锡钎料的铅锡合金本身，强度是比较低的。常用的铅锡钎料抗拉强度只有普通钢材的1/10，要想增加强度，就要有足够的连接面积。如果是虚焊点，钎料仅仅堆在焊盘上，自然就谈不上强度了。另外，焊接时焊锡未流满焊盘，或焊锡量过少，也降低了焊点的强度。还有，焊接时钎料尚未凝固就使焊件振动、抖动而引起焊点结晶粗大，或有裂纹，都会影响焊点的机械强度。

（3）光洁整齐的外观。良好的焊点要求钎料用量恰到好处，外表有金属光泽，没有桥接、拉尖等现象，导线焊接时不伤及绝缘皮。良好的外表是焊接高质量的反映。表面有金属光泽，是焊接温度合适、生成合金层的标志，而不仅仅是外表美观的要求。

2. 典型焊点的外观要求

图8-33所示为两种典型焊点的外观，其共同要求如下：

1）形状为近似圆锥而表面微凹呈慢坡状（以焊接导线为中心，对称呈裙状拉开）。虚焊点表面往往成凸形，可以鉴别出来。

2）钎料的连接面呈半弓形凹面，钎料与焊件交界处平滑，接触角尽可能小。

3）焊点表面有光泽且平滑。

4）无裂纹、针孔、夹渣。

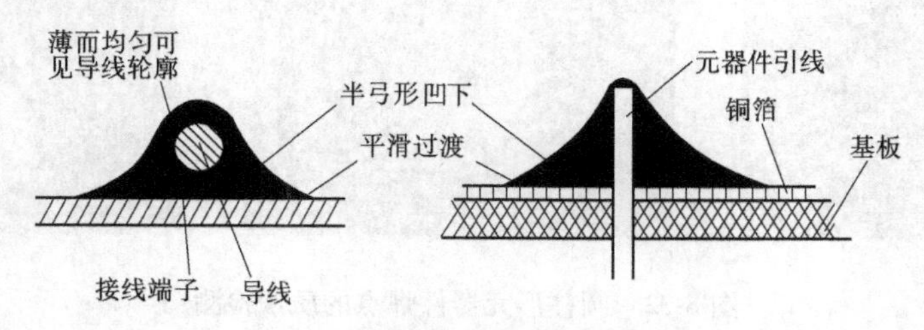

图8-33 焊点的外观特征

3. 对焊接结束后的要求

为保证产品质量，要对焊点进行检查。由于焊接检查与其他生产工序不同，没有一种机械化、自动化的检查测量方法，因此主要通过目视检查、手触检查和通电检查来发现问题。

（1）目视检查是从外观上检查焊接质量是否合格，也就是从外观上评价焊点有什么缺陷。

（2）手触检查主要是指手触摸、摇动元器件时，焊点有无松动、不牢、脱落的现象。或用镊子夹住元器件引线轻轻拉动时，有无松动现象。

（3）通电检查必须是在外观及连线检查无误后才可进行的工作，也是检验电路性能的关键步骤。通电检查可以发现许多微小的缺陷，如用目测观察不到的电路桥接、虚焊等。表 8-4 列出了通电检查时可能出现的故障与焊接缺陷的关系。

表 8-4　通电检查结果及原因分析

通电检查结果	原因分析	
元器件损坏	失效	过热损坏、烙铁漏电
	性能降低	烙铁漏电
导通不良	短路	桥接、钎料飞溅
	断路	焊锡开裂、松香夹渣、虚焊、插座接触不良
	时通时断	导线断丝、焊盘剥落等

8.3.2　常见焊点的缺陷与分析

造成焊接缺陷的原因有很多，但主要可从四个方面去寻找。在材料与工具一定的情况下，采用了什么方式及操作者是否有责任心，就是决定性的因素了。元器件的焊接与导线的焊接常见缺陷如图 8-34、表 8-5 所示。

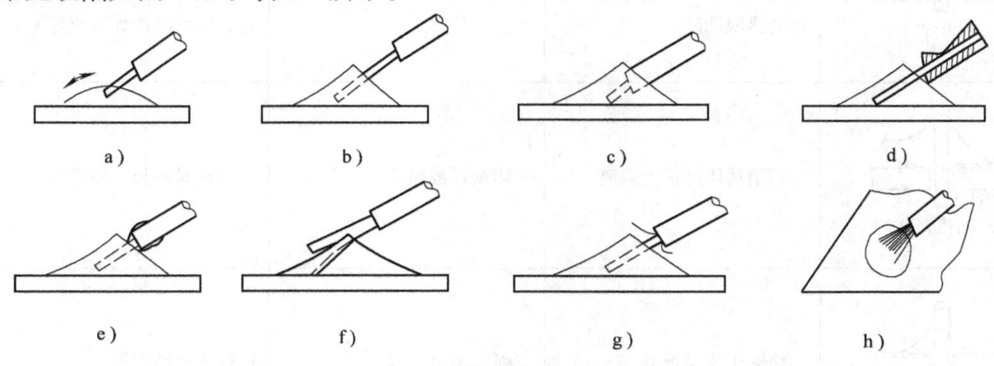

图 8-34　接线端子的缺陷

a）虚焊　b）芯线过长　c）焊锡浸过外皮　d）外皮烧焦
e）焊锡上吸　f）断丝　g）甩丝　h）芯线散开

表 8-5　常见焊点缺陷与分析

焊 点 缺 陷	外 观 特 征	危　害	原因分析
钎料过多	钎料面呈凸形	浪费钎料，且可能包藏缺陷	焊锡丝撤离过迟
钎料过少	钎料未形成平滑面	机械强度不足	焊锡丝撤离过早或钎料流动性差而焊接时间又短

（续）

焊点缺陷	外观特征	危　害	原因分析
过热	焊点发白、无金属光泽、表面粗糙	焊盘容易剥落，强度降低	烙铁功率过大，加热时间过长
冷焊	表面呈豆腐渣状颗粒，有时可能有裂纹	强度低，导电性不好	钎料未凝固前焊件抖动或烙铁功率不够
浸润不良	钎料与焊件交界面接触角过大、不平滑	强度低，不通或时通时断	焊件清理不干净，助焊剂不足或质量差，焊件未充分加热
虚焊	焊件与元器件引线或与铜箔之间有明显黑色界限，焊锡向界限凹陷	电连接不可靠	元器件引线未清洁好，有氧化层或油污、灰尘；印制板未清洁好，喷涂的助焊剂质量不好
铜箔剥离	铜箔从印制板上剥离	印制板被损坏	焊接时间长，温度高
不对称	焊锡未流满焊盘	强度不足	钎料流动性不好
拉尖	出现尖端	外观不佳，容易造成桥接现象	助焊剂过少，而加热时间过长，烙铁撤离角度不当
桥接	相邻导线连接	电气短路	焊锡过多，烙铁撤离方向不当

（续）

焊点缺陷	外观特征	危害	原因分析
松动	导线或元器件引线可移动	导通不良或不导通	焊锡未凝固前引线移动造成空隙，引线未处理好（浸润差或不浸润）
针孔	目测或低倍放大镜可见有孔	强度不足，焊点容易腐蚀	焊盘孔与引线间隙太大
气泡	引线根部有喷火式钎料隆起，内部藏有空洞	暂时导通，但长时间容易引起导通不良	引线与焊盘孔间隙过大或引线浸润性不良
剥离	焊点剥落（不是铜箔剥落）	断路	焊盘上金属镀层不良

8.3.3 拆焊

将已焊焊点拆除的过程称为拆焊。调试和维修中常需要更换一些元器件，在实际操作中拆焊比焊接难度高。如果拆焊不得法，就会损坏元器件及印制板。拆焊也是焊接工艺中一个重要的工艺手段。

1. 拆焊的基本原则

拆焊前一定要弄清楚原焊接点的特点，不要轻易动手，其基本原则如下：

1）不损坏待拆除的元器件、导线及周围的元器件。

2）拆焊时不可损坏印制板上的焊盘与印制导线。

3）对已判定为损坏元器件，可先将其引线剪断再拆除，这样可以减少其他损伤。

4）在拆焊过程中，应尽量避免拆动其他元器件或变动其他元器件的位置，如确实需要应做好复原工作。

2. 拆焊工具

常用的拆焊工具除以上介绍的焊接工具外还有以下几种。

（1）吸锡电烙铁。用于吸去熔化的焊锡，使焊盘与元器件或导线分离，达到解除焊接的目的。

（2）吸锡绳。用于吸取焊接点上的焊锡，使用时将焊锡熔化使之吸附在吸锡绳上。专用的价格昂贵，可用网状屏蔽线代替，效果也很好。

（3）吸锡器。用于吸取熔化的焊锡，要与电烙铁配合使用。先使用电烙铁将焊点熔化，再用吸锡器吸除熔化的焊锡。

3. 拆焊方法

（1）分点拆焊法。对卧式安装的阻容等元器件，两个焊接点距离较远，可采用电烙铁分点加热，逐点拔出。如果引线是弯折的，用烙铁头撬直后再行拆除。

拆焊时，将印制板竖起，一边用烙铁加热待拆元器件的焊点，一边用镊子或尖嘴钳夹住元器件引线轻轻拉出。

（2）集中拆焊法。晶体管及立式安装的阻容等元器件之间焊接点距离较近，可用烙铁头同时快速交替加热几个焊接点，待焊锡熔化后一次拔出。对多焊接点的元器件，如开关、插头座、集成电路等，可用专用烙铁头同时对准各个焊接点，一次加热取下。

（3）保留拆焊法。对需要保留元器件引线和导线端头的拆焊，要求比较严格，也比较麻烦。可用吸锡工具先吸去被拆焊接点外面的焊锡。一般情况下，用吸锡器吸去焊锡后能够摘下元器件。

如果遇到多引脚插焊件，虽然用吸锡器清除过钎料，但仍不能顺利摘除，这时候细心观察一下，其中哪些引脚没有脱焊。找到后，用清洁未带钎料的烙铁对引脚进行加热，并对引脚轻轻施力，向没有焊锡的方向推开，使引脚与焊盘分离，多引脚插焊件即可取下。

如果是搭焊的元器件或引线，只要在焊点上沾上助焊剂，用烙铁熔开焊接点，元器件的引线或导线即可拆下。如遇到元器件的引线或导线的接头处有绝缘套管，要先退出套管，再进行加热。

如果是钩焊的元器件或导线，拆焊时先用烙铁清除焊接点的焊锡，再用烙铁加热将钩下的残余焊锡熔开，同时须在钩线方向用铲刀撬起引线，移开烙铁并用平口镊子或钳子矫正。再一次加热取下所拆焊件。注意，撬线时不可用力过猛，要注意安全，防止将已熔化的焊锡弹入眼内或衣服上。

如果是绕焊的元器件或引线，则用烙铁熔化焊接点，清除焊锡，弄清楚原来的绕向，在烙铁头的加热下，用镊子夹住线头逆绕退出，再调直待用。

（4）剪断拆焊法。被拆焊接点上的元器件引线及导线如留有余量，或确定元器件已损坏，可先将元器件或导线剪下，再将焊盘上的线头拆下。

4. 拆焊的操作要点

（1）严格控制加热的温度和时间。因拆焊的加热时间较长，所以要严格控制温度和加热时间，以免将元器件烫坏或使焊盘翘起、断裂。宜采用间隔加热法来进行拆焊。

（2）拆焊时不要用力过猛。在高温状态下，元器件封装的强度会下降，尤其是塑封器件，过力拉、摇、扭都会损坏元器件和焊盘。

（3）吸去拆焊点上的钎料。拆焊前，用吸锡工具吸去钎料，有时可以直接将元器件拔下。即使还有少量锡连接，也可以减少拆焊的时间，减少元器件和印制板损坏的可能性。在没有吸锡工具的情况下，则可以将印制电路板或能移动的部件倒过来，用电烙铁加热拆焊点，利用重力原理，让焊锡自动流向电烙铁，也能达到部分去锡的目的。

5. 拆焊后重新焊接时应注意的问题

拆焊后一般都要重新焊上元器件或导线，操作时应注意以下几个问题：

（1）重新焊接的元器件引线和导线的剪截长度、离底板或印制板的高度、弯折形状和方向，都应尽量保持与原来的一致，使电路的分布参数不致发生大的变化，以免使电路的性能受到影响，特别对于高频电子产品更要重视这一点。

（2）印制电路板拆焊后，如果焊盘孔被堵塞，应先用螺钉旋具或镊子尖端在加热下，从铜箔面将孔穿通，再插进元器件引线或导线进行重焊。特别是单面板，不能用元器件引线从印制板面捅穿孔，这样很容易使焊盘铜箔与基板分离，甚至使铜箔断裂。

（3）拆焊点重新焊好元器件或导线后，应将因拆焊需要而弯折、移动过的元器件恢复原状。一个熟练的维修人员拆焊过的维修点一般是不容易看出来的。

6. 焊后清理

铅锡钎焊接法在焊接过程中都要使用助焊剂，助焊剂在焊接后一般并未充分挥发，反应后的残留物对被焊件会产生腐蚀作用，影响电气性能。因此，焊接后一般要对焊点进行清洗。

清洗方法一般分为液相法和气相法两大类。无论用何种方法清洗，都要求所用清洗剂对焊点无腐蚀作用，而对焊剂残留物则具有较强的溶解能力和去污能力。

（1）液相清洗法。采用液体清洗剂溶解、中和或稀释残留的助焊剂和污物从而达到清洗目的的方法称为液相清洗法。其操作方法和注意事项如下。

1）操作方法　小批量生产中常采用手工液相清洗法，它具有方法简单、清洗效果好的特点。具体操作方法：用镊子夹住蘸有清洗液的小块泡沫塑料或棉纱对焊点周围进行擦洗。如果是印制电路板，可用油画笔蘸清洗液进行刷洗。更完善的液相清洗法还有滚刷清洗法和宽波溢流清洗法，它们适合大量生产印制电路板的清洗。

2）注意事项如下：

① 常用清洁剂如无水酒精、汽油等都是易燃物品，使用时严禁操作者吸烟，以防火患。

② 不论采用何种清洗方法，都不能损坏焊点，不能移动电路板上的元器件及连接导线，如为清洗方便需要移动时，清洗后应及时复原。

③ 不要过量使用清洗液，以防清洗液进入非密封元器件或电路板元器件侧，否则将使清洗液携带污物进入元器件内部，从而造成接触不良或弄脏印制电路板。

④ 要经常分析和更换清洗液，以保证清洗质量。使用过的清洗液经沉淀过滤后可重复使用。

（2）气相清洗法。气相清洗法是采用低沸点溶剂，使其受热挥发形成蒸气，将焊点及其周围助焊剂残留物和污物一同带走达到清洗目的的方法。常用的清洗剂氟利昂为无色、无毒、不燃、不爆的有机溶剂，其沸点为47.6℃，凝固点为-35℃，酸碱度为中性，化学性质稳定，绝缘性能良好，它不能溶解油漆。但对以松香为主的常用助焊剂及其残留物、污物有良好的清洗作用。但是氟利昂对大气层有严重的破坏作用，所以已被国家禁止使用。

气相清洗的特点是清洗效果好，过程很干净，清洗剂不会对非密封元器件内部及电路板元器件侧造成损害，是较液相清洗法更先进的方法，常用于大批量印制电路板的清洗。

采用气相清洗法应注意氟利昂散失，造成大气污染。近年来，国内外研制的中性焊剂可使清洗工艺简化，甚至不用清洗。

8.4　工业生产锡钎焊技术

8.4.1　波峰焊技术

波峰焊是在电子焊接中使用较广泛的一种焊接方法，其原理是让电路板焊接面与熔化的钎料波峰接触，形成连接焊点。这种方法适宜一面装有元器件的印制电路板，并可大批量焊接。凡与焊接质量有关的重要因素，如钎料与助焊剂的化学成分，焊接温度、速度、时间等，在波峰焊时均能得到比较完善的控制。

将已完成插件工序的印制板放在匀速运动的导轨上，导轨下面装有机械泵和喷口的熔锡缸。机械泵根据焊接要求，连续不断地泵出平稳的液态锡波，焊锡以波峰形式溢出至焊接板面进行焊接。为了获得良好的焊接质量，焊接前应做好充分的准备工作，如预镀焊锡、涂敷助焊剂、预热等；焊接后的冷却、清洗这些操作也都要做好。整个焊接过程都是通过传送装置连续进行的。

波峰焊机的钎料在锡锅内始终处于流动状态，使工作区域内的钎料表面无氧化层。由于印制板和波峰之间处于相对运动状态，所以助焊剂容易挥发，焊点内不会出现气泡。波峰焊机适用于大批量的生产需要。但由于多种原因，波峰焊机容易造成焊点短路现象，补焊的工作量较大。自动焊接的工艺流程如图 8-35 所示。

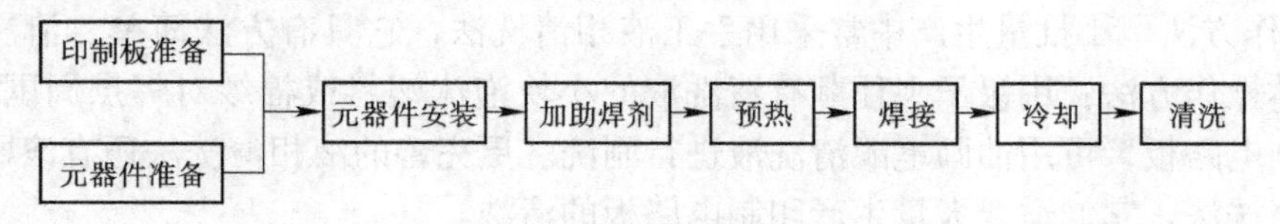

图 8-35　自动焊接工艺流程

在自动生产化流程中，除了有预热的工序外，基本上同手工焊接过程类似。预热，可以使助焊剂达到活化点，它是在进入焊锡槽前的加热工序，可以是热风加热，也可以用红外线加热。涂助焊剂一般采用发泡法，即用气泵将助焊剂溶液泡沫化（或雾化），从而均匀地涂敷在印制板上。

在焊锡槽中，印制板接触熔化状态的焊锡，一次完成整块电路板上全部元器件的焊接。印制板不需要焊接的焊点和部位，可用特制的阻焊膜贴住，或在那里涂敷阻焊剂，防止焊锡不必要的堆积。

8.4.2　浸焊

浸焊是将装好元器件的印制板在熔化的锡锅内浸锡，一资完成印制电路板上众多焊接点的焊接方法。

浸焊要求先将印制板安装在具有振动头的专用设备上，然后再进入钎料中。此法在焊接双面印制电路板时，能使钎料浸润到焊点的金属化孔中，使焊接更加牢固，并可振动掉多余的钎料，焊接效果较好。需要注意的是，使用锡锅浸焊，要及时清理掉锡锅内熔融钎料表面形成的氧化膜、杂质和焊渣。此外，钎料与印制板之间大面积接触、时间长、温度高，容易损坏元器件，还容易使印制板变形。通常，机器浸焊采用得较少。

对于小体积的印制板如果要求不高时，采用手工浸焊较为方便。手工浸焊是手持印制电路板来完成焊接，其步骤如下：

1）焊前应将锡锅加热，以熔化的焊锡达到 230～250℃为宜。为了去掉锡层表面的氧化层，要随时加一些助焊剂，通常使用松香粉。

2）在印制板上涂上一层助焊剂，一般是在松香酒精溶液中浸一下。

3）使用简单的夹具将待焊接的印制板夹着浸入锡锅中，使焊锡表面与印制板接触。

4）拿开印制电路板，待冷却后，检查焊接质量。如有较多焊点没焊好，要重复浸焊。对只有个别点未焊好的，可用电烙铁手工补焊。

在将印制板放入锡锅时，一定要保持平稳，印制板与焊锡的接触要适当。这是手工浸焊成败的关键。因此，手工浸焊时要求操作者必须具有一定的操作技能。

8.4.3 再流焊

再流焊，也叫回流焊，是伴随微型化电子产品的出现而发展起来的一种新的焊接技术，目前主要应用于表面安装片状元器件的焊接。

这种焊接技术的钎料是焊锡膏。焊膏是先将钎料加工成一定粒度的粉末，加上适当液态黏合剂和助焊剂，使之成为有一定流动性的糊状焊膏，用它将元器件粘在印制板上，通过加热使焊膏中的钎料熔化而再次流动，达到将元器件焊接到印制板上的目的。

采用再流焊技术将片状元器件焊到印制板上的工艺流程如图8-36所示。

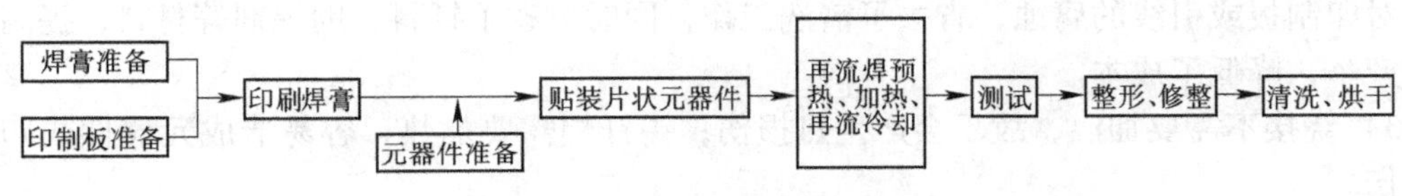

图8-36 再流焊工艺流程

在再流焊的工艺流程中，首先要将由铅锡钎料、黏合剂、抗氧化剂组成的糊状焊膏涂到印制板上，可以使用手工、半自动或自动丝网印制机将焊膏印到印制板上。然后把元器件贴装到印制板的焊盘上，同样也可以用手工或自动机械装置。将焊膏加热到再流，可以在加热炉中进行，少量的电路板也可以用热风机吹热风加热。加热的温度必须根据焊膏的熔化温度准确控制。加热炉内，一般可以分成3个最基本的区域：预热区、再流焊区、冷却区；也可以在温度系统的控制下，按照3个温度梯度的规律调节控制温度的变化。电路板随传送系统进入加热炉，顺序经过这3个温区；再流焊区的最高温度应使焊膏熔化、浸润，黏合剂和抗氧化剂气化成烟排出。使用红外线的加热炉，也叫红外线再流焊炉，其加热的均匀性和温度容易控制，因而使用较多。

再流焊接完毕经测试合格以后，还要对电路板进行整形、清洗、烘于并涂敷防潮剂。再流焊操作方法简单、焊接效率高、质量好、一致性好、而且仅在元器件的引片下有很薄的一层钎料，是一种适合自动化生产的微电子产品装配技术。

8.4.4 无锡焊接

除锡焊连接法以外，还有无锡焊接，如压接、绕接等。无锡焊接的特点是不需要钎料与焊剂即可获得可靠的连接。下面简要介绍一下目前使用较多的压接和绕接。

（1）压接。借助机械压力使两个或两个以上的金属物体发生塑性变形而形成金属组织一体化的结合方式称为压接，它是电线连接的方法之一。压接的具体方法是，先除去电线末端的绝缘皮，并将它们插入压线端子，用压接工具给端子加压进行连接。压线端子用于导线连接，有多种规格可供选用。压接具有如下特点：

1）压接操作简便，不需要熟练的技术，几乎任何人、任何场合均可操作。

2）压接不需要钎料与焊剂，不仅节省焊接材料，而且接点清洁无污染，省去了焊接后的清洗工序，也不会产生有害气体，保证了操作者的身体健康。

3）压接电气接触良好，耐高温和低温，接点机械强度高，一旦压接点损伤后维修也很方便，只需剪断导线，重新剥线再进行压接即可。

4）应用范围广，压接除用于铜、黄铜外，还可用于镍、镍铬合金、铝等多种金属导体的连接。

压接虽然有不少优点，但也存在不足之处，如压接点的接触电阻较高，手工压接时有一定的劳动强度，质量不够稳定等。

（2）绕接。绕接是利用一定压力把导线缠绕在接线端子上，使两金属表面原子层产生强力结合，从而达到机械强度和电气性能均符合要求的连接方式。绕接具有如下特点：

1）绕接的可靠性高，而锡钎焊的质量不容易控制。

2）绕接不使用钎料和助焊剂，所以不会产生有害气体污染空气，避免了助焊剂残渣引起的对印制板或引线的腐蚀，省去了清洗工作，同时节省了钎料、助焊剂等材料，提高了劳动生产率，降低了成本。

3）绕接不需要加温，故不会产生热损伤；锡钎焊需要加热，容易造成元器件或印制板的损伤。

4）绕接的抗震能力比锡钎焊大40倍。

5）绕接的接触电阻比锡焊小，绕接的接触电阻在1mΩ以内。锡钎焊接点的接触电阻为数毫欧。

6）绕接操作简单，对操作者的技能要求较低；锡钎焊则对操作者的技能要求较高。

8.5 特种焊接技术

在汽车、火车、飞机、舰船、电子装备、化工设备乃至宇宙航行工具等工业产品的制造过程中，都需要把各种各样的金属零件按设计要求组装起来，焊接就是将这些零件组装起来的重要的连接方法之一。它与铆接、螺钉连接等连接方法相比，具有节省金属、减轻结构重量、生产率高、接头机械性能和紧密性好等特点，因而得到十分广泛的应用。据工业发达国家统计，每年经焊接加工后使用的钢材达到钢材总产量的45%左右。

焊接质量的好坏对工业产品的制造质量有着十分重要的影响：制造一艘30万t的油轮就要焊接1000km长的焊缝；制造一辆小汽车要点焊5000~12000个焊点；一架飞机的焊点多达二三十万个；而电子计算机一块主机印制板上的焊点就达1万个以上，至于较为复杂的电子装备的焊点数量可以说是天文数字。而且，如有一处焊接质量不良，可能会给整个产品带来严重后果。

8.5.1 电子束焊接

电子束焊接（Electron Beam Welding）是精密焊接方法之一，简单地说它的原理就是，电子从电子枪中的发射体（阴极）以热发射或场致发射的方式逸出，在加速电压（一般为25~300kV，最高可达500kV）的作用下，电子被加速到0.3~0.7倍的光速，具有一定的动能，经电子枪中静电透镜和电磁透镜的作用，将电子汇聚成为功率密度很高的电子束。

这种电子束撞击到焊件表面时，电子的动能就转变为热能，使焊件（金属）迅速熔化和蒸发。在金属蒸气的作用下，熔化的金属被排开，电子束就能继续撞击深处的固态金属，很快地在焊件上“钻”出一个锁形小孔（简称锁孔），锁孔的周围被液态金属包围。随着电子束与焊件的相对移动，在电子束不断熔化熔池前方的固态金属的同时，其液态金属沿锁孔周围流向熔池后部，逐渐冷却、凝固形成了焊缝。

电子束焊接可以按照焊接时被焊件所处的环境压强分为高真空（10^{-4}~10^{-1}Pa）电子束焊接、低真空（10^{-1}~10Pa）电子束焊接和非真空（大气压）电子束焊接，近年来又开发了局部真空（被焊件只有一部分处于真空环境）电子束焊接；也可按照产生电子束的加速电压分为高压（60kV 以上）电子束焊接、中压（30~60kV）电子束焊接和低压（小于 30kV）电子束焊接。虽然不同的电子束焊接方法具有不同的特点，但影响电子束传送到焊接接头的热量和电子束对熔化金属效果的主要因素是束流强度、加速电压、焊接速度、电子束斑点质量及焊件材料的性能等。

下面介绍电子束焊接技术的一些发展动向。

电子束焊接技术自 1954 年由法国 Stohr 博士发明以来，虽已取得重大进展，但随着应用领域及应用要求的不断扩大与提高，使这一先进的焊接方法面临着一系列需要深入研究与开发的课题，其核心是如何更好地满足实际生产的需要并提高可靠性。其中的某些发展方向如下。

(1) 真空室容积。为适应微型零件与超大型零件焊接的需要，真空室的容积向微小与超大两个方向发展。目前国外已出现了 0.1m^3 和 800m^3 真空室的电子束焊机。

(2) 电子束功率。随着焊件厚度的不断增加，需要相应增加电子束功率，而增加电子束功率的主要途径是提高电子束的加速电压。为此，国内外在这方面倾注较大力量。目前，国外已研制成功采用 11 级加速从而获得 500kV 的加速电压，电子束焊机的最大功率达 150kW 以上，可一次焊透 200mm 以上厚度的钢和 400mm 以上厚度的铝合金。

(3) 自动化程度。电子束焊接技术发展的方向之一是提高自动化程度，包括焊接程序和焊接参数的自动控制，焊缝自动定位和跟踪及利用超声波对焊接质量进行实时检测等。

(4) 焊接工艺。为扩大电子束焊接的应用范围和提高焊接质量，国内外对电子束焊接工艺展开了多方面的研究试验。例如，利用电子束扫描或双电子束焊接来减少缩孔、冷隔、飞溅、气孔、滞后凝固和下塌等焊接缺陷；采用在被焊件之间填充金属的方法来改善异种金属的焊接性能和扩大坡口间隙的允许范围；为减少焊接变形和防止精密焊接时的过热而研究采用脉冲电子束焊接；为防止高强钢与碳钢焊接时产生裂纹，采用电子束在焊缝中摆动和利用电子束进行焊后热处理的工艺方法等。

8.5.2 激光焊接

对于光能转化为热能这一自然现象，早就受到人们的重视，如用放大镜把太阳光会聚到一张纸上，很快就在被照射的纸上烧出一个洞。这是因为一束光线的实质是由无数的光子在进行波浪式的运动，而光子是一种微小的带有能量的粒子，所以物质在受到光的照射时，就能吸收到一定的能量而转化为热能。如果照射强度足够，接受光照射处的物质就会局部燃烧或熔化。自1960年美国休斯研究实验室的迈曼（Maiman）用红宝石晶体作为工作物质的第一台激光器问世以来，激光这一新型光源在许多领域中得到应用。激光焊接就是激光在金属材料加工工业中的一个重要应用，它是利用高能量密度的激光作为热源，对金属进行熔化而使焊件连接起来的一种精密焊接技术。与一般焊接方法相比，激光焊接具有如下特点：

（1）聚焦后的激光具有很高的功率密度（$10^5 \sim 10^7 W/cm^2$ 或更高），足以使材料发生熔化并气化，实现深熔焊，提高焊接质量。

（2）由于激光焊时的加热范围小（<1mm），所以在相同功率和焊接厚度条件下，焊接速度高，而且可减少焊接应力与变形。

（3）激光焊是非机械直接接触式焊接，可焊接脆弱材料。

（4）可以焊接一般焊接方法难以焊接的材料，如难熔金属等，甚至可用于非金属材料的焊接，如陶瓷、有机玻璃等。

（5）激光能反射、透射，能在空间传播相当距离而衰减很小，可进行远距离或对一些难以接近部位（如位于真空室内的焊件）的焊接。

（6）一台激光器可供多个工作台进行不同的工作，既可用以焊接，又可用于切割、合金化或热处理，一机多用。与电子束焊接相比，激光焊接的最大特点是不需真空室、不产生X射线。它的不足之处在于焊接厚度比电子束焊接小，焊接一些高反射率的金属还比较困难。另一个问题就是设备投资比较大。根据所用激光器及其工作方式的不同，激光焊接分为连续激光焊接和脉冲激光焊接。前者在焊接过程中形成一条连续的焊缝，后者在焊接过程中形成一个圆形的焊点。由于激光焊接具有以上特点，所以它的发展很快，与电子束焊接一样，已成为一种十分重要的高能束焊接方法。

目前，激光焊的一个十分重要的应用是在超大规模集成电路的封装中。以往采用载带自动焊封装时，由于需要一定压力和较高温度（约450℃），因而使集成电路产生机械损伤和热损伤，降低成品率。采用激光焊后，由于激光加热是非机械接触式的瞬时微小区域加热，因而有效地避免或减少了对电路的机械损伤和热损伤，大大提高了产品成品率。

8.5.3 等离子弧焊

等离子体是可与固体、液体、气体并列而被人们发现的第四种状态的物质。太阳就是由等离子体组成的星球。在日常生活中，从电路短路时迸发出的火花和荧光灯灯管中产生的白炽电弧中，都可找到等离子体的踪迹。

随着科学技术的发展，人们发现由气体电离而形成的电子和离子，在一定条件下可重新复合成原子，而在这一复合过程中可以产生高达几万度的温度；而且等离子体具有极好的导电能力，可以承受很大的电流密度；还具有极好的导热性；能受电场和磁场的作用；产生的气流可达很高速度。这些优异的特点对解决一些难熔金属或非金属材料的切割和焊接是非常有利的。

从20世纪50年代起，人们根据等离子体形成原理，采用缩小普通氩弧焊焊炬喷嘴直径和加大氩弧焊电流及气体流量等措施开始获得了等离子弧，并被首先用于切割不锈钢、钛、铸铁、铜、铝和一些难熔的钼、钨及其合金材料，随后又被用于焊接、喷涂、堆焊等方面，以后又出现了微束等离子弧焊。等离子弧作为一种独特的热源而在电子、宇航、兵器等领域的焊接与切割中得到日益广泛的应用。

等离子弧焊与一般氢弧焊相比，具有以下优点。

（1）焊缝质量高。由于等离子弧能量集中和温度高，对大多数金属在一定厚度内都能获得小孔效应，利用这种效应可得到充分熔透且反面成形均匀的焊缝。

（2）便于操作。等离子弧的挺直性好、扩散角小（5°左右），在焊接时，喷嘴与焊件间允许的距离大，且这一距离（弧长）的变化对焊件上加热面积和电流密度的影响小，对焊缝成形的影响不明显，因而便于操作，特别是有利于手工操作。

（3）焊接速度快（特别是对于厚度大于3.2mm的材料）。

（4）由于等离子弧焊枪的钨极是内缩在喷嘴之内的，因此在焊接时钨极不会与焊件相接触，从而不会产生焊缝中夹钨的缺陷。

（5）能够焊接更细更薄的焊件，对于不锈钢，等离子弧焊的最小厚度可达到0.025mm。

由于等离子弧焊具有上述优点，因此它可用于碳钢、不锈钢、铜合金、镍合金及钛合金等材料的焊接。在军事电子装备制造中，应用较多的是细丝与箔材的微束等离子弧焊。

8.5.4　难熔金属焊

扩散焊是在一定的温度和压力下使焊件的待焊表面相互接触，通过待焊表面的微观塑性变形或通过待焊表面产生的微量液相而扩大待焊表面的物理接触，再经待焊表面间较长时间的原子相互扩散而实现冶金结合的一种精密焊接方法。由于在扩散焊过程中焊件是不熔化的，故又称固相连接。

要使焊件（金属）在不熔化的条件下形成焊接接头，就必须做到两待焊表面紧密接触，使待焊表面间的距离达到 $(1\sim5)\times10^{-8}$cm 以内。在这种条件下，金属原子间的引力才开始起作用，才能形成金属键，获得具有一定强度的焊接接头。

实际上，金属表面无论采用什么样的精密加工，在微观上总还是起伏不平的。经微细磨削加工的金属表面，其轮廓算术平均偏差为 $(0.8\sim1.6)\times10^{-4}$cm。如将这样的两个金属表面贴合在一起而不加压合力，则其实际接触点只占全部表面积的百万分之一左右；在施加正常扩散焊压力时，其实际接触面积也仅占全部表面积的百分之一左右，而其余表面之间的距离均大于原子引力起作用的范围。即使接触点形成了金属键连接，其连接强度在宏观上也是微不足道的，何况由于实际金属表面上还存在着的氧化膜、污物和表面吸附层（见图8-37）会影响接触点上金属原子之间形成金属键。这就

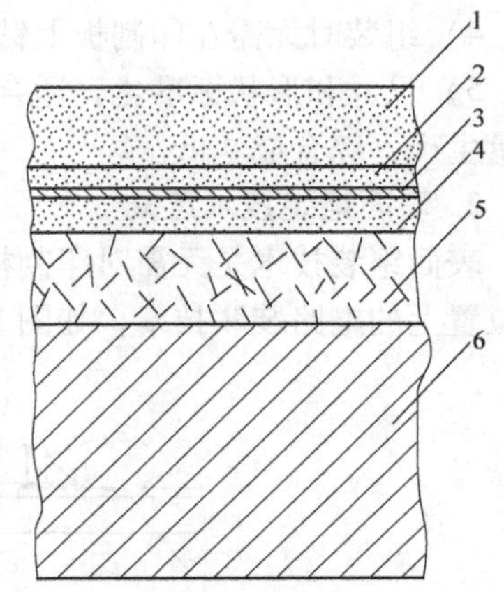

图8-37　吸附层组成示意图

1—极化分子层　2—水吸附层　3—气体吸附层　4—氧化层　5—变形区　6—金属

要采取相应的工艺措施来解决上述问题。

8.6 表面组装技术概述

20世纪70年代初表面组装技术的出现动摇了通孔插装技术的地位，以其自身的特点显示出强大的生命力，它使电路组装技术发生了深刻的革命。它是现阶段实现军事电子装备微电子化和小型化的重要手段，已经成为板级电路组装技术的主流，在军事航天航空电子装备、计算机、通信、工业自动化、消费类电子产品等领域获得广泛应用，并正在向纵深发展。本节简要介绍表面组装技术的组成和工艺概要。

8.6.1 表面组装技术的组成

1. 表面组装元器件

（1）定义。表面组装元器件外形为矩形片状、圆柱形或异形，其焊接端子或引脚制作在同一平面内，并适合采用表面组装工艺装焊。它是20世纪60年代开发，20世纪70年代初开始用于电路组装，20世纪70年代后期开始在国际市场上流行的新型电子元器件。国际上通称为表面组装元器件（Surface Mount Components，SMC或Surface Mount Devices，SMD）。

（2）特征。与传统的通孔插装元器件（THC/TI-D）相比，表面组装元器件具有下列特征：

1）尺寸小、重量轻、节省原材料，满足了电子设备，特别是军事电子装备轻薄短小化对电子元器件的要求；适合在电路基板两面组装，节省了电路基板空间，有利于高密度组装。

2）无引脚或扁平短引脚，减少了寄生电感和电容，改善了高频特性，有利于提高使用频率和电路速度，组装后几乎不需要调整。

3）形状简单、结构牢固，组装后与印制板的间隔很小，不怕振动和冲击，能耐焊接温度，从而能明显地提高电路组件的可靠性。

4）组装时无需在印制板上钻安装孔，省去了引线打弯和剪短工序，有利于降低成本。

5）尺寸和形状标准化，适合采用自动组装和焊接，效率高、质量好，能实现自动化大批量生产，综合成本低。

2. 表面组装技术定义

表面组装技术是无需对印制板钻插装孔，直接将表面组装元器件贴、焊到印制板表面规定位置上的电路装联技术，如图8-38所示。

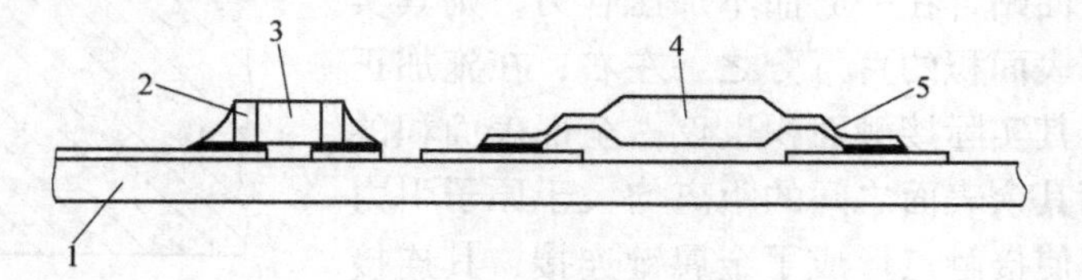

图8-38 表面组装技术示意图

1—电路基板 2—金属化端 3—元件 4—器件 5—短引脚

3. 表面组装技术的组成

表 8-6 列出了表面组装技术的组成。

表 8-6 表面组装技术的组成

<table>
<tr><td rowspan="3">表面组装元器件</td><td>封装技术</td><td>结构尺寸，端子形式，耐焊性等</td></tr>
<tr><td>制造技术</td><td>精密机械加工技术、自动控制技术、软钎焊接技术等</td></tr>
<tr><td>包装</td><td>编带式，棒式，托盘式，散装等</td></tr>
<tr><td>电路基板技术</td><td colspan="2">单（多）层印制电路板，陶瓷基板，瓷釉金属基板</td></tr>
<tr><td>组装技术</td><td colspan="2">电设计，热设计，元器件布局和电路布线设计，焊盘图形设计</td></tr>
<tr><td rowspan="4">组装工艺技术</td><td colspan="2">组装方式和工艺流程</td></tr>
<tr><td colspan="2">组装材料</td></tr>
<tr><td colspan="2">组装技术</td></tr>
<tr><td colspan="2">组装设备</td></tr>
</table>

8.6.2 表面组装工艺概要

1. 表面组装工艺技术的组成

表 8-7 列出了表面组装工艺技术的组成。

表 8-7 表面组装工艺技术的组成

<table>
<tr><td rowspan="2">组装材料</td><td>涂敷材料</td><td colspan="2">焊膏、钎料、贴装胶</td></tr>
<tr><td>工艺材料</td><td colspan="2">助焊剂、清洗剂、热转换介质</td></tr>
<tr><td rowspan="11">组装工艺技术</td><td>涂敷技术</td><td colspan="2">点涂、针转印、印制（丝网、模板）</td></tr>
<tr><td>贴装技术</td><td colspan="2">顺序式、在线式、同时式</td></tr>
<tr><td rowspan="6">焊接技术</td><td rowspan="3">波峰焊接</td><td>焊接方法——双波峰、喷射波峰等</td></tr>
<tr><td>贴装胶——涂敷点涂、针转印</td></tr>
<tr><td>贴装胶固化——紫外、红外、电加热</td></tr>
<tr><td rowspan="3">再流焊接</td><td>焊接方法——焊膏法、预置钎料法</td></tr>
<tr><td>焊膏涂敷——点涂、印制</td></tr>
<tr><td>加热方法——气相、红外、热风、激光等</td></tr>
<tr><td>清洗技术</td><td colspan="2">溶剂清洗、水清洗</td></tr>
<tr><td>检测技术</td><td colspan="2">非接触式检测、接触式检测</td></tr>
<tr><td>返修技术</td><td colspan="2">热空气对流、传导加热</td></tr>
<tr><td rowspan="6">组装设备</td><td>涂敷设备</td><td colspan="2">点涂器、针式转印机、印制机</td></tr>
<tr><td>贴装机</td><td colspan="2">顺序式贴装机、在线式贴装机、同时式贴装系统</td></tr>
<tr><td>焊接设备</td><td colspan="2">双波峰焊机、喷射波峰焊机、各种再流焊接设备</td></tr>
<tr><td>清洗设备</td><td colspan="2">溶剂清洗机、水清洗机</td></tr>
<tr><td>测试设备</td><td colspan="2">各种外观检查设备、在线测试仪、功能测试仪</td></tr>
<tr><td>返修设备</td><td colspan="2">热空气对流返修工具和设备、传导加热返修设备</td></tr>
</table>

从表8-6和表8-7可以看出，表面组装技术是一项涉及多种专业和多门学科的系统工程，主要涉及电子和微电子技术、精密机械加工技术、自动控制技术、软钎焊接技术、精细化工技术、新型材料技术和检验测试技术，以及物理学、电子学、化学、物理化学、工程力学、计算机学和人机工程学等专业和学科。

2. 表面组装和通孔插装的比较

从电路基板、元器件和组件形态及其组装工艺等方面进行比较，都可以发现表面组装（SMT）和通孔插装（THT）存在着许多差异。但从组装工艺角度分析，它们的根本区别是“插”和“贴”的区别。这两种截然不同的电路组装技术，采用了外形结构完全不同的两种类型的电子元器件。电子电路装联技术的发展主要受元器件类型所支配，一块印制电路板或陶瓷基板电路组件的功能主要来源于电子元器件和互连导体组成的电路组件。THT是在印制电路板背面从安装孔“插”入元器件引线，而在电路面（正面）进行焊接，元器件主体和焊接接头分别在印制电路板两侧；而表面组装是在电路基板的同一面进行元器件“贴”装和焊接，元器件主体和焊接接头同在印制板的一侧。工艺上的这种区别就决定了SMT和THT从元器件包装到组装工艺、组装设备等方面都存在很大差别。

3. 表面组装方式

采用表面组装技术完成装联的印制板组装件叫表面组装组件（Surface Mount Assembly，SMA）。在不同的应用领域和环境，对表面组装组件的高密度、多功能和高可靠性有不同的要求，只有采用不同的组装方式才能满足这些要求。根据电子设备对SMA形态结构、功能、组装特点和印制板类型的不同要求，将表面组装工艺分为三类六种组装方式，见表8-8。

表8-8 表面组装组件的组装方式

序号	组装方式		组件结构	电路基板	元器件	特征
1	单面混装	先贴法	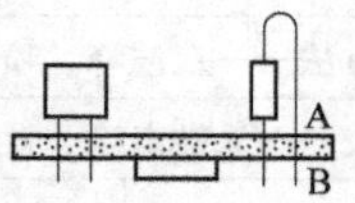 A B	单面印制电路板	表面组装元器件及通孔插装元器件	先贴后插、工艺简单、组装密度低
2	单面混装	后贴法		单面印制电路板	同上	先插后贴、工艺较复杂、组装密度高
3	双面混装	表面组装和通孔插装元器件都在A面	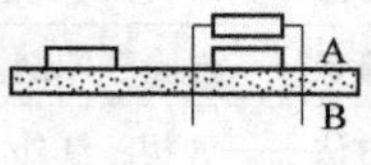 A B	双面印制电路板	同上	先插后贴、工艺较复杂、组装密度高
4	双面混装	通孔插装元器件在A面，A、B两面都有表面组装器件	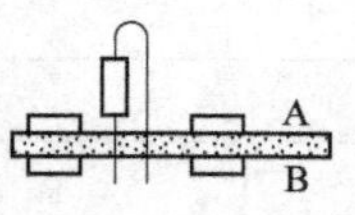 A B	双面印制电路板	同上	HTC和SMC/SMD组装在PCB同一侧
5	表面组装	单面表面组装	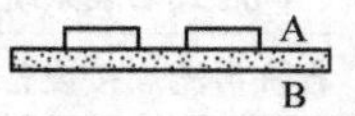 A B	单面印制电路板和陶瓷基板	表面组装元器件	工艺简单，适用于小型、薄型化的电路组装
6	表面组装	双面表面组装	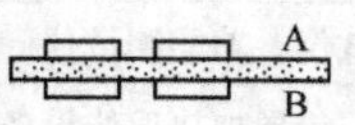 A B	双面印制电路板和陶瓷基板	同上	高密度组装，薄型化

第一类是单面混合组装，采用单面印制板和双波峰焊接工艺，这一类又分成第1种先贴法和第2种后贴法两种组装方式。第1种是先在印制板B面贴装表面组装元器件，之后在A面插装通孔插装元器件，其工艺特点是操作简单，但需留下插装通孔插装元器件时弯曲引线和剪切引线的操作空间，组装密度低。另外，插装通孔插装元器件时容易碰着已贴装好的表面组装元器件，引起表面组装元器件损坏或受机械振动而脱落。为了避免这种危险，贴装胶应具有较高的粘接强度，以耐机械冲击。第2种组装方式是先在A面插装通孔插装元器件，后在B面贴装表面组装元器件，克服了第1种组装方式的缺点，提高了组装密度，但涂敷贴装胶较困难。

第二类是双面混合组装，采用双面印制板，双波峰焊和再流焊两种焊接工艺并用，同样有先贴表面组装元器件和后贴表面组装元器件的区别，一般选用先贴法。这一类又分成两种组装方式，即表8-8中第3种和第4种组装方式。第3种是表面组装元器件和通孔插装元器件同在基板一侧，而第4种是把SMIC（表面组装集成电路）和通孔插装元器件放在印制电路板的A面，而把表面组装元器件和小外形晶体管（Small Outline Transistor，SOT）放在B面。这一类组装方式由于印制电路板两面都有表面组装元器件，而把难以表面组装化的元器件进行插装，因此组装密度高。

第三类是全表面组装。它又分为单面表面组装和双面表面组装，即表8-8中第5种和第6种组装方式。这一类常采用细线图形的印制电路板或陶瓷基板，采用细间距QFP和再流焊接工艺，组装密度相当高。

4. 表面组装工艺流程

表面组装方式确定后就可以根据需要和具体条件选择合理的工艺流程。不同的组装方式有不同的工艺流程，同一组装方式也可以有不同的工艺流程，主要取决于所用元器件的类型、电子设备对电路组件的要求和生产的实际条件。不同组装方式的典型工艺流程有11种，在实际生产中具体应用的工艺流程则更多，这里就不一一列举了。图8-39所示为单面表面组装工艺流程，这是最简单的全表面组装工艺流程。

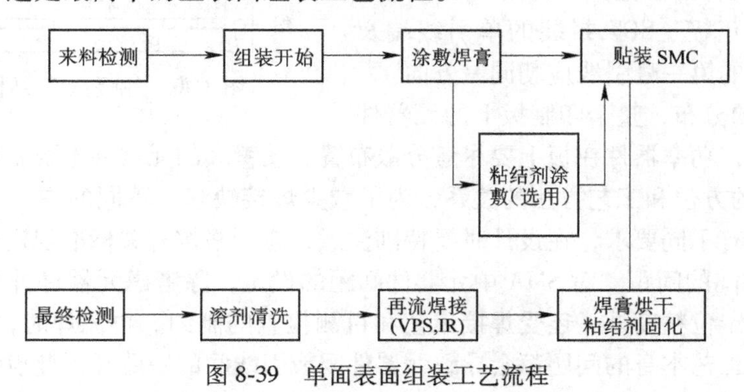

图8-39　单面表面组装工艺流程

8.6.3　表面组装设计

在进行表面组装设计前，首先必须了解系统概况，即系统用途、技术指标、功能划分、相互接口、工作环境、寿命要求和可靠性级别等。在进行具体设计时要遵循系统的总体要求，即按组装件要实现的功能、功率要求、频率范围和电源条件，设计结构简单、性能优良的电路原理图；在选择元器件和确定组装方式之后，充分考虑电气和热特性的影响，进行基板设计和选择，最后选择合理的组装工艺。在此基础上进行印制板的布线设计和焊盘图形设计。

1. 表面组装件的设计规则

为了圆满完成表面组装件的设计，设计规则涉及了电路块划分，印制板尺寸的确定，元器件方位和中心距，布线、通孔和测试点的设定，以及阻焊膜的应用等方面。

（1）电路块划分。较复杂的电路需要划分为多块印制板，或在单块印制板上划分为不同的区域，其划分原则如下：

1）按电路功能划分。

2）模拟和数字两部分电路分开。

3）高频和中低频电路分开、高频部分单独屏蔽，防止外界电磁场的干扰。

4）大功率电路和其他电路分开，以便采用散热措施。

5）减少电路中的噪声干扰和串扰现象，易产生噪声的电路需与某些电路分开。

（2）印制板的尺寸和形状。根据整机的总体结构确定所用印制板的尺寸和形状。由于表面组装印制板的尺寸比较小，为更适合于自动化生产，往往采用多块板组合成一块大板，俗称“邮票板”，其结构示意图如图 8-40 所示。

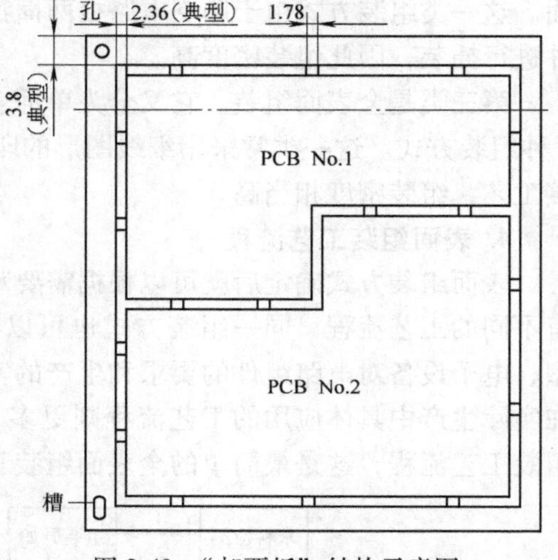

图 8-40 “邮票板”结构示意图

（3）元器件的方向和位置。确定各种元器件在印制板上的方位，除遵循通孔插装有关的设计原则外，还需要考虑与表面组装工艺有关的原则。

1）元器件轴线要相互平行或垂直。

2）元器件的特征位置，印制板上所有电解电容、二极管的正极、SOT 封装的单引线端及集成电路和开关的第一号引线应朝同一方向。

3）元器件的分布，整个印制板上的元器件分布密度应均匀，功率器件在板上要尽量分散布置。质量大的元器件不要集中放置。

4）元器件的方位和工艺方法的关系，为了减少焊接缺陷，不同的焊接工艺对印制板上元器件排列方位有不同要求，在设计时要特别注意，应严格按有关标准规定进行设计。

（4）元器件间的间距。对 SMA 中元器件间距的设定，除考虑元器件外形尺寸公差、贴装头旋转精度和定位精度外，还受焊接工艺和目测检查的制约。再流焊时，由于焊膏质量、印制工艺和焊接工艺本身的问题都会导致元器件间或引线间的短路，因此设计时必须使元器件间留有适当间距。使用波峰焊时也必须在元器件间留合适的间距，以避免由于熔融焊锡的表面张力和金属表面的润湿情况而引起钎料桥接。在混合组装情况下，为防止插装元器件打弯和剪短引线时损坏相邻片式元器件，就需使元器件间保持较大间距。

（5）通孔。表面组装印制板上的通孔主要用于互连和探针测试，它们的位置可设置在和有关焊盘连接的适当部位。为节省面积，通孔直径越小越好，可是缩小通孔直径又要受几方面的限制，主要受通孔尺寸和通孔位置的制约。通孔尺寸与成本、通孔形状比和通孔焊盘有关，设计通孔位置时必须考虑与焊盘的相应关系及焊接工艺。

（6）布线的线宽和线距。通孔插装印制板一般采用0.3mm的布线宽度和线距，而表面组装器件引线的中心距不大于1.27mm，引线焊盘间的间距只有0.635mm，要在两个焊盘间留一条0.3mm的线宽和线距的布线是不可能的，必须缩小布线线宽和线距，才能适合表面组装的需要。为了进行细线条印制板的生产，采用了薄覆铜层的层压板，调整线宽和线距尺寸，修整通孔焊盘，以及将印制板的光绘底片放在恒温环境中，以保证图形精度。

1）不同的组装密度应采用不同的布线规则，在实际应用中分为五种密度布线规则，可根据具体情况参考有关标准，选择使用。

2）焊盘的连线图形将影响再流焊时元器件泳动的发生、焊盘导热路径的控制和焊锡沿布线的迁移，所以在有关文件中对焊盘连线图形有一定规定。

（7）阻焊膜的使用。在SMT印制板上涂覆阻焊膜，是为了防止再流焊时焊锡迁移至金属布线上，造成焊接缺陷。另外，用阻焊膜盖住通孔，在波峰焊时助焊剂不会由通孔冲到印制板的元器件面上，并且在印制贴片胶和焊膏时，或者针床测试时帮助形成吸印制板所需的真空。常用的阻焊膜有丝网漏印阻焊膜、干膜和光图形转移的湿膜等，应根据具体情况选择使用。

2. 表面组装焊盘图形设计

把表面组装元器件贴装到印制电路板上，就需要在印制电路板相应于元器件端子（引线）的部位设置焊盘，在元器件端子或引脚和焊盘之间形成焊接接头，从而完成元器件在印制板上的表面组装。这样，在印制板上相应于各种不同元器件端子或引脚的焊盘就组成了焊盘图形。为了满足电子设备的特定要求，就必须对印制板上的焊盘图形按照一定的规则进行设计，这就叫做“表面组装焊盘图形设计”。

焊盘图形设计是组装设计的重要组成部分，是进行表面组装的基础之一。它规定了元器件组装在印制电路板上的位置和取向，决定焊缝强度和可靠性，同时对组装缺陷、可贴装性、可洗净性、可测试性和可修复性起着重要影响。因此，也可以说焊盘图形设计对表面组装组件的可生产性起着决定性的作用。

8.6.4 表面组装材料

1. 焊膏

焊膏，即膏状钎料，它的应用已有20多年的历史，开始用于工业自动化领域，后来用于混合集成电路组装工艺，现在已经发展成高度精细的电子材料，广泛用于厚膜电路组装和表面组装焊接工艺中。焊膏的制造已经成为涉及多种专业和多门学科的集“机电物化”为一体的系统工程。现在焊膏不但达到了在印制特性等方面能与混合厚膜材料相比拟的程度，而且能满足军事电子装备对电路组件的高可靠性要求，它在表面组装技术的应用和发展中起着举足轻重的作用。

（1）焊膏组成和分类。焊膏是由合金钎料粉末和助焊剂等物质构成的均匀混合的黏稠状流体。合金钎料粉末是焊膏的主要成分，也是焊后的留存物，它对再流焊接工艺、焊缝高度和可靠性都起着重要作用。合金钎料粉末的成分、颗粒形状和尺寸对焊膏的涂敷和焊接性能有一定影响，应根据实际需要和组装工艺进行合理选择。助焊剂系统是净化焊接表面、提高润湿性、防止钎料氧化和确保焊缝可靠性的关键工艺材料。表8-9概括了焊膏的组成。

表 8-9 焊膏的组成和功能

组 成		主要材料	功 能
合金焊料粉末		Sn-Pb、Sn-Pb-Ag 等	元器件和电路的机械和电气连接
助焊剂系统	助焊剂	松香、合成树脂	净化金属表面，提高钎料湿润性
	黏接剂	松香、松香脂、聚丁烯	提高黏性
	活化剂	硬脂酸、盐酸、联氨、三乙醇胺等	净化金属表面
	溶剂	甘油、乙二醇	调节焊膏特性

焊膏品种繁多，很难进行分类。一般根据所用助焊剂系统分类见表 8-10。

表 8-10 按焊剂系统划分的焊膏类型

类 型	焊剂和活化剂	应用范围
弱活性	水白松香	航天、军事
中等活性	松香、非离子性卤化物等	军事和其他高可靠性电路组件
活性	松香、离子性卤化物等	消费类电子产品

（2）焊膏特性。焊膏是一种流体，其流动特性遵循流变学规律。根据流体的流动类型，焊膏属触变流体，具有触变特性，其最重要的参数是流体的黏度。黏度被定义为剪切应力对剪切率的比值，剪切应力单位是帕（Pa），剪切率单位是秒的倒数（s^{-1}），黏度单位是帕·秒（Pa·s）。焊膏的触变特性是当剪切率增加时，黏度减小，在一定时间后返回到原始黏度。如图 8-41 所示，剪切率对剪切应力的曲线，黏度增加和减小时不相重合。当保持剪切率为常数时，触变流体的黏度减小直至达到平衡，如图 8-42 所示。

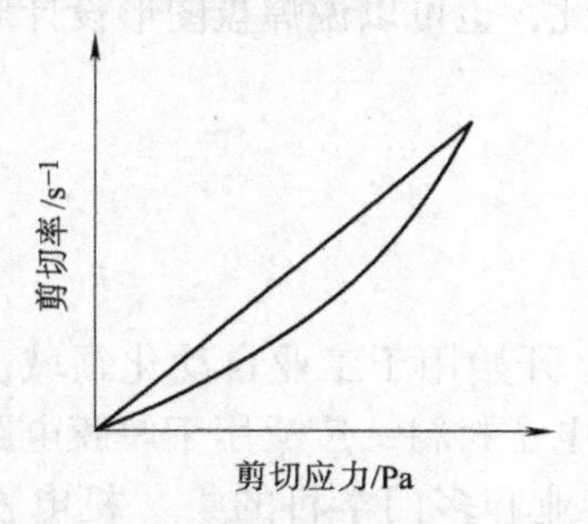

图 8-41 触变流体（焊膏）的典型流动曲线

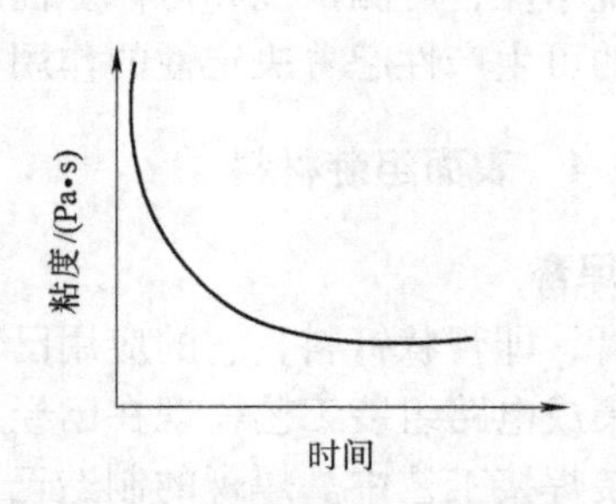

图 8-42 在恒定剪切率下焊膏黏度减小

从印制的观点来看，焊膏的触变特性是一种受搅拌影响的特性，达到平衡需要一定时间。焊膏黏度在恒定剪切率下继续减小，就意味着，在较大的丝网印制中，刮板行程末端比开始时具有较低黏度，因此刮板行程末端焊膏沉积量比开始时要多。图 8-43 所示为印制时焊膏的典型触变特性。

（3）焊膏的发展方向。为了满足军事电子装备对高密度电路组件的需求及保护人类生存环境的迫切需要，国内外已深入开展新型焊料、焊剂和焊膏的研究。现在与细间距技术相适应的精细焊膏、与环境保护相适应的免洗助焊剂和焊膏及无铅钎料的研究开发工作已取得重大成果，精细焊膏和免洗助焊剂已经实用化，无铅钎料的研究也取得重大突破，并已开始实用化。

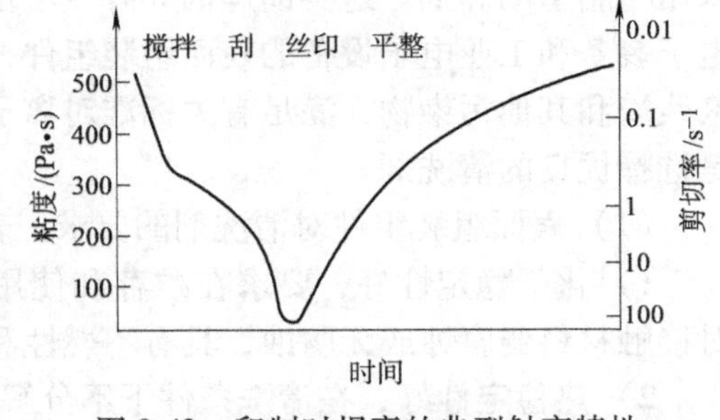

图 8-43 印制时焊膏的典型触变特性

2. 贴装胶

混合组装的印制电路板组件要经过双波峰焊接工艺才能实现元器件和印制板的电气机械连接。在波峰焊前，一般都用贴装胶把表面组装元器件暂时固定在印制板的相应焊盘图形上。

（1）贴装胶的种类。贴装胶有多种类型，根据其功能可分为结构型、非结构型和密封型三种，在表面组装工艺中采用非结构型。根据化学性质可将贴装胶分成热固型、热塑型、弹性型和合成型。在表面组装工艺中主要采用热固型贴装胶，它是由化学反应固化形成的交联聚合物，可分为单组分和双组分两种类型。热固型贴装胶主要有环氧树脂、氰基丙烯酸酯、聚丙烯和聚酯。

（2）表面组装用的贴装胶。表面组装用的贴装胶主要有环氧树脂和丙烯酸两种。这两种贴装胶都属热固型。在实际应用中，应根据用户对性能的要求，如胶粘强度、黏度、罐藏寿命、固化温度和时间，进行选择和配制。表面组装采用单组分贴装胶，因为在适当时间内按适当比例混合双组分贴装胶的确是件麻烦的事；而单组分贴装胶避免了在生产过程中操作处理上可能的变化，使用方便，不必为混合物短暂的适用期担心；但是，单组分贴装胶存放寿命较短、固化温度相对较高，要配制一种单组分环氧树脂；使它具有较长的存放寿命、较低的固化温度和较短的固化时间，是比较困难的。

（3）表面组装对贴装胶的性能要求。为了确保表面组装件的可靠性，对贴装胶提出以下要求：

1）常温使用寿命要长。

2）具有一定黏度，黏度可调节性好，适合手工和自动涂敷，胶滴间不拉丝；涂敷后能保持足够的高度，而不形成太大的胶底；涂敷后到固化前胶滴不应漫流，以免流到焊接部位，影响焊接质量。

3）固化速度快、固化时间短，应在5min内固化，固化温度要求在150℃以下，固化温度高和时间长对印制板和元器件有不良影响。

4）固化后和焊接过程中贴装胶无收缩，焊接过程中无气析现象，这就要求严格调配贴装胶组成，固化要充分。

5）固化后胶粘强度要高，以便能经受住印制板的移动、翘曲、洗刷以及助焊剂、清洗剂和焊接温度的作用，在波峰焊接中元器件不会掉落，所以涂敷量要适当。但是，黏度和强度不易太高，以便于维修；贴装胶有效使用期限短，要确保工序间不超过使用期；固化后用烙铁加热就能软化，才有利于维修。

6）贴装胶能与后续工艺中的化学制剂相容，不发生化学反应；不干扰电路功能；有颜色，以利于目视检验和自动化检查。

3. 清洗剂

焊接和清洗是对电路组件的高可靠性具有深远影响的相互依赖的组装工艺。在表面组装焊接工艺中必须选择合适的助焊剂，以获得优良的可焊性。至今，在板级电路组装中一般仍采用树脂型助焊剂。这类助焊剂焊有残渣留在表面组装组件上，对其性能有影响，所以军事电子装备和工业电子设备的表面组装组件，为确保可靠性，焊后必须进行清洗，以便去除焊剂残渣和其他污染物，满足有关标准对离子杂质污染物和表面绝缘电阻的要求。清洗的关键是选择优良的清洗剂。

（1）表面组装组件对清洗剂的要求。表面组装组件用的清洗剂应具备以下性能：

1）化学稳定性好，要求在贮存和使用期间不发生分解，不与其他物质发生化学反应，对接触材料弱腐蚀或无腐蚀，具有不燃性和低毒性，确保操作安全。

2）热稳定性好，在清洗条件下不分解降级。

3）物理性能适当，具有合适的沸点、蒸气压、比热、表面张力和溶解性。

4）无色。

5）价格适当。

（2）选用的清洗剂还必须具有以下工艺性能：

1）清洗剂须能对表面组装元器件下面和印制电路板之间进行有效清洗。

2）清洗剂能在给定温度和给定时间内完成有效的清洗。

3）清洗剂对印制板组件上的任何元器件和材料应无腐蚀性。

4）清洗剂的毒性等级应在可接受的范围内。

5）操作过程中清洗剂损失尽可能少。

6）清洗剂应适合于所选用的清洗系统。

之前能满足上述要求的清洗溶剂是含氯氟烃（Chlorofluorocarbon，CFC）溶剂，我国俗称氟利昂。

（3）清洗剂的发展和替代。自1974年美国科学家发现CFC对大气臭氧层有破坏作用以来，国际社会不断强化了对CFC臭氧问题的研究，同时召开了一系列国际会议，并签订了限制和取缔CFC的维也纳条约和蒙特利尔议定书。从20世纪80年代初开始研究替代CFC的清洗剂，20世纪90年代进入实用化水平，这些溶剂有如下几种：

1）含氢氯氟烃（Hydrochlorofluorocarbon，HCFC），属过渡性替代溶剂。

2）半水清洗溶剂：①占烯基溶剂；②碳氢化合物清洗剂。

3）醇系溶剂。

4）水清洗。

8.6.5 表面组装元器件的特点和种类

1. 特点

表面组装元器件基本上都是片状结构。这里所说的片状是广义的概念，从结构形状说，包括薄片矩形、圆柱形、扁平异形等，因此表面组装元器件也称作贴片元器件或片状元器件。表面组装元器件最重要的特点是小型化和标准化。

1）在SMT元器件的电极上，有些完全没有引出线，有些只有非常短小的引线；相邻电极之间的距离比传统的双列直插式集成电路的引线间距（2.54mm）小很多，目前间距最小的达到0.3mm。在集成度相同的情况下，SMT元器件的体积比传统的元器件小很多；或者说，与同样体积的传统电路芯片比较SMT元器件的集成度提高了很多倍。

2）SMT元器件直接贴装在印制电路板的表面，其电极焊接在与元器件同一面的焊盘上。这样，印制板上的通孔只起到电路连通导线的作用，孔的直径仅由制板时金属化孔的工艺水平决定，通孔的周围没有焊盘，使印制板的布线密度大大提高。

3）除小型化以外，片状元器件另一个重要的特点是标准化。国外已经对其制定了有关标准，对片状元器件的外形尺寸、结构与电极形状等都作了规定，这对表面装配技术的发展无疑具有非常重要的意义。

2. 种类

表面组装元器件同传统元器件一样，从功能上分为无源元件（即 SMC）和有源器件（即 SMD）。

（1）无源元件。SMC 包括片状电阻器、电容器、电感器、滤波器和陶瓷振荡器等。应该说，随着表面组装技术的发展，几乎全部传统电子元件的每个品种都已经被 SMT 化了。

如图 8-44 所示，SMC 的典型形状是一个矩形六面体（长方体），也有一部分 SMC 采用圆柱体的形状，还有一些元件由于矩形化比较困难，是异形 SMC。

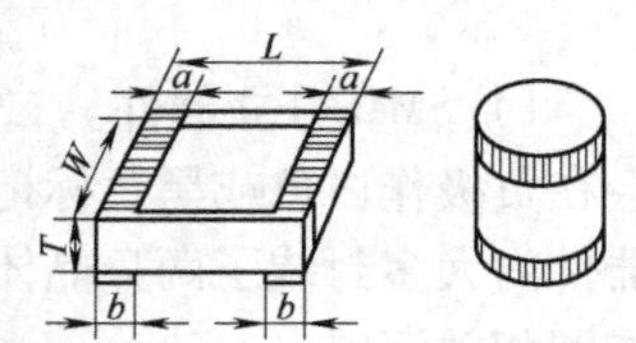

图 8-44 SMC 的基本外形

从电子元件的功能特性来说，SMC 特性参数的数值系列与传统元件的差别不大，而 SMC 本身的规格是根据 SMC 长方体的外形尺寸制定。表 8-11 列出了典型 SMC 的外形尺寸。系列型号中，4 位数字代表了 SMC 的长度和宽度。另有一种用 in（英寸）为单位的表示方法与此类似，但其单位是 1/100in。

表 8-11 典型 SMC 的外形尺寸 （单位：mm）

系列型号	L	W	a	b	T
3216	3.2	1.6	0.5	0.5	0.6
2025	2.0	1.25	0.4	0.4	0.6
1608	1.6	0.8	0.3	0.3	0.45
1005	1.0	0.5	0.2	0.25	0.35

SMC 的种类用型号加后缀的方法表示，例如 3216C 是 3216 系列的电容器，2025R 表示 2025 系列的电阻器。由于表面积太小，SMC 的标称数值一般用印在元件表面上的 3 位数字表示：前两位数字是有效数字，第三位是倍率乘数（精密电阻的标称数值用 4 位数字表示，参阅本书前面章节）。例如，电阻器上印有 114，表示阻值 110kΩ；电容器上的 103，表示容量为 10000pF，即 0.01μF。

虽然 SMC 的体积很小，但其数值范围和精度并不低（见表 8-12）。以 SMC 电阻器为例，3216 系列的阻值范围为 0.39Ω～10MΩ，额定功率可达 1/4W，允许偏差有±1%、±2%、±5%和±10%4 个系列，额定工作温度上限为 70℃。

表 8-12 常用典型 SMC 电阻器的主要技术参数

系列型号	阻值范围	允许偏差（%）	额定功率/W	工作温度上限/℃
3216	0.39Ω～10MΩ	±1、±2、±5、±10	1/8、1/4	70
2025	1Ω～10MΩ	±1、±2、±5、±10	1/10	70
1608	2.2Ω～10MΩ	±2、±5、±10	1/16	70
1005	10Ω～1MΩ	±2、±5	1/16	70

（2）有源器件。SMD的电路种类包括各种半导体器件，既有二极管、晶体管、场效应晶体管等分立器件，也有数字集成电路和模拟集成电路等集成器件。由于工艺技术的进步，SMD的电气性能指标往往更好一些。典型SMD的外形如图8-45所示。

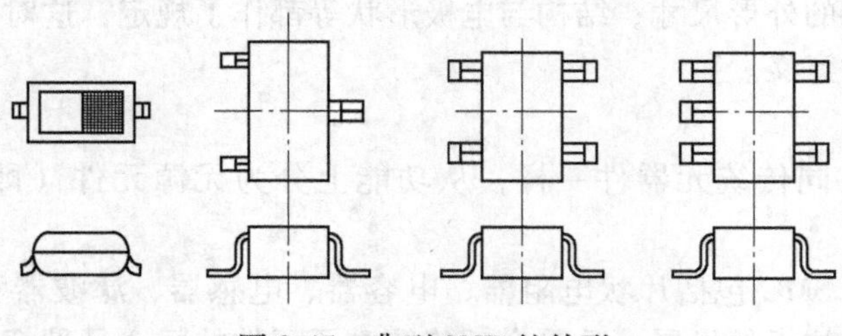

图8-45 典型SMD的外形

1）SMD分立器件。二端SMD分立器件一般是二极管类器件，这类器件若有极性，则会在负极作白色或黑色标记；三端SMD分立器件一般是晶体晶体管；四端～六端SMD分立器件内大多封装了两只晶体管或场效应晶体管。各厂商产品的电极引出不同，在选用时必须查阅相关资料。

2）SMD集成电路。集成电路芯片的封装技术已经历了好几代的变迁，从DIP、SOP、QFP、LCC、PGA、BGA到CSP再到MCM，技术指标一代比一代先进。芯片面积与封装面积之比越来越接近于1，适用频率越来越高、耐温性能越来越好，并且引脚数增多、引脚间距减小、重量减小、可靠性提高，使用起来也更加方便。

在以上芯片封装系列中，SOP、QFP、BGA和CSP都是典型的表面组装器件，SOP、QFP的引脚排列与图8-32所示的BGA和CSP的相仿，为矩阵贴片形式。

8.6.6 芯片封装简介

芯片的引脚和封装，是衡量芯片封装技术先进与否的重要指标。芯片面积与封装面积之比用来衡量封装效率，这个比值越接近1越好。

以采用40根I/O引脚塑料包封双列直插式封装（PDIP）的CPU为例，其芯片面积/封装面积=(3×3)/(15.24×50)=1∶86。不难看出，这种封装尺寸远比芯片大，说明封装效率很低，占去了很多有效的面积。

从DIP、SOP、QFP、LCC、PGA、BGA到CSP再到MCM的封装变革进程中，DIP尽管封装效率低，但它比较适合PCB的穿孔安装，并且操作方便，因而至今仍适合初学者和简单产品使用。

SOP、QFP、LCC属于芯片载体封装，它们具有适合SMT的安装、外形尺寸小、寄生参数小、操作方便、可靠性高的特点。

从封装效率看，以0.5mm焊区中心距、208根I/O引脚的QFP的CPU为例，外形尺寸28mm×28mm，芯片尺寸10mm×10mm，则芯片面积/封装面积=(10×10)/(28×28)=1∶7.8，由此可见它比DIP的封装效率大大提高。

BGA封装是大规模集成电路的一种极富生命力的新型封装方法。它将原来器件LCC封装/QFP的引脚改变成球形引脚；把从器件本体四周“单线性”顺列引出的电极，改变成本体腹底之下“全平面”式的格栅阵排列。这样，既可以疏散引脚间距，又能够增加引脚数目。

BGA 封装具有引脚间距大、组装成品率高、厚度和重量小、寄生参数小、信号传输延迟小、占用基板面积和功耗较大的特点。

BGA 封装比 QFP 先进，更比 PGA 封装好，但它的芯片面积/封装面积的比值仍未取得实质性的改进。

CSP 在 BGA 封装的基础上做了改进，其封装外形尺寸只比裸芯片大一点。也就是说，单个 IC 芯片有多大，封装尺寸就有多大，因此命名为芯片尺寸封装，简称 CSP（Chip Size Package 或 Chip Scale Package）。

CSP 将封装面积缩小到 BGA 封装的 1/4 乃至 1/10；延迟时间缩小到了极短，它同时满足了 IC 芯片引脚不断增加的需要，也解决了 IC 裸芯片不能进行交流参数测试和老化筛选的问题。

随着大规模集成（LSI）电路设计技术和工艺的进步及深亚微米技术和微细化缩小芯片尺寸等技术的使用，人们在形成 MCM 产品想法的基础上，进一步又想把多种芯片的电路集成在一个大圆片上，从而又导致了封装由单个小芯片级转向硅圆片级（Wafer Level）封装的变革，由此引出系统级芯片（System on Chip，SOC）。

随着 CPU 和其他超大规模集成（ULSI）电路的进步，集成电路的封装形式也将有相应的发展，而封装形式的发展也会反过来促进整个电子信息技术和社会的进步。

8.6.7 贴装技术及贴装胶涂敷技术

表面组装技术中的贴装技术就是用一定的方式把 SMC/SMD 从它的包装结构中取出并贴放在印制板的设定位置上，其英文是 pick and place，意思是拾取和放置，所以亦可叫做拾放技术。可以采用简单的手工工具或简单的机械装置进行手工贴装或手动机械贴装，也可以采用半自动或全自动贴装设备或系统完成上述贴装操作。基本工序：印制板装载、传送和对准，元器件“出现”在设定的拾取位置上，拾取元器件，元器件定心，贴放元器件，印制板传送离开工作台，印制板卸载。

8.6.8 贴装机的结构和特征

1. 贴装机的结构

贴装机的典型结构如图 8-46 所示。其主要功能是，具有足够刚性的底座，以支撑全部部件；供料器能容纳各种包装形式的元器件，并能把元器件传送到取料部位；印制板定位工作台，能沿 x 轴和 y 轴移动，夹持印制板并使其定位在设定位置；贴装头是贴装机上最复杂的部件，其基本功能是从供料器取料部位拾取元器件，并经定心和方位校正后把元器件精确地贴放到印制板的设定位置上，它与供料器一起决定着贴装机的贴装能力，它由贴装工具（真空吸嘴）、定心爪、其他任选件（如滴涂器）、电测试夹具和摄像头等部件组成。贴装工具是贴装头的心脏，其功能是拾取和贴放元器件。除了这些主要的机械结构外，还有对贴装精度和贴装率影响较大的 x-y 定位系统和贴装机的大脑——计算机控制系统。

2. 贴装机的特征

精度、速度和适应性是贴装机的三个最重要的特征。

（1）精度。精度是贴装机技术规范中的主要数据指标之一。一般来说，贴装机的精度应包括以下三个项目：贴装精度、分辨率和重复性。

1）贴装精度：贴装精度代表的是贴装的不精确性，它描述元器件相对于印制板上的标定位置贴装的偏差大小，定义为贴装机贴装表面组装元器件时，元器件焊端或引脚偏离目标位置的综合误差，包括平移误差和旋转误差。当选定元器件类型后，分别确定平移误差和旋转误差，然后计算总的贴装精度。

2）分辨率：分辨率是贴装机驱动机构平稳移动的最小增量值。

3）重复性：重复贴装时，实际贴装位置和目标位置之间的综合误差。

实际上，上述三个重要特征之间有一定关系。

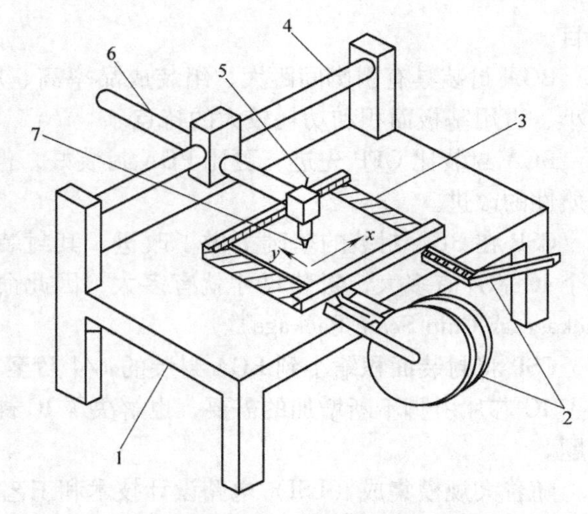

图 8-46 贴装机典型结构示意图

1—底座 2—元器件供料器 3—印制板定位工作台 4—x 轴 5—贴装头 6—y 轴 7—贴装工具

（2）速度。贴装是表面组装工艺中最慢的工序，贴装机的速度是整个表面组装生产线能力的重要限制因素。一般采用以下几种定义描述贴装机的贴装速度。

1）贴装周期：周期是表示速度的最基本参数。贴装周期是贴装工具拾取元器件、元器件定心、检测、贴放和返回到拾取元器件位置的全部行程所用的时间，每进行一资这种行程，贴装机就完成一资贴装操作，即完成一个贴装周期。

2）贴装率：贴装率是在 1h 内贴装机完成的贴装周期数，即 1h 贴装的元器件数。技术规范中所给的贴装率仅是一个可供参考的数据，实际应用中是其 65%~70%。

3）生产量：生产量是根据贴装率计算出的每班贴装元器件的数量，仅供参考，因为实际生产量受多种因素影响，如印制板装/卸时间、多品种生产、元器件类型、每班的实际工作时间、不可预测的停机时间等。

（3）适应性。适应性是贴装机适应不同贴装要求的能力。它包括，能贴装的元器件类型，贴装机能容纳的供料器数目和类型，以及贴装机的可调整性等。当贴装机从贴装一种类型的印制板转换成贴装另一种类型的印制板时，需要进行调整。这种调整包括，贴装机的再编程，供料器的更换，印制板传送机构和定位工作台的调整，贴装头的调整和更换等。

3. 贴装机的类型

贴装机经过十几年的不断完善才具有不同的特性，满足了不同应用领域对表面组装组件性能和可靠性的不同要求。按照贴装方式可将贴装机分为顺序式、在线式、同时式和同时/在线式四种类型。按贴装率可分为低速贴装机（贴装率<3000 只/h）、中速贴装机（3000 只/h<贴装率<8000 只/h）、高速贴装机（8000 只/h<贴装率<20000 只/h）和海量贴装系统（贴装率>20000 只/h）。

8.6.9 视觉系统

视觉系统现在已经广泛用于表面组装技术的高精度贴装系统中，下面简要介绍一下视觉系统。

1. 视觉系统的原理、构成和精度

（1）视觉系统的构成和工作原理。视觉系统由视觉硬件和视觉软件两大部分组成，其硬件一般由影像探测，影像存储、处理和显示等部分组成。摄像机获得的大量信息由微处理机处理，结果由工业电视显示。

视觉系统是以计算机为主体的图像观察、识别和分析系统。它主要采用摄像机作为计算机感觉图像的传感部件，也叫探测部件。摄像机感觉给定视野内目的物的光强度分布，然后将其转换成模拟电信号，模拟电信号再通过A-D转换器被数字化成离散的数值。这些数值表示视野内给定点的平均光强度。这样得到的数字影像被规则的空间网格覆盖，每个网格叫做一个像元。显然，在像元阵列中目的物影像占据一定的像元数。计算机对上述包含目的物数字图像的像元阵列进行处理，将所得图像特征与事先输入计算机的参考图像进行比较、分析和判断，根据其结果计算机向执行机构发出指令。

（2）视觉系统的精度。影响视觉系统精度的因素主要是摄像机的像元数和放大倍数。摄像机的像元数越多，精度就越高；图像的放大倍数越大，精度就越高。这是因为图像的放大倍数越大，对应于给定面积的像元数就越多，所以精度就越高。但是，放大倍数大时，找到对应图形就更加困难，从而降低了贴装系统的贴装率，所以要根据实际情况确定合适的放大倍数。

2. 视觉系统在贴装机上的应用

早期的通用贴装机也装有视觉系统，主要用于实现精密示教式编程功能。现在，在高精度贴装机上广泛采用机器视觉系统，有的高速贴装机也装上了视觉系统，以提高贴装精度。

（1）印制板的精确定位。印制板的精确定位是视觉系统最普通的应用。为了便于摄像机观察和识别，在印制板上必须设置电路图形标记——基准标记，一般有三个基准标记。系统识别三个基准标记的位置、大小和形状，读取其中心位置。如果对准有误差，经分析后，计算机发出校正指令，由贴装系统控制执行部件移动，使印制板精确定位。

（2）元器件定心和对准。由于元器件中心和元器件引线的中心的不重合性及定心机构的误差，所以贴装工具从供料器拾取器件很难严格地对准器件中心或器件引线的中心，一般都有一定偏差。这就导致元器件引线和印制板上焊盘图形的对准误差。细间距器件对这种偏差要求严格，必须借助机器视觉系统对器件定心，并与印制板上的焊盘图形对准。完成这种功能常采用三种方法：在定心台上对器件定心；在印制板的焊盘图形上设置三个部位基准标记，如图8-47所示，借助于装在贴装头上的摄像机，采用相同于印制板定位的步骤完成该功能；视觉系统还可以借助于安装在贴装头上的摄像机向下观察印制板上的基准标记和焊盘图形，再借助于安装在机架上的顶装摄像机向上检测贴装工具拾取的器件引线，系统将印制板上的焊盘图形和器件引线的实际几何图形进行比较和分析，并进行 x、y 和 θ 补偿、最后指令贴装头进行精确贴装。

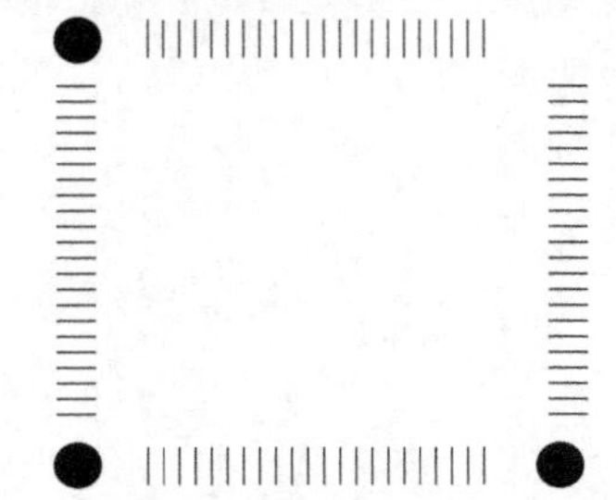

图8-47　印制板上的部位基准标记

（3）器件检测。细间距器件引线变形是导致贴装误差和贴装可靠性下降的重要原因。视觉系统在上述器件定心和对准作业中，同时检测引线有无弯曲和搭接等缺陷，其中包括引脚共面性检测。如发现器件有缺陷，系统就指令贴装头将该器件送回供料器，并重新拾取器件。

8.6.10 微组装技术的兴起和发展

尽管现在集成电路封装向超小型、高封装效率方向发展，但封装器件内外引线长从而引起信号延迟，不能充分发挥集成电路芯片本身的性能，同时封装器件表面组装工艺的发展已接近极限，所以进一步的高密度电路组装只有依赖于直接芯片板级组装技术。

随着内装阻容元件的印制板和复合元器件的发展，以及直接芯片组装技术的不断进步，多芯片模块就应运而生了。它是把几块集成电路芯片或CSP组装在一块电路基板上，构成功能电路模块，叫多芯片模块。它是一种先进的混合集成电路，是电路组件功能实现系统级、模块化的基础。

多芯片模块的兴起、发展和推广应用，使电路装联技术进入微组装技术（Micro-Packaging Technology，MPT）时期。可以说，这是电路装联技术的“第三次大变革”。这种微组装技术从20世纪70年代兴起，90年代初达到很高水平，现在已在高级计算机、雷达和通信等军事电子装备中广泛应用。

思 考 题

1. 焊接的作用是什么？焊接的工具有哪些？
2. 钎料在焊接中起什么作用？助焊剂有哪些类型？手工焊接中常用的助焊剂是什么？
3. 手工焊接有哪些步骤？应掌握哪些要领？
4. 对手工焊接的焊点有哪些要求？合格的焊点有哪些基本要求？
5. 电子产品的工业焊接技术基本有哪些？
6. 组装技术中，通孔安装和表面组装的区别是什么？

第 9 章　Protel DXP

当前在国内应用比较广泛的 EDA 设计工具是 Protel 系列软件，Protel DXP 是美国 Altium 公司于 2002 年推出的电路设计软件平台，主要运行在 Windows 2000 和 Windows XP 上。这套软件是 Altium 公司基于 Windows 平台开发的最新产品，能实现从概念设计、顶层设计直到输出生产数据及这之间的所有分析、验证和设计数据的管理。

9.1　Protel DXP 主要特点

（1）通过设计文档的方式，将原理图编辑、电路仿真、PCB（印制板）设计及打印这些功能有机地结合在一起，提供了一个集成开发环境。

（2）提供了混合电路仿真功能，为设计试验原理图电路中某些功能模块的正确与否提供了方便。

（3）提供了丰富的原理图组件库和 PCB 封装库，并且为设计新的器件提供了封装向导程序，简化了封装设计过程。

（4）提供了层次原理图设计方法，支持“自上向下”的设计思想，使大型电路设计的工作组开发方式成为可能。

（5）提供了强大的查错功能。原理图中的电气法则检查（Electrical Rules Check，ERC）工具和 PCB 的设计规则检查（Design Rules Check，DRC）工具能帮助设计者更快地查出和改正错误。

（6）全面兼容 Protel 系列以前版本的设计文件，并提供了 OrCAD 格式文件的转换功能。

（7）提供了全新的 FPGA 设计的功能。

9.2　Protel DXP 设计基础

为了快速理解电路设计过程，下面首先介绍设计 PCB 的工作流程。这个流程只是设计 PCB 的一般工作过程，有些步骤并非在设计每个 PCB 时都能用到，可根据自己的实际情况决定需要步骤。

9.2.1　电路板设计的总体流程

设计电路板的过程可以分为以下几个步骤。

1. 方案分析

决定电路原理图如何设计，同时也影响 PCB 如何规划。根据设计要求进行方案比较、选择及元器件的选择等，这是开发项目中最重要的环节。

2. 电路仿真

在设计电路原理图之前，有时候会对某一部分电路设计并不十分确定，因此需要通过电路仿真来验证。还可以用于确定电路中某些重要器件参数。

3. 设计原理图组件

Protel DXP 提供了丰富的原理图组件库，但不可能包括所有组件，必要时需动手设计原理图组件，建立自己的组件库，该部分内容可参阅相关专业 Protel DXP 书籍。

4. 绘制原理图

电路原理图的设计主要是利用 Protel DXP 的原理图设计系统来绘制电路原理图。在这一过程中，要充分利用 Protel DXP 所提供的各种原理图绘图工具、各种编辑功能来实现目的，即得到一张正确、精美的电路原理图。完成原理图后，用 ERC 工具查错。找到出错原因并修改原理图电路，重新查错到没有原则性错误为止。同时产生各种报表（如网络表）。

5. 设计组件封装

和原理图组件库一样，Protel DXP 也不可能提供所有组件的封装。需要时自行设计并建立新的组件封装库。该部分内容可参阅相关专业 Protel DXP 书籍。

6. 设计 PCB

确认原理图没有错误之后，开始 PCB 的绘制。首先绘出 PCB 的轮廓，确定工艺要求（使用几层板等）。然后将原理图传输到 PCB 中来，在网络表、设计规则和原理图的引导下布局和布线。DRC 工具查错是电路设计时另一个关键环节，它将决定该产品的实用性能，需要考虑的因素很多，不同的电路有不同要求。

7. 文档整理

对原理图、PCB 图及器件清单等文件予以保存，以便以后维护、修改。

以上过程根据工程复杂程度进行选择，几个过程是穿插进行的。其中 4、7 是最基本的步骤。整个电路板的设计过程首先是编辑电路原理图，然后由电路原理图文件产生网络表，最后再根据网络表进行电路板的布线工作。编辑原理图的工具很多，如 OrCAD、TANGO 等。这些原理图编辑软件除了能够编辑电路原理图以外，还可由电路原理图文件产生网络表，有了网络表就可以进行 PCB 的设计了。用户可依据由原理图生成的网络表自动布线，布线完成后，可以通过打印机或绘图仪输出打印。

限于篇幅，原理图设计和 PCB 设计中设计内容仅介绍最常用的操作，若要更详细操作可参考 Protel DXP 专业书籍。

9.2.2 软件基本界面

Protel DXP 软件默认开机界面如图 9-1 所示，该操作界面有系统主菜单、系统工具栏、工作区和工作面板等几部分组成。

由于 Protel DXP 很多风格和 Windows XP 应用程序类似，有些常用的操作不再重复叙述。

9.2.3 Protel DXP 文件管理

Protel DXP 中的文件组织和存放不同于 Protel 99 SE。Protel 99 SE 采用数据库形式，而 Protel DXP 将所有的设计文档存放为独立文件，可以使用 Windows 资源管理器找到它们，工程文件中包含指向它们的链接和必要的工程维护信息。

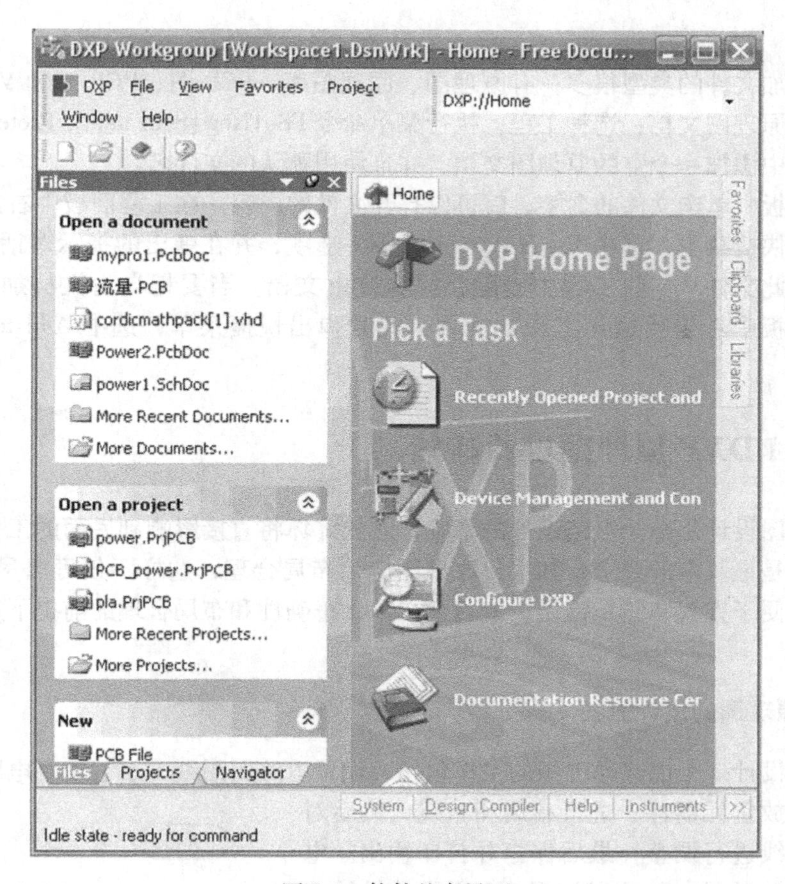

图 9-1 软件基本界面

在 Protel DXP 中，设计文档的扩展名如表 9-1 所示。

1. 创建工程

表 9-1 Protel DXP 设计文档扩展名

设计文档	扩展名	设计文档	扩展名
原理图	SchDoc	PCB	PcbDoc
		PCB 元件库	PcbLib
原理图元件库	SchLib	PCB 工程	PrjPCB

Protel DXP 的菜单完全是 Windows XP 风格，运行 Protel DXP，此时 Protel DXP 的运行状态如图 9-1 所示。执行菜单命令 File|New|PCB Project，则创建了一个空的 PCB 工程，并使用了默认的名字从集成环境左侧的 Project 面板中可以看到这个空的工程，启动 Protel DXP 第一个 PCB 工程名默认为 PCB Project1. PrjPCB。右击新创建的工程，选择 Save As 可保存和更改文件名。

2. 工程中的文件操作

工程中的文件操作包括向工程添加文件、打开文件、从工程中去除文件和将文件加入工程等。

向工程添加文件的类型很多，有原理图、原理图库、PCB图、PCB库和VHDL文档等。例如添加一个原理图文档：选种工程，执行菜单命令File|New|Schematic，Protel DXP就会直接在当前工程中添加一个空的原理图文档，并且使用默认的文件名。

在工程面板中单击文件的名字，就可以打开文件的内容。在工程面板中右击要删除的文件，此时弹出快捷菜单，选中Remove from Project选项，并在弹出的提示对话框中单击OK按钮，即可将此文件从当前工程中删除，成为自由文档。当要把自由文档加入到工程时，同样在工程面板中右击要加入工程的文件，此时弹出快捷菜单，选中Add to Project选项即可。

9.3 Protel DXP原理图设计基础

电路原理图设计是整个电路设计的基础，它的好坏将直接影响到后面的工作。首先，原理图的正确性是最基本的要求；其次，原理图应该布局合理，这样不仅可以尽量避免错误，也便于读图，便于查找和纠正错误；最后，在满足正确性和布局合理的前提下应力求原理图的美观。

9.3.1 原理图的设计流程

一般地，设计一个电路原理图的工作包括，设置电路图图纸大小、规划电路图的总体布局、在图纸上放置元器件、进行布局和布线，然后对各元器件及布线进行调整，最后保存并打印输出。电路原理图的设计过程一般可以按图9-2所示的设计流程进行。

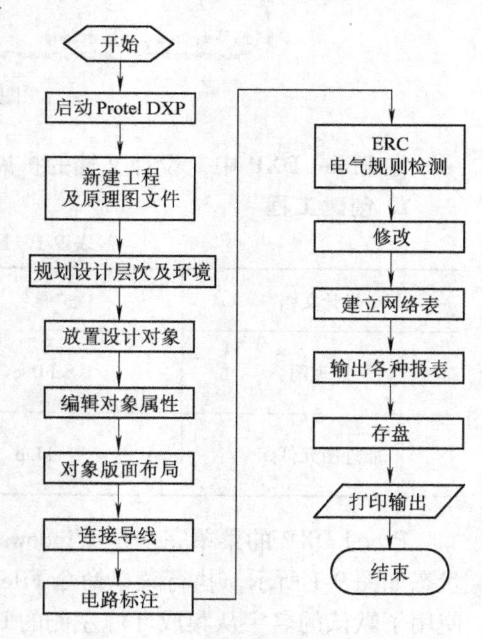

图9-2 原理图设计流程

（1）启动Protel DXP，建立一个PCB设计项目（File | New | project），在新建的PCB项目中添加空白原理图文档（File | New | Schematic），同时启动原理图编辑器，进行设计绘图工作。

（2）找到所有需要的原理组件后，开始原理图绘制。根据电路复杂程度决定是否需要使用层次原理图。设置电路图图纸大小及版面。进行设计、绘制原理图前必须根据实际电路的复杂程度来设置图纸的大小，设置图纸的过程实际是一个建立工作平面的过程，用户可以设置图纸的大小、方向、网格大小及标题栏等，对于多张图纸还需要设置图纸间的关系等。

（3）添加元器件并调整元器件属性和布局。这个阶段，用户应根据实际电路图的需要，将电子元器件从集成元器件库里取出放置到图纸上，对放置的元器件的标志、封装等属性进行定义或设定。对于现有元器件库中没有的元器件，则可以自行定义。最后通过对放置的元器件位置进行适当调整，减少原理图布线过程的工作量。

（4）原理图布线。原理图布线就是利用 DXP 提供的工具栏中的工具，将图纸上的独立元器件用具有电气意义的导线和符号连接起来，构成一个完整的原理图。

（5）检查、校对及线路调整。当原理图绘制完成以后，用户还需要利用 DXP 所提供的各种工具对项目进行编译，发现原理图中的错误，进行修改、更正，如有需要也可以在绘制好的电路图中添加信号进行模拟仿真，进一步检验原理图的功能。

（6）输出报表。原理图校对结束后，用户可利用 DXP 提供的各种报表生成工具创建各种报表，其中最重要的报表是网络表，通过网络表为后续的电路板设计作准备。

（7）文档保存及打印输出。获得报表输出后，保存原理图文档或打印输出原理图。

一张好的原理图，不但要求没有错误，还应该美观、信号流向清晰、标注清楚和可读性强。线条绕来绕去、标注不清楚、信号流向混乱的原理图不能算是一张好图。

在绘制原理图时，也应该遵循类似的规则：

（1）顺着信号的流向摆放元器件。

（2）同一个模块中的元器件靠近放置，不同模块的元器件稍远一些放置。

（3）电源线在上部，地线在下部，或者电源线与地线平行走。

9.3.2 原理图工作环境设置

1. 原理图编辑器

在 PCB（印制板）项目中建立或打开原理图文档后，就启动原理图编辑器，如图 9-3 所示。原理图编辑器实际上就是一个原理图的设计系统，用户在该系统中可以进行电路原理图的设计，生成相应的网络表，为后面 PCB 的设计做准备工作。

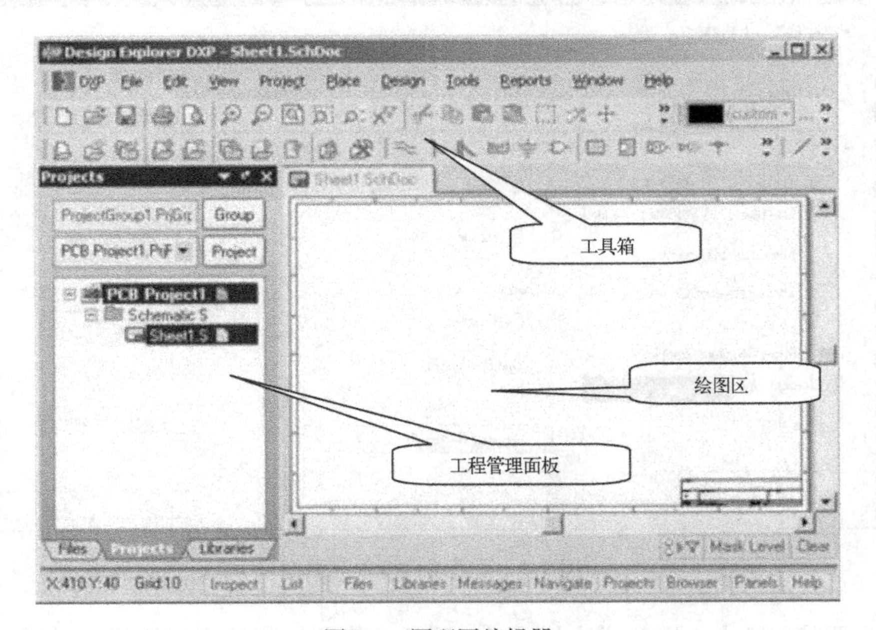

图 9-3 原理图编辑器

原理图编辑环境提供了多个工具箱，常用的有三个：连线工具箱、绘图工具箱和电源工具箱。下面简要介绍这几个工具箱的功能。

（1）布线工具箱，主要用于放置原理图元器件和连线等符号，是原理图绘制过程中最重要的工具箱。可以执行菜单命令 View | Toolbars | Wiring 控制它显示。

（2）电源工具箱，主要提供电源符号，可以执行菜单命令 View | Toolbars /Power Objects 控制显示该工具箱。

（3）绘图工具箱，主要用于在原理图中绘制标注信息，不代表任何电气联系。可以执行菜单命令 View | Toolbars | Drawing 控制其显示。

2. 设计原理图文件打开和保存

在当前项目下建立 SCH 电路原理图，默认文件名为 Sheetl. SchDoc，同时在右边的设计窗口中打开 Sheetl. SchDoc 的电路原理图设计窗口，如图 9-3 所示。其打开和保存的操作与工程文件操作类似。默认保存格式如表 9-1 所示。

3. 原理图环境设置

原理图环境设置主要包括窗口、图纸、格点、游标及系统参数设置等。这些设置主要是在 Document Options 和 Preferences 对话框中进行的。了解原理图环境设置将会给绘制电路原理图带来很大的方便。

（1）图纸大小的设置。在 SCH 电路原理图编辑窗口下，执行菜单命令 Design | Options，弹出 Document Options（图纸属性设置）对话框，如图 9-4 所示；或原理图上单击右键，弹出右键快捷菜单，从弹出的右键菜单中选择 Document Options 选项，同样可以弹出图 9-4 所示对话框。有 Sheet Options 选项卡和 Parameters 选项卡。

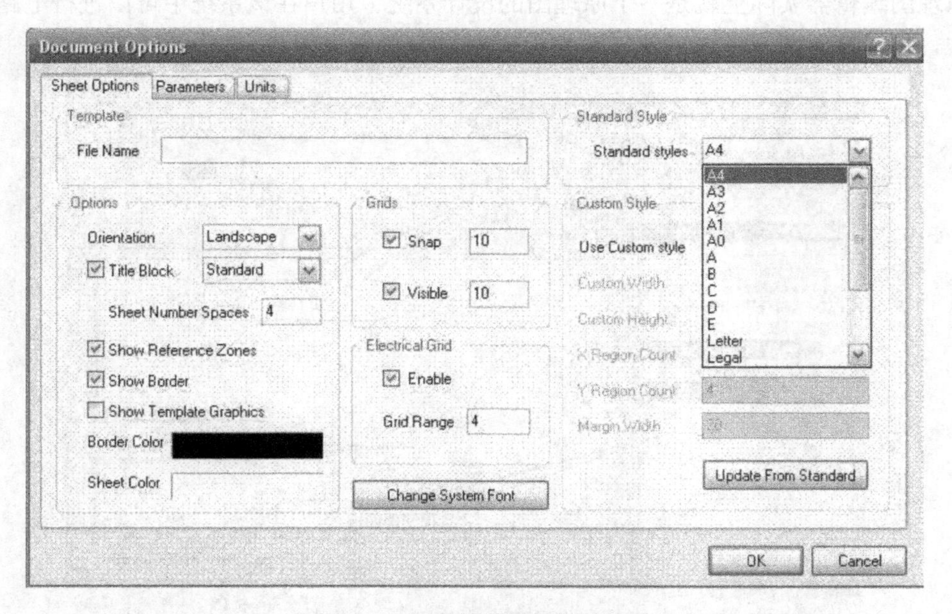

图 9-4 图纸属性设置对话框

如用户要将图纸大小更改成为标准 A4 图纸。将游标移动到图纸属性设置对话框中的 Standard Style（标准图纸样式），用鼠标单击下拉按钮启动该项，再用游标选中 A4 选项，单击 OK 按钮确认，如图 9-4 所示。如果图 9-4 所示的设置不能满足用户要求，可以自定义图纸大小。自定义图纸大小可以在 Custom Style 选项区域中设置。在 Document Options 对话框的 Custom Style 选项区域选中 Use Custom Style 复选项，如果没有选中 Use Custom Style 项，则相应的 Custom Width 等设置选项灰化，不能进行设置。

（2）图纸属性对话框的设置。在 SCH 原理图图纸上右击，在弹出的快捷菜单中选择 Preferences 选项或执行菜单命令 Tool|Preferences，将弹出图 9-5 所示的 Preference 对话框。

1）格点形状和颜色的设置 Protel DXP 提供了两种格点，即 Lines（线状格点）和 Dots（点状格点），如图 9-6 所示。在 Preference 对话框的 Graphical Editing 选项卡中，Cursor Grid Options 选项区域的 Visible Grid 选项的下拉列表中设置 Lines 或 Dots 即可。同样在 Color Options 选项中，Grid Color 项可以进行格点颜色设置。

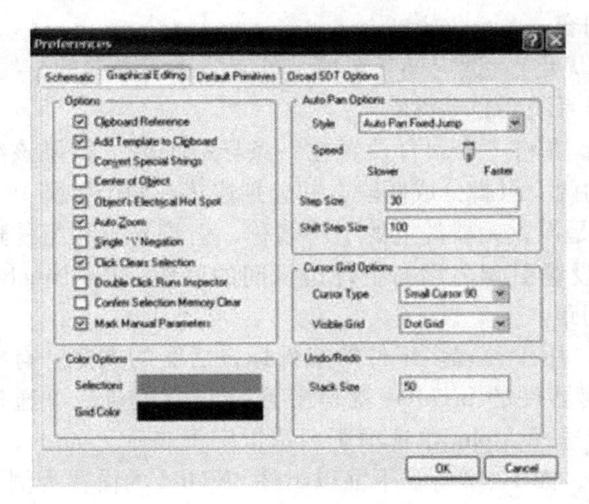

图 9-5 Preference 对话框

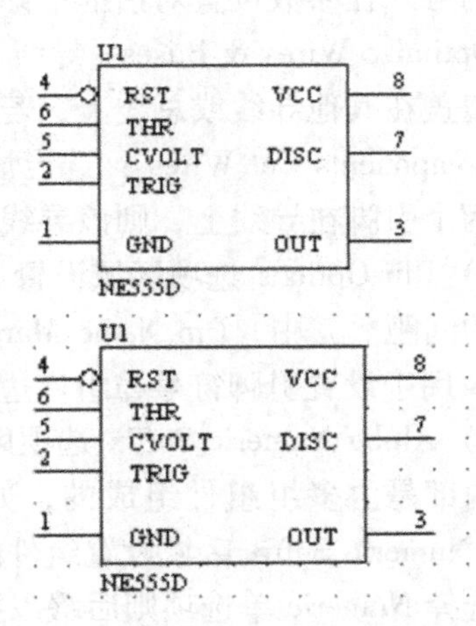

图 9-6 格点形状

2）图纸格点间距和游标移动间距设置 在 Document Options（图纸属性设置）对话框（见图 9-4）的 Sheet Options 选项卡中，Grid 选项区域中包括 Snap 和 Visible 两个属性设置。

Visible：用于设置格点是否可见。在右边的文本框中输入数值可改变图纸格点间的距离。默认的设置为 10，表示格点间的距离为 10 个像素点。

Snap：用于设置游标移动时的间距。选中此项表示游标移动时以 Snap 右边设置值为基本单位移动，系统的默认设置是 10。例如移动原理图上的组件时，则组件的移动以 10 个像素点为单位移动。未选中此项，则组件的移动以一个像素点为基本单位移动，一般采用默认设置便于在原理图中对齐组件。

3）设置电气节点 在图 9-4 所示的 Sheet Options 选项卡中，Electrical Grid 设置选项区域设有 Enable 复选框和 Grid Range 文本框用于设置电气节点。如果选中 Enable，在绘制导线时，系统会以 Grid Range 文本框中设置的数值为半径，以游标所在位置为中心，向周围搜索电气节点，如果在搜索半径内有电气节点，游标会自动移到该节点上。如果未选中 Enable，则不能自动搜索电气节点。

通过 Preferences 对话框中各选项卡可以进行很多设置，下面仅介绍 Schematic 选项卡，其他选项卡设置读者可对应自行练习。

（3）Schematic 选项卡设置。在 Preference 对话框的 Schematic 选项卡中包含 7 个区域，各区域功能如下。

1）Options 选项区域设置　Options 选项主要用来设置连接导线时的一些功能。

Auto Junction（自动放置节点）：选定该复选项，在绘制导线时，只要导线的起点或终点在另一根导线上（T 形连接），系统会在交叉点上自动放置一个节点。如果是跨过一根导线（十字形连接），系统在交叉点处不会放置节点，必须手动放置节点。

Drag Orthogonal（直角拖动）：选定该复选项，当拖动组件时，被拖动的导线将与组件保持直角关系。不选定，则被拖动的导线与组件不再保持直角关系。

Enable In-Place Editing（编辑使能）：选定该复选项，当游标指向已放置的组件标志、文本、网络名称等文本文件时，单击鼠标可以直接在原理图上修改文本内容。若未选中该选项，则必须在参数设置对话框中修改文本内容。

Optimize Wires & Buses（导线和总线最优化）：选定该复选项，可以防止不必要的导线、总线覆盖在其他导线或总线上，若有覆盖，系统会自动移除。

Components Cut Wires：选定该复选项，在将一个组件放置在一条导线上时，如果该组件有两个引脚在导线上，则该导线被组件的两个引脚分成两段，并分别连接在两个引脚上。

2）Pin Options 选项区域设置　其功能是设置元器件上的引脚名称、引脚号码和组件边缘间的间距。其中，Pin Name Margin 用于设置引脚名称与组件边缘间的间距，Pin Number Margin 用于设置引脚符号与组件边缘间的间距。

3）Alpha Numeric Suffix 选项区域设置　用于设置多组件的组件标设后缀的类型。有些组件内部是由多组组件组成的，如 74 系列器件的 SN7404 就是由 6 个非门组成，可通过 Alpha Numeric Suffix 区域设置组件的后缀。选择 Alpha 单选项则后缀以字母表示，如 A 、B 等。选择 Numeric 单选项则后缀以数字表示，如 1 、2 等。下面以组件 SN7404 的设置为例。

在放置组件 SN7404 时，原理图上就会出现一个非门，如图 9-7 所示，而不是实际所见的双列直插器件。设置 SN7404 组件属性对话框，假定设置组件标志为 U1 ，由于 SN7404 是 6 路非门，在原理图上可以连续放置 6 路非门（见图 9-8）。此时可以看到组件的后缀依次为 U1A 、U1B 等，按字母顺序递增。在选择 Numeric 情况下，放置 SN7404 的 6 路非门后的原理图图 9-8 所示，可以看到组件后缀的区别。

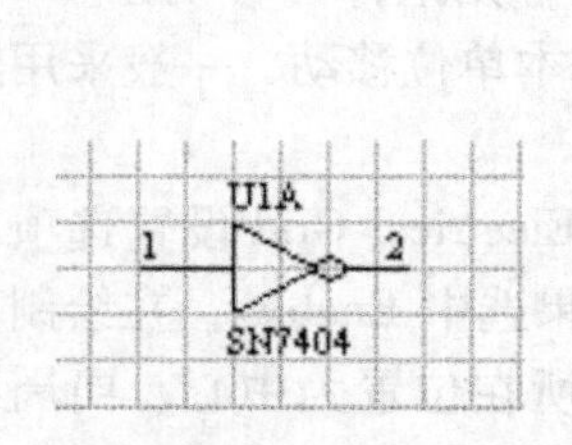

图 9-7　SN7404 原理图

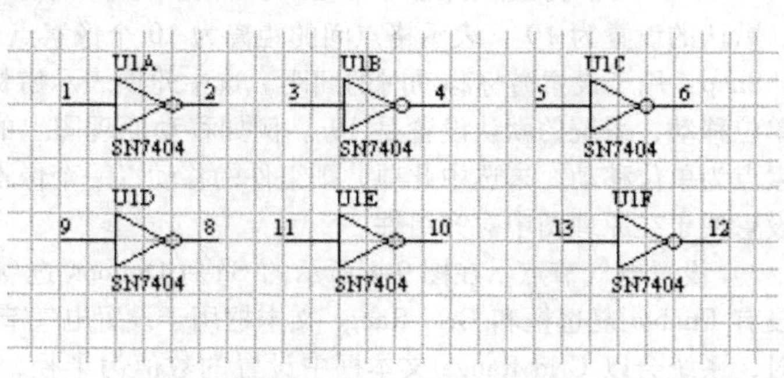

图 9-8　选择 Numeric 后的 SN7404 原理图

4）Copy Footprint From To 选项区域设置　Copy Footprint From To 选项区域用于在其列表框中设置 OrCAD 加载选项，当设置了该项后，用户如果使用 OrCAD 软件加载该文件时，将只加载所设置域的引脚。

5）Include With Clipboard and Prints 选项区域设置　此选项主要用来设置使用剪切板或

打印时的参数。

6）Default Power Object Names 选项区域设置　Default Power Object Names 选项区域用于设置电源端子的默认网络名称，如果该区域中的输入框为空，电源端子的网络名称将由设计者在电源属性对话框中设置，具体设置如下：

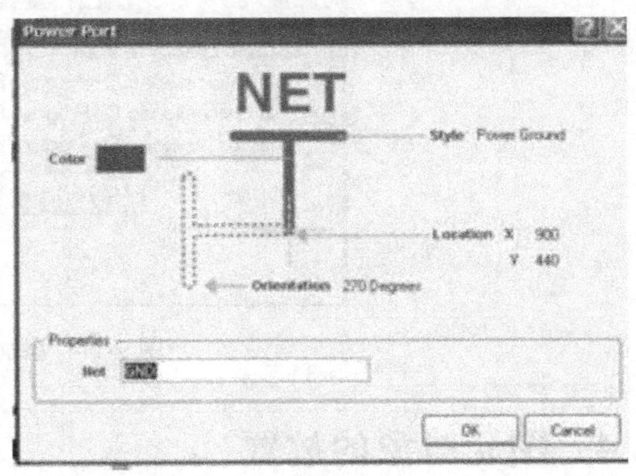

图9-9　采用系统默认设置的电源属性对话框

Power Ground　表示电源地。系统默认值为 GND 。在原理图上放置电源和接地符号后，打开电源和接地属性对话框，如图9-9所示。

Signal Ground　表示信号地，系统默认设置为 SGND 。

Earth　表示接地，系统默认设置为 EARTHA。

7）Document scope for filtering and selection 选项区域设置　Document scope for filtering and selection 选项区域用于设定给定选项的适用范围，可以只应用于 Current Document（当前文档）和用于所有 Open Documents（打开的文档）。

9.3.3　加载元件库

在绘制原理图之前，应该告诉 Protel DXP 要从哪些元件库中选用元件。这个过程就是加载元件库（Add Library）。如果不需要某个库了，也可以通知 Protel DXP，这个过程就是卸载元件库（Remove Library）。

创建一个新的原理图文件后，Protel DXP 会默认地为该文件加载两个原理图文件库：Miscellaneous Devices. Intlib 和 Miscellaneous Connectors. IntLibo。这两个库中包含了各种分立元件、接插件等，因此几乎设计每个原理图文件时都需要用到它。

若需要加载其他元件库，则按如下步骤操作。

（1）在原理图界面，单击主窗口右侧 Libraries 面板标签，系统启动 Protel 集成元件库，屏幕出现见图9-10所示的对话框。该对话框中是已经加载的库。

（2）单击 Libraries 工程面板上方的 Libraries 按钮，弹出图9-11所示的 Available Libraries 对话框。

（3）单击 Installed，在一般情况下，组件库文件在 Altium\library 目录下，Protel DXP 主要根据厂商来对组件分类。选定某个厂商，则该厂商的组件列表会被显示。选中要加入的元件库，打开即可加到列表框中。若要卸载某个库，只需要在列表中选中某个库，然后单击 Remove 即可。

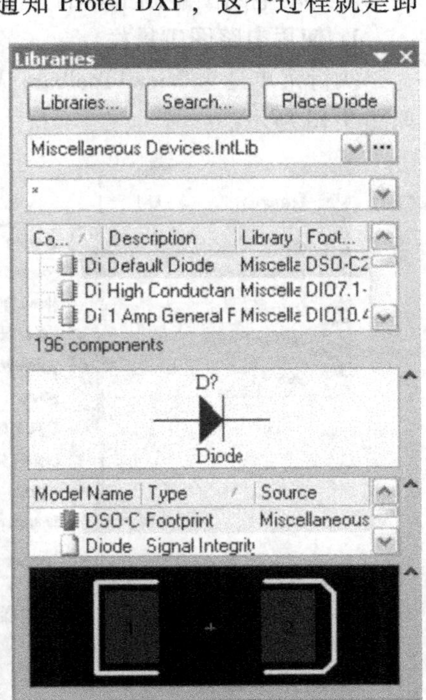

图9-10　Libraries 工程面板

图 9-11 添加、删除元件库

9.4 图元对象的放置

绘制原理图的过程，实际上就是在原理图的图纸上布置各种原理图图元对象，设置对象之间连接关系的过程。这些图元既包括带有电气性能的图元，如电子元件、导线、网络标号、电源端口等电气对象；也包括非电气性能的图元，如线段、圆形、矩形、多边形等非电气对象；还包括一些标记符号。下面只介绍向原理图中添加图元对象的基本方法。

9.4.1 电路图绘制工具的使用

绘制电路原理图主要通过电路图绘制工具来完成，因此，熟练使用电路图绘制工具是必需的。启动电路图绘制工具的方法主要有两种。

1. 使用电路图工具栏

执行菜单命令 View | Toolbars | Wiring，如图 9-12 所示，打开 Wiring（电路图）工具栏，如图 9-13 所示。

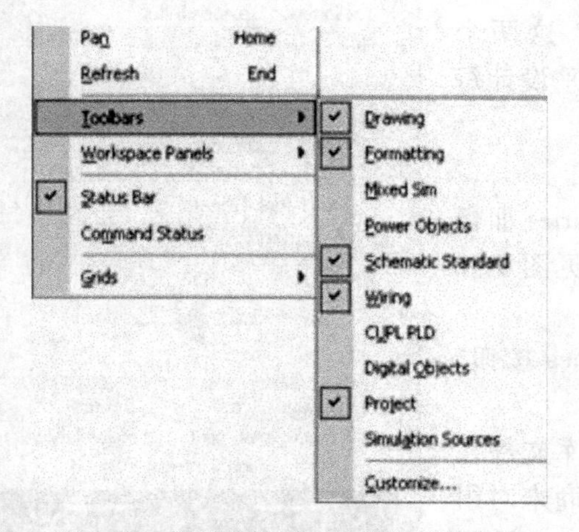

图 9-12 打开电路图工具栏的菜单命令

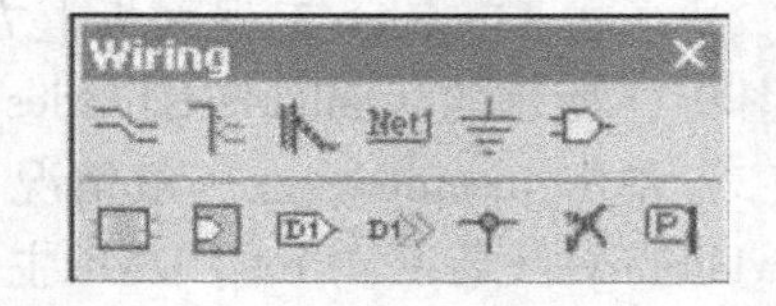

图 9-13 电路图工具栏

2. 使用菜单命令

执行菜单 Place 下的各个菜单命令。这些菜单命令与电路图工具栏的各个按钮相互对应，功能完全相同。Place 菜单下的画电路图菜单命令如图 9-14 所示。

9.4.2 放置图元对象及设置属性

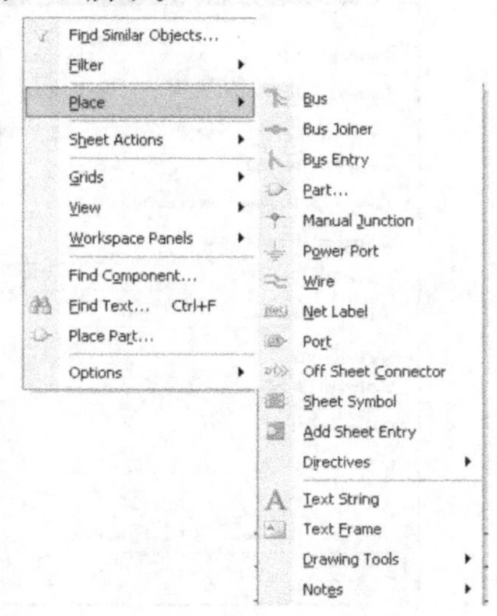

图 9-14 Place 菜单的画电路图命令

下面以放置 NE555D 为例，讲述图元对象的放置和属性设置。

1. 放置图元对象

在当前项目中添加了元件库后，就可在原理图中放置图元对象，步骤如下。

（1）执行菜单命令 View|Fit Document，或者在图纸上右击鼠标，在弹出的快捷菜单中选择 Fit Document 选项，使原理图图纸显示在整个窗口中。可以按 Page Down 和 Page Up 键缩小和放大图纸视图，或者右击鼠标，在弹出的快捷菜单中选择 Zoom in 和 Zoom out 选项同样可以缩小和放大图纸视图。

（2）在图 9-10 所示元件库控制面板的库列表下拉菜单中选择 TI Analog Timer Circuit. IntLib 使之成为当前库，同时库中的组件列表显示在库的下方，找到组件 NE555D。可使用过滤器快速定位需要的组件，默认通配符（ * ）列出当前库中的所有组件，也可以在过滤器栏输入 NE555D，快速找到 NE555D。

（3）选中 NE555D 选项，单击 Place NE555D 按钮或双击组件名，光标变成十字形，游标上悬浮着一个 555 芯片的轮廓。此时若按 Tab 键，将弹出 Component Properties（图元对象属性）对话框进行组件的属性编辑，设置好后按确定按钮。

（4）在当前窗口移动光标到原理图中放置组件的合适位置，单击鼠标把 NE555D 放置在原理图上。此时游标上还悬浮着刚放置的对象，若想再放同样的元件，可继续放置，放置的图元对象递增标号；若不希望悬浮刚放置的对象，则按 Esc 或鼠标右键，选择清除悬浮对象消失。

2. 设置图元对象属性

图元对象属性可在刚放置图元对象前设置，也可对已有的图元对象设置和修改。它们均通过图元对象属性对话框设置。

对于要放置的图元对象，按上面步骤（3）打开图元对象属性对话框；对于已放置好的图元对象，只要双击相应的元件就可以打开对应的 Component Properties 对话框，如图 9-15 所示。

组件属性设置主要包括组件标志和命令栏的设置等，分别介绍如下。

（1）Properties（组件属性）选项区域设置。

1）Designator（组件标志）的设置　在 Designator 文本框中输入组件标志，如 U1、R1 等。Designator 文本框右边的 Visible 复选项是设置组件标志在原理图上是否可见，如果选定 Visible 复选项，则组件标志 U1 出现在原理图上，如果不选中，则组件序号被隐藏。

2）Comment（命令栏）的设置　单击命令栏下拉按钮，弹出图 9-15 所示的对话框。Add、Remove、Edit、Add as Rule 按钮是实现对 Comment 参数的编译，在一般情况下，没有必要对组件属性进行编译。

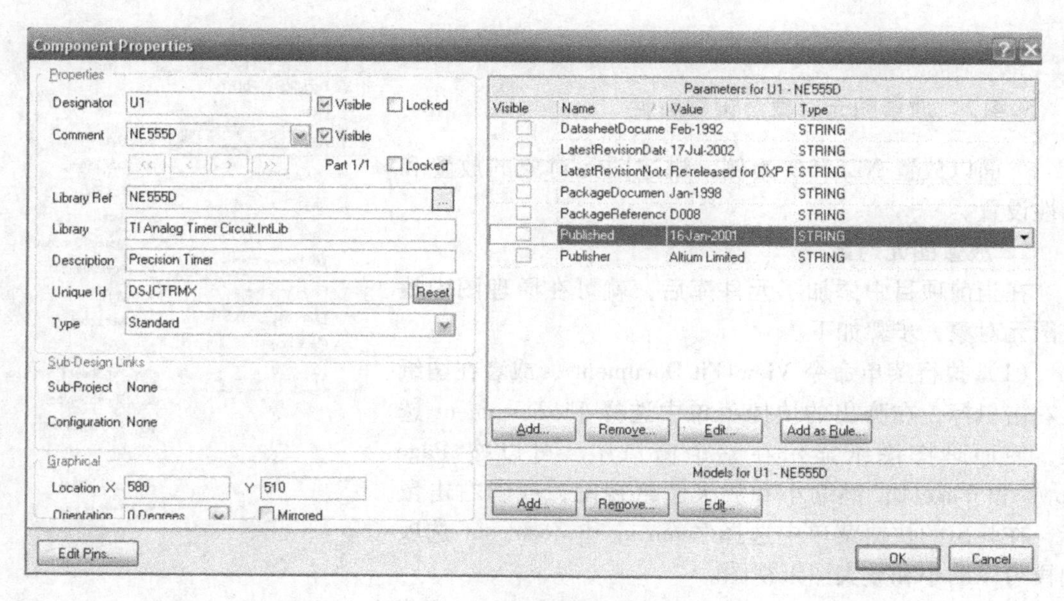

图9-15 电子元件属性对话框

3）Library Ref（组件样本）设置 根据放置组件的名称系统自动提供，不允许更改。例如NE555D，在组件库的样本名为NE555D。

4）Library（组件库）设置 例如NE555D在TI Analog Timer Circuit. IntLib库中。

5）Description（组件描述）、Unique Id（Id符号）、Sub-design设置 一般采用默认设置，不做任何修改。

（2）Graphical选项主要包括图元对象在原理图中位置、方向等属性设置，分别介绍如下。

1）Location（组件定位）设置 主要设置组件在原理图中的坐标位置，一般不需要设置，通过移动鼠标找到合适的位置即可。

2）Orientation（组件方向）设置 主要设置组件的翻转，改变组件的方向。

3）Mirrored（镜像）设置 选中Mirrored，组件翻转180°。

4）Show Hidden Pin（显示隐藏引脚） NE555D不存在隐藏的引脚，但是TTL器件一般隐藏了组件的电源和地的引脚。例如，非门74LS04等门电路的原理图符号就省略了电源和接地引脚。

一般情况下，对组件属性设置只需要设置组件标志和Comment参数即可，其他采用默认设置。

3. 元件的操作

（1）图元对象的选取与方法。“选取”是电路编辑过程中最基本的操作，要对电路图中已存在的图元进行编辑，操作之前必须选取操作对象。DXP为设计者提供了多种选取对象的方法，一种是将光标移动到需要选取的对象上，然后单击鼠标左键即可选取单个图元对象。若一次要选择多个图元对象，可选用Shift键配合。一种是单击标准工具栏上的框选工具按钮，光标变为十字形，在图纸上合适位置单击鼠标，确定对象选取框的一个顶点，然后移动光标，调整对象选取框的大小，再单击鼠标确定对象选取框。此时对象选取框内的所有

对象将全部被选中。还有一种是使用菜单命令 Edit|Select 选取，它与标准工具栏中的框选工具按钮功能完全一致。

解除对象的选取状态最简单的方法这时只需将光标移动到原理图非图元对象处，即可解除该图元对象的选中状态。

(2) 剪贴。图元对象的剪贴包括复制、剪切、粘贴操作，这些操作是通过操作系统的剪贴板实现资源共享的。

选中对象后，执行主菜单命令 Edit，可实现相应操作，其主要常用命令如下：

1) Cut 命令　将选取的组件移入剪贴板，电路图上被选取的组件被删除。

2) Copy 命令　将选取的组件作为副本，放在剪贴板中。

3) Paste 命令　将剪贴板的内容作为副本，放入原理图中。

(3) 删除。组件的删除方法也有菜单方式和快捷方式。组件删除的快捷方式就是通过按 Delect 键实现。

(4) 排列和对齐。执行主菜单命令 Edit|Align，弹出组件排列和对齐的菜单命令，其操作和常用 Windows 应用程序类同。

(5) 移动/旋转。选中对象后，按住左键拖至目的地即可。当选中对象后，可利用空格键实现选取对象的旋转。

9.4.3 绘制导线

导线是电气原理图最基本的电气组件之一。原理图中的导线具有电气连接意义。下面介绍绘制导线的具体步骤和导线的属性设置。

1. 绘制导线的具体步骤

(1) 启动绘制导线命令。启动绘制导线命令的方法有四种。

1) 在电路图工具栏中单击≈按钮进入绘制导线状态。

2) 执行菜单命令 Place|Wire，进入绘制导线状态。

3) 在图纸上右击，选择 Wire 选项。

4) 使用快捷键 P+W。

一般启动绘图工具栏的菜单都可以采用上面的四种方法，但是常用的方法是第一和第二种，其中第一种方法更加方便易用。

(2) 绘制导线的步骤。进入绘制导线状态后，光标变成十字形，系统处于绘制导线状态。

绘制导线的具体步骤如下：

1) 将游标移到所绘制导线的起点，单击确定导线起点。移动鼠标到导线折点或终点，在导线折点处或终点处单击确定导线的位置，每转折一次都要单击一次。

2) 绘制出第一条导线后，右击退出绘制第一根导线。此时系统仍处于绘制导线状态，将鼠标移动到新的导线的起点，按照第一步的方法继续绘制其他导线。

3) 绘制完所有的导线后，双击鼠标右键退出绘制导线状态。光标由十字形变成箭头。

2. 导线属性设置

在绘制导线状态下，按 Tab 键，将弹出 Wire（导线）属性对话框，如图 9-16 所示。或者，在绘制导线完成后，双击导线同样弹出导线属性对话框。在导线属性对话框中，主要对导线的颜色和宽度设置。导线的宽度设置是通过右边的下三角按钮设置的。有4种选择：Smallest（最细）、Small（细）、Medium（中等）、Large（粗）。

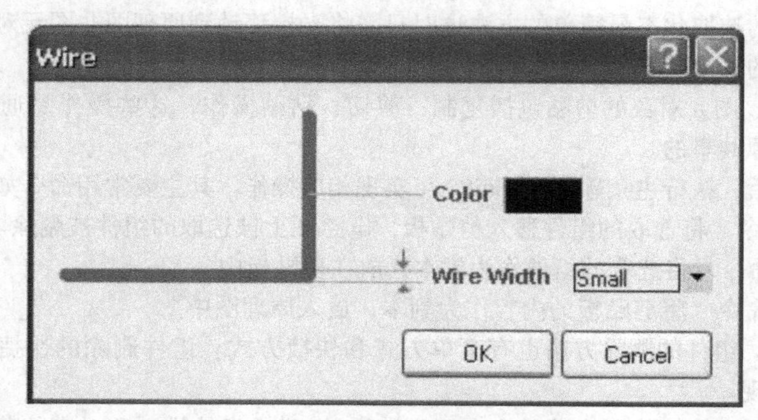

图 9-16 导线属性对话框

9.4.4 绘制总线

总线就是用一条线来表达数条并行的导线。这样做是为了简化原理图，便于读图。如常说的数据总线、地址总线等。总线本身没有实质的电气连接意义，必须由总线接出的各个单一导线上的网络名称来完成电气意义上的连接。由总线接出的各个单一导线上必须放置网络名称，具有相同网络名称的导线表示实际电气意义上的连接。

1. 启动绘制总线的命令

启动绘制总线的命令有如下两种方法：

（1）单击绘图工具栏的总线图标。

（2）执行主菜单命令 Place|Bus。

2. 绘制总线的步骤

总线绘制方法与绘制导线相同。

3. 总线属性的设置

总线属性对话框的设置与导线设置相同，都是对总线颜色和总线宽度的设置。一般情况下采用默认设置即可。

9.4.5 绘制总线分支

总线分支是单一导线进出总线的端点。导线与总线连接时必须使用总线分支，总线和总线分支没有任何的电气连接意义，只是让电路图看上去更有专业水平，因此电气连接功能要由网络标号来完成。

1. 启动总线分支命令

启动总线分支命令主要有以下两种方法：

（1）单击绘图工具栏中的总线分支图标。

（2）执行主菜单命令 Place|Bus Entry。

2. 绘制总线分支的步骤

绘制总线分支的步骤如下：

（1）执行绘制总线分支命令后，光标变成十字形，并有分支线“|”悬浮在游标上。如果需要改变分支线的方向，仅需要按空格键就可以了。

（2）移动游标到所要放置总线分支的位置，游标上出现两个红色的十字叉，单击即可完成第一个总线分支的放置。依次可以放置所有的总线分支。

（3）绘制完所有的总线分支后，右击或按 Esc 键退出绘制总线分支状态。光标由十字形变成箭头。

3. 总线分支属性的设置

总线分支属性的设置方法与设置导线相同。

9.4.6 网络与网络名称

1. 启动执行网络名称命令

启动执行网络名称命令，有两种方法：一种为执行菜单命令 Place|Net Label，光标变成十字形，一个虚线框悬浮在游标上；另一种为单击绘图工具栏中的 Net 图标。

2. 放置网络名称的步骤

放置网络名称的步骤如下：

（1）启动放置网络名称命令后，游标将变成十字形，并出现一个虚线方框悬浮在游标上。此方框的大小、长度和内容由上一次使用的网络名称决定。

（2）将游标移动到放置网络名称的位置（导线或总线），游标上出现红色的 X，单击就可以放置一个网络名称了，但是一般情况下，为了避免以后修改网络名称的麻烦，在放置网络名称前，按 Tab 键，设置网络名称属性。

（3）移动鼠标到其他位置继续放置网络名称（放置完第一个网络标号后，不按鼠标右键）。在放置网络名称的过程中如果网络名称的末尾为数字，那么这些数字会自动增加。

（4）右击或按 Esc 键退出放置网络名称状态。

3. 网络名称属性对话框

启动放置网络名称命令后，按 Tab 键打开 Net Label（网络名称属性）对话框，或者在放置网络名称完成后，双击网络名称打开网络名称属性对话框。网络名称属性对话框主要可以设置以下选项有 Net（网络名称）、Color（颜色设置）、Location（坐标设置）、Orientation（方向设置）及字体设置。

9.4.7 放置电源和地

在 Protel DXP 中，有专门的电源和接地符号。在工具栏单击图标 出现图 9-9 所示对话框。

9.4.8 放置电路节点

电路节点是用来表示两条导线交叉处是否连接的状态。如果没有节点，表示两条导线在电气上是不相通的，有节点则认为两条导线在电气意义上是连接的。

1. 启动放置电路节点命令

启动放置电路节点命令有两种方式：执行主菜单命令 Place|Junction 或单击画电路图工具栏中的图标 。

2. 放置电路节点

启动放置电路节点命令后，光标变成十字形，并且游标上有一个红色的圆点。移动光标，在原理图的合适位置单击完成一个节点的放置。右击退出放置节点状态。

Protel DXP 一般在布线时都是使用自动加入节点方法，免去手动放置节点的麻烦，自动加入节点的命令可以通过下面的步骤完成：

（1）在图纸上右击，在弹出的菜单中选择 Preferences 命令。

（2）在弹出的 Preferences 对话框的 Options 区域中选中 Auto Junction 复选项，系统会在联机的交叉处自动加入节点。启用自动放置节点功能时，如果在并不需要节点的地方放置了节点，就需要删除多余的节点，删除节点只需要单击该节点，此时节点周围出现虚框，然后按 Delete 键即可。

9.4.9 制作电路的 I/O 端口

在设计电路原理图时，一个网络与另一个网络的电气连接有三种形式：

（1）可以通过实际导线连接。

（2）以通过相同的网络名称实现两个网络之间的电气连接。

（3）相同网络名称的输入/输出（ I/O ），也认为在电气意义上是连接的，I/O 端口是层次原理图设计中不可缺少的组件。

1. 启动制作 I/O 端口命令

启动制作 I/O 端口命令主要有两种方法：

（1）单击画电路图工具栏中的图标 D1 。

（2）执行主菜单命令 Place|Port 。

2. 制作 I/O 端口

制作 I/O 端口的步骤如下：

（1）启动制作 I/O 端口命令后，光标变成十字形，同时一个 I/O 端口图示悬浮在游标上。

（2）移动光标到原理图的合适位置，在游标与导线相交处会出现红色的 X ，表明实现了电气连接。单击即可定位 I/O 端口的一端，移动鼠标使 I/O 端口大小合适，单击完成一个 I/O 端口的放置。

（3）右击退出制作 I/O 端口状态。

3. I/O 端口属性设置

在制作 I/O 端口状态下，按 Tab 键，或者在退出制作 I/O 端口状态后，双击制作的 I/O 端口符号，将弹出 Port Properties（I/O 端口属性设置）对话框，如图 9-17 所示。

I/O 端口属性对话框主要包括如下属性设置。

（1）Alignment，用于设置 I/O 端口名称在端口符号中的位置，可以设置 Left 、Right 和 Center 。

（2）Text Color，用于设置端口内文字的颜色。

（3）Style，用于设置端口的外形，默认的设置是 Left&Right 。

（4）Location，用于定位端口的水平和垂直坐标。

（5）Length，用于设置端口的长度。

（6）Fill Color，用于设置端口内的填充色。

（7）Border Color，用于设置端口边框的颜色。

（8）Name 下拉列表，用于定义端口的名称，具有相同名称的 I/O 在电气意义上是连接在一起的。

（9）I/O Type 下拉列表，用于设置 I/O 端口的电气特性。其类型有，未确定类型（Unspecified）、输出类型（Output）、输入类型（Input）、双向类型（Bidirectional）四种。

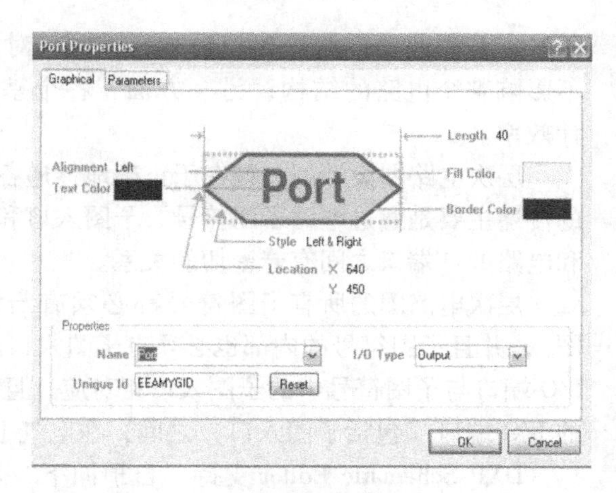

图 9-17 I/O 端口属性设置对话框

9.4.10 放置忽略 ERC 测试点

放置忽略 ERC 测试点的主要目的是让系统在进行电气规则检查（ERC）时，忽略对某些节点的检查。例如，系统默认输入型引脚必须连接，但实际上某些输入型引脚不连接也是常事，如果不放置忽略 ERC 测试点，那么系统在编译时就会生成错误信息，并在引脚上放置错误标记。

1. 启动放置忽略 ERC 测试点命令

启动放置忽略 ERC 测试点命令，主要有如下两种方法：

（1）单击绘制电路图工具栏中的图标×。

（2）执行主菜单命令 Place|Directives|No ERC 。

2. 放置忽略 ERC 测试点的步骤

启动放置忽略 ERC 测试点命令后，光标变成十字形，并且在游标上悬浮一个红叉，将游标移动到需要放置 No ERC 的节点上，单击完成一个忽略 ERC 测试点的放置。右击退出放置忽略 ERC 测试点状态。

3. No ERC 属性设置

在放置 No ERC 状态下按 Tab 键，弹出 No ERC 属性设置对话框，如图 9-18 所示。主要设置 No ERC 的颜色和坐标位置，采用默认设置即可。

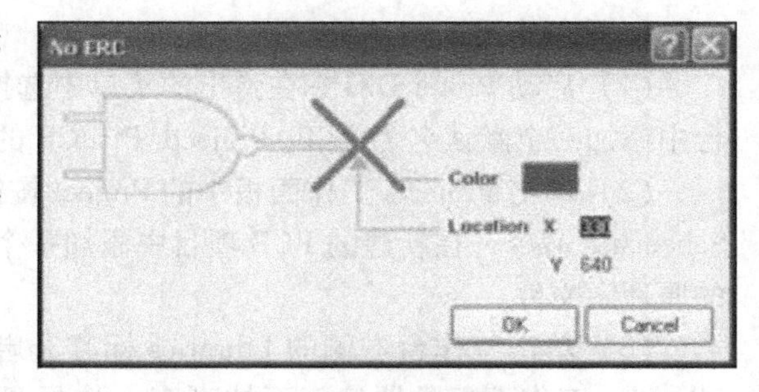

图 9-18 No ERC 属性设置对话框

9.5 层次电路图设计

层次电路图是把一个较大的电路原理图从功能上或别的方式分成几个模块（用框图表示），而每一个模块还可类似地再分子模块。每一个基本模块用一张原理图描述。利用该方法设计电路，一方面，可使设计者从总体结构上把握电路，加深对电路理解；与此同时，若需改动电路的某一细节，可以只对相关的底层电路（子模块图）进行修改，并不影响整个电路的结构；另一方面，各个基本模块可由设计组成员分工完成，以提高设计效率。

层次电路图设计的关键在于正确地传递各层次之间的信号。在层次电路图设计中，信号的传递主要是通过电路子图符号、子图入口和I/O端口来实现的。电路子图符号、子图入口和电路I/O端口之间有着密切的关系。

层次电路图的所有子图符号都必须有与该子图符号相对应的电路图存在（该图为子图），并且子图符号的内部也必须有子图入口。同时，在与子图符号相对应的子图中必须有I/O端口与子图符号中的子图入口相对应，且必须同名。在同一项目的所有电路图中，同名的I/O端口（包括子图入口）之间，在电气上是相互连接的。

DXP Schematic Editor支持“自顶向下”和“自底向上”这两种层次的电路设计方式。所谓自顶向下设计，就是按照系统设计的思想，先设计包含子图符号的父图，然后再由父图中的各个子图符号创建与之对应的子图，这个过程称为“Create Sheet From Symbol”。自顶向下的设计方法适用于较复杂的电路设计。与之相反，进行自底向上设计时，则预先设计各子电路图，接着创建一个空的所谓父图，最后再根据各个子图，在空的父图中放置与各个子图相对应的子图符号，这个过程称为“Create Symbol From Sheet”。

9.6 设计实例——运算放大器电路

运算放大器（运放）是电路中很常用的器件，由运放构成的各种放大、反相、加减和混合电路也是很常用的基本电路。因此，介绍由运放为核心的放大电路的绘制具有一定的普遍意义。在这个例子中，读者将学到新建原理图、放置元件、设置元件属性、连线、放置端口和设置端口属性等知识，读者可以结合实例仔细体会。

1. 局部电路

（1）启动Protel DXP，在弹出的菜单中选择File|New|Project|PCB Project命令，在工作台中添加一个默认名为PCB_Projectl. PrjPCB的PCB项目文件。更名为Exc. PrjPCB。

（2）单击Projects工作面板中的Project按钮，在弹出的菜单中选择Add New to Project|Schematic命令，在新建的PCB项目中添加一个默认名为Sheetl. SchDoc，更名为exc. SchDoc的原理图文件。

（3）单击工作台右侧的Libraries标签，启动Protel组件，打开Libraries工作面板。在Libraries工作面板的器件库下拉列表中选择TI Analog Comparator. IntLib，然后在工作面板的元件列表中选择TLC3702器件。熟悉的可用快捷键P，再选择TLC3702器件。

（4）直接单击元件列表中的TLC3702器件名，找到对应的封装型号例如TLC3702CP，将其拖到原理图中，按下Tab键，出现图9-19所示对话框。设置TLC3702CP器件的编号为U1，封装（Footprint）为P008，设置好后。单击OK按钮。

（5）在原理图中调整好位置后，松开鼠标。

（6）同样在Miscellaneous Devices. IntLib库中选中电阻R1，R2，R3。调整好位置。

（7）单击工具栏的连线工具完成图9-20所示的电路图。

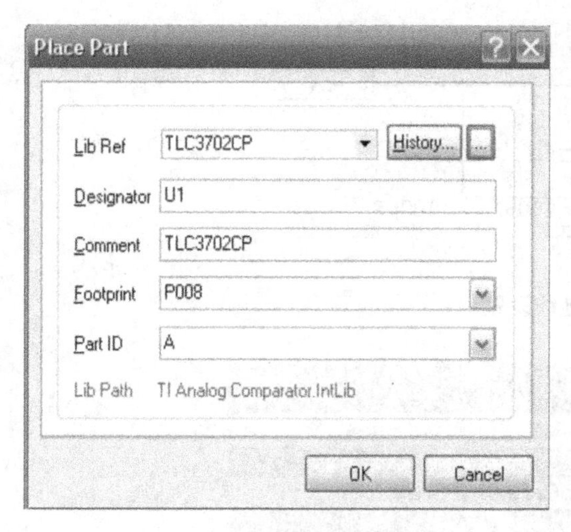

图 9-19　放置元件对话框

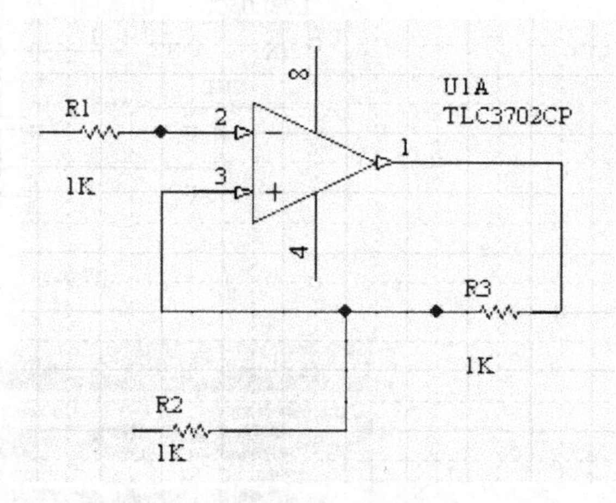

图 9-20　运放电路

（8）放置电路 I/O 端口如图 9-21 所示，检查封装和标号，可通过图元对象的属性窗口修改，正确后保存。

（9）电源模块的原理图设计。L78L05 在 ST Power Mgt Voltage Regulator. IntLib 库中，B1 在 Miscellaneous Devices. IntLib 库中，建立原理图文件 power. SchDoc 如图 9-22 所示。

（10）放置地线如图 9-23 所示。检查整体无误后保存。

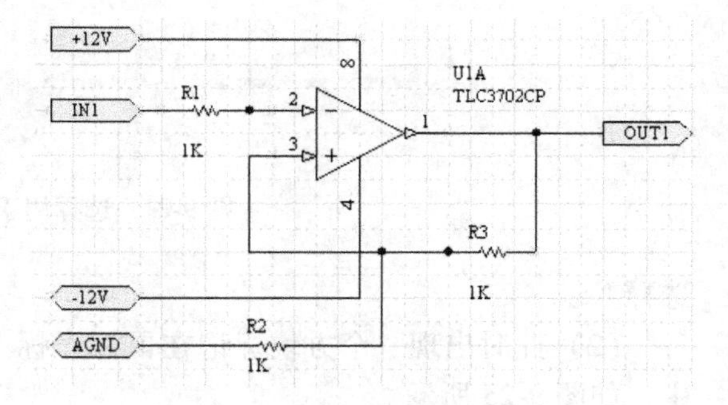

图 9-21　电路 I/O 端口

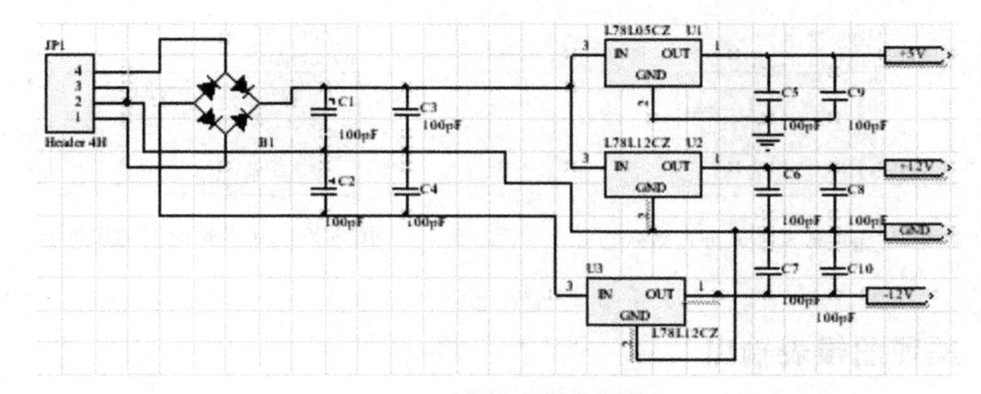

图 9-22　电源模块的原理图设计

2. 整体电路

为了说明层次电路图设计，在刚才的工程中再新建 Pla. SchDoc 文件，该文件由 power. SchDoc 和 exc. SchDoc 组成。如文件中有其他电路，可按上面的步骤放置并设置。

（1）加入 power. SchDoc 的标记，执行菜单 Design|Creat Symbol From Sheet，弹出图 9-24 所示的对话框，选择你要加入的原理图文件 power. SchDoc，即可。接着提示是否要翻转I/O，

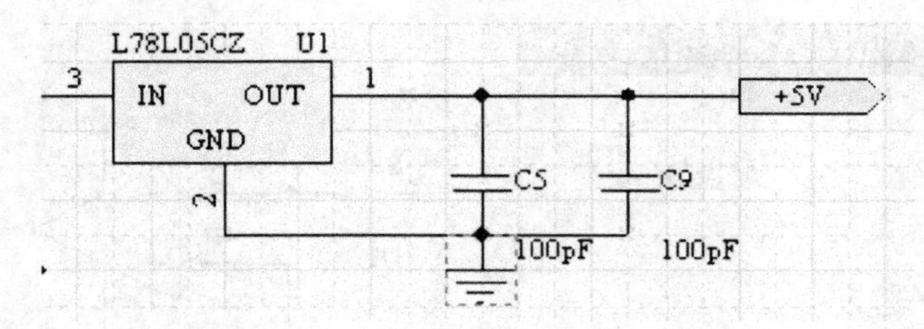

图 9-23 地线设置

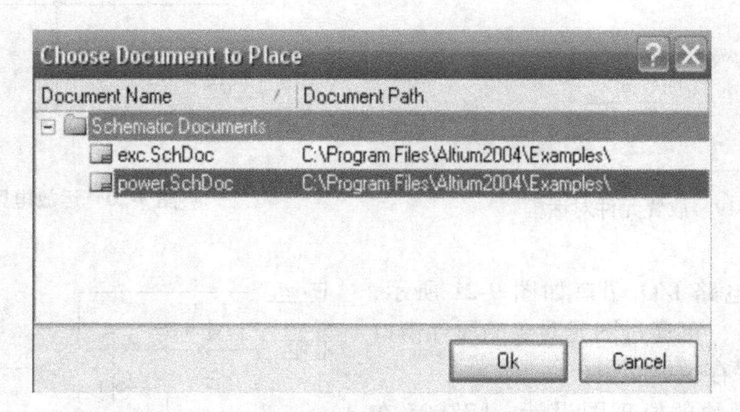

图 9-24 选择用于创建标记的原理图

选择 No。

（2）此时出现一个方块标记在鼠标光标上，选择适合的位置，单击鼠标将标记放置图中，如图 9-25 所示。

（3）使用同样的方法创建图 9-26 的 exc. SchDoc 标记。

图 9-25 power. SchDoc 原理图标记

图 9-26 exc. SchDoc 原理图标记

9.7 原理图报表输出

原理图报表是反映原理图信息的报表，下面仅简单介绍主要的报表。

1. 检查元件封装信息

在绘制完原理图后，还必须为每一个元件定义封装形式，才能进行 PCB 的实际设计，有些元件已经在放置元件时定义，为此一定要检查元件的封装信息。下面仍以上面的实例为操作对象。

查看元件封装信息首先打开原理图 Pla. SchDoc，再执行 Roport | Bill of Material，就可弹出元件清单对话框如图 9-27 所示。若要修改其中元件的封装，需回到原理图界面，通过属性对话框设置。

Bill of Materials For Project [pla.PrjPCB]

Description	Designator	Footprint	LibRef	Q
Full Wave Diode Bri	B1	E-BIP-P4/D10	Bridge1	1
Polarized Capacitor (	C1	CAPPA14.05-10.5x6	Cap Pol2	1
Polarized Capacitor (	C2	CAPPA14.05-10.5x6	Cap Pol2	1
Capacitor	C3	RAD-0.3	Cap	1
Capacitor	C4	RAD-0.3	Cap	1
Capacitor	C5	CAPR2.54-5.1x3.2	Cap	1
Capacitor	C6	CAPR2.54-5.1x3.2	Cap	1
Capacitor	C7	CAPR2.54-5.1x3.2	Cap	1
Capacitor	C8	CAPR2.54-5.1x3.2	Cap	1
Capacitor	C9	CAPR2.54-5.1x3.2	Cap	1
Capacitor	C10	CAPR2.54-5.1x3.2	Cap	1
Header, 4-Pin, Right	JP1	HDR1X4H	Header 4H	1
Semiconductor Resi	R1	AXIAL-0.5	Res Semi	1
Semiconductor Resi	R2	AXIAL-0.5	Res Semi	1
Semiconductor Resi	R3	AXIAL-0.5	Res Semi	1
Positive Voltage Reg	U1	TO92	L78L05CZ	1
Positive Voltage Reg	U2	TO92	L78L05CZ	1
Positive Voltage Reg	U3	TO92	L78L05CZ	1

Other Columns	Show
Description	✓
Designator	✓
Footprint	✓
LibRef	✓
Quantity	✓
Center-X(Mil)	
Center-X(mm)	
Center-Y(Mil)	
Center-Y(mm)	

图 9-27 Pla. SchDoc 元件封装信息

2. 电气检查

原理图绘制好后，还得对整个工程进行电气检查。Protel DXP 通过编译工程完成电气检查，但电气检查不是编译工程的唯一目的。

（1）执行菜单命令 Project | Project Options，设置参数，一般不修改，单击 OK 按钮。

（2）执行菜单命令 Project | Compile PCB Project，开始编译工程。如有错误会提示显示。

3. 网络表的生成和检查

网络表是原理图的精髓，是原理图和 PCB 连接的桥梁。离开了网络表，绝不可能有自动布线，现代 PCB 设计离不开网络表。网络表包括了元件信息和连线信息两部分内容。

以 Pla. SchDoc 为例。打开原理图 Pla. SchDoc，执行菜单命令 Design | Netlist | Project，Protel DXP 就会生成当前工程的网络表文件 Pla. NET。

9.8 PCB 设计

9.8.1 PCB 设计基础

1. 基础知识

PCB（Printed Circuit Board，PCB）的设计是所有设计步骤的最终环节。前面介绍的原理图设计等工作只是从原理上给出了电气连接关系，其功能的最后实现还是依赖 PCB 的设计，因为制板时只需要向制板厂商送去 PCB 图而不是原理图。

对于比较简单的电路，有时候可以不绘制原理图而直接设计 PCB 图，不过这里并不鼓励读者这样做。因为没有原理图直接绘制 PCB 图，根本无法整理文档，这会给以后的维护带来极大的麻烦，况且对于比较复杂的电路，这样做几乎是不可能的。

另外，对于同一张原理图，PCB 的布局和走线是否合理，会直接影响到产品的稳定性和抗干扰性能，最坏的情况下，PCB 甚至会无法正常工作，因此在设计 PCB 图的时候一定要注意边设计边总结经验，就会在以后的设计工作中少走弯路。

2. PCB 简介

PCB 是通过一定的制作工艺，在绝缘度非常高的基材上涂覆一层导电性能良好的铜薄膜构成覆铜板，然后根据具体的 PCB 图的要求，在覆铜板上蚀刻出 PCB 图的导线，并钻出 PCB 安装定位孔以及焊盘和过孔。在双面板和多层板中，还需要对焊盘和过孔作金属化处理，即在焊盘和过孔的内孔周围作沉铜处理，以实现焊盘和过孔在不同层之间的电气连接。PCB 的分类方法比较多。

根据导电层数目的不同，可以将电路图分为单面板（Single Layer PCB）、双面板（Double Layer PCB）和多层板（MultiLayer PCB）三种。这种分类方法是和 PCB 图的设计密切相关的。

（1）单面板只有一面覆铜，另一面没有覆铜，用于布置电子元件。由于只可在覆铜的一面布线和焊接元件，因此这种板的布线较困难，只用于比较简单的电路。

（2）双面板两面都覆铜，设计时一面定义为顶层（Top Layer），另一面定义为底层（Bottom Layer）。一般在顶层布置元件，在底层焊接。顶层和底层都可以布线，可以通过过孔将两层的电路连接起来。

（3）多层板是包含多个工作层面的电路板，除了有顶层和底层外还有中间层。

通常在 PCB 上布上铜膜导线后，还要在上面印上一层防焊层（Solder Mask），防焊层要留出焊点的位置，而将铜膜导线覆盖住。防焊层不粘焊锡，在焊接时，可以防止焊锡溢出造成短路。另外，防焊层有顶层防焊层（Top Solder Mask）和底层防焊层（Bottom Solder Mask）之分。

有时还要在 PCB 的正面或反面印上一些必要的文字，如元件标号、电路板型号、公司名称等。印制文字或图形的层称为丝印层（Silkscreen Overlayer），该层又分为顶层丝印层（Top Overlayer）和底层丝印层（Bottom Overlayer）。

3. 元件封装与编号

元件封装是指，实际的电子元器件或集成电路的包装和连接形式，包括外形尺寸、引脚的直径及引脚的距离等参数。为保证不同厂商的同型号电子元件的互换性，人们制定了很多元件封装的标准，这些标准保证了元件引脚和 PCB 上的焊盘一致。不同的元件可以有相同的封装，而同一个元件也可以采用不同的封装标准。所以在设计 PCB 时，不仅要确认元件的型号，还要知道元件的封装规格。

常见元件封装的编号原则：元件封装类型+焊盘距离或焊盘数+元件外形尺寸。可以根据元件的编号来判断元件封装的规格。例如，集成电路的封装为 DIP-8X1.4，表示此元件封装为双列，共 8 个引脚焊盘，两焊盘间的距离为 1.40mm；RB7.6-15 表示极性电容类元件封装，引脚间距为 7.6mm，元件直径为 15mm。

4. 过孔

过孔（Via）的作用是连接不同的板层间的导线。过孔有三种，即从顶层到底层的穿透式过孔，从顶层通到内层或从内层通到底层的盲过孔，以及内层间的屏蔽过孔。过孔只有圆形，有通孔直径和过孔直径两个参数。

5. 网络、中间层和内层

网络和导线是有所不同的，网络上还包括焊点，因此在提到网络时不仅指导线而且还包括和导线连接的焊盘。

中间层和内层是两个容易混淆的概念。中间层是指用于布线的中间板层，该层中布置铜膜导线，而内层指电源层或地线层，内层一般情况下没有布线，由整片铜膜构成。焊盘用于将组件引脚焊接固定在 PCB 上完成电气连接。焊盘在 PCB 制作时都预先布上锡，并不被防焊层所覆盖。通常焊盘的形状有以下三种，即圆形（Round）、矩形（Rectangle）和正八边形（Octagonal），如图 9-28 所示。

图 9-28　焊盘的形状

6. 安全距离

在 PCB 上，为了避免导线、过孔、焊盘之间相互短路或发生干扰，必须在这些对象之间留出一定的间隙，即安全距离（Clearance），该距离的大小可以在布线规则中设置。

9.8.2　PCB 的设计流程

PCB 的设计流程如图 9-29 所示。

1. 规划电路板

在绘制 PCB 之前，用户要对电路板设计有一个初步的规划，如电路板采用多大的物理尺寸，采用单面板、双面板还是多层板，各种元器件采用的封装形式及元件布局位置等，以确定整个电路板的基本框架。

2. 设置参数

进入 PCB 工作环境的第一步就是设置 PCB 工作环境，包括设置格点大小和类型，鼠标指针类型，显示参数单位，布线参数和板层设置等，大多数参数采用系统默认设置值，符合大多数人的工作习惯，建议初次使用 Protel DXP 系统的用户熟悉参数设置的意义。

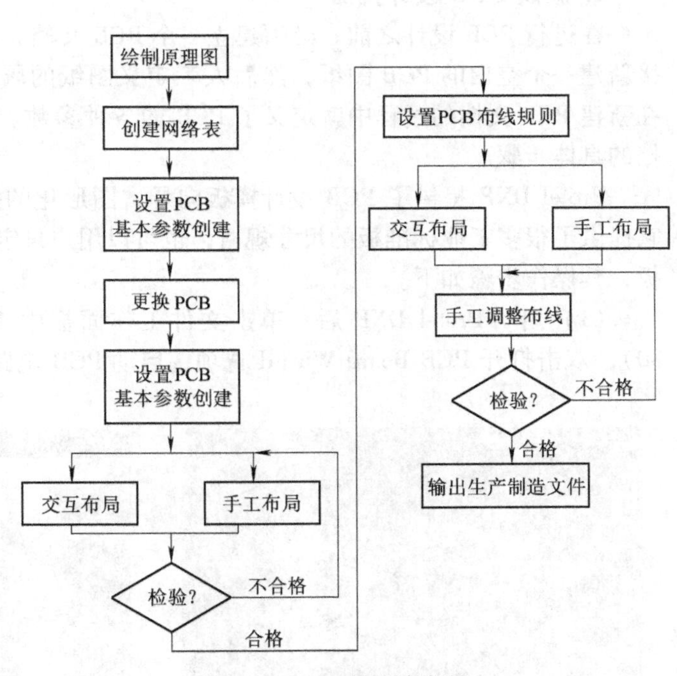

图 9-29　PCB 的设计流程

3. 引入网络表

网络表的引入是 PCB 工作开始的重要环节，也是 PCB 布线的灵魂所在。网络表是由原理图设计切换到 PCB 图设计的连接纽带，网络表中最重要的内容是元件封装，即元件外形和引脚排列方式，只有引入正确的网络表格式后，PCB 图才能开始布局和布线。

4. 元件布局和调整

引入网络表后，系统自动装入原理图中指定的元件封装，Protel DXP 提供了元件布局工具，一般来说，自动布局的效果是不理想的，需要手工调整每个元件的位置。元件布局是否合理，将直接影响自动布线的成功率。因此，元件布局是电路板设计过程中需要仔细斟酌的过程。

5. 布线规则设置

布线规则设置过程在 PCB 设计过程中起着极其重要的作用，需要丰富的实践经验和设计技巧。布线规则是指设置电路走线时的各种规范，如线间安全距离、板层焊盘大小、过孔限制、导线线宽、平行线间距和转折走线角度等。一般来说，对于同一应用层次的电路板，布线规则设置一次就可以了。

6. 自动布线和手工调整

Protel 采用先进的无网络、基于形状的对角线自动布局技术，自动布线功能十分强大。如果参数设置合理，元件布局妥当，布线规则设置无误，系统自动布线的成功率几乎是100%的。布线完成后，系统提示布线成功率。如果不是100%的，则需要修改布线参数或元件布局。如果对自动布线结果不太满意，可以手工调整电路板布线。

9.8.3 PCB 工作环境设置

1. 新建 PCB 设计文档

在进行 PCB 设计之前，必须建立一个 PCB 文档。新建 PCB 文档有两种方法：一种是直接新建一个空白的 PCB 图纸，然后人工定义图纸的属性和参数；另一种是使用 PCB 向导，在新建 PCB 文档的过程中就定义了 PCB 的各种参数。下面介绍使用 PCB 向导新建 PCB 文档的具体步骤。

Protel DXP 提供了 PCB 设计模板向导，图形化的操作使得 PCB 的创建变得非常简单。它提供了很多工业标准板的尺寸规格，也可以用户自定义设置。这种方法适合于各种工业制板，其操作步骤如下。

(1) 启动 Protel DXP 后，单击文件工作面板中 Home 进入 DXP Home Page（见图 9-30），双击打开 PCB Board Wizard 选项，启动 PCB 电路板设计向导（见图 9-31）。

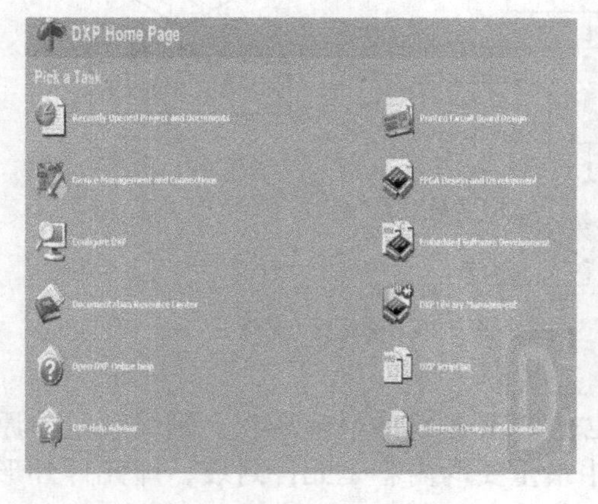

图 9-30 DXP Home Page

图 9-31 PCB Board Wizard

（2）单击 PCB 向导启动对话框中的 Next 按钮，打开图 9-32 所示的度量单位选择对话框。在 PCB 中常用的是 in（英寸）和 mil（千分之一英寸），其转换关系是 1in = 1000mil 。另一种单位是 Metric（公制单位），常用的有 cm（厘米）和 mm（毫米）。两种度量单位转换关系为 1in = 25. 4mm 。系统默认的选项为 Imperial（英制单位）。

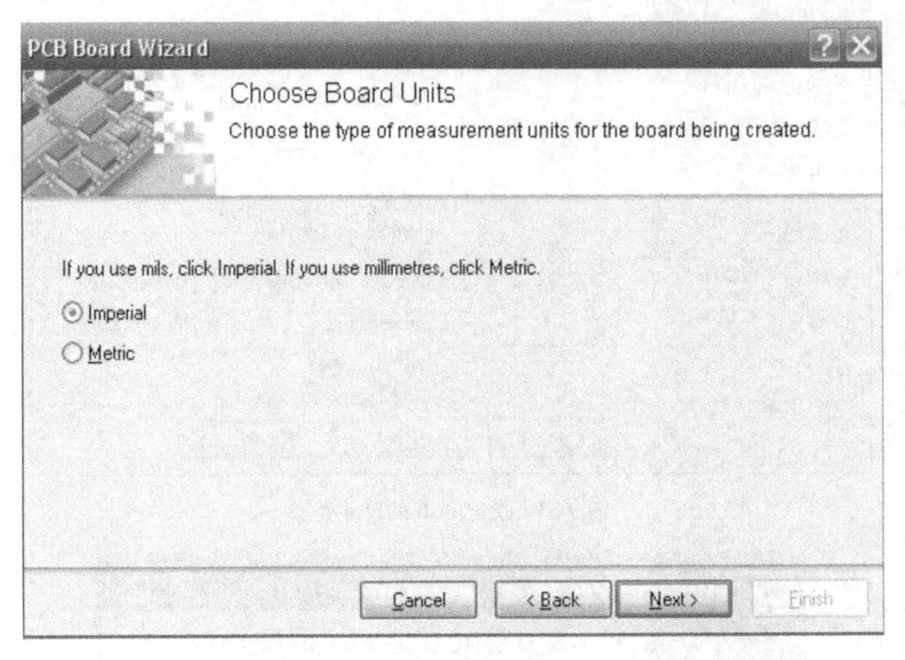

图 9-32　度量单位设定

（3）单击 Next 按钮，出现图 9-33 所示的对话框，要求对所设计 PCB 的尺寸类型进行指定。在 Outline Shape 选项区域中，有三种选项可以选择设计的外观形状：Rectangular 为矩形；Circular 为圆形；Custom 为自定义形状，类似椭圆形。选中该项后，在 Board Size 区域内设置自定义的电路形状的宽和高的尺寸。其中选中 Corner Cutoff 复选项后用于设置切角的 PCB，可设置 PCB 边角切掉的尺寸。

（4）单击 Next 按钮进入下一个按钮，对 PCB 的 Signal Layers（信号层）和 Power Planes（电源层）数目进行设置，如图 9-34 所示。

（5）单击 Next 按钮进入下一个对话框，设置所使用的过孔类型，一类是 Thruhole Vias only（穿透式过孔），另一类是 Blind and Buried Vias only（盲过孔和隐藏过孔），如图 9-35 所示。

（6）单击 Next 按钮，进入下一个对话框，设置组件的类型和表面粘着组件的布局，如图 9-36 所示。

在 The board has mostly 选项区域中，有两个选项可供选择：一种是 Surface-mount components，即表面粘着式组件；另一种是 Through-hole components，即针脚式封装组件。

（7）单击 Next 按钮，进入下一个对话框，在这里可以设置导线和过孔的属性，如图 9-37所示。

1）Minimum Track Size，设置导线的最小宽度，单位为 mil 。

2）Minimum Via Width，设置焊盘的最小直径值。

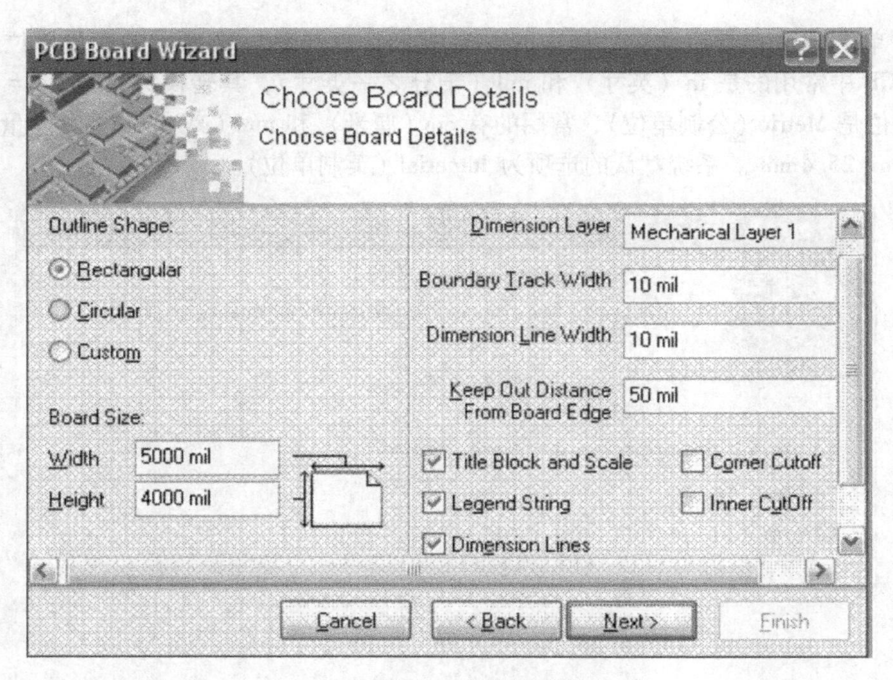

图 9-33 指定 PCB 的尺寸类型

图 9-34 PCB 图层设置

3）Minimum Via HoleSize，设置焊盘最小孔径。

4）Minimum Clearance，设置相邻导线之间的最小安全距离。

（8）单击 Next 按钮，出现 PCB 设置完成对话框，单击 Finish 按钮，将启动 PCB 编辑器。至此完成了使用 PCB 向导新建 PCB 的设计。在后面的内容中，熟悉的用户也可更改其设置。

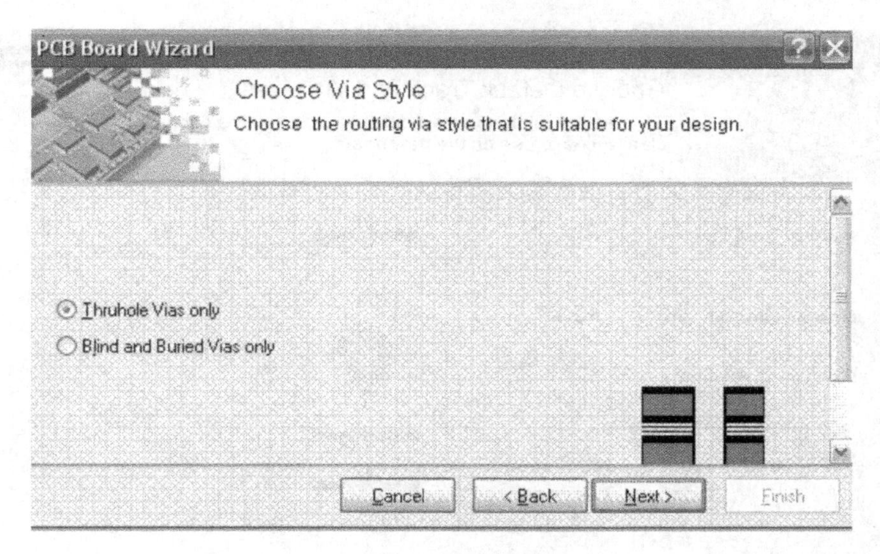

图 9-35 过孔类型

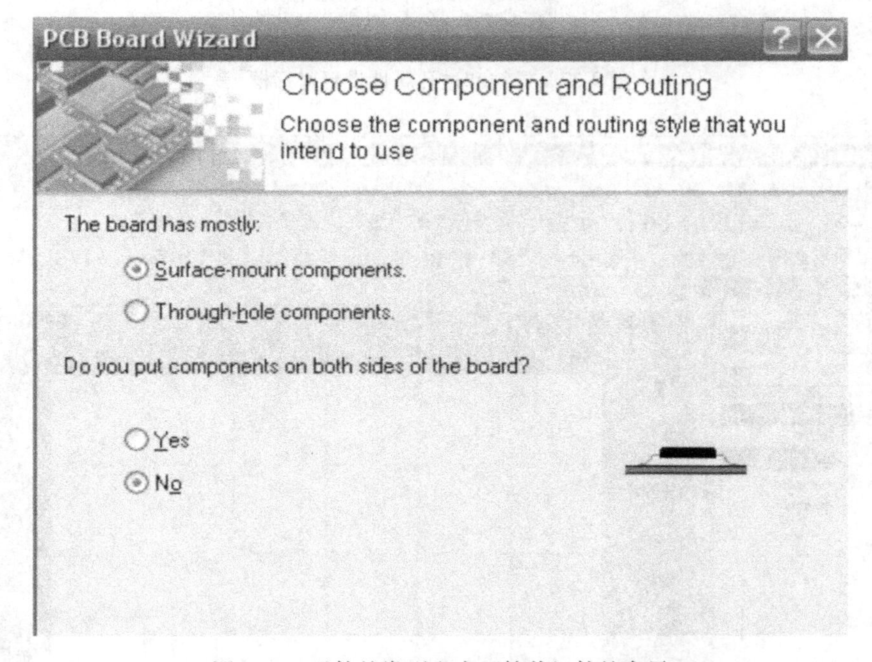

图 9-36 元件的类型和表面粘着组件的布局

2. PCB 编辑器

在使用 PCB 设计向导进行 PCB 文档的创建之后，即启动了 PCB 编辑器，如图 9-38 所示。PCB 编辑环境窗口与 Windows 资源管理器的风格类似。主要由以下几个部分构成：

（1）主菜单栏。PCB 编辑环境的主菜单与 SCH 环境的编辑菜单风格类似，不同的是提供了许多用于 PCB 编辑操作的功能选项。

（2）常用工具栏。以图示的方式列出常用工具。这些常用工具都可以从主菜单栏中的下拉菜单里找到相应命令。

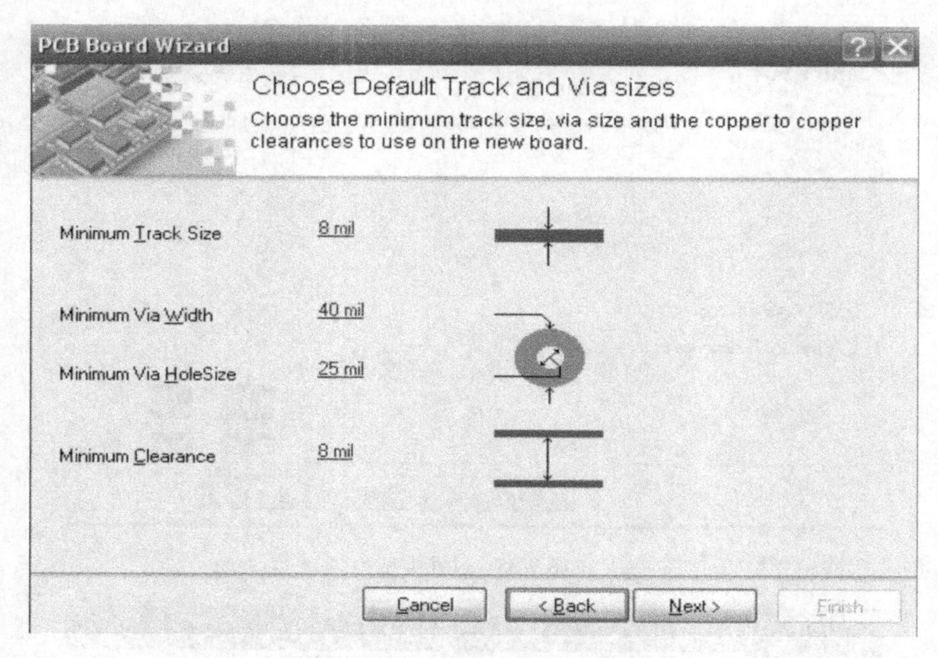

图 9-37 导线和过孔属性设置对话框

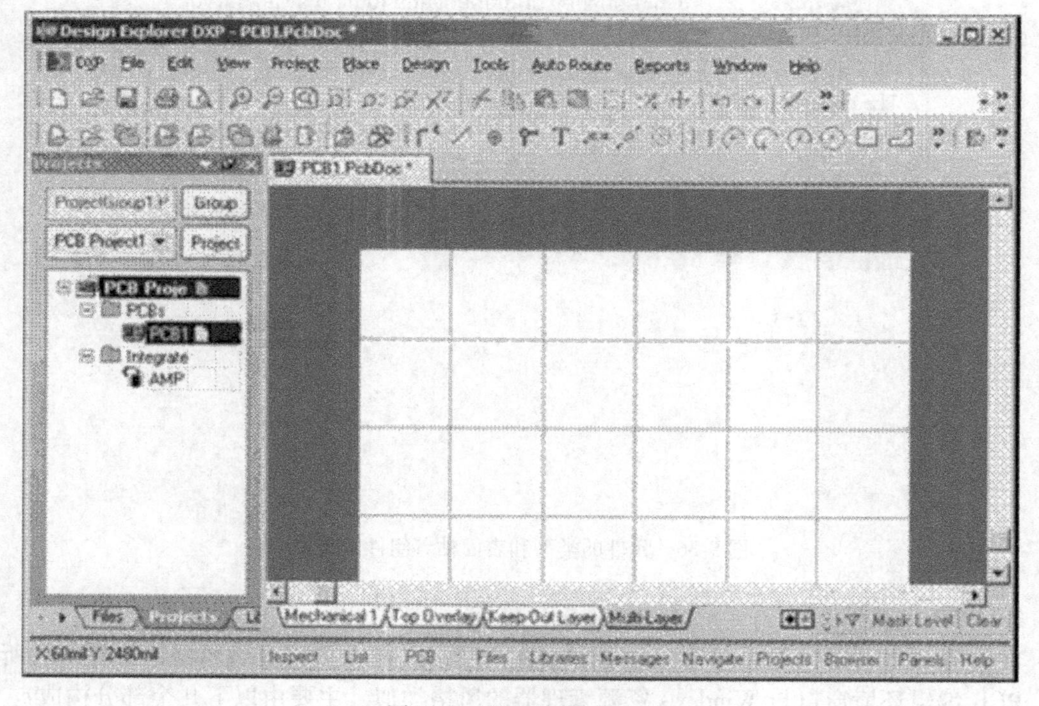

图 9-38 PCB 编辑器界面

（3）文件工作面板。文件工作面板显示当前所操作的项目档和设计文档。

（4）图纸区域。图纸的大小。颜色和格点大小等都可以进行用户个性化设定。

（5）编辑区。用于所有组件的布局和导线的布线操作。

（6）层次卷标。单击层次卷标页，可以显示不同的层次图纸，每层组件和走线都用不同颜色区分开来，便于对多层电路板进行设计。

9.9 自动布线

采用PCB设计模板向导，可以设置PCB的环境和规则。下面以自动布线为主线，与PCB设计模板向导相对应，设计相关的环境和规则，完成PCB的设计。

9.9.1 网格和图纸的设计

PCB编辑器包括四种网格系统，分别为捕捉网格（Snap Grid）、元件网格（Component Grid）、电气网格（Electrical Grid）和可视网格（Visible Grid）。这些网格的功能如下。

捕捉网格定义了工作区中限制光标移动位置的一组点阵，移动鼠标时，光标只能在捕捉网格的格点之间移动。

元件网格与捕捉网格相似，当移动或放置元件时，光标只能在元件网格的各点上移动，为元件的整齐布局带来了方便。

捕捉网格和元件网格都可以按照需要分别设置X轴和Y轴的捕捉格，使器件在不同的方向按照不同的步长移动。恰当地设置网格很重要，一般可以将其设置为引脚距离的整除倍。例如，在布放一个引脚距离为100mil的器件时，可以将移动网格设置为50mil或者25mil。又如，当在元件的引脚上连线时，可以选择捕捉网格为25mil。设置合适的捕捉网格有助于顺序地放置器件和提供最大的布线通道。

电气网格是指移动的电气对象能够作用于或者跳动到其他电气对象上的一种范围，该范围的设定是为了方便电气对象的连接。当用户在工作区内移动一个电气对象时，如果该对象的位置在另外一个电气对象的电气网格范围内，则移动的图元对象在电气节点上。在工作区外移动一个电气对象时，如果落在另外一个电气对象的电气网格范围内，移动的图元将跳动到一个已放置图素的电气节点上。

可视网格用于在工作区为用户提供视图参考，系统提供了点状（Dot）和线状（Lines）两种类型的可视参考网格作为布放和移动的视图参考。在一张视图上可以布置两个不同的可视网格，用户可以根据工作任务的需要独立地设置这些网格的大小，甚至可以设置英制和公制分开的可视网格。

可视网格是显示工作区背景上位置线的系统。这种显示受到当前电子设计图像放大水平的限制，如果看不到可视网格，则说明视图的缩放比例过大或过小。

PCB编辑器中绘制的PCB图被放置在一张图纸上，当新建PCB文档时，系统会自动建立一个10000mil×8000mil的图纸。对网格及图纸的设置，方法如下。

在主菜单中选择Design | Broad Options命令，打开Broad Options对话框进行相关设置。读者可自行练习。

9.9.2 PCB板层设置

PCB（印制板）的构成有单面板、双面板和多层板之分。电路板的物理构造有两种类型，即布线板层和非电层。布线板层也就是电气层。Protel DXP可以提供32个信号层（包括顶层和底层，最多可设计30个中间层）和16个内层。非电层可分成两类：一类是机械层，另一类为特殊材料层。Protel DXP可提供16个机械层，用于信号层之间的绝缘等。特殊材料层包括顶层和底层的防焊层、丝印层、禁止布线层等。

1. 设置布线板层

Protel DXP提供了一个板层管理器对各种板层进行设置和管理，启动板层管理器的方法有两种：一种是执行主菜单命令 Design|Layer Stack Manager...；另一种是在右侧PCB图纸编辑区内，右击鼠标，从弹出的右键菜单中执行 Option|Layer Stack Manager... 命令，均可启动板层管理器。启动后的对话框如图9-39所示。

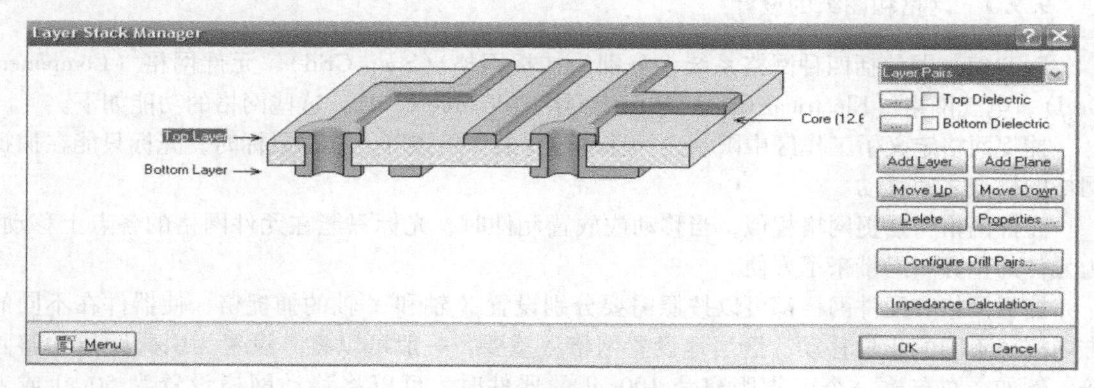

图9-39 设置布线板层

2. 图纸颜色设置

PCB各层对象的显示颜色在“Board Layers and Colors”对话框中设置，具体步骤如下。

（1）在主菜单中选择 Design|Board Layers and Colors... 命令，或者在工作区右击，在弹出的菜单中选择 Options|Board Layers and Colors... 命令，打开“Board Layers and Colors”对话框。

（2）单击“Classic Color Set”按钮，应用经典色彩设置，单击OK按钮，完成PCB层的设置。

9.9.3 装入网络表与元件

装入元件库以后，就可以装入网络表与元件了。网络表与元件的装入过程实际上是将原理图设计的数据装入PCB设计系统的过程。PCB设计系统中的数据只要有变化，都可以通过网络宏（Netlist Macro）来完成。通过分析网络表文件和PCB系统内部的数据，可以自动产生网络宏。

如果用户是第一次装入网络表文件，则网络宏的产生是针对整个网络表文件的。如果用户不是首次装入网络表文件，而是在原有网络表的基础上进行的修改、添加，则网络宏仅是针对修改、添加的那一部分设计而言的。用户可以通过修改、添加或删除网络宏来更改原先的设计。

如果确定所需元件库已经装入程序，那么用户就可以按照下面的步骤将网络表与元件装入。下面以前面建立的Pla.SchDoc原理图为例，讲述装入网络表步骤。

（1）在先前建立的工程中新建PCB文件，与原理图的建立类似，选种工程文件，右击

ADD New to Project|PCB，并保存为 System. PcbDoc，设置图纸大小和网格。

（2）选中前面建立的 Pla. SchDoc 原理图文件，执行菜单命令 Design|Update PCB Document，打开 Engineering Change Order 对话框，如图 9-40 所示，解除对话框的 Remove Rules 列中的选中状态，表示不删除 PCB 文档中的默认设计规则。

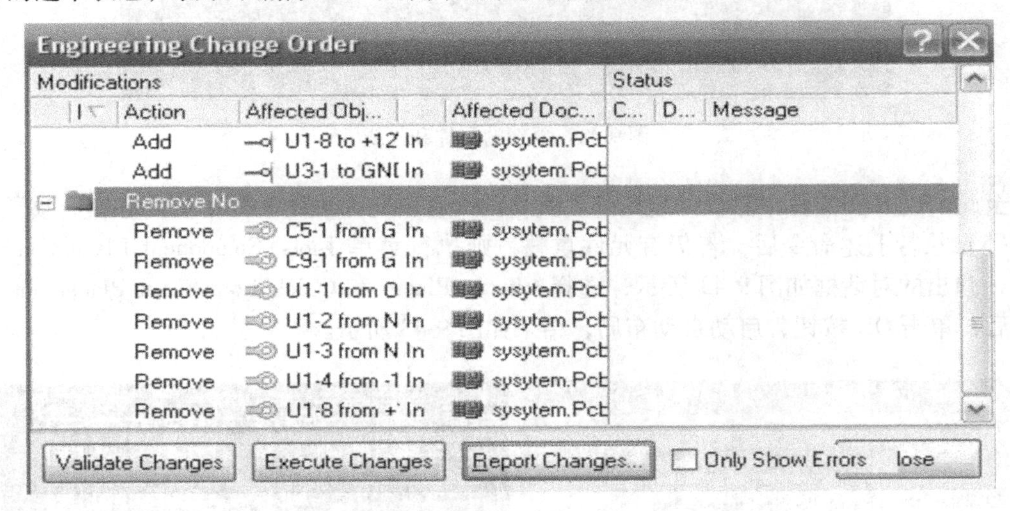

图 9-40　Engineering Change Order 对话框

（3）单击对话框下的 Execute Changes 按钮，应用所有已经选择的更新，在 Check 和 Done 中显示检查的状态，如图 9-41 所示。

Engineering Change Order

E	Action	Affected...		Affected...	Check	Done	Message
	Add	C1	To	sysyten	✓	✓	
	Add	C10	To	sysyten	✓	✓	
	Add	C2	To	sysyten	✓	✓	
	Add	C3	To	sysyten	✓	✓	
	Add	C4	To	sysyten	✓	✓	
	Add	C5	To	sysyten	✓	✓	
	Add	C6	To	sysyten	✓	✓	
	Add	C7	To	sysyten	✓	✓	
	Add	C8	To	sysyten	✓	✓	
	Add	C9	To	sysyten	✓	✓	

Validate Changes　Execute Changes　Report Changes...　Only Show Errors　lose

图 9-41　对话框下的 Execute Changes 执行结果

（4）关闭对话框，打开 System. PcbDoc 文件，在 PCB 图右侧放置了原理图中的所有元件和飞线，如图 9-42 所示。从原理图传输过来的 PCB 图将所有元件定义在对应的 Room 中，如图中的 U_exc，通常不需要用 Room，若要删除它，只要选中后按 Delete 键即可。

图 9-42 更新的元件和飞线

至此，PCB 图文件中除设计规则外，其他的内容就与原理图文件中的内容相一致了。

（5）执行上述命令后，若仍有元件重叠，则执行菜单 Tools | Component Placement | Auto place，弹出的对话框如图 9-43 所示，选择 Cluster Placer 和 Quick Component Placement 单选按钮后，单击 OK 按钮，启动自动布局，结果如图 9-43 所示。

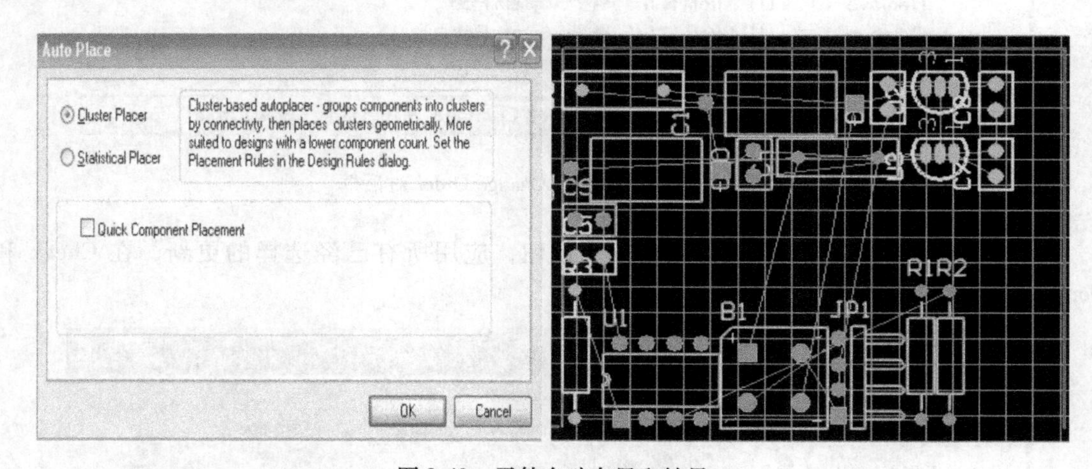

图 9-43 元件自动布局和结果

（6）自动布局后，有些元件还很凌乱，设计者可进行手工调整布局，主要考虑以下几方面。

1）机械安装过程 要注意接插件最好安排在 PCB 的边上，边上的接插件最好使用卧式，接插件旁边安排器件时，最好考虑是否回影响接插件的拔、插等。

2）电气性能 对电路进行功能划分。模拟电路部分的器件和数字部分的器件分开布局，去耦电容应尽可能安排在芯片的引脚和地附近等。

3）散热条件 对于发热严重的器件，应单独安排，其他器件和该器件保持一定距离，热敏电阻应该远离发热严重的器件等。

4）走线方便 按照信号流向安排器件，尤其是带总线的器件。

5）布置 首先安排好重要的器件，可通过元件属性对话框中的 LOCK 属性固定好已经放置的元件。

若发现元件的封装等属性与实物不一致，可通过该元件的属性对话框设置，手工调整好了后，就可以自动布线，在进行自动布线前需要设置布线规则。

9.9.4 设计规则编辑器

在 Protel DXP 中，系统提供了一个设计规则编辑器，用于用户自定义设计规则编辑器。新建或打开一个 PCB 文档，启动 PCB 编辑器，在主菜单中选择 Design | Rules 命令，就打开图 9-44 所示的 PCB Rules and Constraints Editor 对话框。这就是设计规则编辑器的界面。在对话框中选择设置与自动布线的规则相关的选项。主要进行基本属性、使用对象和规则约束设置。下面介绍常用的规则设置。

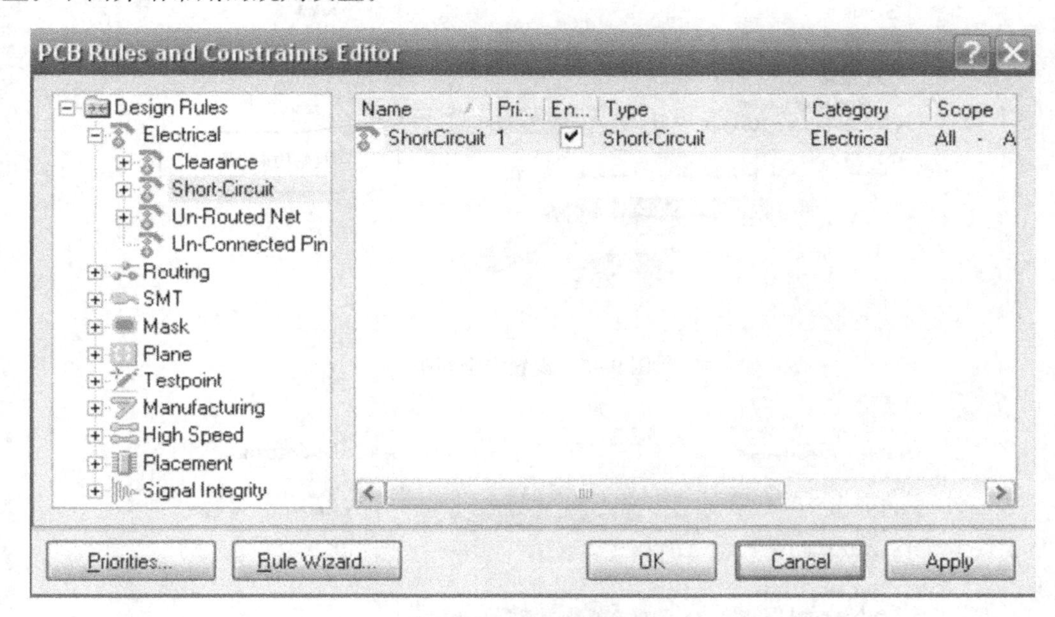

图 9-44 设计规则编辑器

1. 设置电气规则

电气规则设置主要是间距的设置。安全距离指的是设计者设定的焊盘外径、过孔外径、导线边缘两两之间的最小距离。布线软件默认值为 10mil。目前情况下，制板厂商一般能做到 3~5mil，但一般来讲，从可靠的原则出发，一般不要低于 10mil 为好。

在图 9-44 左边框中选择 Electrical 选项，双击 Clearance 选项，弹出图 9-45 所示的对话框，即可进行设置，这里设为 10mil。

在本例中为了保险起见，电源和地与其他元件的间距设置为 50mil。在图 9-44 所示的图中右击 Clearance 选项，设置一个新规则，弹出图 9-46 所示的对话框，这里设置 GND 为 50mil。用同样的方法设置电源。

2. 设置布线规则

布线规则的设定是对自动布线操作给出一定的约束条件，以保证自动布线过程能在一定的程度上体现出设计者的布线思路。在图 9-44 所示左边框中选择 Routing 选项来设置布线规则，它包括很多项，设置如下。

(1) 导线转角模式选择。双击 Routing 选项下 RoutingCorners 选项，在弹出的对话框（见图 9-47）中选择 45°转角，过渡斜线垂直距离设为默认值。

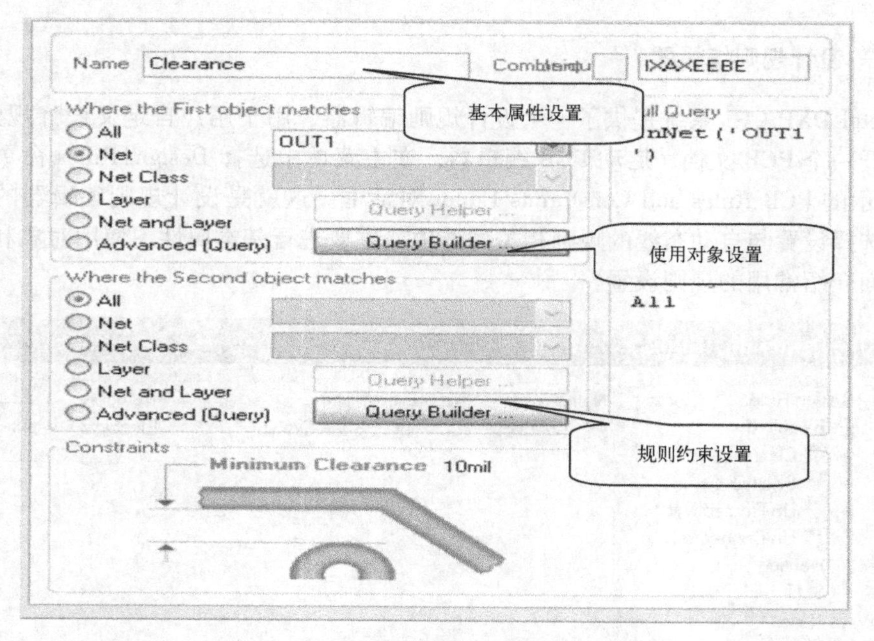

图 9-45 设置安全间距

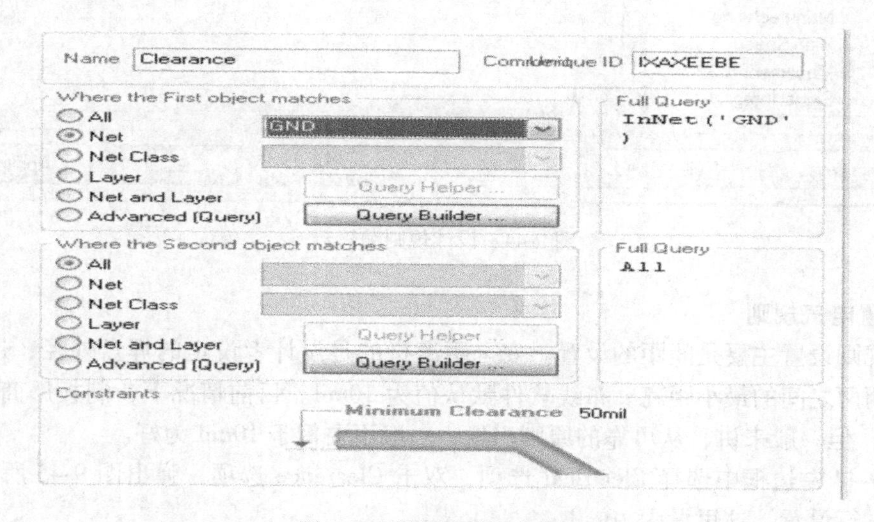

图 9-46 设置地线网络间距

（2）布线层选择。双击 Routing 选项下 RoutingLayers 选项，弹出图 9-48 所示的对话框。由于是双面板，在此选择顶层（Top Layer）和底层（Bottom Layer）。走线方向顶层设为水平方向，底层设为垂直方向。当然也可以相反，不过习惯上是这样设置的。

（3）过孔类型及尺寸。双击 Routing 选项下 RoutingVias 选项，弹出图 9-49 所示的对话框。对双面板而言，过孔类型（Style）只能选择通孔（ThroughHole），过孔孔径和外径都设为默认值。

（4）设置布线宽度。双击 Routing 选项下 Width 选项，弹出图 9-50 所示的对话框。设置普通导线的宽度为 10mil。对于电流较大的网络，如地和电源，右击 Width 选项选择 New Rule...，

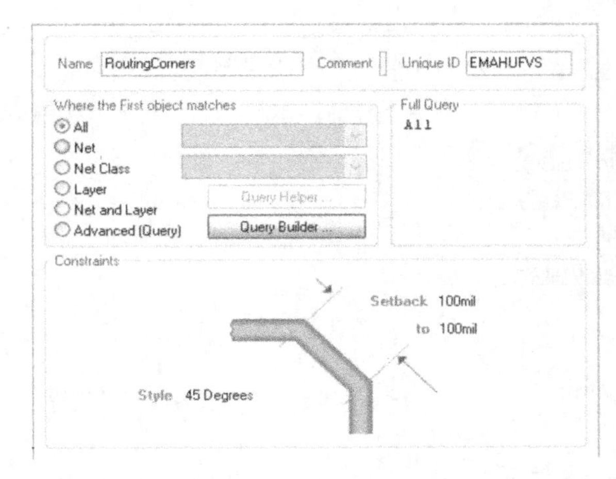

图 9-47 导线转角

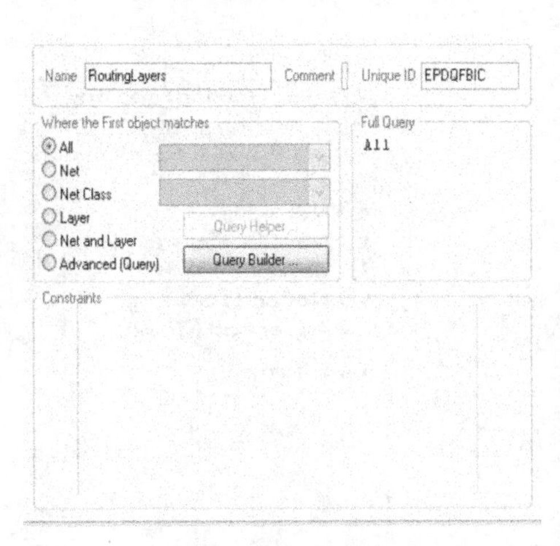

图 9-48 设置布线层

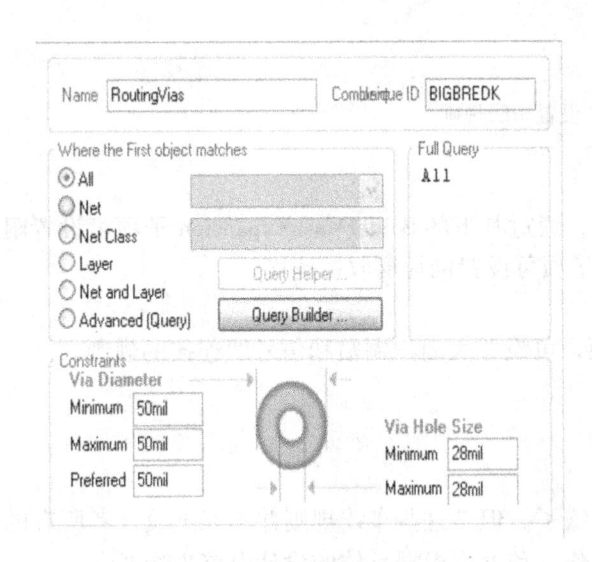

图 9-49 设置过孔风格图

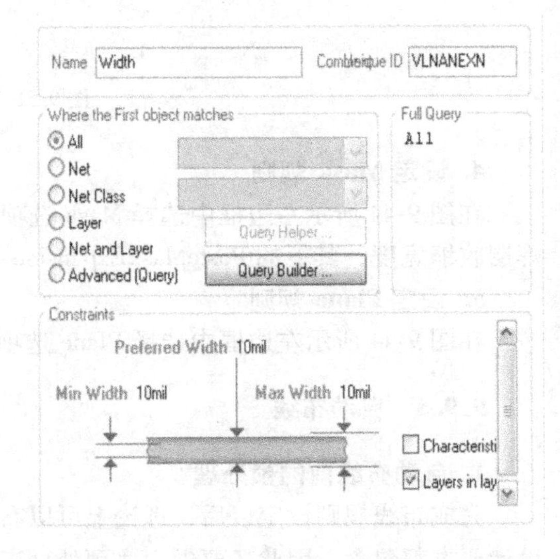

图 9-50 设置布线宽度

与图 9-45 所示类似。

（5）布线规则设置。双击 Routing 选项下 RoutingTopology 选项，弹出图 9-51 所示的对话框。这里选择最短布线模式。

（6）确定网络节点优先权。对本电路来说，需要优先布线的网络有电源、地及电源进线。Protel DXP 提供了最多 100 个布线优先级，权值越大，优先权越高。设计者可根据需要来选择。

在图 9-44 所示左边框中选择 Routing 选项，双击 RoutingPriority 选项，以设置地网络优先权为例。

3. 设置表面贴装元件规则

在图 9-44 所示左边框中选择 SMT 选项来设置表面贴装元件规则，主要设置表面贴装式焊盘引出导线宽度、表面贴装式焊盘引线长度、表面贴装式焊盘与内地层连接。

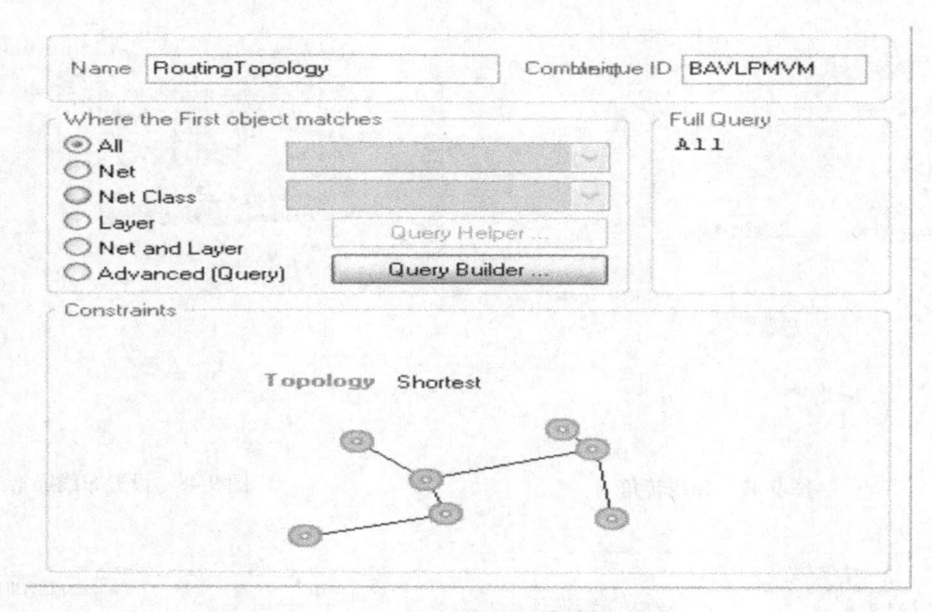

图 9-51 设置布线规则

4. 设定 Mask 规则

在图 9-44 所示左边框中选择 Mask 选项，通过其下的 SolderMaskExpansion 子项可设置阻焊层收缩宽度，其下的 PasteMaskExpansion 子项可设置助焊层收缩宽度。

5. 设定 Plane 规则

在图 9-44 所示左边框中选择 Plane 选项，可设置大面积铜箔和信号线连接的规则。

9.9.5 自动布线

1. 自动布线前的预处理

完成布线规则设定以后，理论上可以布线了，但是这些布线规则并不能把设计者所有的设计要求都包含，因此还要做一些预处理工作。预处理根据具体的设计电路来选择。

（1）焊盘处理。在设计封装库时，通常选择的焊盘半径都是用默认值。如果焊盘的半径偏小，在焊接时烙铁的温度太高，则焊盘常常会出现脱落现象。在加工工艺比较差的 PCB 中这种现象尤为严重，因此常常需要对焊盘作一些处理。

之所以在布线之前处理焊盘，是因为如果等布线完成之后再去调整焊盘大小，可能会引起焊盘与导线之间的间距小于安全距离。

有时候可以采取加大焊盘直径的方法，不过这种方法会影响焊盘间走线。通常情况下将圆形焊盘改为椭圆形焊盘。为了不影响焊盘间走线，这里只修改 X 轴方向的尺寸。修改方法如下。

在 PCB 图中选择一个焊盘，将光标移动到该焊盘上，右击，在弹出的菜单中选择 Properties 选项，弹出图 9-52 所示的对话框。设置完参数后，单击 OK 按钮。

（2）覆铜区设置。执行菜单 Place|Polygon Pour 弹出覆铜区对话框，如图 9-53 所示。覆铜区设置对话框中各主要选项的意义如下。

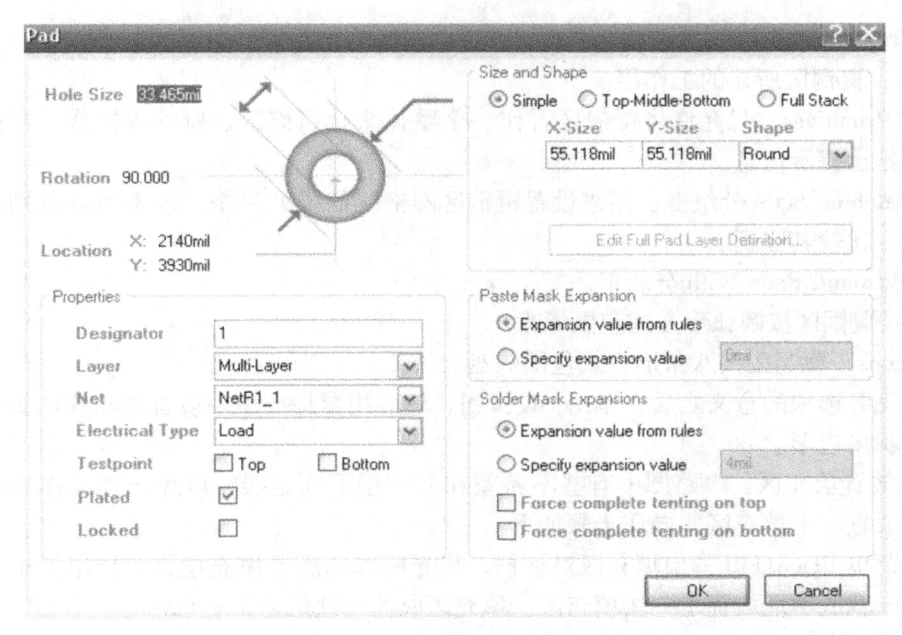

图 9-52　焊盘属性对话框

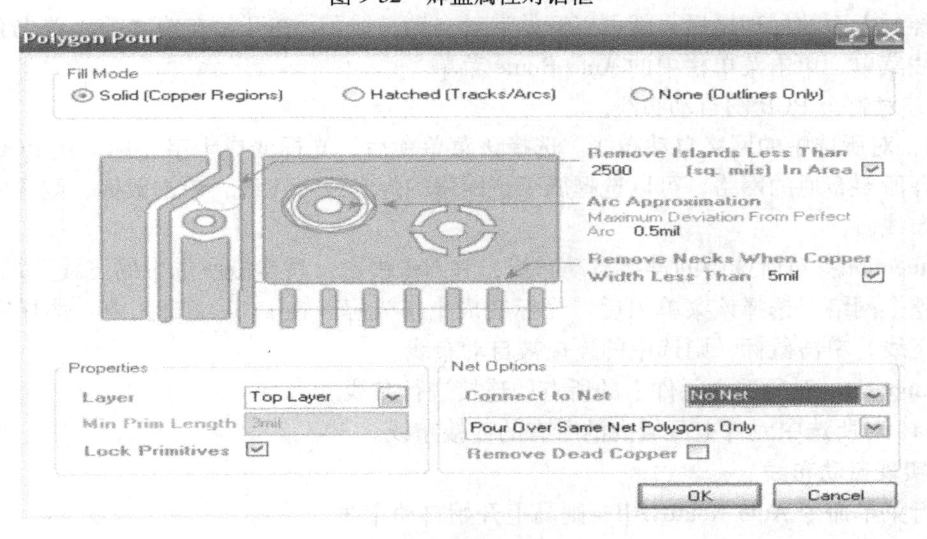

图 9-53　覆铜区设置

1）一般参数。

Grit|Size 20md：覆铜区网格宽度。

Track Width f1：覆铜区导线宽度。

2）Net Options 分组框，主要用来设置覆铜区的网络属性。

Connect to net ：设置覆铜区所属的网络。通常情况下，都是对地线覆铜，常选择 GND。如果暂时不能确定应属于哪一个网络，可以选择 No Net。等待确定了以后再修改覆铜区属性。

Paw Over same net ：覆盖掉与覆铜区同一网络的导线。

Remove Dead Copper：删除和网络没有电气连接的覆铜区。这种没有电气连接的覆铜区留着也没有作用。

3）Properties 分组框。

Layer：覆铜区所在的工作层。

Lock Primitives：只允许将覆铜区看作一个整体来执行修改、删除等操作，在执行这些操作时会给出提示信息。

4）Hatching Style 分组框。用来设置覆铜区网格线的排列风格。读者可以分别选择，各放置一次，比较其区别。

5）Surround Pads With 分组框。

Arcs：覆铜区按圆弧形方式包围焊盘。

Octagons：覆铜区按八角形方式包围焊盘。

介绍完各选项的意义之后，单击 OK 按钮，然后用鼠标拉出一段首尾相连的折线，可以为任意形状多边形。

（3）放置填充区。电路图中有些不希望在元件层下面走线，以免长期工作后会发生意外，因此放置一个填充区。操作步骤如下。

执行菜单 Place|Fill 弹出填充区对话框，将光标移到所要填充位置，拉出一个方框将其覆盖起来，就成功地放置了一块填充区。填充区属性被默认为 Top Layer。

2. 自动布线

在经过上面的处理之后，就可以开始启动自动布线了。在开始布线之前，首先介绍一下自动布线菜单，单击菜单栏中的 Auto Route 菜单。

All：对整个 PCB 图自动布线。

Net：对所选中的网络自动布线。选择该菜单项后，光标变成十字光标，在 PCB 编辑区内，选择所要布通的网络，可以选择属于该网络的焊盘或者飞线，单击鼠标，则选中的网络被自动布线。

Connection：对所选中的连接自动布线，和 Net 相比，只连接所选中的飞线两端的焊盘，而不是整个网络。选择该菜单项后，光标变成十字光标，在 PCB 编辑区内，选择所要布通的连接飞线，单击鼠标，则选中的连接被自动布线。

Component：对所选中元件上的所有的连接进行布线。

Area：对所选中元件上区域内的所有的连接布线。

3. 实现自动布线

执行菜单命令 Auto Route|All，则马上开始自动布线。

4. 布线后的处理工作

布线后的处理工作有很多，主要考虑：

（1）加宽大电流信号线宽度，可通过属性对话框设置加宽。

（2）修改拐角太多的线。

（3）调整疏密不均匀的线。

（4）移动严重影响多数走线的导线。

（5）去掉填充区。

（6）设置泪滴、焊盘和过孔。执行菜单命令 Tools|Teardrops，弹出对话框进行泪滴化操作。

（7）密度分析。自动布线之后，可以通过密度分析来判断是否存在某一部分电路走线

过密。执行菜单命令 Tools|Density Map，如果全部为绿色，表明没有过密导线。如果出现黄色或者红色，表明走线过密，需要调整。

（8）调整元件标号位置，注意元件标号最好不要被元件轮廓线遮盖住，同时尽可能保持整齐美观。

（9）规则检查。执行 Tools|Design Rule Checker，弹出设置对话框，选择 Run Design Rule Check 按钮，可执行检查，同时可配合手工检查修改。

9.10 手工布线

本节介绍手工布线需要注意的问题和常用方法，并不实际布线。

当然，并不是所有的人都喜欢 Protel DXP 的自动布线，相反，有经验的硬件工程师往往喜欢手工布线。一方面是由于手工布线完全布通会有一种成就感；另一方面是由于自动布线还存在一些问题，如走线比较凌乱、拐弯太多和不美观等。此外，对于电路的电气特性需要考虑的一些问题，自动布线还没有很好解决。

1. 手工布线原则

下面是手工布线需要注意的一些原则。

（1）导线转折点不应是锐角，一般为了连线方便，都选择135°角。出现锐角的最大毛病在于时间一长，导线锐角处容易从 PCB 上脱落。

（2）在双面板中，上下两层信号线要基本遵循相互垂直走线的原则。

（3）对于小信号电路（例如场效应管栅极、晶体管基极）以及高频信号电路的连线应尽可能短。如果线太长的话，前者容易受干扰，后者容易产生信号反射。

（4）高频电路应严格限制平行走线的最大长度。

（5）在数模混合电路中，数字地和模拟地应分开布线，最后一点共地，通常选择电源输入点。

（6）由于地线和电源线电流较大，导线相应也较宽，因此应先走电源线和地线，然后再走其他线。

（7）尽可能少用过孔。因为在调试过程中常常会发现过孔上下不通的情况。虽然现在制作工艺在提高，但谁也不敢保证每一个过孔都不会出问题。

当然并不是说采用手工布线就根本不使用自动布线功能。通常手工布线前先使用自动布线以观察布通率，如果布通率大于85%，说明整体布局基本上合理，否则最好重新布局，不然很可能连手工布线都无法布通。

在确认布局合理以后，可以开始手工布线了。手工布线也是首先布地线、电源线等通过较大电流的网络。因为这些线比较宽，如果留到最后再布，很难给它们调整出空间。并且这些线应该尽可能地走短一些，以减小导线电阻。

使用手工布线各人有各人的习惯。不过通常下面这种方法比较合理，按照网络表一个网络一个网络的布线。连线较少的网络直接手工布线，连线较多的网络则采用自动布线，然后手工调整。

2. 手工布线的一般步骤

（1）新建 PCB 文件。

（2）根据元件，建立元件库，并加入所要用的元件库。

（3）规划 PCB，设置布线板层，如单面板还是双面板等。

（4）根据原理图的复杂性，加载图元对象，如元件、焊盘和过孔等。放置元件的一种方法是：如果在原理图设计中已经选择了各个元件的封装形式，则通过导入网络表加载元件，并手工对部分元件修改。另一种方法是，通过放置元件手工选择元件的封装，这种方法用于简单电路的设计。

（5）调整元件布局，主要根据元件的功能和散热等合理布局元件位置等。确定特殊组件的位置。

（6）设置布线规则，主要设置通用连线的线宽、安全距离、过孔和焊盘，电源和接地线处理，其具体内容以及作用可参照自动布线的设置。

（7）连线及其他设置，如覆铜等。

（8）对于特殊要求重新修改调整。

（9）检查并修改调整等。

9.11 PCB 报表生成与出图

PCB 报表是了解 PCB 详细信息的重要资料。Protel 的 PCB 设计提供了生成各种报表的功能，它可以给用户提供有关设计过程及设计内容的详细资料。这些资料主要包括设计过程中的电路板状态信息、引脚信息、元件封装信息及布线信息等。当完成了电路板的设计后，还需要打印输出图形，以备焊接件和存档。下面来介绍各个报表的生成方法及 PCB 的出图。

1. 输出 PCB 报表

PCB 报表提供用户电路板的完整信息，包括电路板尺寸、电路板上的焊盘、导孔的数量及电路板上的元件标号等。输出 PCB 报表的步骤如下。

（1）打开 PCB 项目文档，本例中选择前面完成的 PCB 项目文件 Pla. PrjPcb，在 Projects 工作面板中双击 System. PcbDoc ，打开该文件。

（2）在主菜单中选择 Reports|Board Information... 选项，打开图 9-54 所示的 PCB Information 对话框。PCB Information 对话框有三个选项卡，内容分别如下：

1）General 选项卡（见图 9-54） 该选项卡主要显示电路板的常规信息，包括电路板的大小、导线数、焊盘和焊孔数等。

2）Components 选项卡（见图 9-55） 该选项卡用于显示当前电路板上使用的元件，包括元件封装序号及其所在的板层信息。

3）Nets 选项卡（见图 9-56） 该选项卡用于显示当前电路板中的网络信息。

（3）单击 Pwr/Gnd... 按钮，打开 Internal Plane Information 对话框。该对话框列出了各个内层所连接的网络、导孔、焊盘等之间的连接方法。对于双面 PCB，不存在内层，所以对话框中没有内层信息显示。

（4）单击 Close 按钮，关闭 Internal Plane Information 对话框，然后单击 PCB Information 对话框中的 Report 按钮，打开图 9-57 所示的 Board Report 对话框。

（5）在 Board Report 对话框中勾选在报表文件中包含的内容或信息。单击 Report 按钮，生成 System. LREP 文件。

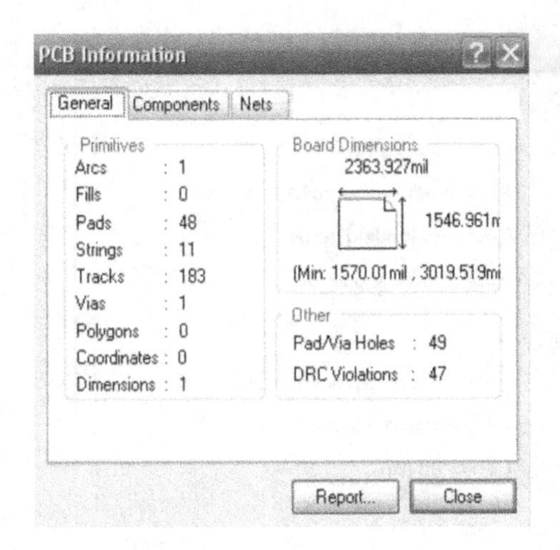

图 9-54 PCB Information 对话框

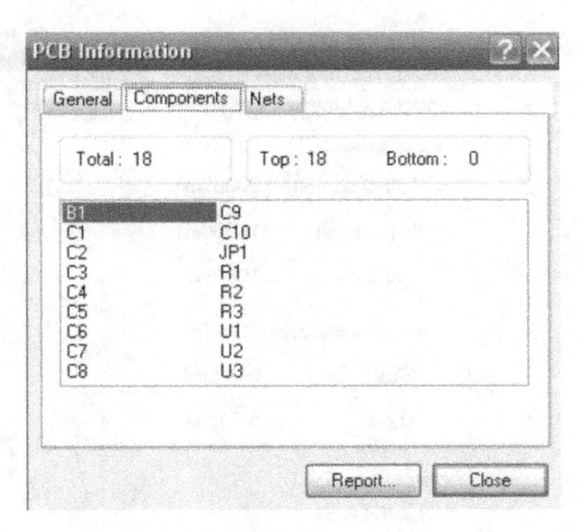

图 9-55 Components 选项卡

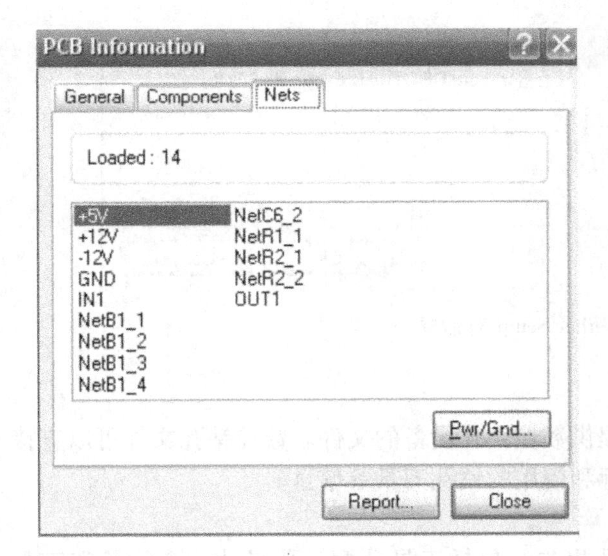

图 9-56 Nets 选项卡对话框

图 9-57 Board Report 对话框

2. 生成 Gerber 文件

Gerber 语言是一种标准的语言格式，用来把 PCB 布线数据转换为胶片的光绘数据。当 PCB 设计工作完成后，就可以产生 Gerber 文件了，在制造过程中的每一个层都需要产生一个 Gerber 文件。在 Gerber 文件送到制造商处后，就可以下载到光绘机生成胶片了。

Gerber 格式文件用一系列绘图码（或命令）和坐标来描述绘图。绘图码控制所用光圈、开关光源等。坐标定义网上各种点和线的位置，这些信息以 ASCII 码文本文件保存。为了适应不同硬件绘图能力的变化，Gerber 文件中添加了优化信息。因而不同的 Gerber 文件结构可能会有所不同。

在打开对应的 PCB 文件后，生成 Gerber 文件只需选择主菜单中 File | Fabrication Output | Gerber Files 选项，打开图 9-58 所示的 Gerber Setup 对话框进行设置。

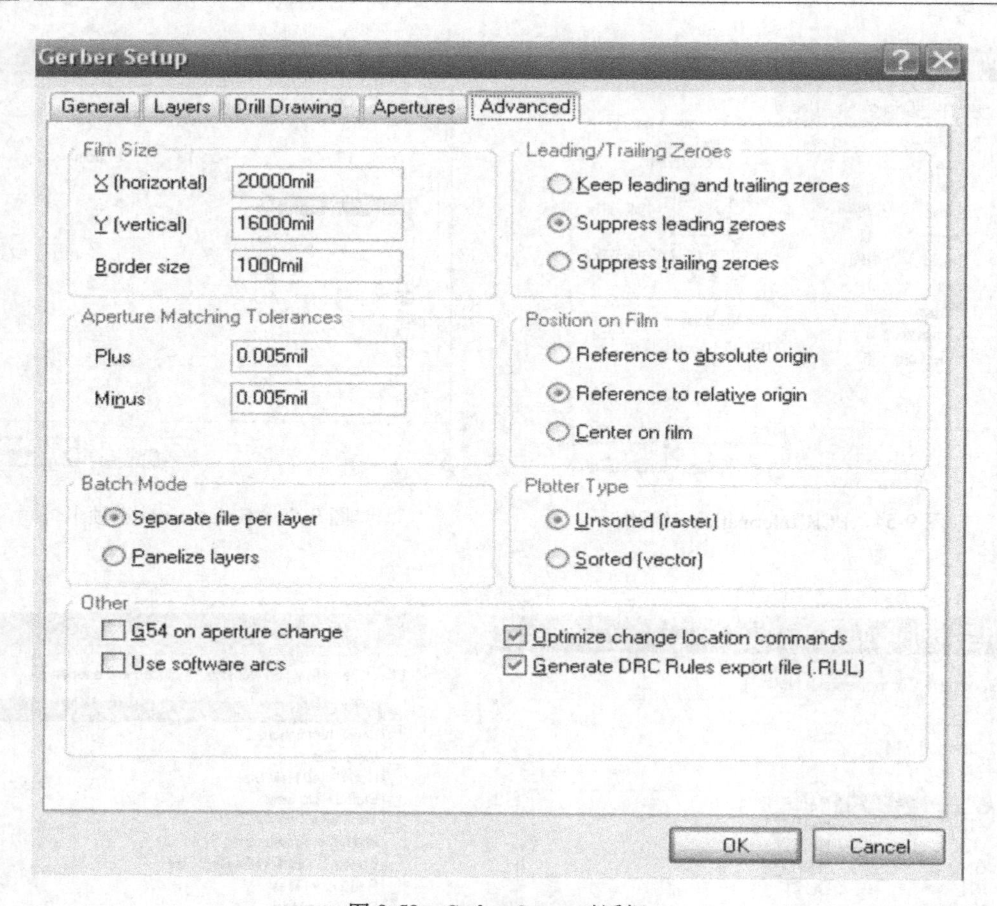

图 9-58 Gerber Setup 对话框

3. 输出数控钻孔（NC Drill）文件

NC Drill 文件是由 PCB 文档生成的，提供数控钻孔设备的文件。数控钻孔文件可以直接被钻孔设备读取，文件中包含每个孔的坐标和使用的钻孔刀具等信息。

钻孔文件有以下三种类型：

（1）*.DRR 文件，此类文件用于钻孔报告，包括工具分配、孔尺寸、孔数量和工具转换。

（2）*.TXT 文件，此类文件是 ASCII 格式钻孔文件。对于多层带有盲过孔和埋孔的 PCB，每个层对应产生单独的带有唯一扩展名的钻孔文件。

（3）*.DRL 文件，此类文件是二进制格式钻孔文件。对于多层带有盲过孔和埋孔的 PCB，每个层对应产生单独的带有唯一扩展名的钻孔文件。

在打开对应的 PCB 文件后，生成 NC Drill 文件只需选择主菜单中 File | Fabrication Output | NC Drill Files 选项，打开图 9-59 所示的 NC Drill Setup 对话框进行设置。

4. 输出 ODB++文件

开放式数据库（Open Data Base，ODB++）由 Valor 公司推出，其出现是现代计算机和数据库发展的结果，适应当今设计制造一体化的要求，可以真正地实现将 DFM 规则嵌入设计过程，逐渐形成 PCB 设计与制造之间的通用沟通。

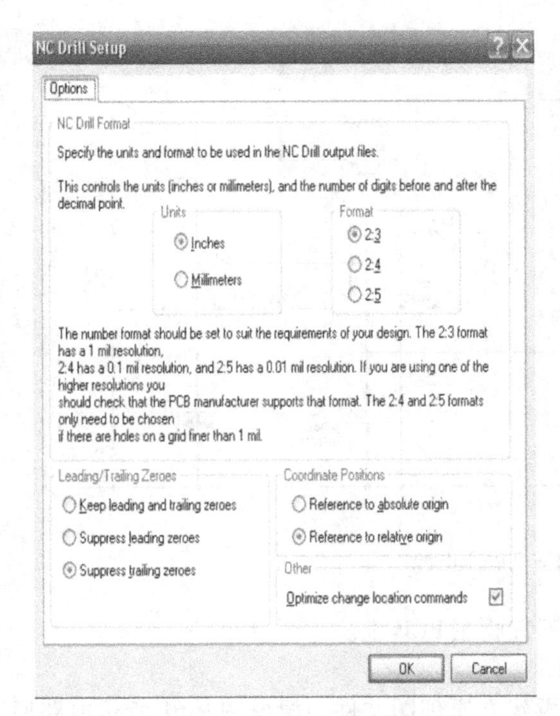

图 9-59 NC Drill Setup 对话框

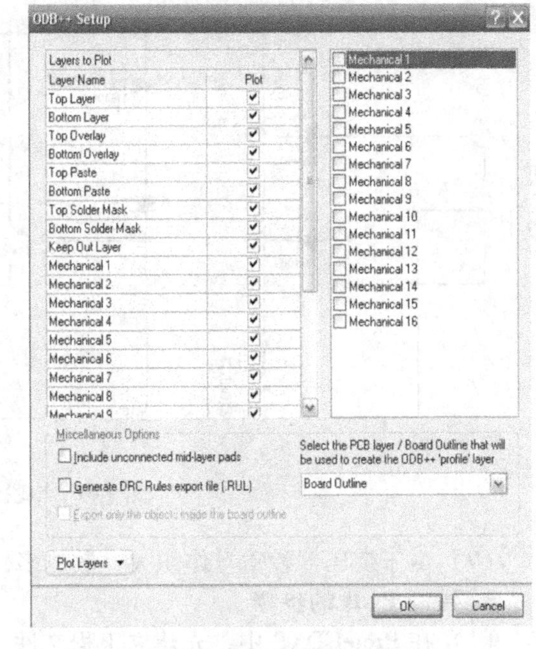

图 9-60 ODB++ Setup 对话框

ODB++是一种可扩展的 ASCII 格式，它可在单个数据库中保存 PCB 制造和装配所必需的全部工程数据。单个数据库即可包含图形、钻孔信息、布线、元件、网络表、规格、绘图、工程处理定义、报表功能、ECO 和 DFM 结果等。

在打开对应的 PCB 文件后，生成 ODB++r 文件只需选择主菜单中 File|Fabrication Output|ODB++Files 选项，打开图 9-60 所示的 ODB++ Setup 对话框进行设置。

9.12 设计实例——串联调整型稳压电源

下面以串联调整型稳压电源设计为例介绍 PCB 设计。

1. 原理图样图

串联调整型稳压电源如图 9-61 所示。

2. PCB 设计时考虑的因素

（1）整流滤波电容的位置应靠近整流二极管，这样整流以后的脉动直流电压可以及时得到滤波，以减少对后面电路的影响。

（2）电源调整管的位置应设计在电路板的边缘，这样有利于安装散热片。

（3）调整电压的电位器，应设计在电路板的边缘，以便调整电压。

（4）取样电路应靠近稳压电源的输出端，负载的变化能及时反应到取样电路。

（5）因为输出电流较大，在布线时线应尽可能宽些，尤其是正负电源输出线，线宽应在 1.5mm 以上。

（6）电路板设计成长方形，一端为交流输入，另一端为直流输出。

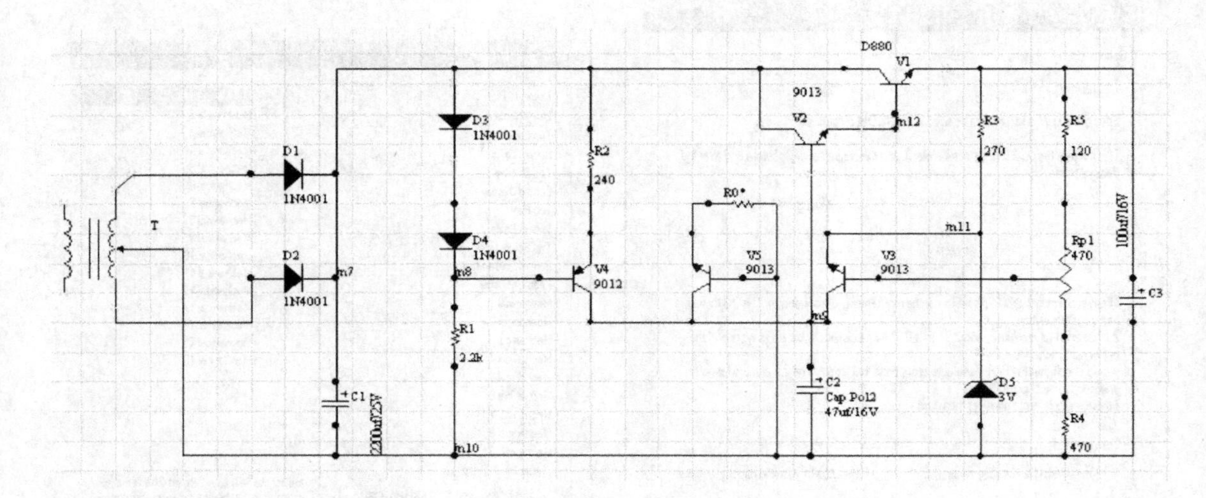

图 9-61 串联调整型稳压电源

（7）由于变压器较重且体积大、散热多，不宜放在 PCB 上。

3. 绘制 PCB 的步骤

（1）在 Protel DXP 中，先建立工程文件，再建立原理图文件，根据图 9-61 所示电路原理图，确定各元件的封装，进行 ERC 校验等，无错误后执行菜单 Design | Netlist for Project | Project，生成网络表。

（2）在已经建立的工程文件中，利用 PCB 向导建立 PCB 文件，设置 PCB 工作系统参数，信号层为 Bottom Layer（单面板），单位制为 Metric（公制），捕获栅格为 0.5mm，可视栅格 1 为 1mm，可视栅格 2 为 10mm，电气栅格为 0.25mm。PCB 尺寸为 60mm×80mm。

（3）装入 PCB 元件库。

（4）在 PCB 上放置定位螺孔，螺孔的直径为 3mm 。定位螺孔的放置方法为，在图中螺孔相应位置放置焊盘，然后将焊盘的孔径设为与焊盘直径相同。

（5）选中原理图，执行菜单 Design | Update PCB Document，载入网络表，忽略元件引脚错误提示，网络表其他内容无误后，按 Execute 按钮，将元件调入工作区。

（6）通过自动布局，需要进行手工调整，确定元件封装在电路板上的位置，注意尽量减少网络飞线的交叉，为了使画面更简洁，将元件的型号或标称值隐藏。

（7）若部分元件引脚无飞线，检查其原理图中引脚定义和网络标号等，再重新装载网络表文件，并对电路布局进行局部调整。

（8）执行菜单 Design | Rules 设置自动布线设计规则。各项规则设置：间距限制规则设置为 0.5mm；拐弯方式设置为 45°；由于是单面板，布线层仅有底层 Bottom Layer，走线方式为任意（Any），其他层不使用；自动布线拓扑规则设置为 Shortest；铜膜线宽度限制设置最小宽度为 1.5mm，最大宽度为 2mm，同时设置电源线和地线的宽度为 3mm。

（9）检查布线规则设置无误后，执行菜单 Auto Route | All，进行全板自动布线，布线后的结果若不佳，可撤销布线后修改规则，再自动布线。最后手工调整部分元件属性。调整后的 PCB 如图 9-62 所示。

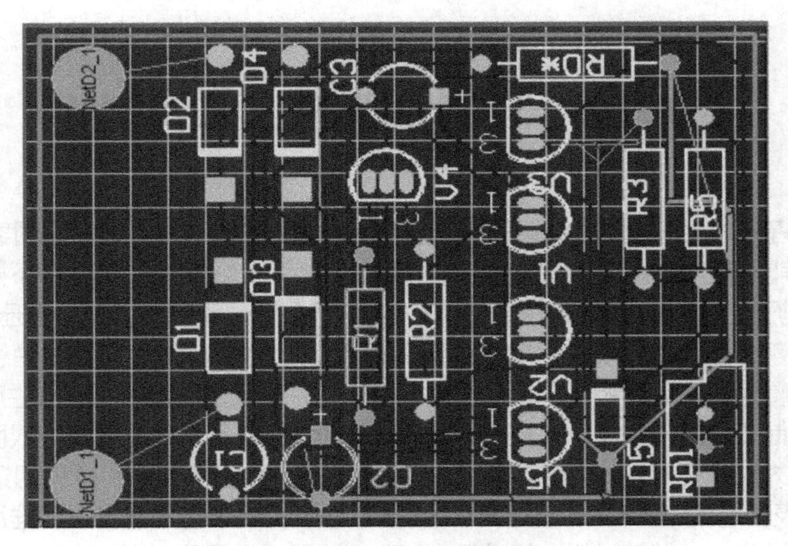

图 9-62 串联调整型稳压电源 PCB

第 10 章　印制电路板工艺及制作

印制电路基本概念在 20 世纪初已有人在专利中提出过，1947 年美国国家航空航天局（NASA）和美国标准局发起了印制电路首次技术讨论会，当时列出了 26 种不同的印制电路制造方法。并归纳为 6 类：涂料法、喷涂法、化学沉积法、真空蒸发法、模压法和粉压法。当时这些方法都未能实现大规模工业化生产。直到 20 世纪 50 年代初期，由于铜箔和层压板的黏合问题得到解决，覆铜层压板性能稳定可靠，并实现了大规模工业化生产，铜箔刻蚀法成为印制板制造技术的主流，一直应用至今。20 世纪 60 年代，孔金属化双面印制和多层印制板实现了大规模生产。20 世纪 70 年代大规模集成电路和电子计算机和迅速发展。20 世纪 80 年代表面组装技术和 20 世纪 90 年代多芯片组装技术的迅速发展，推动了印制板生产技术的继续进步，一批新材料、新设备、新测试仪器相继涌现，印制电路生产技术进一步向高密度、细导线、多层、高可靠性、低成本和自动化连续生产的方向发展。

我国从 20 世纪 50 年代中期开始研制单面印制板，并首先应用于半导体收音机中。20 世纪 60 年代中期，我国自力更生开发出覆箔板基材，使铜箔刻蚀法成为我国 PCB 生产的主导工艺。当时已能大批量地生产单面板，小批量进行双面金属化孔印制，并且还有少数几个单位开始研制多层板。20 世纪 70 年代，国内推广了图形电镀刻蚀法工艺，但由于受到各种干扰，相关印制电路专用材料和专用设备的研制没能及时跟上，整个生产技术水平落后于外国。到了 20 世纪 80 年代，在改革开放政策的推动下，不仅引进了大量当时国外先进的单面、双面、多层印制板生产线，而且经过十多年消化吸收，较快地提高了我国印制电路生产技术水平。

本章主要是为了熟悉印制电路板基本知识，掌握 PCB 基本设计方法和制作工艺，了解生产过程，这也是学习电子工艺技术的基本要求。

10.1　印制电路板概述

印制电路板（Printed Circuit Board，PCB），也称印制线路板，简称印制板。从进入千家万户的家用电器到遨游太空的宇宙飞船，从随处可见的收音机、电子表到亿万次巨型计算机，都包含了形形色色的电子元器件。而这些元器件的载体和相互连接所依靠的正是 PCB。不断发展的 PCB 技术使电子产品设计和装配走向标准化、规模化、机械化和自动化，具有体积减小，成本降低，可靠性、稳定性提高，装配、维修简单等优点。毫不夸张地说，没有 PCB 技术就没有现代电子信息产业的高速发展。

10.1.1　概述

1. 基本概念

印制电路板是由印制电路加基板构成。

印制——采用某种方法，在一个表面上再现图形和符号的工艺，它包含通常意义上的

“印制”。

印制线路——采用印制方法在基板上制成的导电图形，包括印制导线、焊盘等。

印制元件——采用印制法在基板上制成的电路元件，如电感、电容等。

印制电路——采用印制法得到的电路，包括印制线路和印制元件或由两者组合成的电路。

敷铜板——由绝缘基板和敷在上面的铜箔构成，是用减成法制造印制电路板的原料。

印制电路板——完成了印制电路或印制线路加工的板子。它不包括安装在板上的元器件和进一步加工，简称印制板。

印制电路板组件——安装了元器件或其他部件的印制板部件。板上所有安装、焊接、涂覆工作均已完成，习惯上按其功能或用途称为“某某板”或“某某卡”，例如计算机主板、声卡等。

2. 敷铜板

（1）敷铜板的构成。敷铜板又称覆铜板，全称为敷铜箔层压板。供生产印制板用的敷铜板主要由以下三部分构成：

1）铜箔：纯度大于99.8%，厚度在18~105μm（常用35~50μm）的纯铜箔。

2）树脂（黏合剂）：常用酚醛树脂、环氧树脂和聚四氯乙烯等。

3）增强材料：常用纸质和玻璃布。

（2）敷铜板机械焊接性能如下：

1）抗剥强度：铜箔与基板之间结合力，取决于黏合剂及制造工艺。

2）抗弯强度：敷铜板承受弯曲的能力，取决于基板材料和厚度。

3）平面度：敷铜板的平面度，取决于板材和厚度。

4）耐焊性：敷铜板在焊接时（承受融态焊料高温）的抗剥能力，取决于板材和黏合剂。

10.1.2　印制电路板基板材料的分类

印制电路板基板材料可分为单、双面PCB用基板材料；多层板用基板材料（内芯薄型敷铜板、半固化片、预制内层多层板）；积层多层板用基板材料（有机树脂薄膜、涂树脂铜箔、感光性绝缘树脂或树脂薄膜、有机涂层树脂等）等。目前，使用最多的一类基板材料产品是敷铜板。敷铜板产品又有着很多品种，按不同划分规则有很多分类。

基板材料按敷铜板的机械刚性划分，可分为刚性敷铜板（Copper Clad Laminate，CCL）和挠性敷铜板（Flexible Copper Clad Laminate，FCCL）。通常刚性敷铜板采用层压成型的方式。

按构成PCB基板材料的不同绝缘材料成分可分为，有机类材料构成的基板材料和无机类材料构成的基板材料两大类，而它们各自有不同的小的类别和品种。表10-1给出按照不同绝缘材料组成成分划分的各种PCB基板材料分类表。

按所采用绝缘树脂的不同划分，敷铜板主体使用某种树脂，一般就习惯地将这种敷铜板称为某树脂型敷铜板。目前最常见的敷铜板用主体树脂有，酚醛（Phenol-Formaldehyde，PF）树脂、环氧（Epoxy，EP）树脂、聚酰亚胺（Polyimide，PI）树脂、聚酯（Pdy Ester，PET）树脂、聚苯醚（Poly Phenyl Ether，PPE）树脂、氰酸酯（Cyanate Ester，CE）树脂、聚四氟乙烯（Poly Tetra Fluoro Ethylene，PTFE）树脂、双马来酰亚胺三嗪（Bismaleimide Triazine，BT）树脂等。

按阻燃特性的等级划分。按照 UL 标准（UL-94、UL-746E 等）规定的板材燃烧性的等级划分，可将基板材料划分为四类，即 UL-94 V0 级、UL-94 V1 级、UL-94 V2 级和 HB 级。

按敷铜板的某个特殊性能划分，主要针对的是一些比较高档次的板材上。

表 10-1　印制电路板基板材料基本分类表

分类	材质	名称	代码	特征
刚性覆铜薄板	纸基板	酚醛树脂敷铜（箔）板	FR-1	经济性，阻燃
			FR-2	高电性，阻燃（冷冲）
			XXXPC	高电性（冷冲）
			XPC 经济性	经济性（冷冲）
		环氧树脂敷铜（箔）板	FR-3	高电性，阻燃
		聚酯树脂敷铜（箔）板		
	玻璃布基板	玻璃布-环氧树脂敷铜（箔）板	FR-4	
		耐热玻璃布-环氧树脂敷铜（箔）板	FR-5	G11
		玻璃布-聚酰亚胺树脂敷铜（箔）板	GPY	
		玻璃布-聚四氟乙烯树脂敷铜（箔）板		
复合材料基板	环氧树脂类	纸（芯）-玻璃布（面）-环氧树脂敷铜（箔）板	CEM-1，CEM-2	（CEM-1 阻燃）；（CEM-2 非阻燃）
		玻璃毡（芯）-玻璃布（面）-环氧树脂敷铜（箔）板	CEM3	阻燃
	聚酯树脂类	玻璃毡（芯）-玻璃布（面）-聚酯树脂敷铜（箔）板		
		玻璃纤维（芯）-玻璃布（面）-聚酯树脂敷铜（箔）板		
特殊基板	金属类基板	金属芯型		
		金属芯型		
		包覆金属型		
	陶瓷类基板	氧化铝基板		
		氮化铝基板	AIN	
		碳化硅基板	SIC	
		低温烧制基板		
	耐热热塑性基板	聚砜类树脂		
		聚醚酮树脂		
	挠性敷铜（箔）板	聚酯树脂敷铜（箔）板		
		聚酰亚胺敷铜（箔）板		

10.1.3　印制电路板的发展方向

近年来由于集成电路和表面组装技术的发展，电子产品迅速向小型化、微型化方向发展。作为集成电路载体和互连技术核心的印制电路板，也在向高密度、多层化、高可靠性方向发展。目前，还没有一种互连技术能够取代印制电路板。新的技术发展主要集中在高密度板、多层板和特殊印制板三个方面。

1. 高密度板

电子产品微型化要求尽可能缩小印制板的面积，超大规模集成电路技术的发展使芯片对外引线数的增加，而芯片面积不增加甚至减小，解决的办法只有增加印制板上布线密度。增加密度的关键有两条：① 减小线宽/间距；② 减小过孔孔径。这两条已成为目前衡量制板厂技术水准的标志。

2. 多层印制电路板

随着微电子技术的发展，大规模集成电路的应用日趋广泛，为适应一些特殊应用场合（如导弹、遥测系统、航天、航空、通信设备、高速计算机、微小型化计算机产品等）对印制电路不断提出的新要求，多层印制电路板在近几年得到了推广。多层印制电路板也称多层板，它是由三层以上相互连接的导电图形层（层间用绝缘材料相隔）经粘合后形成的印制电路板。其剖面示意图如图10-1所示。

多层板具有如下特点：

1）装配密度高、体积小、重量轻、可靠性高；

2）增加了布线层，提高了设计灵活性；

3）可对电路设置抑制干扰的屏蔽层等。

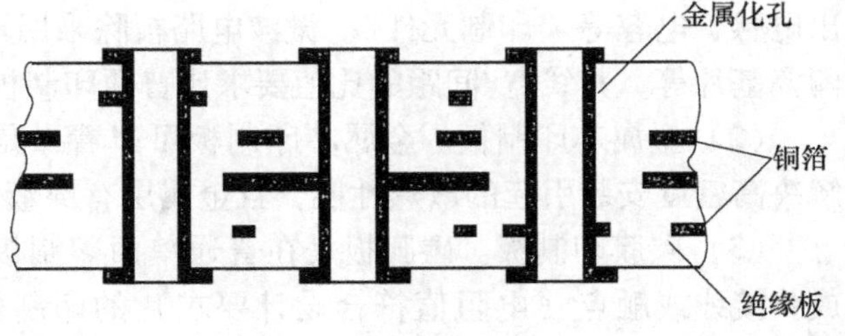

图10-1　多层印制板的剖面示意图

多层板是在双面板基础上发展起来的，在布线层数、布线密度、布线精度等方面都得到了迅速的提高。目前，国外多层板的制板层数可高达20层以上，印制导线的宽度及间距可达到0.2mm以下。多层板方便了电路原理的实现，可在多层印制电路板的内层设置地网、电源网、信号传输网等，适应了某些电路在实际应用中的特殊要求。

3. 挠性印制电路板

电子产品的装配密集度、可靠性和小型化的技术，正在以极快的速度不断提高，与半导体集成器件有着密切关系的挠性印制电路板应运而生。已经普及的双面板金属化通孔技术和产品尺寸容量及材料规格的进步，都为挠性印制电路板的发展奠定了良好的基础。

挠性电路板具有节省空间、减轻重量及灵活性高等优点，全球对柔性电路板的需求正逐年增加。挠性电路板独有的特性使其在多种场合成为刚性电路板及传统布线方案的替代方式，同时它也推动了很多新领域的发展。其中，发展最快的是计算机硬盘驱动器（HDD）内部连接线，其次的领域是新型集成电路封装，并且挠性技术在便携设备（如移动电话）中的市场潜力非常大。

挠性电路板主要应用于电子产品的连接部位，特别是高档电子产品，如笔记本式微型计算机、袖珍式电话机和通信设备、军事仪器设备、汽车仪表电路和照相机等，如图10-2所示。相比一般的硬印制电路板，它体积更小、重量更轻，可以实现弯折挠曲、立体三维组装等。挠性电路板未来的应用范围和发展前景是不可估量的。

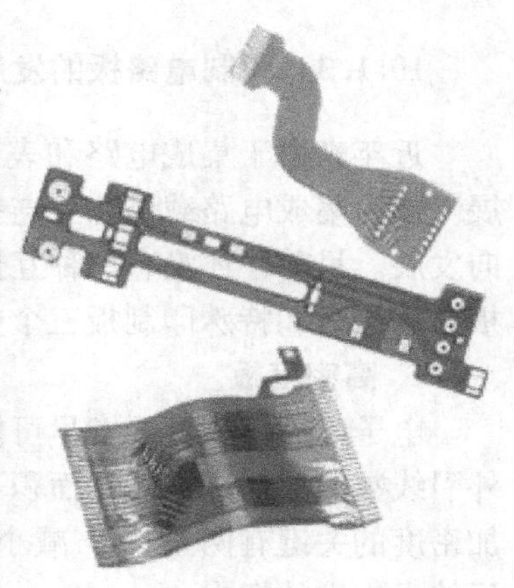

图10-2 挠性印制电路板

挠性印制电路板又称软性印制板或柔性印制板，与一般印制板相同，挠性电路板也分为单面板、双面板和多层板。它的显著优点包括，软性材料电路能够弯曲、卷缩、折叠，可以沿着X、Y和Z三个平面移动或盘绕，软性板连接可以经过7×10^5次弯曲而不断裂；能够连接活动部件，在三维空间里实现立体布线；它的体积小、重量轻、装配方便，比使用其他电路板更加灵活；容易按照电路要求成形，提高了装配密度和板面利用率。

4. 特殊印制板

在高频电路及高密度装配中用普通印制板往往不能满足要求，各种特殊印制板应运而生并在不断发展。

（1）微波印制板。在高频（几百兆赫兹以上）条件下工作的印制板，对材料、布线布局都有特殊要求。例如，要考虑印制导线线间和层间分布参数的作用，以及利用印制板制作出电感、电容等“印制元件”。微波电路板除采用聚四氟乙烯板以外，还有复合介质基片和陶瓷基片等，其线宽/间距的比值要求比普通印制板高出一个数量级。

（2）金属芯印制板。金属芯印制板可以看做是一种含有金属层的多层板，主要用它来解决高密度安装引起的散热性能，且金属层有屏蔽作用，有利于解决干扰问题。

（3）碳膜印制板。碳膜板是在普通单面印制板上制成导线图形后，再印制一层碳膜形成跨接线或触点（电阻值符合设计要求）的印制板。它可使单面板实现高密度、低成本、良好的电性能及工艺性，适用于电视机、电话机等家用电器。

（4）印制电路与厚膜电路的结合。将电阻材料和铜箔顺序黏合到绝缘板上，用印制板工艺制成需要的图形，在需要改变电阻的地方用电镀加厚的方法减小电阻，用腐蚀方法增加电阻，制造成印制电路和厚膜电路结合的新的内含元器件的印制板，从而在提高安装密度，降低成本上开辟出新的途径。

10.2 设计印制电路板

10.2.1 设计印制电路板的准备工作

在开始设计印制电路板之前，有很多准备工作要做。设计者应该通过这些工作，尽可能掌握更多的技术资料和产品决策信息，为成功的设计做必要的准备。

1. 印制电路板的设计准备

一般首先要进行电路方案试验，这是研制电子产品设计印制电路板的前提之一，按产品的设计目标（使用功能、电气性能）确定的电路方案。

（1）电路试验方案的确定。对于那些元器件数目比较少的简单电路和成熟电路，通常可以把整个电路一次搭出来，甚至可以跳过试验，根据电路原理直接设计印制电路板，制作出具有实用价值的样机。而对于元器件数目很多的复杂电路，一般是把整个电路分割成若干个功能块，分别进行电路方案试验，待每块电路都得到验证以后，再把它们连接起来，试验整机的效果。

(2) 电路试验方案的准备。通常需要一块电路试验板。电路试验板起到承载、固定、连接各个元器件的作用。目前，多见的电路试验板商品有两大类：一种是插接电路试验板，另一种是印制电路试验板。它们的共同特点是采用标准的2.54mm为孔间距离，可以插装集成电路芯片和小型电子元器件。

插接电路试验板俗称“面包板”。它的主要优点是，使用十分方便，进行电路方案试验时不需要焊接，可以随时根据电路的要求改变连线或更换元器件；布线结构为水平或垂直方向，很适合于插装集成电路及其他小型元器件；可以组合使用多块试验板，分别试验不同的功能电路，实现整个电路的统调。

(3) 电路试验方案电子元器件的选用。仔细地查阅所用元器件的技术资料，使之工作在合理的工作状态下。特别是对于集成电路和其他新型元器件，应该在使用前了解它们的各种特性、规格和参数，熟悉它们的引脚排列。在试验中，要计算并测量元器件所处的工作条件，并使它们承受的工作电压、工作电流及功率处于额定限制之下，要注意留有一定的裕量。

要审定电路中是否存在冗余的元器件，每个元器件是否存在多余的功能部分。尽量选用集成电路去除冗余的元器件，或者用它们多余的功能转换替代其他元器件，使元器件的数量及焊接点的数量最少。在数字电路中，按照正确的方法利用同一集成电路中多余的逻辑门，实现不同逻辑门的组合转换，从而使设计最经济、最小型化。

(4) 电路试验的结果分析。对试验结果的分析和市场调查，应该达到如下目的：

1) 熟悉原理图的每个元器件，确定它们的电气参数和机械参数。

2) 找出线路中可能产生的干扰源和容易受外界干扰的敏感元器件。

3) 了解这些元器件是否容易买到，是否能够保证批量供应。

(5) 整机的机械结构和使用性能确定。根据产品的原理分析和试验，选定使用的全部元器件。掌握每个元器件的外形尺寸、封装形式、引线方式、引脚排列顺序、各引脚的功能及其形状；确定哪些元器件因发热而需要安装散热片，并计算散热片面积；考虑哪些元器件应该安装在印制板上，哪些必须安装在板外，以便于决定印制电路板的结构、形状、尺寸和厚度。

2. 印制电路板的设计目标

为实现印制电路板的设计目标，通常要从正确、可靠、工艺和经济四个方面的因素进行考虑。

(1) 正确。这是印制板设计最基本、最重要的要求，正确实现电原理图的连接关系，避免出现“短路”和“断路”这两个简单而致命的错误。这一基本要求在手工设计和用简单CAD软件设计的PCB中并不容易做到，一般较复杂的产品都要经过两轮以上试制修改，功能较强的CAD软件则有检验功能，可以保证电气连接的正确性。

(2) 可靠。这是PCB设计中较高一层的要求。连接正确的电路板不一定可靠性好，例如板材选择不合理、板厚及安装固定不正确、元器件布局布线不当等都可能导致PCB不能可靠地工作，早期失效甚至根本不能正确工作。再如多层板和单、双面板相比，设计时要容易得多，但就可靠性而言却不如单、双面板。从可靠性的角度讲，结构越简单、使用元器件越小，板子层数越少、可靠性越高。

（3）合理。这是PCB设计中更深一层，是更不容易达到的要求。一个印制板组件，从印制板的制造、检验、装配、调试到整机装配、调试，直到使用维修，无不与印制板设计的合理与否息息相关。例如，板子形状选得不好会使加工困难，引线孔太小会使装配困难，没留测试点会使调试困难，板外连接选择不当会使维修困难等。每一个困难都可能导致成本增加、工时延长。而每造成困难的原因源于设计者的失误。当然，没有绝对合理的设计，只有不断合理化的过程。它需要设计者的责任心和严谨的作风，以及在实践中不断总结、提高经验。

（4）经济。这是一个不难达到、又不易达到，但必须达到的目标。说不难是因为，选低价板材、板子尺寸尽量小、连接用直焊导线、用最便宜的表面涂覆、选择价格最低的加工厂商等，印制板制造价格就会下降。但是不要忘记，这样的选择可能造成工艺性、可靠性变差，使制造费用、维修费用上升，总体经济性不一定合算，因此说“不易”。“必须”则是市场竞争的原则。竞争是无情的，一个原理、技术先进的产品可能因为经济性原因而夭折。

以上四条相辅相成，对于不同用途、不同要求的产品侧重点不同。上天入海、事关国家安全、防灾救急的产品，可靠性第一。民用低价值产品，经济性首当其冲。具体产品具体对待，综合考虑以求最佳，是对设计者的综合能力的要求。

3. 板材、形状、尺寸和厚度的确定

（1）确定板材。这是指对于印制电路板的基板材料的选择。不同板材的机械性能与电气性能有很大差别。确定板材主要是依据整机的性能要求、使用条件及销售价格。例如袖珍晶体管收音机，由于机内电路板本身尺寸小、印制线路宽度较大、使用环境良好、整机售价低廉，所以在选材时应主要考虑价格因素，选用酚醛树脂纸质基板即可，没有必要选用高性能的环氧树脂玻璃布基板。否则，即没有明显提高整机的性能，又大幅度提高了生产成本。又如，在微型计算机等高档电子设备中，由于元器件的装配密度高、印制线条窄、板面尺寸大，电路板的制造费用只在整机的成本中占很小的比例，所以在设计选材时，应该以敷铜板的各项技术性能作为考虑的主要因素，不能片面地要求成本低廉。否则，必然造成整机质量下降，而成本并无明显的降低。对于印制板的种类，一般应该选用单面板或双面板。分立元器件的电路常用单面板，因为分立元器件的引线少，排列位置便于灵活变换。双面板多用于集成电路较多的电路，特别是双列直插式封装的元器件，因为器件引线的间距小而数目多（少则8个引脚，多则40个引脚或者更多）。

（2）印制板的形状。印制电路板的形状由整机结构和内部空间位置的大小决定。外形应该尽量简单，一般为矩形。印制板生产厂商的收费标准根据制板的工艺难度和制板面积（以cm^2计价）决定，按照整板的矩形形状来计算制板面积。采用矩形，还可以大大简化板边的成形加工量。但是在收录机、电视机等大批量生产的产品中，整机的不同部位上往往需要几块大小形状不一的印制电路板。为了降低电路板的制作成本，提高自动装配焊接的比例，通常把两、三块面积较小的印制板与主电路板组成一个大的矩形，制作成一块整板，待装配、焊接以后，再沿着工艺孔或工艺槽分开，如图10-3a所示。

还有一种电路板的形状被称为“邮票版”，如图10-3b、c所示。为了适合自动装配焊接设备的需要，把若干块面积较小的印制电路板拼在一起，制成一块有工艺孔或工艺槽的大板，整块印制板看起来就像一整版邮票。待装配、焊接以后，再把整板分成多块小板，分别安装到每台设备中去。

（3）印制板尺寸。印制板的尺寸应该接近标准系列值，要从整机的内部结构和板上元器件的数量、尺寸及安装、排列方式来决定。元器件之间要留有一定间隔，特别是在高压电路中，更应该留有足够的间距；在考虑元器件所占用的面积时，要注意发热元器件安装散热片的尺寸；在确定了印制板的净面积以后，还应当向外扩出5~10mm，便于印制板在整机中的安装固定；如果印制板的面积较大、元器件较重或在振动环境下工作，应该采用边框、加强筋或多点支撑等形式加固；当整机内有多块印制板，特别当这些印制板是通过导轨和插座固定时，应该使每块板的尺寸整齐一致，从而有利于它们的固定与加工。

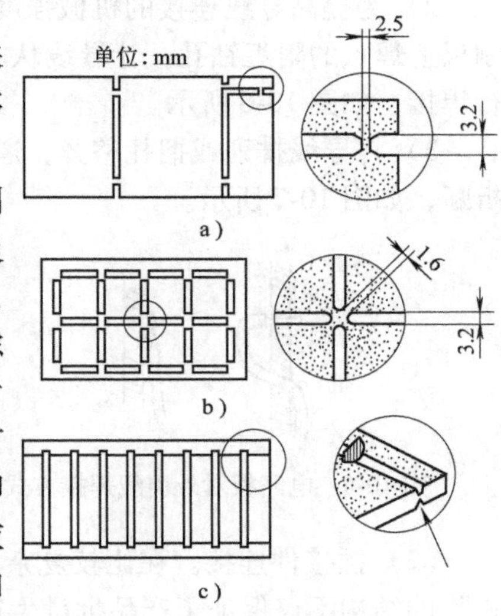

图 10-3 印制板的拼板

（4）板的厚度。在确定板的厚度时，主要考虑对元器件的承重和振动冲击等因素：如果板的尺寸过大或板上的元器件过重（如大容量的电解电容器或大功率器件等），都应该适当增加印制板的厚度或采取加固措施，否则容易产生翘曲。按照电子行业的部颁标准，敷铜板材的标准厚度有0.2mm、0.5mm、0.7mm、0.8mm、1.5mm、1.6mm、2.4mm、3.2mm、6.4mm等。另外，当对外通过插座连线（见图10-4）时，必须注意插座槽的间隙一般为1.5mm。若板材过厚则插不进去，过薄则容易造成接触不良。

4. 印制板对外连接方式的选择

印制板只是整机的一个组成部分，必然存在对外连接的问题。例如，印制板之间、印制板与板外元器件、印制板与设备面板之间，都需要电气连接。当然，这些连接引线的总数要尽量少，并根据整机结构选择连接方式。总的原则应该是使连接可靠，安装、调试、维修方便，成本低廉。对外连接方式可以有很多种，要根据不同特点灵活选择。

（1）导线焊接方式。这是一种最为简单、廉价而可靠的连接方式，不需要任何接插件，只要用导线将印制板上的对外连接点与板外的元器件或其他部件直接焊牢即可。采用导线焊接方式应该注意如下几点：

1）电路板的对外焊点尽可能引到整板的边缘，并按照统一尺寸排列，以利于焊接与维修，如图10-5所示。

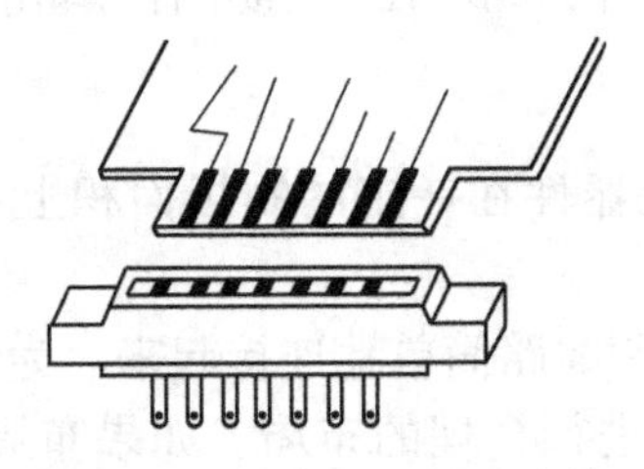

图 10-4 印制板经插座连接

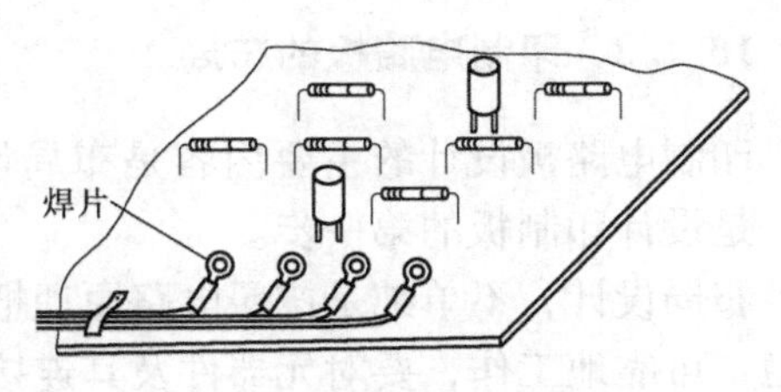

图 10-5 焊接式对外引线

2）为提高导线连接的机械强度，避免因导线受到拉扯将焊盘或印制线拽掉，应该在印制板上焊点的附近钻孔，让导线从电路板的焊接面穿绕过通孔，再从元器件面插入焊盘孔进行焊接，如图 10-6 所示。

3）将导线排列或捆扎整齐，通过线卡或其他紧固件将线与板固定，避免导线因移动而折断，如图 10-7 所示。

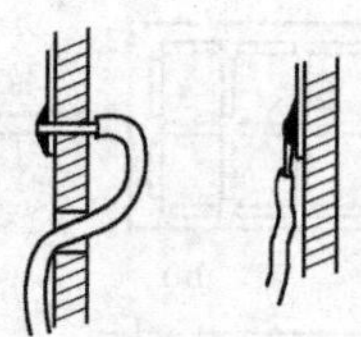

图 10-6 电路板对外引线焊接方式

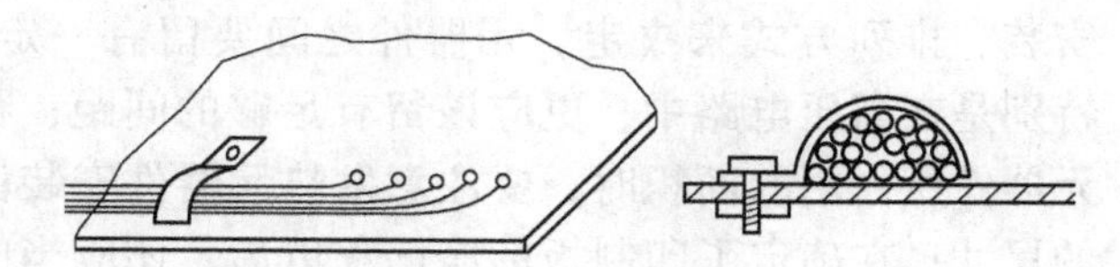

图 10-7 用紧固件将引线固定在板上

（2）插接件连接。在比较复杂的仪器设备中，经常采用接插件连接方式。这种“积木式”的结构不仅保证了产品批量生产的质量，降低了最小系统的成本，并且为调试、维修提供了方便。在一台大型设备中，常常有十几块甚至几十块印制电路板。当整机发生故障时，维修人员不必检查到元器件级，只要判断是哪一块板不正常即可立即对其进行更换，以便在最短的时间内排除故障。接插件的品种繁多，下面介绍常见的几种。

1）印制板插座。把印制板的一端作为插头，插头部分按照插座的尺寸、接点数、接点距离、定位孔的位置等进行设计。设计中应当严格控制引线间的距离，保证与插座的引线间距一致。在制板时，引线部分需要镀金处理，提高耐磨性能并减小接触电阻。这种方式装配简单、维修方便，但可靠性稍差，常因插头部分被氧化或插座簧片老化而接触不良。为了提高对外连接的可靠性，可以把同一条引出线通过电路板上同侧或两侧的接点并联引出，如图 10-6 所示。

2）其他插接件。有很多种插接件可以用于印制电路板的对外连接。例如，在小型仪器中采用插针式接插件，将插座装焊在印制板上，如图 10-8 所示。又如，随着大规模集成电路技术与微型计算机的发展，带状电缆接插件已经得到广泛应用。

如果印制板上有对外连接的大电流信号，可以采用矩形接插件。这种插座的体积较大，不宜直接焊接在印制板上。为保证足够的机械强度和可靠的对外连接，需要另做支架同时固定印制板和插座。

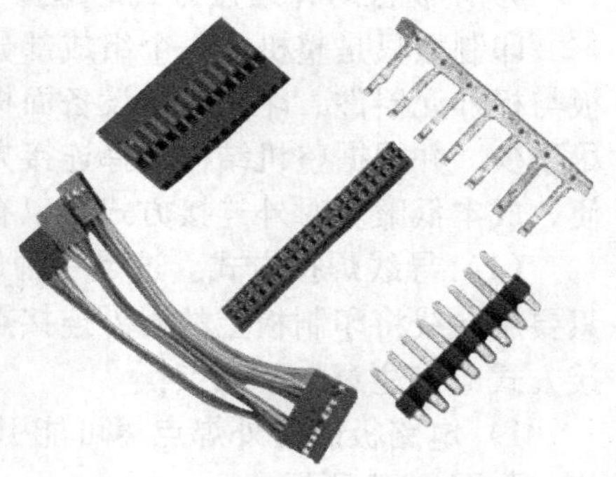

图 10-8 插针式接插件与印制板的连接

10.2.2 印制电路板的布局

印制电路板设计的主要内容是布局设计。把电子元器件在一定的制板面积上合理地布局，是设计印制板的第一步。

布局设计，不单纯是按照电路原理把元器件通过印制线路简单地连接起来。为使整机能够稳定可靠地工作，要对元器件及其连接件在印制板上进行合理的布局。如果布局不合理，就可能出现各种干扰，导致合理的原理方案不能实现，或使整机技术指标下降。有些排版设计虽然能够达到原理图的技术参数要求，但元器件的排列疏密不匀、杂乱无章，不仅影响美观，也会给装配和维修带来不便。这样的设计当然也不能算是合理的。这里将介绍排版布局的一般原则，力求使设计者掌握普通印制板的设计知识，使排版设计尽量合理。

1. 按照信号流走向的布局原则

对整机电路的布局原则是，把整个电路按照功能划分成若干个电路单元，按照电信号的流向，逐个依次安排各个功能电路单元在板上的位置，使布局便于信号流通，并使信号流尽可能保持一致的方向。在多数情况下，信号流向是从左到右（左输入、右输出）或从上到下（上输入、下输出）。与输入/输出端直接相连的元器件应当放在靠近输入/输出接插件或连接器的地方。以每个功能电路的核心部件为中心，围绕它来进行布局。例如，一般是以晶体管或集成电路芯片等半导体器件作为核心部件，根据它们各电极的位置，排布其他元器件。要考虑每个元器件的形状、尺寸、极性和引脚数目，以缩短连线为目的，调整它们的方向及位置。

2. 优先确定特殊元器件的位置

电子整机产品的干扰问题比较复杂，它可能由电、磁、热、机械等多种因素引起。所以在着手设计印制板的板面、决定整机电路布局的时候，应该分析电路原理，首先确定特殊元器件的位置；然后再安排其他元器件，尽量避免可能产生干扰的因素；并采取措施，使印制板上可能产生的干扰得到最大限度的抑制。所谓特殊元器件，是指那些从电、磁、热、机械强度等几方面对整机性能产生影响或根据操作要求而要固定位置的元器件。

3. 操作性能对元器件位置的要求

（1）对于电位器、可变电容器或可调电感线圈等调节元件的布局，要考虑整机结构的安排。如果是机外调节，其位置要与调节旋钮在机箱面板上的位置相适应，如果是机内调节，则应放在印制板上能够方便地进行调节的地方。

（2）为了保证调试、维修的安全，特别要注意带高电压的元器件（例如显示器的阳极高压），尽量将其布置在操作时人手不易触及的地方。

4. 一般元器件的安装与排列

（1）元器件的安置布局。在印制板的排版设计中，布设元器件应该遵循的几条原则如下：

1）元器件在整个板面上分布均匀、疏密一致。

2）元器件不要占满板面，注意板边四周要留有一定空间。留空的大小要根据印制板的面积和固定方式来确定，位于印制电路板边上的元器件，距离印制板的边缘至少应该大于2mm。电子仪器内的印制板四周，一般每边都留有5~10mm空间。

3）一般元器件应该布设在印制板的一面，并且每个元器件的引脚要单独占用一个焊盘。

4）元器件的布设不能上下交叉（见图10-9）。相邻的两个元器件之间，要保持一定间距。间距不得过小，避免相互碰接。相邻元器件的电位差较高，则应当保持安全距离。一般环境中的间隙安全电压是200V/mm。

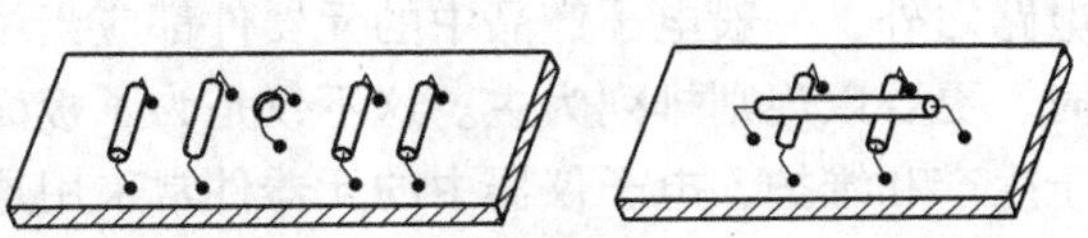

图10-9　元器件布设

5）元器件的安装高度要尽量低，一般元器件和引线离开板面不要超过5mm，过高则承受振动和冲击的稳定性变差，容易倒伏或与碰接相邻元器件。

6）根据印制板在整机中的安装位置及状态，确定元器件的轴线方向。规则排列的元器件，应该使体积较大的元器件的轴线方向在整机中处于竖立状态，可以提高元器件在板上固定的稳定性，如图10-10所示。

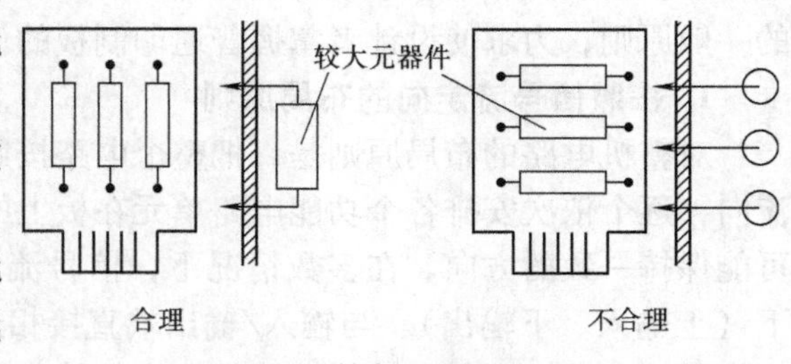

图10-10 元器件布设方向

7）元器件两端焊盘的跨距应该稍大于元器件体的轴向尺寸，如图10-11所示。引线不要齐根弯折，弯脚时应该留出一定距离（至少2mm），以免损坏元器件。

（2）元器件的安装固定方式。在印制板上，元器件有立式与卧式两种安装固定的方式。卧式是指元器件的轴线方向与印制板面平行，立式则是垂直的，如图10-12所示。这两种方式各有特点，在设计印制板时应该灵活掌握原则，可以采用其中一种方式，也可以同时使用两种方式。但要确保电路的抗震性能好，安装维修方便，元器件排列疏密均匀，有利于印制导线的布设。

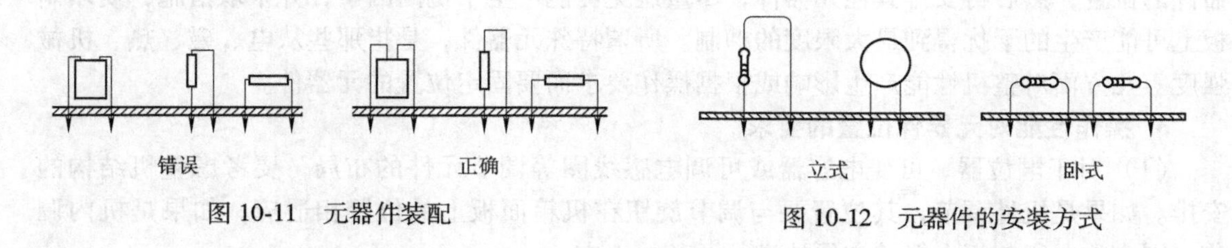

图10-11 元器件装配

图10-12 元器件的安装方式

1）立式安装。立式安装的元器件占用面积小，单位板面上容纳元器件的数量多。这种安装方式适合于元器件排列密集紧凑的产品，如半导体收音机、助听器等，许多小型的便携式仪表中的元器件也常采用立式安装法。立式安装的元器件要求体积小、重量轻，过大、过重的元器件不宜立式安装。

2）卧式安装。与立式安装相比，元器件卧式安装具有机械稳定性好、板面排列整齐等优点。卧式固定使元器件的跨距加大，容易从两个焊点之间走线，这对于布设印制线十分有利。

（3）元器件的排列格式。元器件应当均匀、整齐、紧凑地排列在印制电路板上，尽量减少和缩短各个单元电路之间和每个元器件之间的引线和连接。元器件在印制板上的排列有规则与不规则两种方式。这两种方式在印制板上可以单独采用，也可以同时出现。

1）规则排列。元器件的轴线方向排列一致，并与印制板的四边垂直、平行。除了高频电路之外，一般电子产品中的元器件都应当尽可能平行或垂直地排列，卧式安装固定元器件时，更要以规则排列为主。这不仅是为了板面美观整齐，还可以方便装配、焊接、调试，易于生产和维护。电子仪器中的元器件常采用这种排列方式。但由于元器件的规则排列要受到方向或位置上一定的限制，所以印制板上导线的布设可能复杂一些，导线的总长度也会相应增加。

2）不规则排列。如图10-13所示，元器件的轴线方向彼此不一致，在板上的排列顺序也没有一定规则。用这种方式排列元器件，看起来显得杂乱无章，但由于元器件不受位置与方向的限制，使印制导线布设方便，并且可以缩短、减少元器件的连线，大大降低了印制导线的总长度。这对于减少电路板的分布参数、抑制干扰很有好处，对于高频电路特别有利。

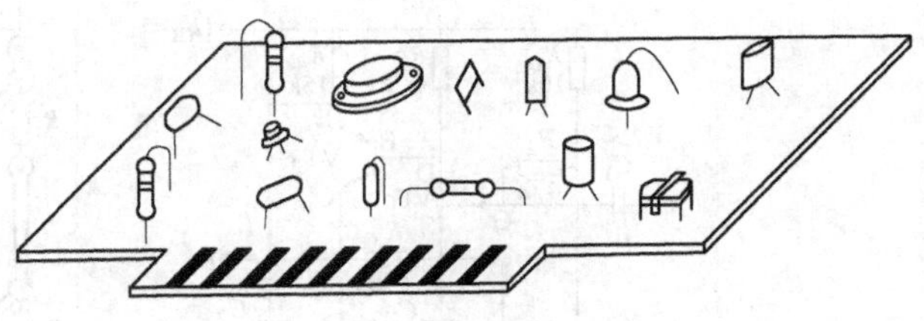

图10-13 元器件不规则排列

（4）元器件焊盘的定位。元器件的每个引出线都要在印制板上占据一个焊盘，焊盘的位置随元器件的尺寸及其固定方式而改变。对于立式固定和不规则排列的板面，焊盘的位置可以不受元器件尺寸与间距的限制；对于规则排列的板面，要求每个焊盘的位置及彼此间的距离应该遵守一定标准。无论采用哪种固定方式或排列规则，焊盘的中心（即引线孔的中心）距离印制板的边缘不能太近，一般距离应在2.5mm以上，至少应该大于板的厚度。

焊盘的位置一般要求落在正交网格的交点上，如图10-14所示。在国际IEC标准中，正交网格的标准格距为2.54mm；我国的标准是2.5mm。对于一般人工钻孔和手工装配，除了双列直插式集成电路的引脚以外，其他元器件焊盘的位置则可以不受此格距的严格约束。但在设计中，焊盘位置应该尽量使元器件排列整齐一致，尺寸相近的元器件的焊盘间距应该力求统一（焊盘中心距不得小于板的厚度）。这样不仅整齐、美观，而且便于元器件装配及弯脚。当然，所谓整齐一致也是相对而言的，特殊情况要因地制宜，如图10-15所示。

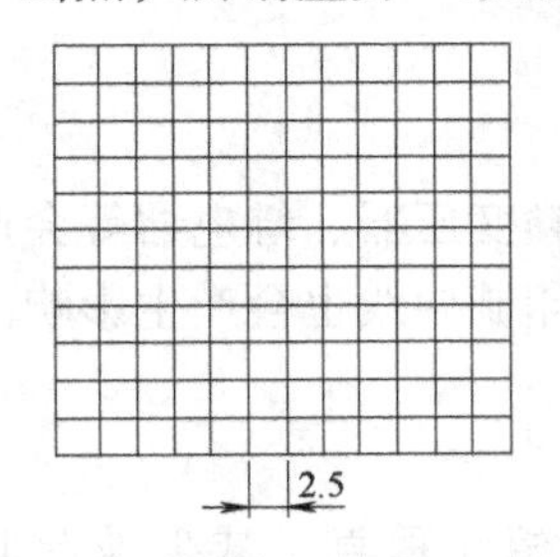

图10-14 正交网格

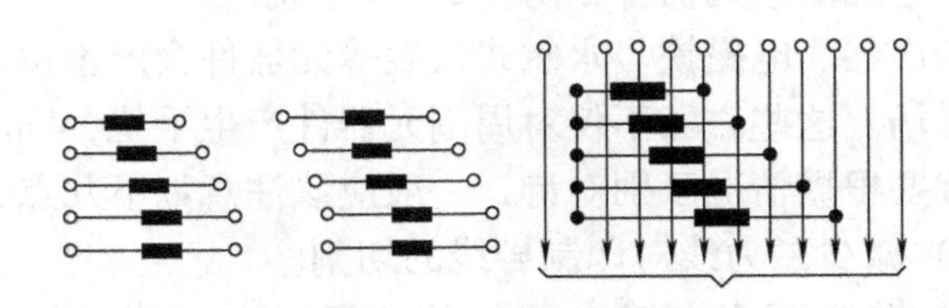

图10-15 规则排列中的灵活性

图10-16所示为一个两级晶体管放大电路的布局实例。图a是电路原理图；图b是一种正确的布局；而图c是不好的布局，它不利于与前后级电路的连接，并且板面形状复杂，在制板时难免会有较大浪费。

5. 防止电磁干扰

电磁干扰是在整机工作和调试中经常发生的现象，其原因是多方面的。除了外界因素（如空间电磁波）造成干扰以外，印制板布线不合理、元器件安装位置不恰当等，都可以引起干扰。这些干扰因素，如果在设计中事先予以重视，则完全可以避免。相反地，如果在设计中考虑不周，便会出现干扰，使设计失败。下面就印制板设计过程中可能造成的几种电磁干扰及其抑制方法进行说明。

（1）相互可能产生影响或干扰的元器件，应当尽量分开或采取屏蔽措施。要设法缩短高频部分元器件之间的连线，减小它们的分布参数和相互间的电磁干扰。强电部分（220V）和弱电部分（直流电源供电）、输入级和输出级的元器件应当尽量分开。直流电源引线较长

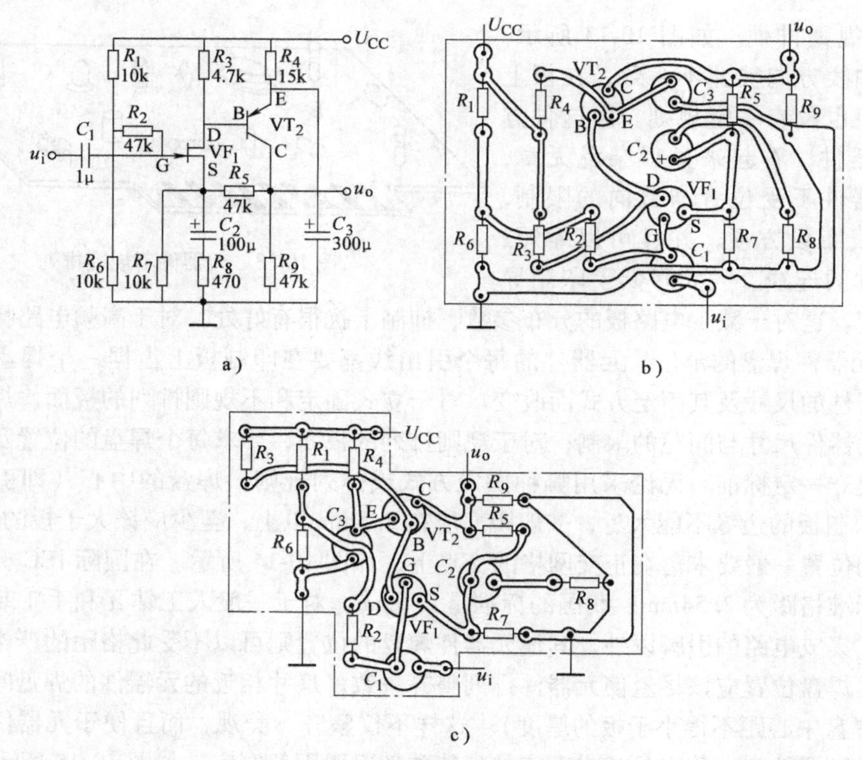

图 10-16 两级放大电路的布局实例

时，要增加滤波元器件，防止 50Hz 干扰。

扬声器、电磁铁、永磁式仪表等元器件会产生恒定磁场，高频变压器、继电器等会产生交变磁场。这些磁场不仅对周围元器件产生干扰，同时对周围的印制导线也会产生影响。这类干扰要根据情况区别对待，一般应该注意如下几点：

1）减少磁力线对印制导线的切割。

2）确定两个电感类元件的位置时，应使它们的磁场方向相互垂直，减少彼此间的耦合。

3）对干扰源进行电磁屏蔽，屏蔽罩应该良好接地。

4）使用高频电缆直接传输信号时，电缆的屏蔽层应一端接地。

（2）由于某些元器件或导线之间可能有较高电位差，应该加大它们的距离，以免因放电击穿引起意外短路。金属壳的元器件要避免相互触碰。例如，NPN 型晶体管的外壳或大功率管的散热片一般接晶体管的集电极（C），在电路中接电源正极或高电位；电解电容器的外壳为负极，在电路中接地或接低电位；如果两者的外壳都不带绝缘，设计电路板时就必须考虑它们的距离，否则在电路工作时，两者相碰就会造成电源短路事故。

6. 抑制热干扰的设计

温度升高造成的干扰，在印制板设计中也应该引起注意。例如，晶体管是一种温度敏感器件，特别是锗材料的半导体器件，更容易受环境温度的影响而使其工作点漂移，造成整个电路的电气性能发生变化。在设计印制板的时候，应该首先分析、区别哪些是发热元器件，哪些是温度敏感元器件。

（1）装在板上的发热元器件（如功耗大的电阻）应当布置在靠近外壳或通风较好的地方，以便利用机壳上开凿的通风孔散热。尽量不要把几个发热元器件放在一起，并且要考虑使用散热器或小风扇等装置，使元器件的温升不超过允许值。大功率器件可以直接固定在机壳上，利用金属外壳传导散热；如果必须安装在印制电路板上，则要特别注意不能将它们紧贴在板上安装，而要配置足够大的散热片，还应该同其他元器件保持一定距离，避免发热元器件对周围元器件产生热传导或热辐射。

（2）对于温度敏感的元器件（如晶体管、集成电路和其他热敏元件、大电容量的电解电容器等）不宜放在热源附近或设备内的上部。电路长期工作引起温度升高，会影响这些元器件的工作状态及性能。

7. 增加机械强度的考虑

要注意整个电路板的重心平衡与稳定。对于那些又大又重、发热量较多的元器件（如电源变压器、大电解电容器和带散热片的大功率晶体管等），一般不要直接安装固定在印制电路板上。应当把它们固定在机箱底板上，使整机的重心靠下、容易稳定。否则，这些大型元器件不仅要大量占据印制板上的有效面积和空间，而且在固定它们时，往往可能使印制板弯曲变形，导致其他元器件受到机械损伤，还会引起对外连接的接插件接触不良。重量在 15g 以上的较大元器件，如果必须安装在电路板上，不能只靠焊盘焊接固定，应当采用支架或卡子等辅助固定措施。

当印制电路板的板面尺寸大于 200mm×150mm 时，考虑到电路板所承受重力和振动产生的机械应力，应该采用机械边框对它进行加固，以免变形。在板上留出固定支架、定位螺钉和连接插座所用的位置。

10. 2. 3　印制电路板上的焊盘及印制导线

元器件在印制板上的固定，是靠引线焊接在焊盘上实现的。元器件彼此之间的电气连接，依靠印制导线。这里主要介绍焊盘与印制导线的设计方法和注意事项。

1. 焊盘

元器件通过板上的引线孔，用焊锡焊接固定在印制板上，印制导线把焊盘连接起来，实现元器件在电路中的电气连接。引线孔及其周围的铜箔称为焊盘。

（1）引线孔的直径。引线孔在焊盘中心，孔径应该比所焊接的元器件引脚的直径略大一些，才能方便地插装元器件。但孔径也不能太大，否则在焊接时不仅用锡量多，并且容易因为元器件的活动而造成虚焊，使焊接的机械强度变差。引线孔的直径优先采用 0. 5mm、0. 8mm 和 1. 2mm 等尺寸。在同一块电路板上，孔径的尺寸规格应当少一些，要尽可能避免异形孔。为了保证双面板或多层板上金属化孔的生产质量，孔径一般要大于板厚的 1/3。

（2）焊盘的外径。焊盘的外径一般应当比引线孔的直径大 1. 3mm 以上，即如果焊盘的外径为 D，引线孔的孔径为 d，应有 $D \geqslant d+1.3\text{mm}$；在高密度的电路板上，焊盘的最小直径可以为

$$D_{\min}=d+1\text{mm}$$

如果外径太小，焊盘就容易在焊接时粘断或剥落；但也不能太大，否则不容易焊接并且影响印制板的布线密度。

（3）焊盘的形状如下：

1）岛形焊盘。如图 10-17 所示，岛形焊盘常用于元器件不规则排列的情况，特别是当元器件采用立式不规则固定时更为普遍。电视机、收录机等家用电器产品中，几乎均采用这种焊盘形式。岛形焊盘适合于元器件密集固定，并可大量减少印制导线的长度与数量，能在一定程度上抑制分布参数对电路造成的影响。此外，焊盘与印制导线合为一体以后，铜箔的面积加大，使焊盘和印制导线的抗剥强度增加。

2）圆形焊盘。如图 10-18 所示，焊盘的外径一般为孔径的 2~3 倍。设计时，如果板面密度允许，焊盘就不宜过小，因为太小的焊盘在焊接时容易脱落。在同一块板上，除个别大元器件引脚需要大孔以外，一般焊盘的外径应取一致，这样不仅美观，而且容易绘制。圆形焊盘多在元器件规则排列方式中使用，双面印制板也多采用圆形焊盘。

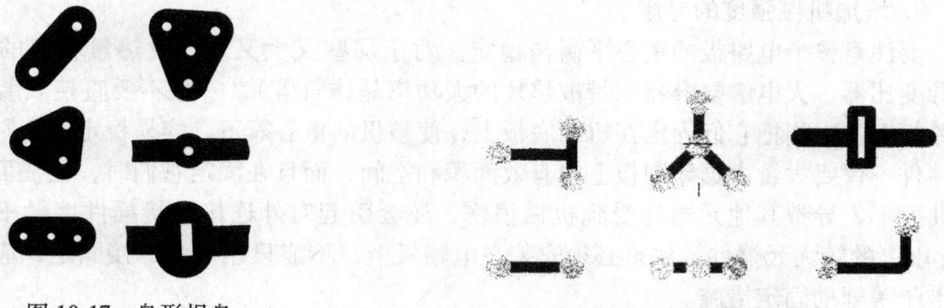

图 10-17 岛形焊盘　　图 10-18 圆形焊盘

3）方形焊盘。如图 10-19 所示，印制板上元器件体积大、数量少且线路简单时，多采用方形焊盘。这种形式的焊盘设计制作简单、精度要求低、容易实现。在一些手工制作的印制板中，常采用这种方式。在一些大电流的印制板上也多用这种形式，它可以获得较大的载流量。

4）灵活设计的焊盘。在印制电路的设计中，不必拘泥于一种形式的焊盘，要根据实际情况灵活变换。如图 10-20 所示，由于线路过于密集，焊盘有与邻近导线有短路的危险，因此可以毫不犹豫地切掉一部分，以确保安全。又如，一般封装的集成电路两引脚之间的距离只有 2.5mm，如此小的间距里还要走线，只好将圆形焊盘拉长，改成近似椭圆的长焊盘。这种焊盘目前已成为标准形式，其尺寸如图 10-21 所示。在布线密度很高的印制板上，椭圆形焊盘之间往往通过 1 条甚至 2 条信号线。

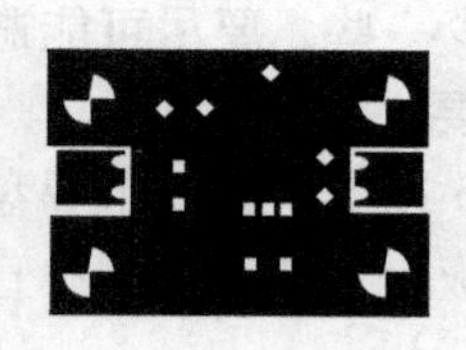

图 10-19 方形焊盘

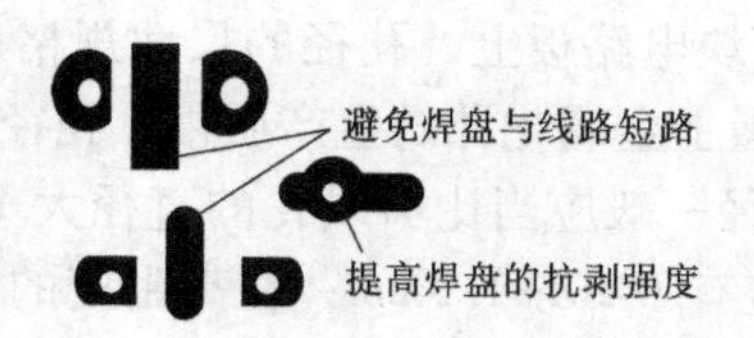

图 10-20 灵活设计焊盘

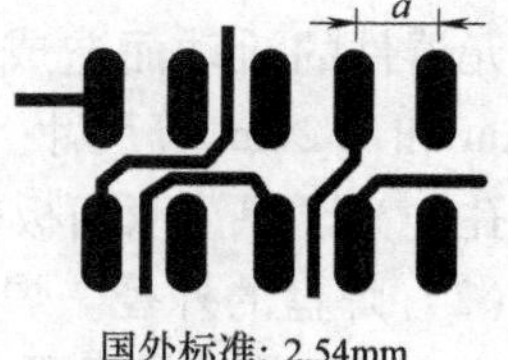

图 10-21 椭圆焊盘

2. 印制导线

（1）印制导线的宽度。电路板上连接焊盘的印制导线的宽度，主要由铜箔与绝缘基板之间的黏附强度和流过导线的电流强度来决定，而且应该宽窄适度，与整个板面及焊盘的大小相协调。一般，导线的宽度可选在 0.3～2mm。实验证明，若印制导线的铜箔厚度为 0.05mm、宽度为 1～1.5mm，当它通过 2A 电流时，温升小于 3℃。印制导线的载流量可按 20A/mm^2（电流/导线截面积）计算。当铜箔厚度为 0.05mm 时，1mm 宽的印制导线允许通过 1A 电流。因此可以认为，导线宽度的毫米数即等于载荷电流的安培数。所以，导线的宽度选在 1～1.5mm，完全可以满足一般电路的要求。对于集成电路的信号线，导线宽度可以选在 1mm 以下，甚至 0.25mm。但是，为了保证导线在板上的抗剥强度和工作可靠性，线条也不宜太细。只要板上的面积及线条密度允许，应该尽可能采用较宽的导线，特别是电源线、地线及大电流的信号线更要适当加大宽度。

图 10-22　大面积导线上的焊盘

另外，对于特别宽的印制导线和为了减少干扰而采用的大面积覆盖接地时，对焊盘的形状要做如图 10-22 所示的特殊处理。这是出于保证焊接质量的考虑，因为大面积铜箔的热容量大而需要长时间加热、热量散发快而容易造成虚焊，在焊接时受热量过多也会引起铜箔鼓胀或翘起。

（2）印制导线的间距。导线之间距离，决定于相邻两根导线之间的电位差。实验证明，导线之间的距离在 1.5mm 时，其绝缘电阻超过 10MΩ，允许的工作电压可达到 300V 以上；间距为 1mm 时，允许电压为 200V。印制导线的间距通常采用 1～1.5mm。另外，如果两条导线间距很小，信号传输时的串扰就会增加。所以，为了保证产品的可靠性，应该尽量争取导线间距不小于 1mm。如果板面线条较密而布线困难，只要绝缘电阻及工作电压允许，导线间距也可以进一步减小。

（3）避免导线的交叉。在设计板面时，应该尽量避免导线的交叉。这一点，对于双面电路板比较容易实现，对单面板就要困难很多。在设计单面板时，有时可能会遇到导线绕不过去而不得不交叉的情况，可以用绝缘导线跨接交叉点，不过这种跨接线应该尽量少。

（4）印制导线的走向与形状。关于印制导线的走向与形状，如图 10-23 所示。在设计时应该注意下列几点：

	导线拐弯	焊盘与导线连接	导线穿过焊盘	其他形状
合　理				
不合理				

图 10-23　印制导线的形状与走向

1）印制导线的走向不能有急剧的拐弯和尖角，拐角不得小于 90°，这是因为很小的内角在制板时难以腐蚀，而在过尖的外角处，铜箔容易剥离或翘起。最佳的拐弯形式是平缓的过渡，即拐角的内角和外角最好都是圆弧。

2）导线通过两个焊盘之间而不与它们连通的时候，应该与它们保持最大而相等的间距；同样，导线与导线之间的距离也应当均匀地相等并且保持最大。

3）导线与焊盘的连接处的过渡也要圆滑，避免出现小尖角。

4）对于焊盘之间导线的连接，当焊盘之间的距离小于一个焊盘的外径 D，导线的宽度可以和焊盘的直径相同；如果焊盘之间的距离大于 D，则应减小导线的宽度；如果一条导线上有三个以上焊盘，它们之间的距离应该大于 $2D$。

（5）导线的布局顺序。在印制导线布局的时候，应该先考虑信号线，后考虑电源线和地线。因为信号线一般比较集中，布置的密度也比较高，而电源线和地线比信号线宽很多，对长度的限制要小一些。

10.2.4 印制导线的干扰和屏蔽

1. 地线布置引起的干扰

几乎任何电路都存在一个自身的接地点（不一定是真正的大地），电路中接地点的概念表示零电位，其他电位均相对于这一点而言。但在实际的印制电路板上，地线并不能保证是绝对零电位，往往存在一个很小的非零电位值。由于电路的放大作用，这个很小的电位便可能产生影响电路性能的干扰。在讨论如何克服这一干扰以前，先结合电路讨论干扰产生的原因。如图 10-24 所示，电路Ⅰ与电路Ⅱ共用地线 A-B 段，虽然从原理上说 A 点与 B 点同为电位零点，但如果在实际电路中的 A、B 两点之间有导线，就必然存在一定阻抗。假设印制导线 A-B 的长度为 10cm，宽度为 1.5mm，铜箔厚度为 0.05mm，则根据下式：

$$R=\rho L/S$$

得 $R=0.026\Omega$。这个电阻并不算大，但当有较大电流通过时，就要产生一定压降。此压降经过放大，会产生足以影响电路性能的干扰。又如，在这个电路中，当通过回路的电流频率高达 30MHz 时，A-B 间的感抗高达 16Ω。如此大的感抗，即使流经的电流很小，在 A-B 间产生的信号也足以造成不可忽视的干扰。可见，造成这类干扰的主要原因在于两个或两个以上的回路共用一段地线。

为克服这种由于地线布设不合理而造成的干扰，在设计印制电路时，应当尽量避免不同回路的电流同时流经某一段共用地线。特别是在高频电路和大电流回路中，更要讲究地线的接法。有经验的设计人员都知道，把“交流地”和“直流地”分开，是减少噪声通过地线串扰的有效方法。

在布设印制电路地线的时候，首先要处理好各级电路的内部接地，同级电路的几个接地点要尽量集中。集中于一点的接地称为一点接地，它可以避免其他回路中的交流信号窜入本级或本级中的交流信号窜到其他回路中去。然后，再布设整个印制板上的地线，防止各级之间的互相干扰。下面介绍几种接地方式：

1）并联分路式。把印制板上几部分的地线，分别通过各处的地线汇总到电路板的总接地点上，如图 10-25 所示。

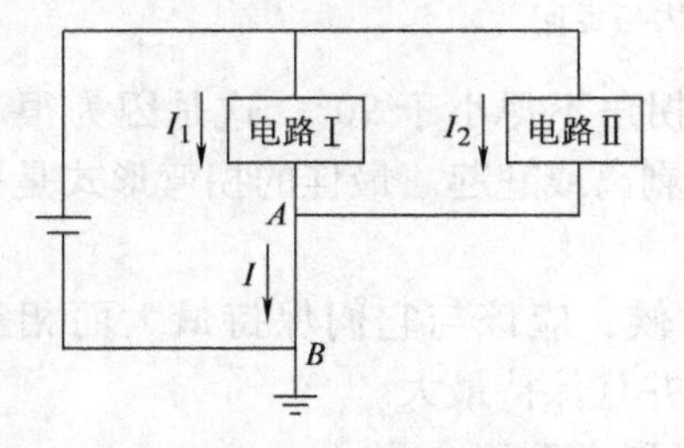

图 10-24 地线产生的干扰

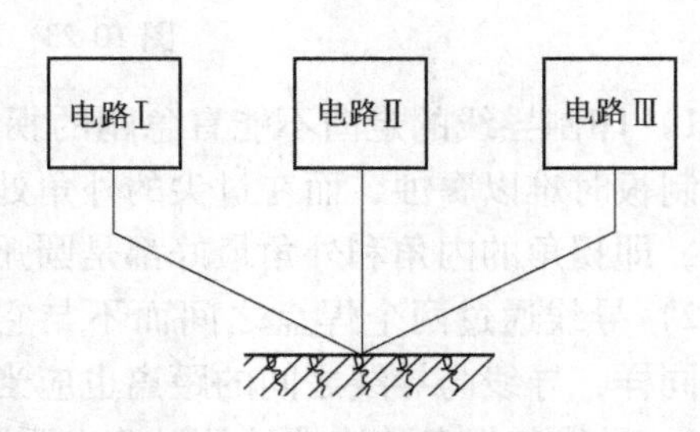

图 10-25 并联分路式接地

2）大面积覆盖接地。在高频电路中尽量扩大印制板的地线面积，可以有效地减小地线中的感抗，从而削弱在地线上产生的高频信号。同时，大面积接地还可对电场干扰起到屏蔽的作用。图10-26所示是一块高频信号测试电路的印制板，它就采用了大面积覆盖接地的办法。

2. 电源产生的干扰与对策

任何电子仪器（包括其他电子产品）都需要电源供电，并且绝大多数直流电源是由交流市电通过降压、整流、稳压后提供的。供电电源的质量会直接影响整机的技术指标。除了原理设计的问题以外，电源的工艺布线或印制板设计不合理，也都会引起电源的质量不好，特别是交流电源对直流电源的干扰。例如，在图10-27所示的稳压电路中，整流管接地及交流回路的滤波电容与直流电源的取样电阻共用一段接地导线，都会由于布线不合理，导致交、直流回路彼此相连，造成交流信号对直流电路产生干扰，使电源的质量下降。为避免这种干扰，应该在设计电源时谨慎地处理上述现象。

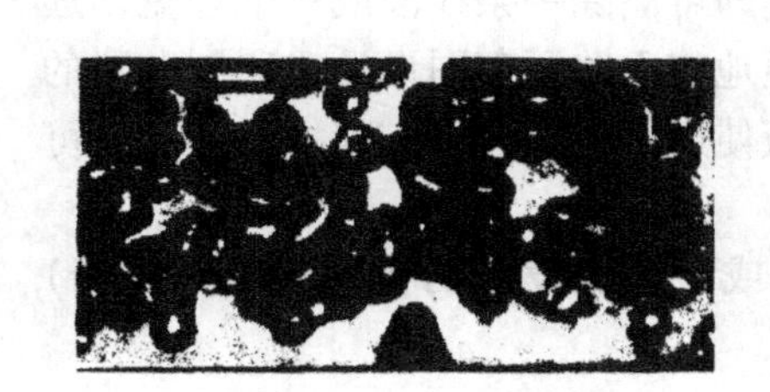

图10-26 大面积覆盖接地

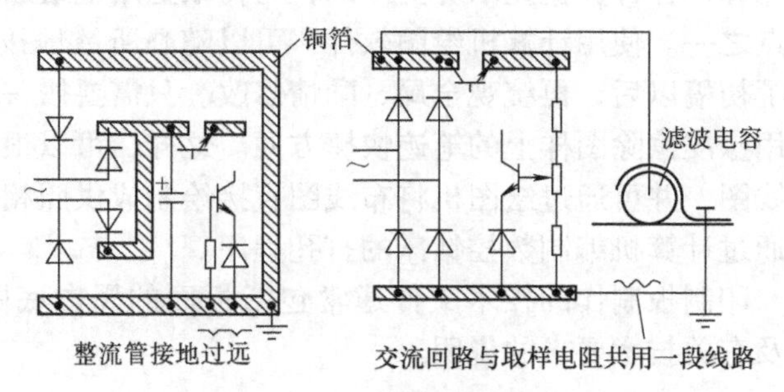

图10-27 电源布线不当产生的干扰

3. 磁场的干扰与对策

印制板使元器件安装紧凑、连线密集，这一特点无疑是印制板的优点。然而，如果设计不当，这个特点也会给整机带来麻烦，如印制板分布参数造成的干扰、元器件相互之间的磁场干扰等。如同其他干扰一样，在设计时必须重视。

（1）避免印制导线之间的寄生耦合。两条相距很近的平行导线，它们之间的分布参数可以等效为相互耦合的电感和电容，当信号从一条线中通过时，另一条线内也会产生感应信号。感应信号的大小与原始信号的频率及功率有关，感应信号便是分布参数产生的干扰源。为了抑制这种干扰，排版前要分析原理图，区别强弱信号线，使弱信号线尽量短，并避免与其他信号线平行靠近。不同回路的信号线，要尽量避免相互平行布设，双面板上两面的印制导线走向要相互垂直，尽量避免平行布设。这些措施都可以减少分布参数造成的干扰。

（2）印制导线屏蔽。有时，某种信号线密集地平行，且无法摆脱较强信号的干扰。为了抑制干扰，在这种情况下可以采用图10-28所示的印制导线屏蔽的方法，将弱信号屏蔽起来，其效果与屏蔽电缆相似，使之所受的干扰得到抑制。

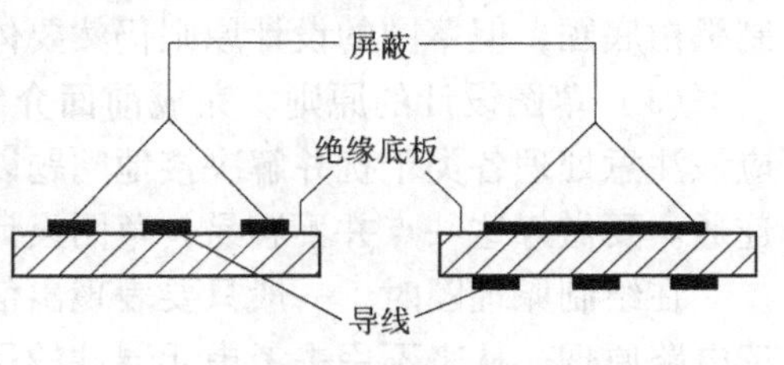

图10-28 印制导线屏蔽

（3）减小磁性元件对印制导线的干扰。扬声器、电磁铁、永磁式仪表等产生的恒定磁场和高频变压器、继电器等产生的交变磁场，对周围的印制导线也会产生影响。要排除这类干扰，一般应该注意分析磁性元件的磁场方向，减少印制导线对磁力线的切割。

10.3 制板工艺

电子工业的发展，特别是微电子技术的飞速发展，对印制电路板的制造工艺和质量、精度也不断提出新的要求。同时，随着电路板设计的计算机辅助设计（Computer Aided Design，CAD）技术的发展，作为电子工程技术人员，在完成了印制板的板面设计之后，只要提供制板的技术文件给专业生产厂商，生产厂商就可根据设计文件、板材等要求进行专业化生产。这样不仅可以提高印制板的生产制造工艺水平，提高专用设备的利用效率和经济效益，也有利于环境保护，减少酸、碱及其他有毒、有害化学物质的污染。

CAD印制电路板软件的发展，为印制电路的设计与生产开辟了新的途径。操作键盘调动光标，在计算机显示屏上绘图，与在纸上用笔绘图或用胶条贴图相比，便于修改是显著的优点之一。使用计算机绘图软件，可以随心所欲地按照自己的初步设想去直接布局、走线，有了初稿以后，再统观全局、酌情修改。只需要按一个键即可删除一条线段或一个焊盘，远比用橡皮擦除图样上的笔迹快捷方便。这样，可以很方便地将电路原理图设计成印制电路的布线图，并可通过绘图机将布线图直接绘制成供照相制版使用的黑白底图。根据需要，还可以通过计算机编制数控钻床的打孔程序。

印制板制作的技术文件通常包括板面的黑白底图（或计算机设计的板面的电子文档）以及有关技术要求的说明。

印制电路板制作的步骤

1. 草图设计

所谓草图，是指能够准确反映元器件在印制板上的位置与连接的设计图纸，是绘制黑白底图（也称墨稿图，用于照相制版）的依据。在草图中，要求焊盘的位置及间距、焊盘间的相互连接、印制导线的走向及形状、整板的外形尺寸等，均应按照印制板的实际尺寸（或按一定比例）绘制出来。在草图设计完成之后，再根据它绘制印制板的黑白底图；也可以把草图送到专业制板厂商，由那里的技术人员按照它绘制黑白底图，作为后续生产过程的原始依据。

绘制草图是印制板设计图形化的关键和主要的工作量，设计过程中考虑的各种因素都要在草图上体现出来。电子工程技术人员应该全面掌握印制板的设计原则，才能设计出成功的草图。即使采用计算机设计印制电路板，虽然可以不用在纸上设计草图，直接在计算机上绘制黑白底图，但草图的设计原则仍然要体现在CAD软件的应用过程中。

（1）草图设计的原则。完成前面介绍的准备工作以后，就可以开始绘制草图了。除了应该注意处理各类干扰并解决接地问题以外，草图设计的主要原则是保证印制线路不交叉地连通。要做好这一点并不容易，草图设计的主要工作量也在于绘制不交叉单线草图。

在绘制原理图时，一般只要表现出信号的流程及元器件在电路中的作用，便于分析与阅读电路原理，从来不用去考虑元器件的尺寸、形状和引出线的排列顺序。因此，原理图中走线交叉的现象很多，这对读图毫无影响。而在印制电路板上，导线交叉是不允许的。所以，在草图设计时首先要绘制不交叉单线图。

1）通过重新排列元器件的位置，使元器件在同一平面上按照电路接通，并且彼此之间的连线不能交叉。如果遇到交叉，就要重新调整元器件的排列位置与方向，来解决或避免这种情况，如图10-29所示。总之，在设计过程的开始阶段，不要过早地定死每个元器件的排列顺序和方向。对于比较复杂的电路，有时想完全不交叉是困难的。如果为了保证两条引线不交叉，让其中的一条线拐弯抹角地拉得很长，这也是不恰当的，在设计中要尽量避免。因为这不仅增加了印制导线的密度，而且很可能因为导线过长而产生干扰。为此，可以采用“飞线”来解决这个问题。飞线即跨接导线，在印制导线的交叉处切断一根，用一根短接线从板的元器件面跨接过去。当然，这种跨接导线只有在迫不得已的情况下偶然使用，如果“飞线”过多，便会影响板的设计质量，不能算是成功之作。

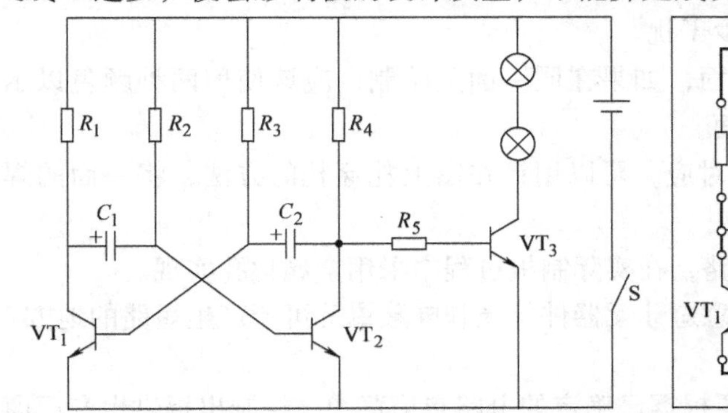

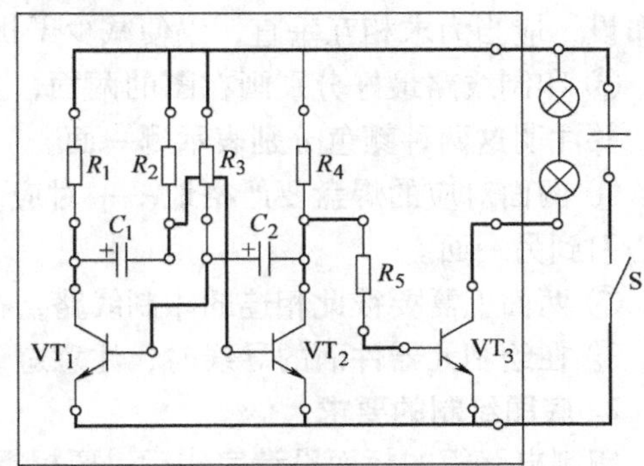

图10-29 原理图与不交叉单线草图

2）不交叉单线草图基本完稿以后，即可以着手绘制草图。草图要求元器件的位置及尺寸大体固定，印制导线排定，并尽量做到短、少、疏。通常需要多次调整元器件位置或方向，几经反复才能达到满意的结果。

3）为了制作印制板的黑白底图，应该绘制一张正式的草图。这张草图要求板面尺寸、焊盘位置、印制导线的连接与走向、板上各孔的尺寸及位置等，都要与实际板面相同，并明确地标注出来。同时，应该在图中注明电路板的各项技术要求。图的比例可根据印制板上图形的密度和精度决定，可以取1：1、2：1、4：1等不同的比例。

（2）草图绘制的步骤。草图绘制的具体步骤如下：

1）按照草图尺寸，在有一定余量的方格纸或坐标纸上绘制。

2）画出板面轮廓尺寸，并在边框的下面留出一定空间，用于说明技术要求。

3）板面内的四周留出不设置焊盘与导线的一定空白间距（一般为5~10mm）。绘制印制板的定位孔和板上各元器件的固定孔。

4）先按照不交叉单线图上元器件的位置顺序，用铅笔画出各元器件的外形轮廓。注意使各元器件的轮廓尺寸与实物对应，元器件的间距要均匀一致。使用较多的小型元器件可不画出轮廓图，如电阻、小电容、小功率晶体管等，但要做到心中有数。

5）确定并标出各焊盘的位置。有精度要求的焊盘要严格按照尺寸标出，无尺寸要求的，应该尽量使元器件排列均匀、整齐（在规则排列中更应注意）。布置焊盘位置时，不要考虑焊盘的间距是否整齐一致，而要根据元器件的大小形状确定，最终保证元器件在装配后分布均匀、排列整齐、疏密适中。

6）勾画印制导线。为简便起见，只用细线标明导线的走向及路径即可，不需要把印制导线按照实际宽度画出来，但应该考虑线间的距离。

7）将铅笔绘制的草图反复核对无误以后，再用绘图笔重描焊点及印制导线，描好后擦去元器件实物轮廓图，使草图清晰、明了。

8）标明焊盘尺寸及线路宽度。

9）对于双面印制板来说，还要考虑以下几点：

① 草图可在图的两面分别画出，也可用两种颜色在纸的同一面画出。无论用哪种方式画，都必须让两面的图形严格对应。

② 元器件布在板的一面，主要印制导线布在无元器件面，两面的印制线路尽量避免平行布设，应当力求相互垂直，以便减少干扰。

③ 印制线路最好分别画在图的两面，如果在同一面上绘制，应该使用两种颜色以示区别，并注明这两种颜色分别表示哪一面。

④ 两面对应的焊盘要严格地一一对应，可以用针在图上扎穿孔的方法，将一面的焊盘中心引到另一面。

⑤ 两面上需要彼此相连的印制线路，在实际制板过程中采用金属化孔实现。

⑥ 在绘制元器件面的导线时，注意避让元器件外壳和屏蔽罩等可能产生短路的地方。

2. 底图绘制的要求

印制电路板的板面设计完成后，要根据已确定的电路布局草图，绘制出提供生产厂商照相使用的黑白底图。底图的设计和绘制质量，将直接影响印制板的生产质量。优质的底图既要满足电路设计的要求，又要兼顾生产厂商加工工艺的可行性。

（1）手工绘图。手工绘制的印制板的墨稿黑白底图如图10-30所示。绘制黑白底图应该满足如下要求：

1）一般按照2∶1或4∶1的比例绘制实际板面尺寸的放大底图。线路简单的底图也可以与实际板面尺寸相同。通常，高精度、高密度印制板的底图都需要适当扩大，照相制版时缩回到实际尺寸，以保证胶片的精度。

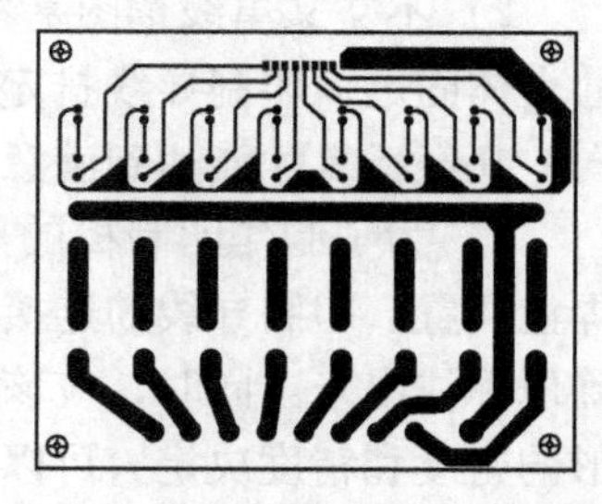

图10-30 印制板的墨稿底图

需要特别说明的是，应该非常注意标明底图上的比例基准。即应该在图上确定距离尽量远的两点作为比例基准，以便照相时依照基准点缩回实际尺寸。只在图上标注绘图比例而不设基准点或者基准点之间的距离太小，都容易导致照相制版失真，不能保证印制板的尺寸精度。

2）焊盘的大小、位置、间距，插头的尺寸，印制导线的宽度，元器件的安装尺寸等应按照草图所标的比例和尺寸绘制。

3）板面清洁，焊盘、导线的边缘应该光滑，不能有毛刺。

4）焊盘之间、导线之间、导线与焊盘之间的最小距离不应小于草图中注明的安全距离。

（2）贴图。用精密切割胶条和预制成形的背胶图形在透明的聚酯薄膜上贴制底图，可以避免绘图的缺点。美国在20世纪60年代末期就制定了贴图材料及贴图方法的技术标准，使这种方法开始流行。我国能够生产贴图材料也已经有了十多年的历史。由于聚酯薄膜不吸水、尺寸稳定，切割胶条和预制图形的规格严整、品种齐全，贴制的印制板底图精度高、修改灵活、线条连续、轮廓清晰光滑、易于保证质量，贴图方法只需要备置简单的工具和条件、容易学习掌握、速度快、效率高，因此得到广泛的应用。

对于线路非常简单的印制板，也可以在透明或半透明的纸上直接绘（贴）制 1∶1 的黑白图，代替在少量制板时的胶片。

在业余手工制作印制板的时候，通常是在敷铜板上直接绘（贴）制导线和焊盘，但绘图的原则与黑白底图的要求是相同的。

3. 制板工艺文件

在委托专业厂商制作印制电路板的时候，要向厂商提交印制板的技术要求。这些技术要求不仅要作为与厂商签订合同的附件，也成为厂商决定收费标准、安排生产计划、制订制板工艺过程的依据，也将作为双方交接的质量认定标准之一。

制板的技术要求，应该用文字准确、清晰、条理地写出来，主要内容包括：

1）板的材质、厚度，板的外形及尺寸、公差；

2）焊盘外径、内径、线宽、焊盘间距及尺寸、公差；

3）焊盘钻孔的尺寸、公差及孔金属化的技术要求；

4）印制导线和焊盘的镀层要求（指镀金、银、铅锡合金等）；

5）板面助焊剂、阻焊剂的使用；

6）其他具体要求依实际情况确定。

如果采用计算机软件设计印制板，一般可以把装有绘图文件（包括布线图、阻焊图、板面印字图等）的电子文档交给厂商；也可以提供已经绘（贴）好的黑白底图，由厂商直接照相制作胶片，还可以提供草图，让厂商的技术人员代为绘制黑白底图。

10.4 印制电路板的制造工艺

印制板的品种从单面板、双面板发展到多层板和挠性板；印制线路越来越细、间距也越来越小。目前，不少厂商都可制造线宽和间距在 0.2mm 以下的高密度印制板。但现阶段应用最为广泛的还是单、双面印制板，本节将重点介绍这类印制板的制造工艺。

10.4.1 印制电路板生产制造过程

印制板的制造工艺发展很快，不同类型和不同要求的印制板要采用不同的制造工艺，但在这些不同的工艺流程中，有许多必不可少的基本环节是类似的。

1. 底图胶片制版

在印制板的生产过程中，无论采用什么方法都需要使用符合质量要求的 1∶1 的底图胶片（也叫原版底片，在生产时还要把它翻拍成生产底片）。获得底图胶片通常有两种基本途径：一种是利用计算机辅助设计系统和光学绘图机直接绘制出来；另一种是先绘制黑白底图，再经过照相制版得到。

（1）CAD 光绘法。就是应用 CAD 软件布线后，把获得的数据文件用来驱动光学绘图机，使感光胶片曝光，经过暗室操作制成原版底片。CAD 光绘法制作的底图胶片精度高，质量好，但需要比较昂贵、复杂的设备和一定水平的技术人员进行操作，所以成本较高，这也是 CAD 光绘法至今不能迅速取代照相制版法的主要原因。

（2）照相制版法。用绘制好的黑白底图照相制版，其尺寸通过调整相机的焦距准确达到印制板的设计尺寸，相版要求反差大、无砂眼。整个照相制版过程如下，与普通照相大体相同（见图10-31）。具体过程不再详述。需要注意的是，在照相制版以前，应该检查核对底图的正确性，特别是那些经过长时间放置的；曝光前，应该确保焦距准确，才能保证尺寸精度；相版干燥后需要修版，对相版上的砂眼进行修补，用刀刮掉不需要的搭接和黑斑。

制作双面板的相版，应使正、反面两次照相的焦距保持一致，保证两面图形尺寸完全吻合。

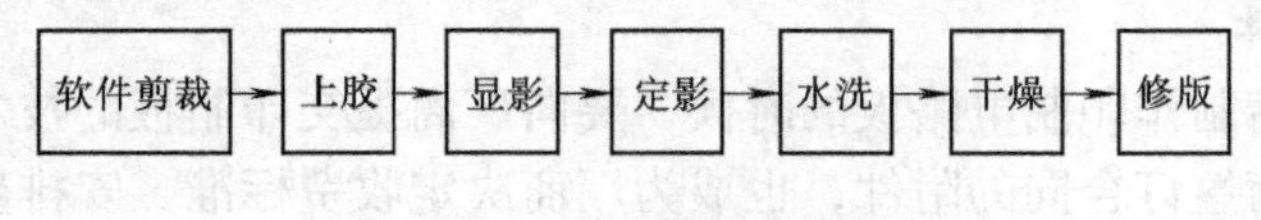

图 10-31 照相制版流程

2. 图形转移

把相版上的印制电路图形转移到敷铜板上，称为图形转移。具体方法有丝网漏印、光化学法等。

（1）丝网漏印法。用丝网漏印法在敷铜板上印制电路图形，与油印机在纸上印制文字相类似，如图10-32所示。

在丝网上涂敷、黏附一层漆膜或胶膜，然后按照技术要求将印制电路图制成镂空图形（相当于油印中蜡纸上的字形）。现在，漆膜丝网已被感光膜丝网或感光胶丝网取代。经过贴膜（制膜）、曝光、显影、去膜等工艺过程，即可制成用于漏印的电路图形丝网。漏印时，只需将敷铜板在底座上定位，使丝网与敷铜板直接接触，将印料倒入固定丝网的框内，用橡皮刮板刮压印料，即可在敷铜板上形成由印料组成的图形。漏印后还需要烘干、修板。

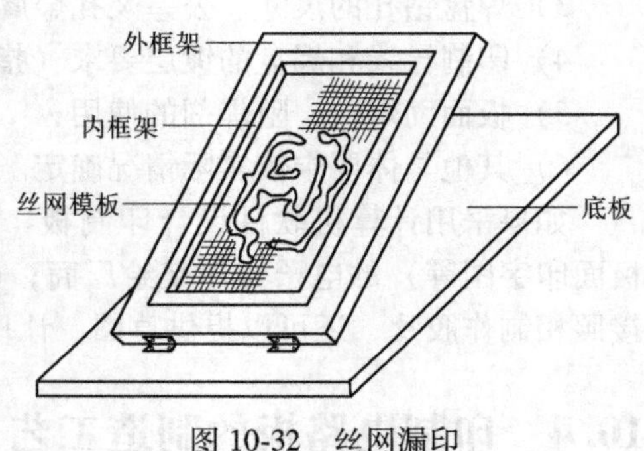

图 10-32 丝网漏印

漏印机所用丝网材料有真丝绢、合成纤维绢和金属丝三种，规格以目为单位。常用绢为150~300目，即每mm^2上有150~300个网孔。绢目数越大，则印出的图形越精细。丝网漏印多用于批量生产，印制单面板的导线、焊盘或板面上的文字符号。这种工艺的优点是设备简单、价格低廉、操作方便。缺点是精度不高。漏印材料要求耐腐蚀，并有一定的附着力。在简易的制板工艺中，可以用助焊剂和阻焊涂料作为漏印材料。即先用助焊剂漏印焊盘，再用阻焊材料套印焊盘之间的印制导线。待漏印材料干燥以后进行腐蚀，腐蚀掉敷铜板上不要的铜箔后，助焊剂随焊盘、阻焊涂料随印制导线均留在板上。自然，这是一种简捷的印制电路板的制作工艺。

（2）直接感光法（光化学法之一）。直接感光法适用于品种多、批量小的印制电路板的生产，它的尺寸精度高、工艺简单，对单面板或双面板都能应用。直接感光制板法的主要工艺流程如图10-33所示。

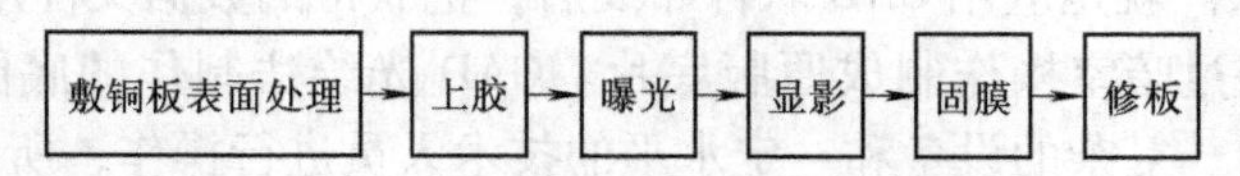

图 10-33 直接感光制板法的主要工艺流程

1）表面处理。用有机溶剂去除敷铜板表面上的油脂等有机污物，用酸去除氧化层。通过表面处理，可以使感光胶在铜箔表面牢固地黏附。

2）上胶。在敷铜板表面涂覆一层可以感光的液体材料（感光胶）。上感光胶的方法有离心式甩胶、手工涂覆、滚涂、浸蘸、喷涂等。无论采用哪种方法，都应该使胶膜厚度均匀，否则会影响曝光效果。胶膜还必须在一定温度下烘干。

3）曝光（晒版）。将照相底版置于上胶烘干后的敷铜板上，置于光源下曝光。光线通过相版，使感光胶发生化学反应，引起胶膜理化性能的变化。曝光时，应该注意相版与敷铜板的定位，特别是双面印制板，定位更要严格，否则两面图形将不能吻合。

4）显影。曝光后的板在显影液中显影后，再浸入染色溶液中，将感光部分的胶膜染色硬化，显示出印制板图形，便于检查线路是否完整，为下一步修板提供方便。未感光部分的胶膜可以在温水中溶解、脱落。

5）固膜。显影后的感光胶并不牢固，容易脱落，应使之固化，即将染色后的板浸入固膜液中停留一定时间。然后用水清洗并置于100~120℃的恒温烘箱内烘干30~60min，使感光膜进一步得到强化。

6）修板。固膜后的板应在化学刻蚀前进行修板，以便修正图形上的粘连、毛刺、断线、砂眼等缺陷。修补所用材料必须耐腐蚀。

（3）光敏干膜法。这也是一种光化学法，但感光材料不是液体感光胶，而是一种由聚酯薄膜、感光胶膜、聚乙烯薄膜三层材料组成的薄膜类光敏干膜，如图10-34所示。干膜的使用方法如下：

1）敷铜板表面处理。清除表面油污，以便干膜可以牢固地粘贴在板上。

2）贴膜。揭掉聚乙烯保护膜，把感光胶膜贴在敷铜板上，一般使用滚筒式贴膜机。

3）曝光。将相版按定位孔位置准确置于贴膜后的敷铜板上进行曝光，曝光时应控制光源强弱、曝光时间和温度。

4）显影。曝光后，先揭去感光胶膜上的聚酯薄膜，再把板浸入显影液中，显影后去除板表面的残胶。显影时，也要控制显影液的浓度、温度及显影时间。

3. 化学腐蚀

腐蚀在生产线上也俗称烂板。它是利用化学方法去除板上不需要的铜箔，留下组成焊盘、印制线路及符号等的图形。为确保质量，腐蚀过程应该严格按照操作步骤进行，在这一环节中造成的质量事故将无法挽救。

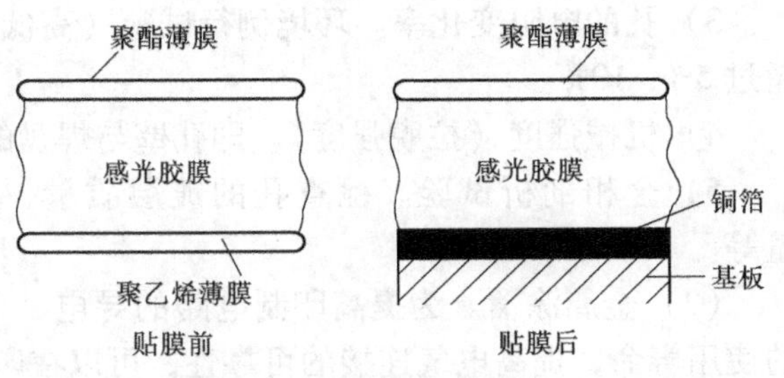

图10-34　光敏干膜的构成

（1）腐蚀溶液。常用的腐蚀溶液为三氯化铁（$FeCl_3$）。它腐蚀速度快、质量好、溶铜量大、溶液稳定、价格低廉。腐蚀机理为氧化-还原反应。方程式如下：

$$2FeCl_3+Cu \rightarrow 2FeCl_2+CuCl_2$$

此外，还有适用于不同场合的其他类型的腐蚀液，如酸性氯化铜腐蚀液（$CuCl_2$-NaCl-HCl）、碱性氯化铜腐蚀液（$CuCl_2$-NH_4Cl-NH_3H_2O）、过氧化氢-硫酸腐蚀液（H_2O_2-H_2SO_2）等。

大量使用腐蚀液时，应注意环境保护，要采取措施处理废液并回收废液中的金属铜。

（2）腐蚀方式有以下几种：

1）浸入式。将板浸入蚀刻液中，用排笔轻轻刷扫即可。这种方法简便易行，但效率低，对金属图形的侧腐蚀严重，常用于数量很少的手工操作制板。

2）泡沫式。以压缩空气为动力，将腐蚀液吹成泡沫，对板进行腐蚀。这种方法效率高、质量好，适用于小批量制板。

3）泼溅式。利用离心力作用将腐蚀液泼溅到敷铜板上，达到腐蚀目的。这种方式的生产效率高，但只适用于单面板。

4）喷淋式。用塑料泵将腐蚀液压送到喷头，呈雾状微粒高速喷淋到由传送带运送的敷铜板上，可以进行连续腐蚀。这种方法是目前技术较先进的腐蚀方式。

4. 孔金属化与金属涂覆

（1）孔金属化。双面印制板两面的导线或焊盘需要连通时，可以通过金属化孔实现。即把铜沉积在贯通两面导线或焊盘的孔壁上，使原来非金属的孔壁金属化。金属化了的孔称为金属化孔。在双面和多层印制电路板的制造过程中，孔金属化是一道必不可少的工序。

孔金属化是利用化学镀技术，即用氧化-还原反应产生金属镀层。基本步骤是，先使孔壁上沉淀一层催化剂金属（如钯），作为在化学镀铜中铜沉淀的结晶核心，然后浸入化学镀铜溶液中。化学镀铜可使印制板表面和孔壁上产生一层很薄的铜，这层铜不仅薄而且附着力差，一擦即掉，因而只能起到导电的作用。化学镀以后进行电镀铜，使孔壁的铜层加厚并附着牢固。

孔金属化的方法很多，它与整个双面板的制作工艺相关，大体上有板面电镀法、图形电镀法、反镀漆膜法、堵孔法、漆膜法等。但无论采用哪种方法，在孔金属化过程中都需下列各个环节：钻孔、孔壁处理、化学沉铜、电镀铜加厚。

金属化孔的质量对双面印制板是至关重要的。在整机中，许多故障的原因出自金属化孔。因此，对金属化孔的检验应给予重视。检验内容一般包括如下几方面：

1）外观。孔壁金属层应完整、光滑、无空穴、无堵塞。

2）电性能。金属化孔镀层与焊盘的短路与断路，孔与导线间的孔线电阻值。

3）孔的电阻变化率。环境例行试验（高低温冲击、浸锡冲击等）后，电阻变化率不得超过5%~10%。

4）机械强度（拉脱强度）。即孔壁与焊盘的结合力应超过一定值。

5）金相剖析试验。检查孔的镀层质量、厚度与均匀性，镀层与铜箔之间的结合质量等。

（2）金属涂覆。为提高印制电路的导电、可焊、耐磨、装饰方面的性能，延长印制板的使用寿命，提高电气连接的可靠性，可以在印制板图形铜箔上涂覆一层金属。金属镀层的材料有金、银、锡、铅锡合金等。

涂覆方法有电镀或化学镀两种。电镀法可使镀层致密、牢固、厚度均匀可控，但设备复杂、成本高。此法用于要求高的印制板和镀层，如插头部分镀金等。化学镀虽然设备简单、操作方便、成本低，但镀层厚度有限且牢固性差。因而只适用于改善可焊性的表面涂覆，如板面铜箔图形镀银等。

为提高印制板的可焊性，浸银是镀层的传统方式。但由于银层容易发生硫化而发黑，往往反而降低了可焊性和外观质量。为了改善这一工艺，目前较多采用浸锡或镀铅锡合金的方法，特别是把铅锡合金镀层经过热熔处理后，使铅锡合金与基层铜箔之间获得一个铜锡合金过渡界面，大大增强了界面结合的可靠性，更能显示铅锡合金在可焊性和外观质量方面的优越性。近年来，各制板厂商普遍采用印制板浸镀铅锡合金-热风整平工艺代替电镀铅锡合金工艺，这可以简化工序、防止污染、降低成本、提高效率。经过热风整平的镀铅锡合金印制板具有可焊性好、抗腐蚀性好、长期放置不变色等优点。目前，在高密度的印制电路板生产中，大部分采用这种工艺。

10.4.2　印制电路板生产工艺

在印制板的生产过程中，虽然都需要上述各个环节，但不同印制板具有不同的工艺流程。在这里，主要介绍最常用的单、双面印制板的工艺流程。

1. 单面印制板的生产流程

单面印制板的生产流程如图10-35所示。

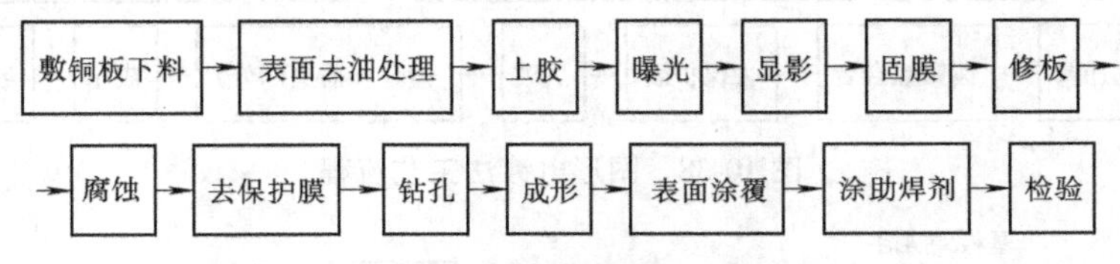

图10-35　单面印制板的生产流程

单面板工艺简单，质量易于保证。但在进行焊接前还应再度进行检验，检查内容如下：

1）导线焊盘、字与符号是否清晰、无毛刺，是否有桥接或断路。

2）镀层是否牢固、光亮，是否喷涂助焊剂。

3）焊盘孔是否按尺寸加工，有无漏打或打偏。

4）板面及板上各加工的孔尺寸是否准确，特别是印制板插头部分。

5）板厚是否合乎要求，板面是否平直无翘曲等。

2. 双面印制板的生产流程

双面板与单面板的主要区别在于增加了孔金属化工艺，即实现两面印制电路的电气连接。由于孔金属化的工艺方法较多，相应双面板的制作工艺也有多种方法，概括分类可有先电镀后腐蚀和先腐蚀后电镀两大类。先电镀的方法有板面电镀法、图形电镀法、反镀漆膜法；先腐蚀的方法有堵孔法和漆膜法。常用的堵孔法和图形电镀法工艺介绍如下。

（1）堵孔法。这是较为老式的生产工艺，制作普通双面印制板可采用此法。双面印制板工艺流程如图10-36所示。

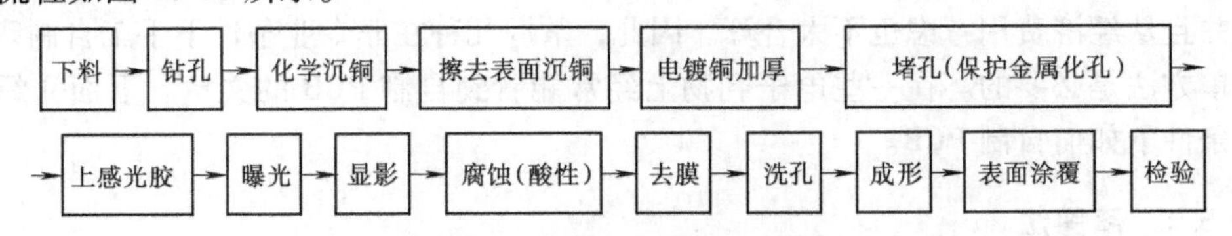

图10-36　双面印制板的工艺流程

堵孔可用松香酒精混合物，各道工序示意如图10-37所示。

（2）图形电镀法。这是较为先进的制作工艺，特别是在生产高精度和高密度的双面板中更能显示出优越性。它与堵孔法的主要区别在于，采用光敏干膜代替感光液，表面镀铅锡合金代替浸银，腐蚀液采用碱性氯化铜溶液取代酸性三氯化铁。采用这种工艺可制作线宽和间距在 0.3mm 以下的高密度印制板。目前，大量使用的集成电路印制板大都采用这种生产工艺。图形电镀法的工艺流程如图 10-38 所示，生产流程如图 10-39 所示。

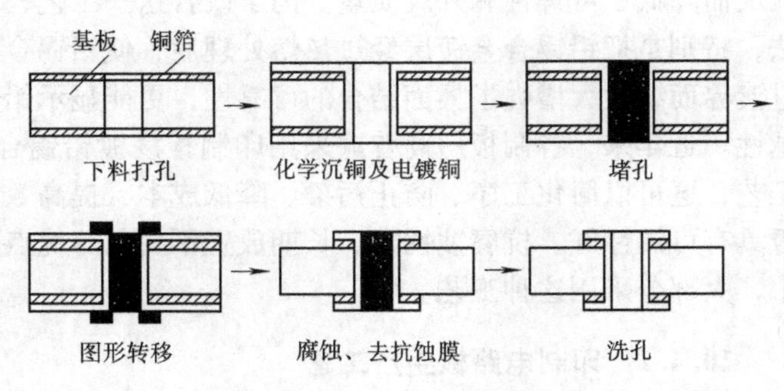

图 10-37　堵孔法工序示意图

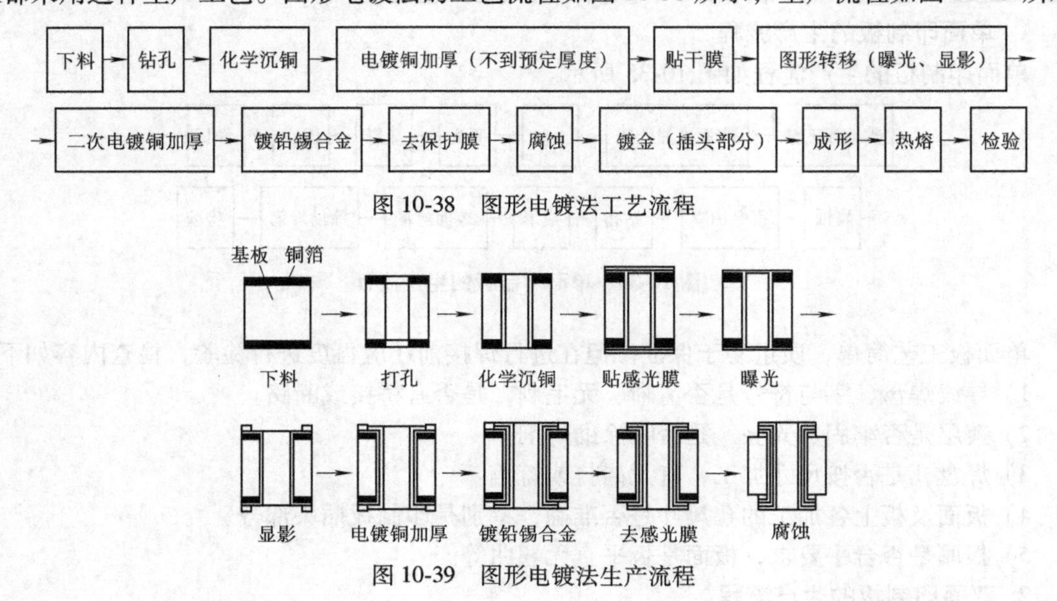

图 10-38　图形电镀法工艺流程

图 10-39　图形电镀法生产流程

10.5　手工制作印制电路板

在电子产品样机尚未设计定型的试验阶段，或爱好者进行业余制作的时候，经常只需要制作一两块供分析测试使用的印制电路板。按照正规的工艺步骤，要绘制出黑白底图以后，再送到专业制板厂去加工。这样制出的板子当然是高质量的，但往往因加工周期太长而耽误时间，并且从经济费用考虑也不太合算。因此，掌握几种在非专业条件下手工自制印制电路板的简单方法是必要的。在一些电子刊物上经常能看到自制 PCB 的文章。下面介绍的就是在业余条件下如何自制 PCB。

10.5.1　漆图法

用漆图法自制印制电路板的工艺流程如图 10-40 所示。自制 PCB 最好采用 1∶1 的比例，各步骤简单说明如下。

(1) 下料。按板面的实际设计尺寸剪裁敷铜板，去掉四周毛刺。

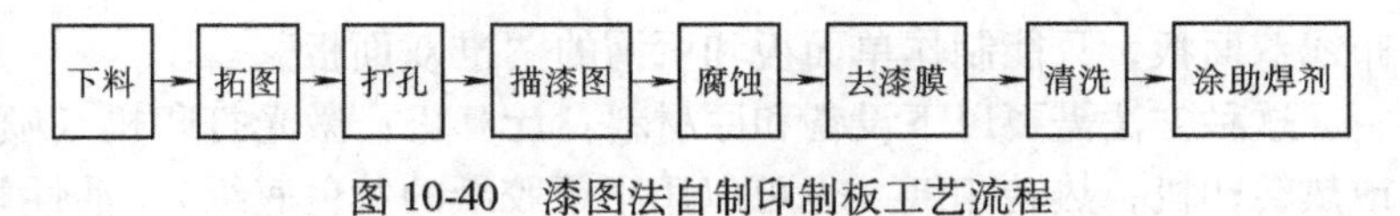

图 10-40　漆图法自制印制板工艺流程

(2) 设计元器件分布图。取一块面积大于 PCB 的泡沫板，上面贴一张与 PCB 尺寸相同的纸，然后根据电原理图，逐一在框内排放元器件，反复调整元器件位置，直到满意为止。

(3) 拓图。依泡沫板上排好的器件方位绘制出一份 1：1 的印制板走线图。然后用复写纸复写到事先经过清洗的敷铜板上。如果是双面走线，就需要双面定位复写，避免误差，可以先复写一面以后打定位孔，第二面根据定位孔连线。

(4) 打孔。拓图后，然后在板上打出样冲眼，按样冲眼的定位，用小型台式钻床打出焊盘上的通孔。这步也可放在去漆膜后面。

(5) 调漆。在描图之前应先把所用的漆调配好。要注意漆的稀稠适宜，以免描不上或是流淌，画焊盘的漆应比画线条用的稍稠一些。

(6) 描漆图。按照拓好的图形，用漆描好焊盘及导线。应该先描焊盘，可以用比焊盘外径稍细的硬电线或细木棍蘸漆点画，注意与钻好的孔同心，大小尽量均匀。然后用鸭嘴笔与直尺描绘导线，注意直尺不要将未干的图形蹭坏，可将直尺两端垫高架起，如图 10-41 所示。双面板应把两面图形描好。

(7) 腐蚀。腐蚀前应检查图形质量，修整线条、焊盘。腐蚀液一般使用三氯化铁水溶液，浓度在 28%~42%之间，放入塑料容器中。将敷铜板全部浸入，把没有被漆膜覆盖的铜箔腐蚀掉。如果天气较冷，可将溶液适当加热，但加热的最高温度要控制在 40~50℃，否则容易破坏板上的保护漆。待裸铜箔完全腐蚀干净后，取出板子用水清洗。

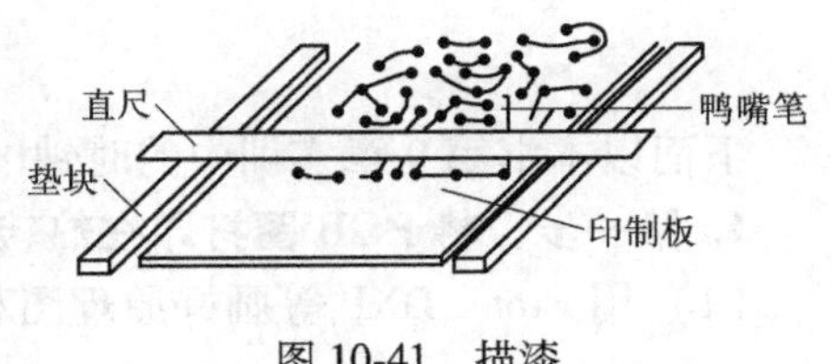

图 10-41　描漆

(8) 去漆膜。用热水浸泡后，可将板面的漆膜剥掉，未擦净处可用稀料清洗。

(9) 清洗。漆膜去除干净以后，用碎布蘸着去污粉在板面上反复擦拭，去掉铜箔的氧化膜，使线条及焊盘露出铜的光亮本色。擦拭后用清水冲洗、晾干。

(10) 涂助焊剂。把已经配好的松香酒精溶液立即涂在洗净晾干的印制电路板上，作为助焊剂。助焊剂可使板面受到保护，提高可焊性。

10.5.2　热转印法

热转印法制作 PCB，是使用激光打印机，将设计好的 PCB 图打印到热转印纸上，再将热转印纸紧贴在覆铜板的铜箔面上，以适当的温度加热，热转印纸上原先打印上去的图（由墨粉构成）就会受热融化，并转移到铜箔面上，形成腐蚀保护层。这种方法比常规制版印制的方法更简单，而且由于现在大多数的电路图都是使用计算机辅助设计进行制作的，激光打印机也相当普及，因此这个方法比较容易实现，从而在实践教学中广泛使用。

热转印利用了激光打印机墨粉的防腐蚀特性，具有制版快速（20min）、精度较高（线宽 15mil、间距 10mil）、成本低廉等特点。目前，该方法成为众多的电子爱好者制作少量实验板的首选。但由于涂阻焊剂和过孔金属化等工艺的限制，这种方法还不能方便地制作任意布线双面板，只能制作单面板和所谓的“准双面板”。

这种方法需要以下设备和原材料：计算机；激光打印机（喷墨的不行）；老式的电熨斗或热转印机；热转印纸（也可以用不干胶纸的黄色底纸）；油性笔（用于修补转印不全的地方）；钻孔用的钻机和钻头，钻头一般为 0.8mm 和 1.0mm 的；敷铜板有电木基材和环氧树脂玻璃纤维板，后者的性能要好一些；制版机腐蚀的容器；腐蚀液用三氯化铁或比较新的环保腐蚀液，三氯化铁因污染问题目前使用较少；砂纸，以及一系列机械工具。图 10-42a 所示为热转印机，可以用过塑机（又称塑封机）改造；图 10-42b 所示为钻机。

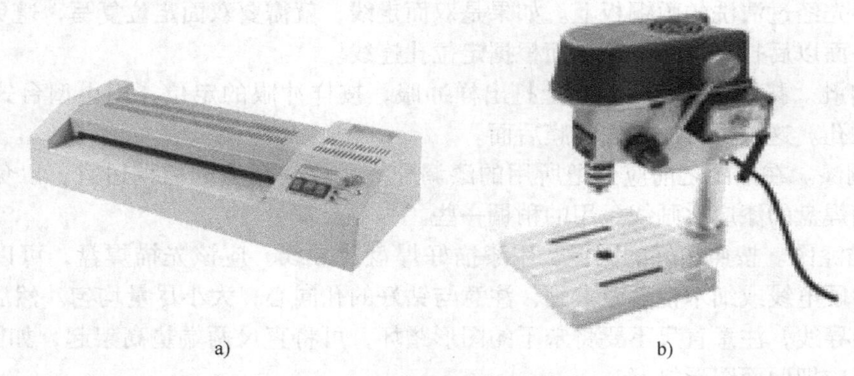

a) b)

图 10-42 热转印机和钻机

a）热转印机 b）钻机

下面以本书第 9 章实训中的时钟电路为例，介绍热转印法制作单面 PCB 的过程。

1. 第一步，将 PCB 图打印在热转印纸上

（1）用 Protel DXP 等画好原理图和所需要的 PCB 图，如图 10-43 所示。

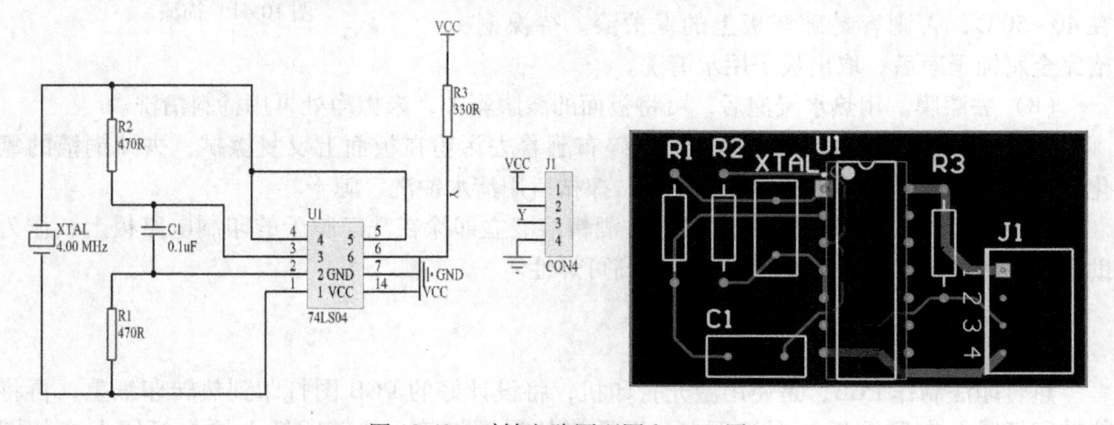

图 10-43 时钟电路原理图和 PCB 图

（2）将 PCB 图用激光打印机打印到热转印纸光滑的一面（单面板只打印底层图，不要打印顶层丝印图）。

（3）为了充分利用热转印纸，打印前先进行排版，把要打的图排满一张 A4 纸，越满越好。然后进行设置，设成黑白打印，实际大小，关掉（hide）除顶层（Toplayer）、底层（Bottomlayer）、边框（Mechanical）和多层（Mutilayer）的其他所有层。然后打印在热转印纸的光面。打印顶层时要翻转过来，选择镜像打印；双面板的边框一定要保留，以利于对齐。

2. 第二步，PCB预处理

由于电路各异，所需板子大小也不同，制板前要根据PCB的大小裁好面积适合的敷铜板，注意四周要预留大约1cm边框，并将边缘突起的毛刺用砂纸或砂轮打磨光滑；同时，用砂纸对覆铜板进行打磨抛光处理，去除覆铜板上的油污、指印、氧化层等，打磨后形成细小的凹凸面，容易吸附墨粉，有助于后面热转印和腐蚀效果。

3. 第三步，将打印好的纸贴在覆铜板上

这一步要求将纸和覆铜板对正处理，紧贴覆铜板，并且用抗高温的胶带固定好，防止热转印挤压后纸张变形，引起PCB图错位。

4. 第四步，热转印加热

先把热转印机打开，并按下热转印机的加热键，让热转印机预热；在温度达到180~200℃时，才可以把叠好的板和纸一起放进热转印机的入口处，热转印机一边加热一边转动，让板子从另一边出来，这样就会使墨粉熔化，粘在覆铜板上。根据经验，一般转印两三回即可。

因为预热需要一段时间，已经掌握制板方法的也可以提前把热转印机打开，再进行裁板和裁纸打印等操作。

如果没有热转印机，可以用电熨斗加热，温度调至200~220℃为佳，并来回均匀加热熨烫。

5. 第五步，去除纸张

待冷却后，去除纸张，墨粉应该完全吸附在覆铜板上。一般可以先揭开一角看下墨粉是否都粘在覆铜板上，如不行再回到热转印加热步骤。

6. 第六步，腐蚀

电路板腐蚀的原理是把转印好的敷铜板放进环保腐蚀剂溶液中，铜箔面上没有吸附墨粉的部分和环保腐蚀剂发生化学反应，即被腐蚀掉了，有墨迹保护的地方没被腐蚀，这样便得到了打印出来的带铜箔走线的电路板。

根据说明书配备环保腐蚀液；腐蚀器皿可以用塑料透明盆替代；将有墨粉的覆铜板放入腐蚀液里面，要求腐蚀液完全将覆铜板没入。为加快腐蚀速度，可以轻轻搅拌腐蚀液，加速流动，但要注意安全。

7. 第七步，钻孔与后续处理

取出腐蚀完成后的PCB，用水冲洗，再用细砂纸去掉表面的墨粉；之后，用水洗干净，将水吹干。对电路板进行磨边处理，最后就可以进行钻孔和焊接了。

10.5.3 手工制板其他方法

下面介绍几种其他的手工制板的方法。

（1）刀刻法。对于一些电路比较简单，线条较少的印制板，可以用刀刻法来制作。在进行布局排版设计时，要求导线形状尽量简单，一般把焊盘与导线合为一体，形成多块矩形。由于平行的矩形图形具有较大的分布电容，所以刀刻法制板不适合高频电路。

刻刀可以用废的锋利钢锯条自己磨制，要求刀尖既硬且韧。制作时，按照拓好的图形，用刻刀沿钢尺刻划铜箔，使刀刻深度把铜箔划透。然后，把不要保留的铜箔的边角用刀尖挑起，再用钳子夹住把它们撕下来。

（2）不干胶贴面法。用 Protel 软件设计好印板图，用激光打印机按 1∶1 打印，交给电脑刻字店。刻字店用扫描仪扫描到刻字软件中进行处理，转换成刻字机识别的图形。由刻字机绘制到即时贴上，将刻绘好的即时粘贴到待处理 PCB 上，剔除不用的部分，置于三氯化铁溶液中，腐蚀掉多余的铜箔后，用清水冲洗干净。最后进行钻孔、覆涂助焊剂等。这样，花上几元钱，就能很快就制成了一块电路板。

（3）写号笔法。油性写号笔不溶于水，也不溶于三氯化铁溶液。因此可用写号笔在敷铜板上小心描画，最好描画两遍，确保笔油不被三氯化铁溶液冲掉。在用写号笔描画过程中，如线条画错需修改，可用酒精或天那水（又名信那水）擦除。采用写字涂改液代替调和漆描绘印制板线路效果也不错，直接利用涂改液的瓶和其尖细的瓶口来绘制线路，可以画 0.5mm 的细线。

腐蚀过程中，应注意不要把腐蚀液溅到身上或别的物品上，而且不能把用完后的溶液倒入下水道或泼在地上，以免造成环境污染。

10.6 刻制机制作印制电路板

10.6.1 HW 系列电路板刻制机

HW 系列电路板刻制机可根据 PCB 设计软件（Protel、Orcale、PADS）设计的线路文件，自动、快速、精确地制作单、双面印制电路板。用户只需在计算机上完成 PCB 文件设计并根据其生成加工文件后，通过 RS-232 通信接口传送给刻制机的控制系统，刻制机就能快速地自动完成钻孔、雕刻、割边等功能，制作出一块精美的电路板来。它是一种机电、软件、硬件互相结合，利用物理刻制过程，通过计算机控制，在空白的敷铜板上把不必要的铜箔铣去，形成用户定制的电路板。

HW3232 快速电路板刻制机在主机结构上均采用浮动平台结构。通过 X、Y、Z 方向三个步进电动机带动刻头、平台移动实现定位，并通过控制主轴电动机的转动实现铣、钻功能。系统均采用高速变频主轴电动机，X、Y、Z 方向均采用滚珠丝杠定位，最小加工线径 4mil，最小加工线距 8mil。

1. HW3232 快速电路板刻制机主要结构和部件（见图 10-44）

各功能键简单说明如下：

1）主轴起停开关：起动/停止主轴电动机。

2）X、Y 方向粗调：X、Y 方向位置快速移动。

3）Z 方向粗调：Z 方向位置快速移动。

4）设置原点：将当前位置设为原点。

5）回原点：X、Y、Z 方向回到设置的原点位置。

6）Z 方向微调、试雕旋钮：左旋，Z 向下 0.01mm/格；右旋，Z 向上 0.01mm/格；按下进行试制。

7）保护复位钮：当 X、Y、Z 方向超限保护后，需按下保护复位钮，X、Y、Z 方向同时移动回到正常位置。此保护复位钮在整机视图后面板的右下角。

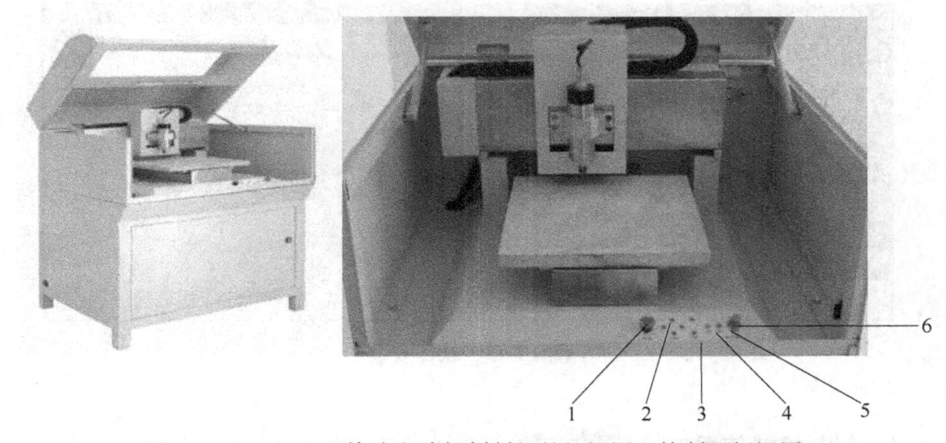

图10-44　HW3232快速电路板刻制机整机视图和控制面板视图

1—主轴启停开关　2—X、Y方向粗调　3—Z方向粗调　4—设置原点　5—回原点　6—Z方向微调

2. 规格和技术参数（见表10-2）

表10-2　规格和技术参数

最大工作面积	320mm×320mm
加工面数	单/双面
驱动方式	X、Y、Z方向步进电动机
最大转速	60000r/min
最大移动速度	4.8m/min
最小线宽	4mil(0.1016mm)
最小线距	6mil(0.1524mm)
加工速度（最大）	40mm/s
钻孔深度	0.02~3mm
钻孔孔径	0.4~3.175mm
钻孔速度（最大）	100Strokes/min
操作方式	半自动
通信接口	RS-232串口
计算机系统	CPU为PⅢ 500MHz以上；内存为256MB以上
操作系统	WindowsXP/Vista
电源	交流（220±22）V，（50±1）Hz
功耗	200V·A
重量	156kg（主机77kg、电控箱14kg、机柜65kg）
外形尺寸	750mm(*L*)×660mm(*W*)×1200mm(*H*)
熔断器容量	3A

3. 软件安装

将软件光盘插入到CD-ROM中，安装程序自动运行。如图10-45所示，在安装向导下单击下一步，选择安装目录后，再单击下一步，根据提示单击安装钮完成软件的安装。

软件安装完毕，桌面和开始菜单中会出现CircuitWorkstation图标。

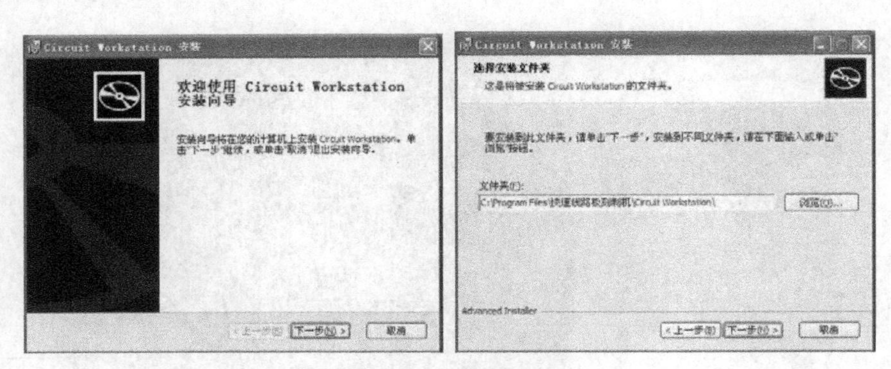

图 10-45 软件安装

10.6.2 刻制机的使用

1. 生成加工文件

电路板文件设计好后，需输出刻制机可执行的加工文件，来驱动刻制机刻制所需要的电路板。Protel 99 SE、Protel DXP 2004、ORCAD、PADS 等软件均自带了自动输出 Gerber 文件功能。

小知识：PCB 文件转换前，请检查当前 PCB 文件是否有 KeepOut（禁止布线）层，如果未设置 KeepOut 层，请添加。刻制机软件以 KeepOut 层为加工边界。

下面说明在 Protel 99 SE 环境下，如何生成加工文件。

（1）在 DDB 工程中，选中需要加工的 PCB 文件，在文件（File）菜单中选择 CAM（即 CAMManager，计算机辅助制造管理器），弹出图 10-46a 所示对话框。

（2）单击下一步（Next），提示输出加工文件类型，如图 10-46b 所示，首先选择 Gerber 文件格式。

（3）连续单击下一步（Next），到数字格式设置界面，如图 10-46c 所示。选择图示的 Millimeter（毫米）和 4∶4 格式（即保留 4 位整数和 4 位小数），单击下一步（Next）到图层选择对话框，如图 10-46d 所示。

（4）在图层选择对话框中，选择布线中使用的图层，双面板一定要选择顶层（Top Layer）、底层（Bottom Layer）、禁止布线层（Keep Out Layer），单面板一定要选择底层（Bottom Layer）、禁止布线层（Keep Out Layer）。注意，请只在 Plot 栏中选择，Mirror 栏不可选择，否则将输出镜像图层，不能与钻孔文件配套。单击完成（Finish）即生成电路板光绘文件 Gerber Output1。本设备需要三个 Gerber 文件——顶层文件 *.gtl、底层文件 *.gbl、禁止布线层文件 *.gko，都自动保存在当前 PCB 文件的目录下。至此，各层加工文件输出完毕。

（5）下面输出钻孔加工文件。在 CAM Outputs 文件栏中，单击鼠标右键，选择 CAM Wizard，出现图 10-46e 所示的加工文件类型选择界面，此次选择数控钻孔文件 NC Drill。

（6）单击下一步，在后续数字格式设置界面中，同样设置单位为毫米，整数和小数位数为 4∶4，单击完成（Finish），生成钻孔文件 NC Drill Output1。

注意，光绘文件和钻孔文件生成后，需要把它们的坐标统一（Protel 99 SE 中默认为不统一）。因为钻孔文件的默认坐标系是 Center plots on，所以需把 Gerber 文件的坐标系改成和钻孔的一致。在 Protel 99 SE SP2 中，右键单击 Gerber output1 文件，选择属性（Properties），如图 10-46f 所示的选择高级（Advanced）选项，去掉其他（Other）中的 Center plots on 选项

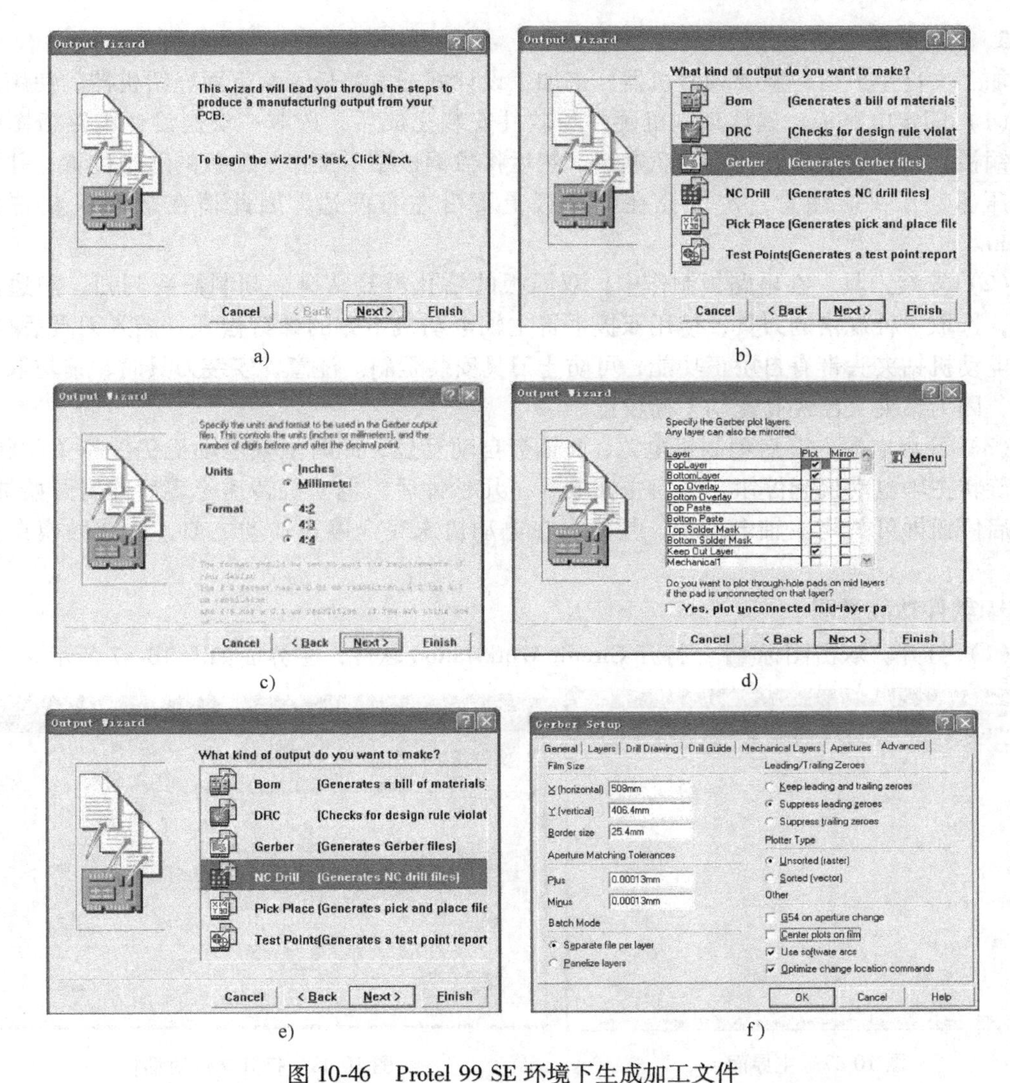

图 10-46　Protel 99 SE 环境下生成加工文件

a）计算机辅助制造管理器　b）输出加工文件类型　c）数字格式设置

d）图层选择　e）加工文件类型选择　f）Advanced 选项卡

复选框，单击 OK 即可。对于 Protel 99 SE SP6，在 Gerber output1 的属性窗口中，在高级（Advanced）选项卡中，选中 Reference to relative origin，这是钻孔文件默认的坐标系。

（7）最后在 CAM Outputs 文件栏中，单击鼠标右键，选择生成 CAM 文件（Generate CAM Files），或直接按快捷键 F9，生成所有加工文件，这时，左面栏目中会出现一个 CAM 文件夹。右键单击左面栏目中的 CAM 文件夹，选择输出（Export），将该文件夹存放到指定位置。

注意，其他选项均采用 Protel 软件的默认设置，其中属性（Properties）窗口，坐标位置（Coordinate Positions）项中，Gerber 文件是忽略前导零（Suppress Leading Zero），而钻孔文件是忽略殿后零（Suppress Trailing Zero），切勿修改这两个默认项，否则会影响加工文件的正确识别。

2. 刻制前的准备操作

加工文件生成后，就要调整机器，来加工设计好的电路板了。下面介绍机器的使用。

（1）固定电路板。确认刻制机硬件与软件安装完成后，选取一块比设计电路板图略大的敷铜板，一面贴双面胶，要注意贴匀，然后将敷铜板贴于工作平台板的适当位置，并均匀用力压紧、压平。注意，定位孔在电路板上下沿左右两边，因此请在敷铜板左右各空出1cm。

（2）安装刀具。在电路板制作中，双面板的钻孔需要钻头，刻制需要刻刀，割边需要铣刀，选取一种规格的刀具，使用双扳手将主轴电动机下方的螺钉松开，插入刀具后拧紧。主轴电动机钻夹头带有自矫正功能，可防止刀具安装歪斜。注意，安装刀具时，请勿取下钻夹头，因为钻夹头已经高速动平衡校正。

（3）开启电源。开启刻制机电源，Z 轴会自动复位，此时主轴电动机仍保持关闭状态，向右旋转主轴电动机起停钮，开启主轴电源，几秒钟后，电动机转速稳定后即可开始加工。按下启停钮即可关闭主轴电动机。注意，在电动机未完全停止转动之前，请勿触摸夹头和刀具。

3. 软件功能说明

（1）打开。双击图标，打开 Circuit Workstation 软件，主界面如图 10-47 所示。

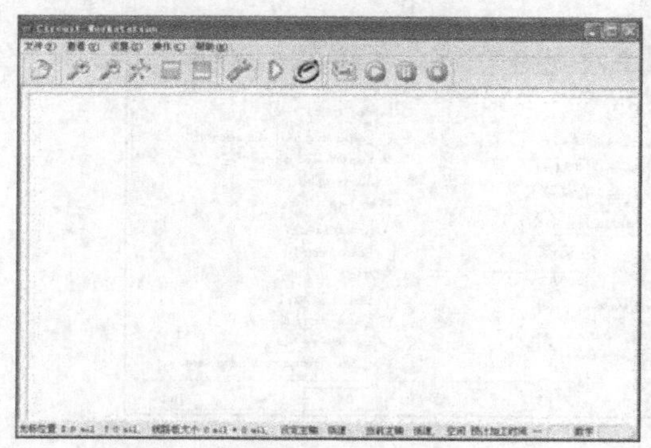

图 10-47 主界面

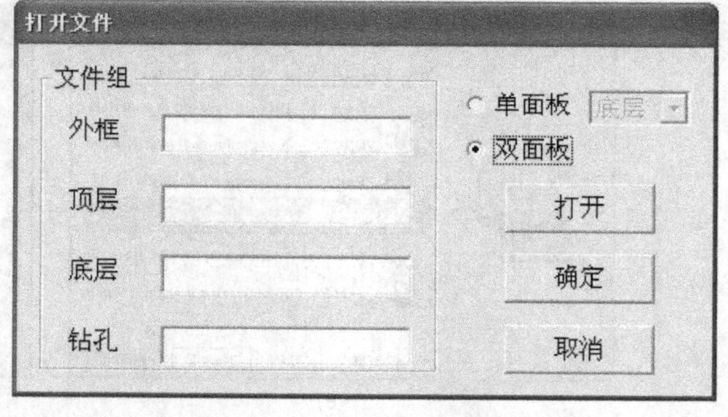

图 10-48 打开文件对话框

若设备未连接或主机电源未打开，会提示“设备无法连接，是否仿真运行?”，单击是按钮，进入仿真状态；单击否按钮，重试连接；单击取消按钮，则直接退出程序。

单击菜单文件/打开，出现文件导入窗口，选择单/双面板，单击工具栏上的打开按钮，弹出如图 10-48 对话框。根据所需加工的 PCB 文件类型选择单面板或双面板，再单击打开钮。若为单面板，请根据铜箔所在层设定铜箔在顶层或在底层。该选项将决定钻孔的位置，请根据实际情况设置。以打开双面板 PCB 文件为例，如图 10-49 所示。在窗口中选择加工文件夹中任意后缀的文件，如“成都市样板 . GKO”，再单击打开按钮。

正常打开后的默认显示层为电路板底层，如图 10-50 所示。

在窗口下方的状态栏中，显示当前光标的坐标位置、电路板大小的信息、主轴电动机的设定与当前状态及联机状态信息。默认的单位为 mil（英制），可执行菜单命令查看→坐标单位切换，显示单位切换至 mm（米制）。

注意，如打开过程出现异常提示，请检查 Gerber 文件转换设置是否正确。

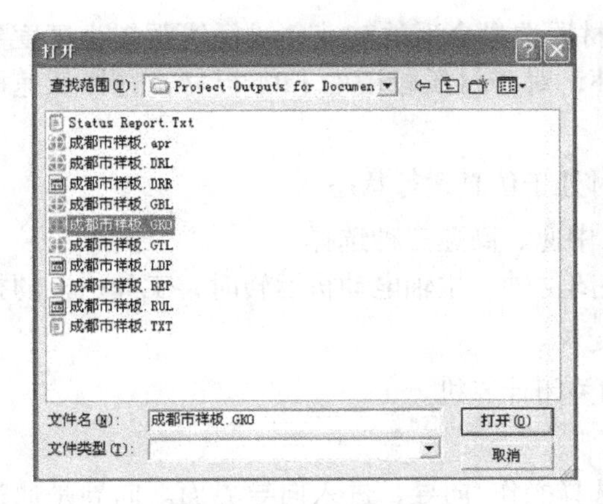

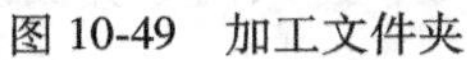

图 10-49　加工文件夹

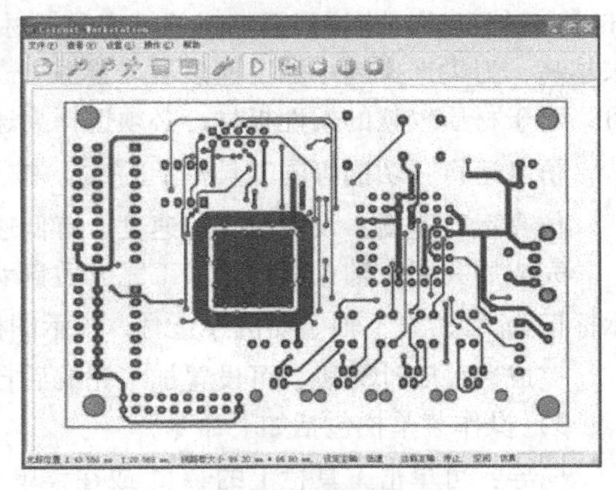

图 10-50　电路板底层

（2）菜单说明如下。

1）查看菜单栏包括如下命令：

放大、缩小、适中：可单击工具栏上的、、，来放大、缩小、适中显示线路图，也可按键盘上的 PageUp、PageDn 来放大、缩小显示。在线路图上按住鼠标右键，可拖动整个板图。

顶层、底层：可单击工具栏上的、，来切换显示顶层、底层线路。

孔信息：显示所有钻孔信息。

刻制路线：显示刻刀路径，以红色表示。

坐标显示：显示当前鼠标位置坐标值。

坐标单位切换：在米制/英制之间切换单位。

2）设置菜单栏包括如下命令：

通信口：串口 COM1、COM2、COM3、COM4、COM5、COM6、COM7、COM8、USB 选择。

刀具库：也可单击快捷工具栏上的，如图 10-51 所示。

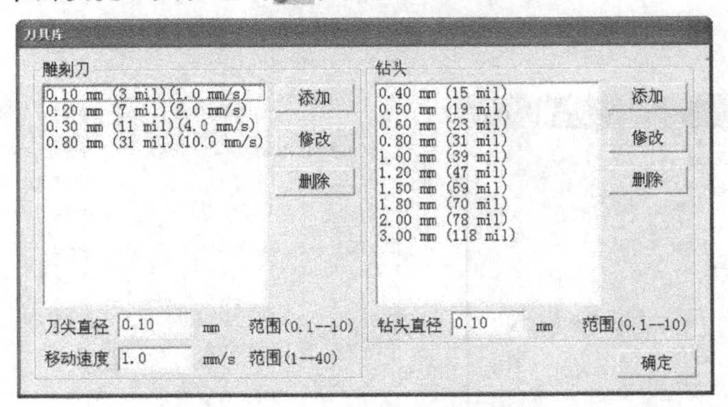

图 10-51　刀具库对话框

刻制设置：可设置割边刀直径，以及 keepout 层按割边刀直径显示。

主轴电动机速度：预置了高速（48000r/min）、中速（33000r/min）、低速（24000r/

min）三档可选。建议根据加工的精度和板材的材质选择合适的转速，线径线距越小精度要求越高，刀尖选择越小加工速度要求越快。另外，对于材质较硬的 FR4 板材，选择低速即可；对于材质较软的柔性板材，必须选择高速。

仿真运行：功能等同工具栏上的 。按下时处于仿真运行状态。

仿真运行速度：设置仿真的速度，有低速、中速、高速三种选择。

完成后关闭主轴：可设置加工完成后自动关闭主轴。主轴电动机运转时，工具栏上的指示标记为 ，当主轴电动机停止时，指示图标变灰。

完成后关闭计算机：可设置加工完成后自动关闭计算机。

3）操作菜单栏包括如下命令：

向导：可单击工具栏上的 ，或在菜单上选择操作/向导，进入向导界面。向导是通过图形化界面的快速操作方法，后面介绍具体执行过程。

铣平面：当工作平台上的孔过多或平面明显不平时，可使用铣平面功能。铣平面请使用 3mm PCB 铣刀。将平面的长和宽分别填入 *X*、*Y* 方向的空格中，深度可根据平面磨损程度设置，重叠率一般设为 30%，按图 10-52 所示进行设置。

（3）操作菜单栏中的向导。执行菜单命令操作→向导，出现图 10-53 所示对话框。

1）定位：双面板需打定位孔以保证翻面后刻制的相对位置。打定位孔用 2.0mm 钻头，并与定位销配套。定位孔深度需使得平台板上留下 2mm 左右深的孔，默认为 3.5mm。钻定位孔时，钻头将以加工原点为参考，按电路板图的轴方向最大长度，在上下沿左右两端分别向外 6mm 和 8mm 各钻一个孔，并在左下角的定位孔上多钻一个标志孔，用来区分正反面，如图 10-54 所示。

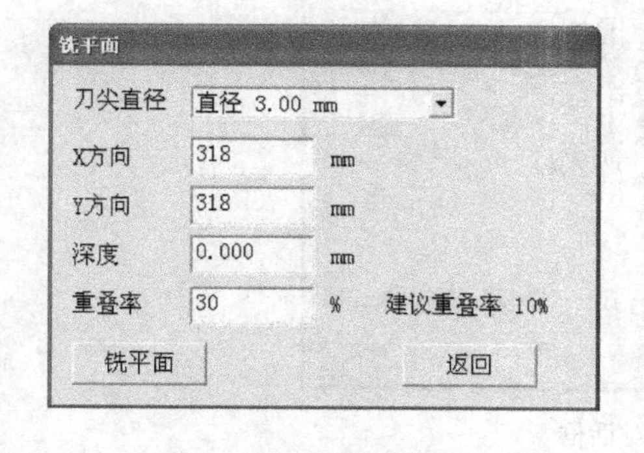

图 10-52 铣平面设置

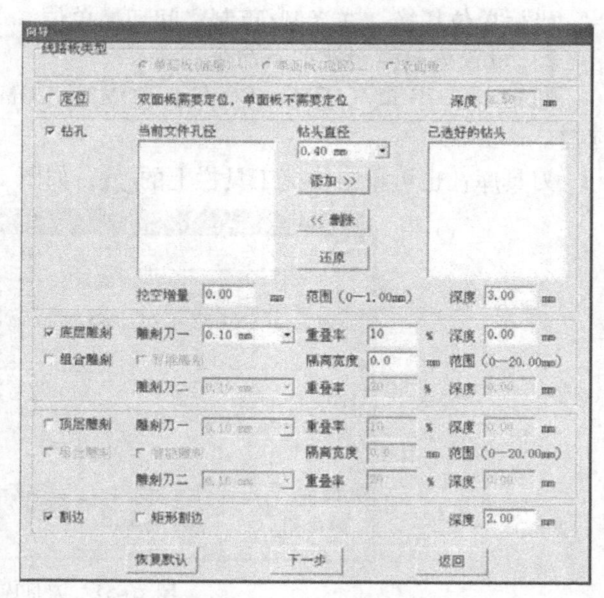

图 10-53 向导界面对话框

一面加工完毕，只需取下电路板，沿 *X* 方向翻转电路板，对准工作平台上留下的定位孔，放置电路板，并用定位销固定。

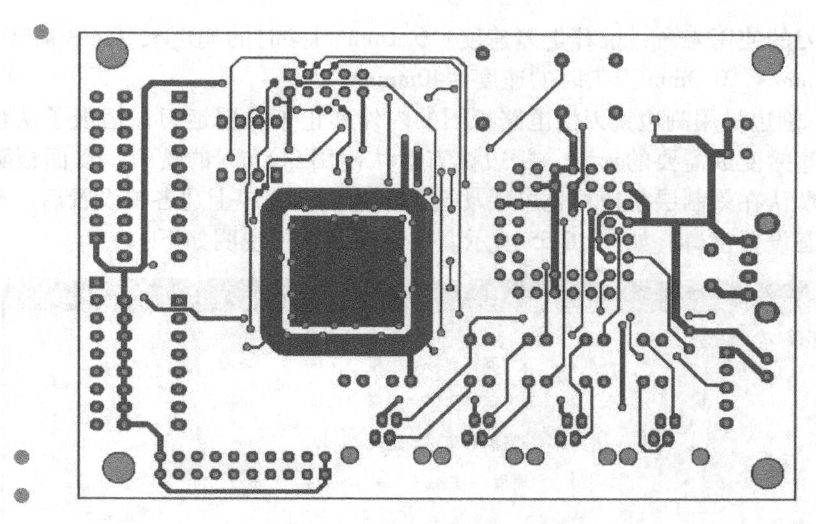

图 10-54　双面板的定位孔设置

2）钻孔：设置各种孔径的实际钻头加工直径。电路板上需要的孔径全部列在左侧栏中，实际使用的钻头直径列在右侧栏中，中间的下拉框中有工具库中设置的所有钻头。从左栏的第一行开始，根据需要孔径的大小，从下拉框中选择相近的钻头规格，然后单击添加按钮，右栏中就会出现对应的选择。单击删除按钮，删除右栏中的选择。请确保所有需要孔径都有实际的钻头孔径与之相对应。单击还原按钮，可以删除右栏中所有的选择。

① 挖空钻孔功能：用一种规格的挖空刀（0.8mm）把大于这个规格的孔全挖了出来，这样在配件上的消耗减小了很多。实际加工中，小于 0.8mm 的孔还是使用钻头，这主要是因为小于 0.8mm 直径的挖空刀较易折断。使用挖空刀钻孔功能十分简单，只需在中间的下拉框中选择挖空刀，然后在钻孔时安装 0.8mm 的 PCB 铣刀，就可完成所有孔位的钻制。

② 挖空增量：考虑到双面板金属孔化后，孔径会比实际略小一些，用户可以在钻孔时就设置一个增量。

3）底层、顶层刻制：把板上线路部分以外的铜箔铣掉。刀尖直径可在刀具库中设置的所有刻刀中选择。重叠率是相邻两次走刀路径的重叠比率，考虑刀尖的误差，一般设置为 10%，刻制深度默认为 0。刻制的时间、效果和路径由选择的刻刀来决定。一般来说，刀尖越大，时间越短；刀尖越小，时间越长，但效果越好。刻制的深度和重叠率可根据刀尖直径调整。

① 组合刻制：可以用一细一粗两把刻刀组合完成刻制，先用小刀尖刻刀做隔离，再用大刀尖刻刀做大面积铣制，在不影响刻制精度的情况下，软件根据用户的选择自动分配刻制区域，可以大大加快制板速度。

② 智能刻制：在组合刻制的基础上，智能刻制同样采用两把刻刀，先用大刀做大面积的隔离和铣制，软件根据用户的选择自动用小刀隔离和铣制剩下的区域，可以大大加快制板速度，同时非常的方便。

③ 隔离宽度：用来在线路两侧隔离出指定的宽度。有些电路板含有大量空白区域，而用户并不要求将空白区域全部铣掉，只要隔离出一个宽度，用户就可以使用了。隔离宽度可以在 0~20mm 间任意设置，默认值为 0mm。

为延长刻刀的使用寿命，推荐走刀速度：0.1mm 刀尖时的速度≤10mm/s；0.2mm 刀尖时的速度≤15mm/s，0.3mm 刀尖时的速度≤40mm/s。

4）割边：割边是用割边铣刀沿电路板图的内外禁止布线层走刀，把板子从整个敷铜板上切割下来，直接变成需要的形状。割边铣刀默认使用0.8mm 的铣刀。双面板默认在顶层割边，单面板默认在刻制层割边，也可手动选择割边层。完成上述各项设置后，单击下一步按钮，进入状态设置窗口，如图10-55 所示。各选项及按钮说明如下：

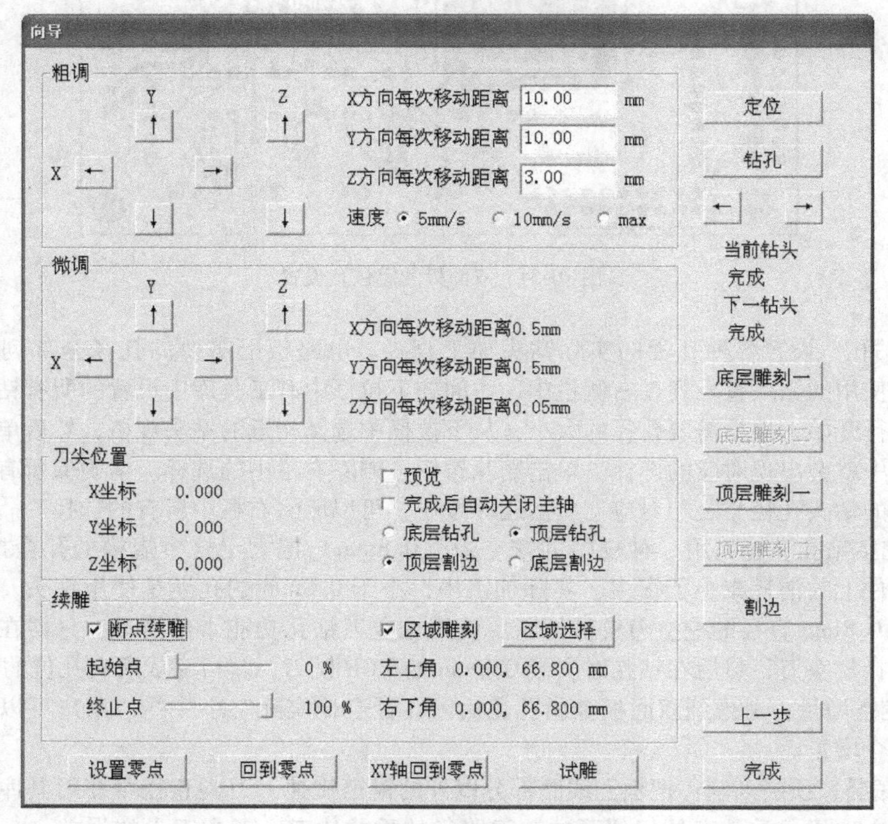

图 10-55 状态设置窗口

① 粗调、微调区域：软件上可使用粗调和微调两种方法来调整加工头的位置。粗调用来快速移动，步间距可自行设定，移动速度分为三档：5mm/s、10mm/s、max（即40mm/s）。微调用来做细微调整，步间距 X、Y、Z 均为0.005mm。

② 刀尖位置区域：该区域显示当前加工点的坐标。选中预览框后，单击任何操作按钮都仅打开预览，不执行操作。选中完成后自动关闭主轴框，可在加工完成后，自动停止主轴电动机，用于无人值守状态。底层钻孔、顶层钻孔用于选择钻孔时所在层。顶层割边、底层割边用于选择割边时所在层。区域右侧钻孔按钮下方的←、→按钮用于切换不同型号的钻头。

③ 续雕区域：在该区域中可以设置“断点续雕”和“区域雕刻”功能。选中断点续雕，可任意设置加工起始点和终止点的百分比。选中雕刻区域，再单击区域选择钮，如图10-56 所示。在线路图上用鼠标左键任意框选作为雕刻区域。选择完雕刻区域后，再单击向

导快捷钮，回到向导界面。雕刻区域的左上角和右下角的坐标显示在区域雕刻栏中。此时，选择的操作将在仅在选择的区域进行。区域雕刻可用于补雕因太浅未完成的区域。

④ 设置零点按钮：用于设置加工零点，设置成功后刀尖位置的 X、Y、Z 坐标均应为 0。

⑤ 回到零点按钮：用于返回已设置的加工零点。动作时，X、Y 先回零，然后 Z 再回零。

⑥ X、Y 轴回到零点按钮：用于仅 X、Y 返回加工零点。

⑦ 试雕按钮：用于沿线路图的最大外框走一刀，以观察铜箔板的平整度。

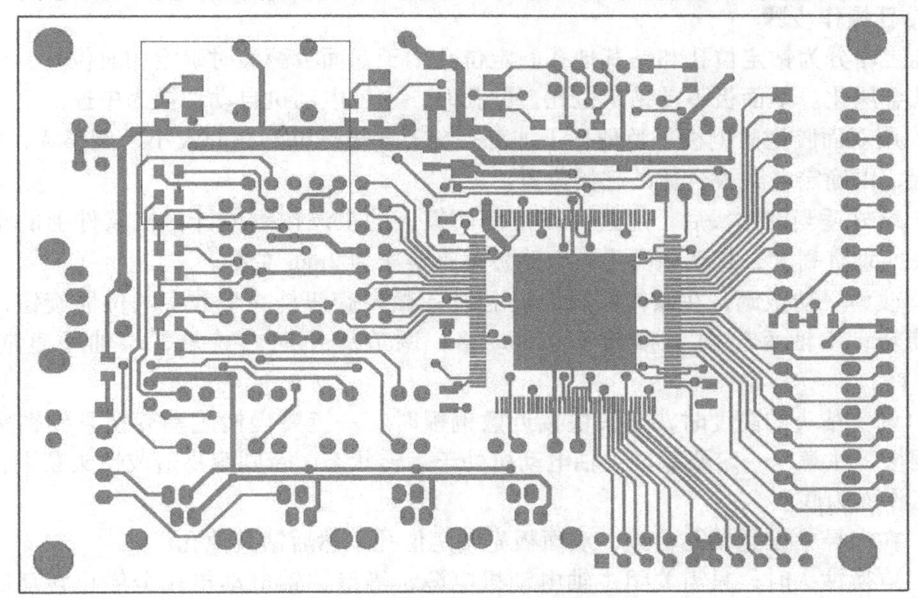

图 10-56 雕刻区域选择

4. 控制面板按钮具体使用说明

（1）主轴起停。向右旋出，主轴电动机起动，电动机处于工作状态，可以在 Circuit-Workstation 软件中设置电动机的速度档位。按下，主轴电源关闭，电动机不工作，且不受软件控制。

（2）X、Y 方向粗调。在 X、Y 方向快速移动加工头。有两种操作方式：按住方向键不放，则连续移动；按方向键一次，移动一步。

（3）Z 方向粗调。在 Z 方向快速移动刀头。操作方式同上。

（4）设原点。将当前 X、Y、Z 方向位置设为原点，作为加工的基准位置。

（5）回原点。当刀头在 X、Y、Z 方向上都不在原点时，按一下该按钮刀头在 X、Y 方向上回到原点位置，再按一下该按钮在 Z 方向上回到原点位置；当在 X、Y 方向上已在原点位置时，按一下该按钮在 Z 方向上回原点。

（6）Z 方向微调/试雕。微调刀头高度。左旋一格，刀头向下 0.01mm；右旋一格，刀头向上 0.01mm。按下进行试雕，刻刀将从原点开始沿线路图最大外框走一个矩形，以检查 Z 方向的深度是否合适及敷铜板是否粘贴平整。如有几个边或部分刀尖不能划到板子，则继续向下调整刀尖，如划割太深，则向上调整刀尖，反复试雕，直至四边划割深度恰到好处。

注意，此步骤对制作效果至关重要，在刻制精度较高的电路板时，需保证电路板粘贴平整，且刀尖切割深度需以刚将铜箔割除为宜。如刀尖过深，雕刻刀实际切割宽度将大于刀尖标称值，加工精度将受到影响。

(7) 保护复位。本设备配备了在 X、Y、Z 方向上共 6 处限位保护装置，当在 X、Y、Z 方向上超出正常加工范围后，设备将自动切断总电源，进入系统保护状态。要退出系统保护状态，请一边按下保护复位按钮，一边操作控制面板的方向按钮，使在 X、Y、Z 方向回到正常位置，然后松开复位保护按钮，即恢复正常操作状态。

5. 钻孔操作步骤

钻孔工序分为钻定位孔和钻其他孔。定位孔用于双面板翻面时确定相对位置，以进行双面板的孔金属化。单面板不需钻定位孔。钻孔时，主轴电动机自动切换为中速。

(1) 用双面胶把敷铜板平整地贴于加工平台上，根据电路板的大小，调整 X、Y 方向刀头的位置，以确定电路板合适的起始位置。

(2) 装好适当的钻头后，通过操作控制面板上的粗调按键或计算机软件上的粗调按钮调节钻头的垂直高度，直到钻头尖与电路板垂直距离为 2mm 左右。

(3) 改为手动微调，在操作控制面板上的 Z 微调旋钮是一个数字电位器旋钮，调节旋钮向左旋转，Z 轴垂直向下移动 0.01mm/格；调节旋钮向右旋转，Z 轴垂直向上移动 0.01mm/格。

(4) 调节钻头的高度时，钻头快接近敷铜板时，一定要慢慢旋动旋钮直到钻头刚刚接触到敷铜板。注意，一定要保证主轴电动机处于运转状态，否则容易造成钻头断裂，并请确保当前工作面为底层。

(5) 在向导中设置钻孔参数，双面板先钻定位孔，然后钻其他孔。

(6) 更换钻头时，只需关闭主轴电动机电源，等待主轴电动机完全停止转动后，才能更换钻头。重复 (2)、(3)、(4) 步骤，钻完各个规格的孔。

6. 电路板孔金属化操作步骤

HW3232 快速电路板刻制机可采用纳米级银金属导电液，固化后有机物逸出，形成本征银导电层，因此导电效果非常好，适合制作包括射频、微波在内的各种技术用电路板。

用这种方法加工孔金属化的电路板非常简单，先用电路板刻制机在敷铜板上钻好全部孔。然后，把随机配送的银金属导电液搅拌均匀，用随机提供的小毛刷在板孔上均匀来回涂覆导电液，使导电液进入孔内，同时，用吸尘器从另一面对准板孔吸，使导电液在孔内流动，最终导致仅在孔壁上留下一薄层导电液。操作时，可以翻一面涂覆导电液，确保整个孔壁导电液涂覆均匀。

涂覆好导电液后，用电吹风吹干，即可得到覆有银涂层的孔壁，实现了孔导电化。

注意，①导电液容易沉淀，使用前请用小毛刷搅拌均匀，否则会影响导电效果；②导电液不溶于酒精，请勿使用酒精稀释。

7. 电路板刻制操作步骤

刻制的过程即把板上除线路部分的铜铣掉的过程。本设备在刻制过程中结合了隔离和铣制两种方式，保证了线路边缘的光滑平整。

(1) 安装合适规格的刻刀，并在向导中设置相应的刻制参数。

(2) 启动主轴电动机，设置加工原点，然后单击顶层刻制或底层刻制按钮开始雕刻。

（3）制作双面板时，完成底层电路板的刻制后，请关闭控制面板上的主轴电源，取出电路板，左右翻转电路板，把粘在顶层的双面胶撕下，再在底层均匀粘好双面胶，把电路板紧贴于平台上，将电路板上定位孔与平台上的定位孔对准，插入定位销。

（4）打开主轴电源，重复刻制步骤。

8. 电路板割边操作步骤

电路板刻制完毕后，需沿禁止布线层进行割边操作，以得到最终的成品电路板。单面板在刻制完成后，直接进行割边。双面板需在完成底层、顶层刻制后，进行割边。在操作软件中，请将割边深度设为比实际板厚 0.2mm，确保将电路板按禁止布线层边框线切割出来。割边请使用 0.8mm 的 PCB 铣刀，以保证割边的平整光滑。

9. 电路板表面处理

取出电路板，将电路板清理干净后，用细砂纸轻轻地将两面线路打磨一遍，以使线路光滑饱满。为防止电路板被氧化并增加以后的可焊性，可在电路板两面适当涂上一层松香水。

10.7　技能训练

1. 采用漆图法手工制作图 11-2 所示稳压电源电路的单面印制板

图 11-2 所示的为串联型稳压电源电路，其工作原理参阅本书第 11 章的电子实训产品中的稳压电源部分的内容。漆图法手工制作单面印制板步骤如下：

1）下料：敷铜板大小 30mm×50mm，去掉四周毛刺。

2）制作草图：根据电原理图，逐一在框内排器件，反复调整器件位置，直到满意为止。

3）拓图：将绘制好的印制板走线图确认无误后，用复写纸复写到事先经过清洗的敷铜板上。

4）打孔：拓图后，用小型台式钻床打出焊盘上的通孔。这步也可放在去漆膜后面。

5）调漆：在描图之前应先把所用的漆调配好。

6）描漆图：按照拓好的图形，用漆描好焊盘及导线并晾干。

7）腐蚀：腐蚀前应检查图形质量，修整线条、焊盘。腐蚀液一般使用三氯化铁水溶液，浓度在 28%～42%之间，放入塑料容器中。待裸铜箔完全腐蚀完成后，取出板子用水清洗。

8）去漆膜：用热水浸泡后，可将板面的漆膜剥掉，未擦净处可用稀料清洗。

9）清洗：漆膜去除干净以后，用碎布蘸着去污粉在板面上反复擦拭，去掉铜箔的氧化膜，使线条及焊盘露出铜的光亮本色。擦拭后用清水冲洗、晾干。

10）涂助焊剂：把已经配好的松香酒精溶液立即涂在洗净晾干的印制电路板上，作为助焊剂。

2. 采用刻制机制作图 11-2 所示稳压电源电路的单面印制板

熟悉刻制机的使用，具体步骤如下：

1）在 Protel 99 DXP 环境下绘制图 11-2 所示稳压电源电路原理图文件和 PCB 文件（Keep Out Layer 设置电路板边界）。

2）Protel 99 DXP 环境下生成刻制机需要的加工文件。

3）固定电路板。

4）安装合适规格的刻刀，并在 Circuit Workstation 软件中设置相应的刻制参数。

5）起动主轴电动机，设置加工原点，然后单击顶层刻制或底层刻制按钮开始刻制。

6）如果制作双面板时，完成底层电路板的刻制后，请关闭控制面板上的主轴电源，取出电路板，左右翻转电路板，把粘在顶层的双面胶撕下，再在底层均匀粘好双面胶，把电路板紧贴于平台上，将电路板上定位孔与平台上的定位孔对准，插入定位销。

7）打开主轴电源，重复4)、5）雕刻步骤。

思 考 题

1. 印制电路板基板材料有哪些基本分类？
2. 印制板制作的基本步骤有哪些？
3. 结合具体的电路，说明漆图法手工制作印制电路板的步骤。
4. 在印制电路板设计中要注意哪些？请从布局、焊盘、导线及模拟数字混合设计等方面讲述。

第 11 章　电子实训产品

11.1　直流稳压电源

11.1.1　实训目的和要求

（1）使学生理解整流、滤波、稳压电路的基本工作原理。

（2）能独立绘制装配草图，并按工艺要求进行装配。

（3）掌握电压测量和调试的方法。

（4）会使用示波器观察输入、输出波形。

11.1.2　电路组成及工作原理

在电子电路及电子设备中，一般都需要稳定的直流电源供电，本节所介绍的直流稳压电源是单相小功率电源，它将频率为 50Hz、电压有效值为 220V 的交流电源转换成幅值稳定、输出电流在 500mA 以下的直流电源。

简单的串联型稳压电路，是直接利用输出电压微小变化量 ΔU_o 去控制电压调整管发射结电压 U_{BE}，从而改变电压调整管的 U_{CE} 来稳定电源的输出电压，但往往由于 ΔU_o 的数值不大，稳压效果不十分理想。如在电路中加入一级直流放大器，先把微小的电压变化量 ΔU_o 放大，然后用放大的电压变化量去控制电压调整管发射结电压 U_{BE}，使电压调整管的 U_{CE} 有明显的变化，就可以使稳压效果大为改善。

1. 电路组成

串联稳压电路主要由变压、整流、滤波、取样电路、基准电压、比较放大、电压调整等电路组成，原理示意如图 11-1 所示。整流电路将交流电变成脉动的直流电，滤波电路可以减小脉动成分，稳压电路可以使输出电压基本保持稳定。

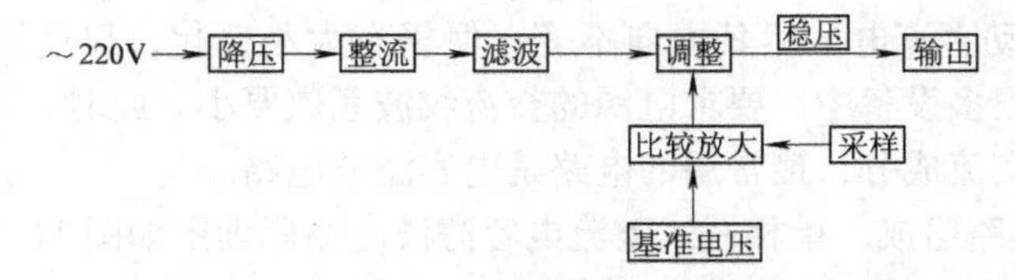

图 11-1　串联型可调直流稳压电源电路原理框图

串联型可调直流稳压电源电路原理框图如图 11-2 所示。

2. 基本工作原理

（1）降压电路。T 为降压变压器，将交流 220V 电压变为交流 15V，供给整流电路。

（2）整流电路。$VD_1 \sim VD_4$ 为整流二极管，构成桥式整流电路；R_1、VL 为电源指示电路。利用二极管的单相导电性，从 A、B 两点送入交流正弦信号 U_2，如图 11-3 所示。

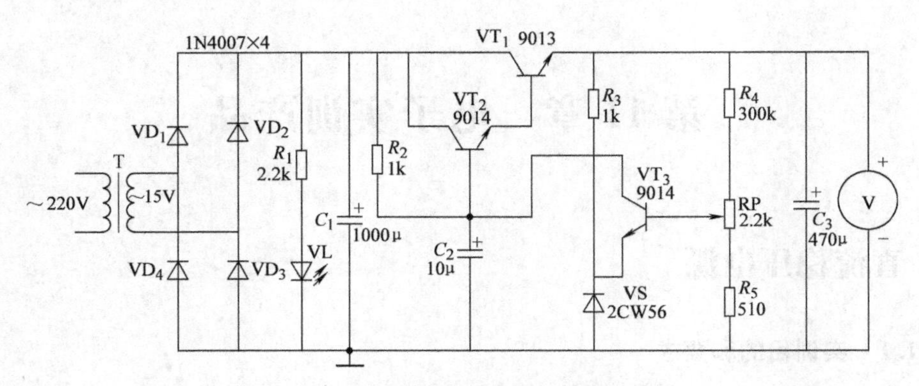

图 11-2 串联型可调直流稳压电源电路原理图

当 U_2 为正半周时，A 正 B 负，VD_1、VD_3 因正偏而导通，VD_2、VD_4 因反偏而截止，电流由 A 点经 $VD_1 \rightarrow R_L \rightarrow VD_3 \rightarrow$B 点，自上而下流过负载电阻器 R_L，在负载电阻器 R_L 上得到上正下负的电压。

当 U_2 为负半周时，B 正 A 负，VD_2、VD_4 因正偏而导通，VD_1、VD_3 因反偏而截止，电流由 B 点经 $VD_2 \rightarrow R_L \rightarrow VD_4 \rightarrow$A 点，在负载电阻器 R_L 上得到上正下负的电压。这样在负载电阻器 R_L 上得到的电流、电压波形与全波整流电路完全一样，为单相脉动直流全波电压波形，如图 11-3 所示。

桥式整流电路输出电压与全波整流电路相同，即 $U_o = 0.9\ U_2$。

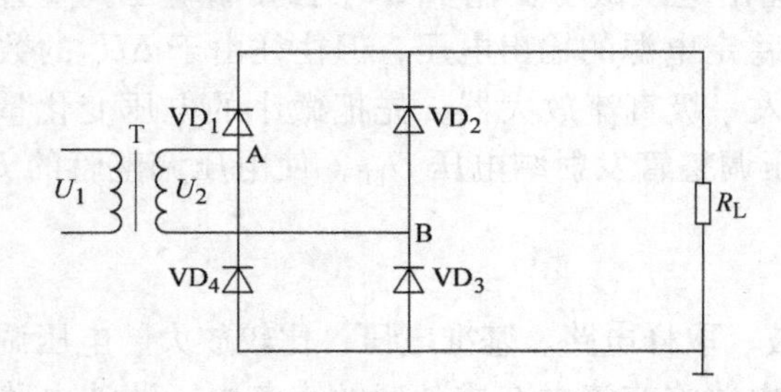

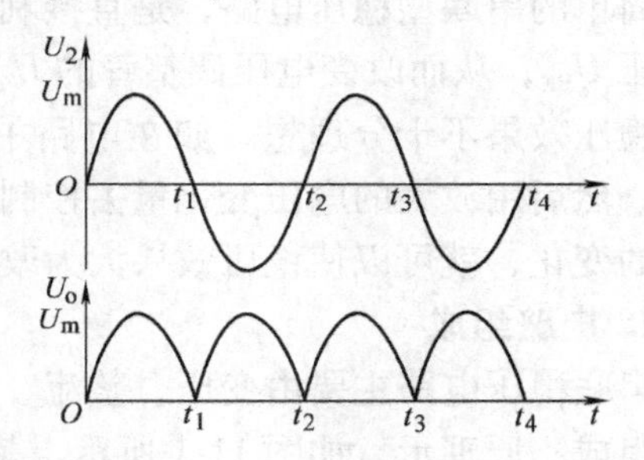

图 11-3 单相桥式整流电路电原理图

（3）滤波。脉动直流电虽然其方向不变，但仍有大小变化，仅适用于对直流电压要求不高的场合，而在很多设备中，要求电源的交流纹波系数要小。此时，可采用滤波电路来滤除脉动直流电压的交流成分，最常用的电路是电容滤波电路。

1）电容滤波电路组成。单相桥式整流电容滤波电路原理图如图 11-4 所示，它由桥式整流、滤波电容器 C_1 和负载电阻器 R_L 组成。

2）电容滤波电路基本工作原理。当 U_2 为正半周时，若 $U_{AB}>U_C$，（滤波电容两端电压），整流二极管 VD_1、VD_3 因正偏而导通，U_2 通过 VD_1、VD_3 向电容器 C_1 进行充电，由于充电回路电阻很小，因而充电很快，U_C 基本和 U_2 同步变化（忽略 VD_1、VD_3 正向压降）。当 $t=\pi/2$ 时，U_2 达到峰值，电容器 C_1 两端的电压也近似达到最大值。

当 U_2 由峰值开始下降，使得 $U_2<U_C$，整流二极管 VD_1、VD_3 截止，此时电容器 C_1 向负载电阻器 R_L 放电，由于放电时间常数（$\tau=RC$）相对较大，故放电速度较慢；当 U_2 进入负

半周且 $U_{AB}>U_C$ 时，整流二极管 VD_2、VD_4 因正偏而导通，继续向电容器 C_1 充电，很快又充电到峰值。

当 U_2 的第二个周期的正半周到来时，又重复第一周的过程。负载电阻器 R_L 上的电压波形如图 11-5 所示。

由图 11-5 可以看出，接入滤波电容器后，输出电压变得比较平滑，而且滤波电容器电容量和负载电容器电阻值越大，电容器放电越缓慢，输出电压越平滑。

桥式整流电容器滤波电路负载两端直流电压的近似计算为 $U_o=1.2\,U_2$。

电容滤波电路的特点是元器件少、成本低、输出电压高、脉动小、带负载能力较差。

（4）稳压。整流滤波电路将交流电变换成为直流电，但输出电压会随着电网电压或负载电阻的变化而变化。为了获得稳定的直流电压，必须采取稳压措施。用得较多的是串联稳压电源。

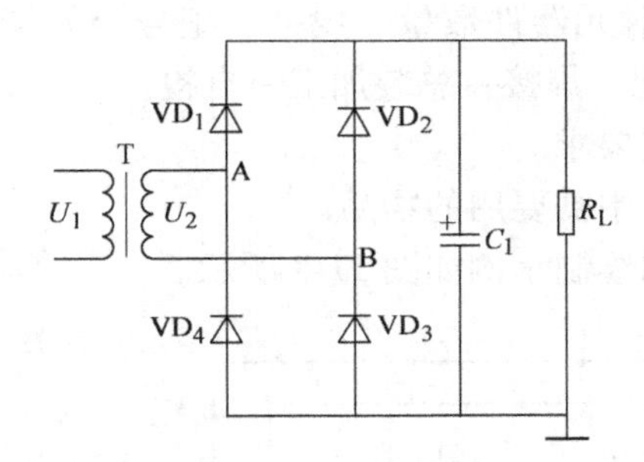

图 11-4　单相桥式整流电容滤波电路电原理图

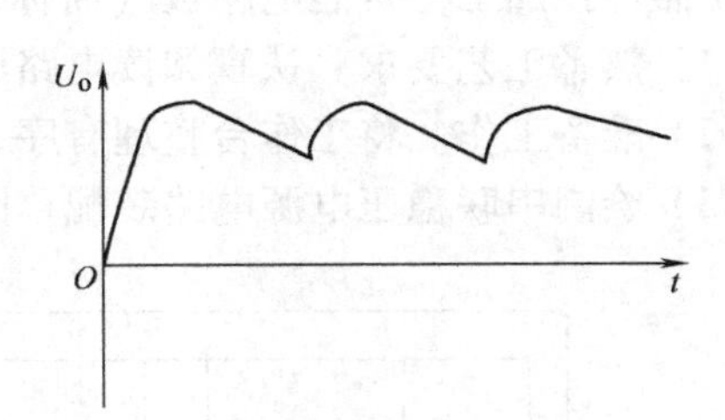

图 11-5　单相桥式整流电路波形图

1）串联稳压电源电路组成　串联稳压电源电路主要由调整、取样、基准电压、比较放大四部分组成，其组成框图如图 11-6 所示。其电路原理图如图 11-7 所示。图中，VT_1、VT_2 为复合管，电流放大倍数大，用作电压调整；VT_3 是比较放大管，R_2 既是 VT_3 的集电极负载电阻，又是 VT_2 的基极偏置电阻；R_3、VS 提供比较放大管 VT_3 发射极的基准电压；R_4、RP、R_5 组成取样电路。当输出电压变化时，取样电路将其变化量的一部分取出送到比较放大管的基极。

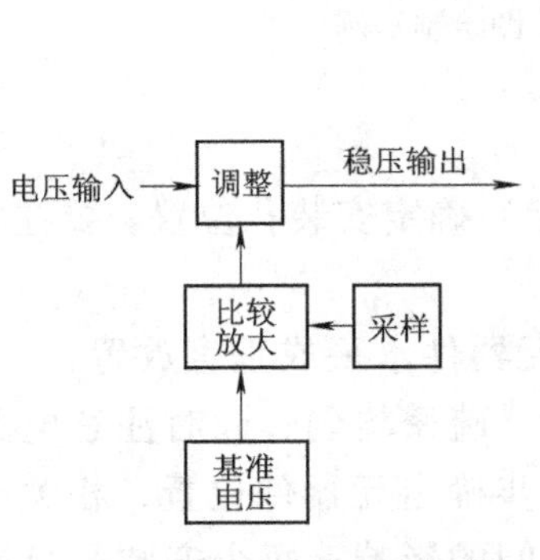

图 11-6　稳压电路组成框图

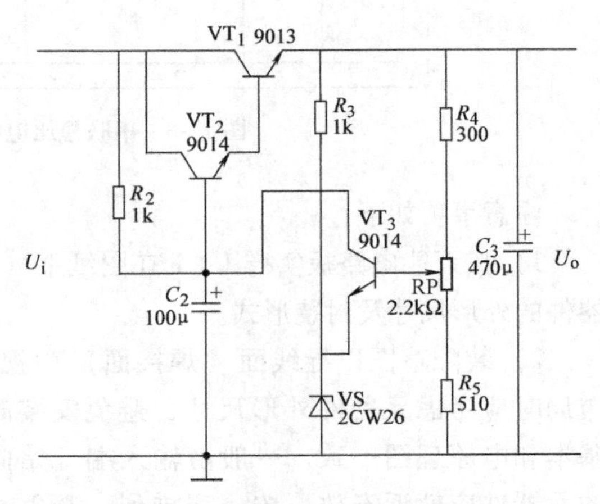

图 11-7　稳压电路原理图

2）稳压电路工作原理　当 U_i 减小或负载电阻减小时，U_o 有下降趋势，则稳压过程如下：$U_i\downarrow\rightarrow U_o\downarrow\rightarrow U_{B3}\downarrow\rightarrow U_{BE3}\downarrow\rightarrow U_{C3}\uparrow\rightarrow U_{B2}\uparrow\rightarrow U_{B1}\uparrow\rightarrow U_{CE1}\downarrow\rightarrow U_o\uparrow$ 。当 U_1 增大或负载电阻增大时，U_o 有升高趋势，则稳压过程与上述过程相反。

3）输出电压调整范围　直流稳压电路的输出电压大小可以通过调整取样电路中的电位器 RP 实现，电压调整范围的计算方法如下：

当 RP 调到最上端时，输出电压最小 $U_{omin}=(U_{VS}+U_{BE3})(R_4+RP+R_5)/(RP+R_5)$；

当 RP 调到最下端时，输出电压最大 $U_{omax}=(U_{VS}+U_{BE3})(R_4+RP+R_5)/R_5$。

11.1.3 元器件装配与调试

1. 装配方法和要求

一般工艺流程及串联稳压电源电路的工艺说明如下：

熟悉工艺要求→准备工作→绘制装配草图→核对元器件数量、规格、型号→元器件检测→元器件预加工→万能电路板（简称万能板）装配、焊接→总装加工→自检。

（1）熟悉工艺要求。认真阅读电路原理图和工艺要求。

（2）准备工作。将工作台整理有序，准备好安装中需要用的物品。

（3）绘制串联稳压电源电路装配草图。装配草图绘制示例如图 11-8 所示。

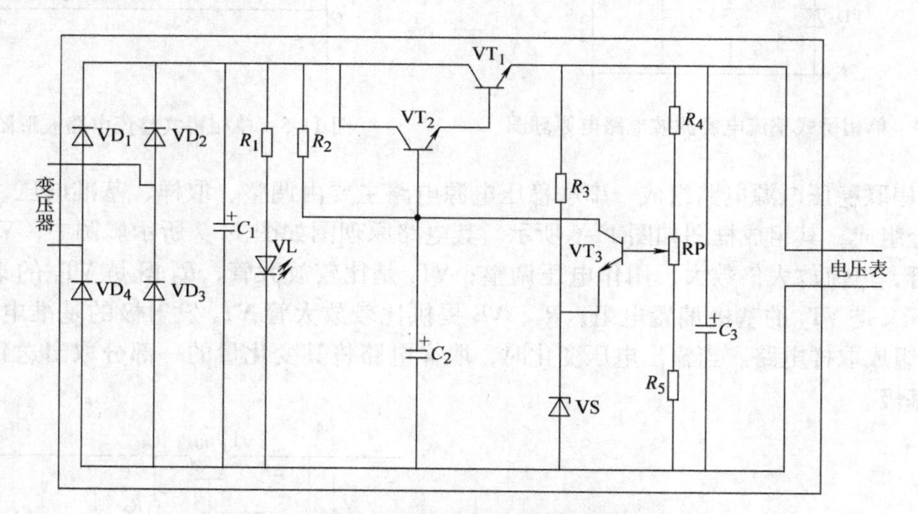

图 11-8　串联稳压电源电路装配草图绘制示例

注意事项如下：

1）按万能电路板实样 1∶1 在图纸上（或用坐标纸）确定安装孔位置。要注意所用元器件的外形尺寸及封装形式。

2）装配草图以导线面（焊接面）为视图方向；元器件水平或垂直放置，不可斜放；布局时应考虑元器件外形尺寸，避免安装时相互影响，疏密均匀；同时注意电路走向应基本和电原理图一致，一般由输入端开始向输出端逐步确定元器件位置，相关电路部分的元器件应就近安放，按一字排列，避免输入输出之间的影响；每个安装孔只能插一个元器件引脚。

3）按电路原理图的连接关系布线，布线应做到横平竖直，导线不能交叉（确需交叉的导线可在元器件体下穿过）。

4）检查绘制好的装配草图上的元器件数量、极性和连接关系，应与电路原理图完全一致。

（4）清点元器件。核对元件的数量和规格，都应符合工艺要求，如有短缺、差错应及时补缺和更换。

（5）元器件检测。用万用表的电阻档对元器件进行逐一检测，对不符合质量要求的元器件剔除并更换。

（6）元器件的预加工。对电阻器、电容器进行剪脚和浸锡加工。半导体管是不耐热的器件，浸锡温度要低，浸锡时间不宜过长，防止烫坏 PN 结，剪脚时要防止搞错二极管、晶体管的极性。

（7）万能电路板装配工艺要求如下：

1）电阻器、二极管（发光二极管除外）均采用水平安装方式，高度为元器件底部离万能板 5mm，色环电阻器的色环标志顺序方向应一致。

2）电容器、晶体管均采用垂直安装方式，高度为底部离万能板 8mm。

3）发光二极管采用垂直安装方式，高度为二极管底部离万能板 15mm。

4）微调电位器应紧贴万能板安装。

5）所有焊点均采用直角焊，焊接完成后剪去多余引角，留在焊面上 0.5~1mm，且不能损伤焊接面。

6）万能电路板布线应正确、平直、转角处成直角，焊接可靠，无漏焊、短路现象。

（8）总装加工工艺要求。电源变压器用螺钉紧固在万能电路板的元器件面上，一次绕组的引出线向外，二次绕组的引出线向内，万能电路板的另外两个角上也固定两个螺钉，紧固件的螺母均安装在焊接面。电源线从万能电路板焊接面穿过孔后，在元器件面打结，再与变压器一次绕组引出线焊接并完成绝缘恢复，变压器二次绕组引出线插入安装孔后焊接。将所有需要连接的点用镀银线连接起来。

（9）自检。对所有装配、焊接工作应仔细检查质量，重点是装配的准确性，包括元器件位置、电源变压器的一次侧、二次侧等；焊点质量应无虚焊、漏焊、搭焊及空隙、毛刺等；检查有无影响安全性指标的缺陷。

2. 调试

（1）测试、观察项目包括如下内容：

1）桥式整流电路：测量输入、输出电压，观察输入、输出波形。

2）电容滤波电路：测量输入、输出电压，观察输入、输出波形。

3）稳压电路：测量输入、输出电压，观察输入、输出波形。

（2）测量内容及要求如下：

1）电压　① 用万用表电压档（交、直流）测量整流、滤波电路的输入（交流）输出（直流）电压，并将测量结果记录在表 11-1 中。② 用万用表电压档（交、直流）测量稳压电源各级电压值，并将测量结果记录在表 11-2 中。测量电压后，再调节 RP，使输出电压为 12V。

表 11-1 整流、直流滤波电路输入、输出电压值 (单位：V)

测量项目	输入（交流）	输出（无滤波）	输出（有滤波）
测量数值			

表 11-2 电压测量记录 (单位：V)

输入电压	整流滤波电压	基准电压	输出电压	电压调节范围

2）波形 ① 整流电路、滤波电路波形的测试：测试波形可将双通道示波器两输入电缆分别与桥式整流电路输入（交流电压），整流电路输出（直流电压）连接。用测量交流电压和直流电压的方法，将输入电压 U_2 和输出电压 U_o 的波形稳定显示在示波器荧光屏上。观察并比较输入输出波形，将各波形图绘制在表 11-3 中。② 稳压电路波形的测试：测试此电路波形可将双通道示波器两输入电缆分别与稳压电源的输入（U_1）、输出（U_o）端连接（U_o 调整至 12V）。用测量交流和直流电压的方法，将输入、输出两波形稳定显示在示波器荧光屏的上、下方。观察输入、输出波形，并将结果记录在表 11-3 中。

表 11-3 整流滤波电路波形图和电压值

电路类型			波形图	电压/V	
桥式	输入			$U_2=$	$V_{P.P}$
	输出	无滤波		$U_o=$	
		有滤波		$U_o=$	

11.1.4 性能指标及测试方法

稳压电源的性能指标分为两种：一种是特性指标，另一种是质量指标。测试电路如图 11-9 所示。

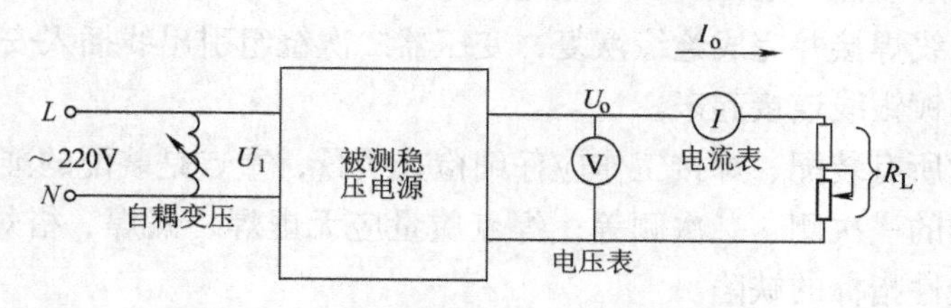

图 11-9 稳压电源性能指标电路测试

1. 特性指标

个性指标包括如下内容：

1）输入电压及其变化范围。

2）输出电压 U_o 及其调节范围 $U_{omax}\sim U_{omin}$。

3）额定输出电流 I_{omax}（指电源正常工作时的最大输出电流）以及过电流保护值。在测量 U_o 的基础上，逐渐减小 R_L，直到 U_o 下降 5%，此时负载 R_L 中的电流即为 I_{omax}。

2. 质量指标

(1) 稳压系数 S_r。它是指在负载电流、环境温度不变的情况下，输入电压 U_1 变化 ±10%时引起输出电压的相对变化，即

$$S_r = \frac{\Delta U_o}{U_o} \Big/ \frac{\Delta U_1}{U_1} \Bigg|_{I_o=常,\ T=常} \tag{11-1}$$

测试方法：先调节自耦变压器使输入电压 $U_1=242V$，测量此时对应的输出电压 U_{o1} 及稳压输入 U_{11}，再调节自耦变压器使 $U_1=198V$，测量这时的输出电压 U_{o2} 及稳压输入 U_{12}，然后再测出 $U_1=220V$ 时对应的输出电压及对应稳压输入电压，即可求得 ΔU_o 和 ΔU_1。将其中较大值代入式（11-1），则稳压系数 S_r 为

$$S_r = \frac{\Delta U_o}{U_o} \Big/ \frac{\Delta U_1}{U_1} \tag{11-2}$$

（2）电流调整率 S_I。当输入电压及温度不变时，输出电流 I_o 从零变化到最大时，输出电压的相对变化量称为电流调整率 S_I，即

$$S_I = \frac{\Delta U_o}{U_o} \times 100\% \Bigg|_{\Delta I_o=I_{omax},\ \Delta T=0} \tag{11-3}$$

有时也定义为恒温条件下，负载电流变化10%时引起输出电压的变化量 ΔU_o，单位为mV。S_I 或 ΔU_o 越小，输出电压受负载电流的影响越小。

（3）输出电阻 R_o。当电压和温度不变时，因 R_L 变化，导致负载电流变化了 ΔI_o，相应地输出电压变化了 ΔU_o，两者比值的绝对值称为输出电阻 R_o，单位为 Ω，公式为

$$R_o = \frac{\Delta U_o}{\Delta I_o} \Bigg|_{\Delta U_1=0,\Delta T=0} \tag{11-4}$$

它的大小反映了直流稳压电源带负载能力的大小，值越小带负载能力越强。

（4）温度系数 S_T。输入电压 U_1 和负载电流 I_o 不变时，温度所引起的输出电压相对变化量 $\Delta U_o/U_o$ 与温度变化量 ΔT 之比，称为温度系数 S_T，单位为mV/℃，公式为

$$S_T = \frac{\Delta U_o/U_o}{\Delta T} \Bigg|_{\Delta U_1=0,\Delta I_o=0} \tag{11-5}$$

（5）纹波电压和纹波抑制比。叠加在输出电压 U_o 上的交流分量称为纹波电压。采用示波器观测其峰-峰值，一般为mV级。也可以用交流电压表测量其有效值，这种方法存在一定误差。在电容滤波电路中，负载电流越大，纹波电压也越大，因此纹波电压应在额定输出电流情况下测出。

纹波抑制比定义为稳压电路输入纹波电压峰值 U_{1P-P} 与输出纹波电压峰值 U_{oP-P} 之比，并用对数表示，即

$$20\lg\frac{U_{1P-P}}{U_{oP-P}}\ (\mathrm{dB}) \tag{11-6}$$

纹波抑制比表示稳压器对其输入端引入的交流纹波电压的抑制能力。

11.2 函数发生器

11.2.1 电路组成及工作原理

函数发生器一般是指能自动产生正弦波、三角波、方波及锯齿波、阶梯波等电压波形的电路或仪器。根据用途不同，有产生三种或多种波形的函数发生器，使用的器件可以是分立器件（如低频信号函数发生器S101全部采用晶体管），也可以采用集成电路（如函数发生

器模块 8038）。为进一步掌握电路的基本理论及实验调试技术，本节介绍由集成运算放大器与晶体管差分放大器组成的方波-三角波—正弦波函数发生器。

产生正弦波、方波、三角波的方法有多种，如可以先产生正弦波，然后通过整形电路将正弦波变换成方波，再由积分电路将方波变成三角波；也可以先产生三角波-方波，再将三角波变成正弦波或将方波变成正弦波等。本节只介绍先产生方波-三角波，再将三角波变换成正弦波的电路，其电路组成如图 11-10 所示。

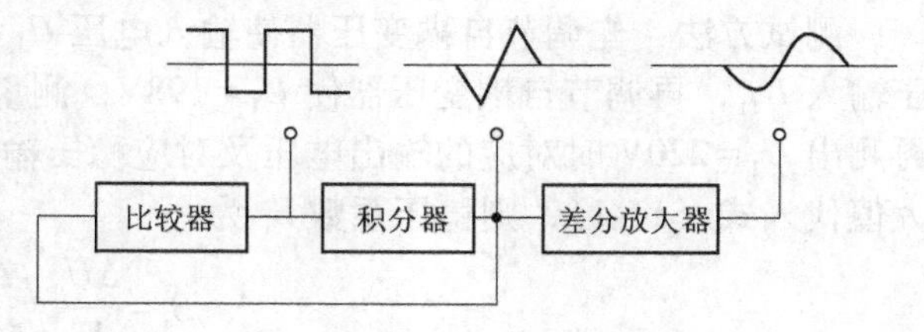

图 11-10 函数发生器组成框图

1. 方波-三角波产生电路

图 11-11 所示的电路能自动产生方波-三角波。电路工作原理如下：若 a 点断开，运算放大器 A_1 与 R_1、R_2 及 R_3，RP_1 组成电压比较器，C_1 称为加速电容，可加速比较器的翻转。运算放大器的反相端接基准电压，即 $U_-=0$，同相端接输入电压 U_{ia}，R_1 称为平衡电阻。比较器的输出 U_{o1} 的高电平等于正电源电压 $+U_{CC}$，低电平等于负电源电压 $-U_{EE}$（$|+U_{CC}|=|-U_{EE}|$），当比较器的 $U_+=U=0$ 时，比较器翻转，输出 U_{o1} 从高电平 $+U_{CC}$ 跳到低电平 $-U_{EE}$，或从低电平 $-U_{EE}$ 跳到高电平 $+U_{CC}$。设 $U_{o1}=+U_{CC}$，则

$$U_+=\frac{R_2}{R_2+R_3+R_{RP_1}}\left(+U_{CC}\right)+\frac{R_3+R_{RP_1}}{R_2+R_3+R_{RP_1}}U_{ia}=0 \tag{11-7}$$

将式（11-7）进行整理，得比较器翻转的下门限电位 U_{ia-} 为

$$U_{ia-}=\frac{-R_2}{R_3+R_{RP_1}}\left(+U_{CC}\right)=\frac{-R_2}{R_3+R_{RP_1}}U_{CC} \tag{11-8}$$

若 $U_{o1}=-U_{EE}$，则比较器翻转的上门限电位 U_{ia+} 为

$$U_{ia+}=\frac{-R_2}{R_3+R_{RP_1}}\left(-U_{EE}\right)=\frac{R_2}{R_3+R_{RP_1}}U_{CC} \tag{11-9}$$

比较器的门限宽度 U_H 为

$$U_H=U_{ia+}-U_{ia-}=2\times\frac{R_2}{R_3+R_{RP_1}}I_{CC} \tag{11-10}$$

由式（11-7）~式（11-10）可得比较器的电压传输特性，如图 11-12 所示。

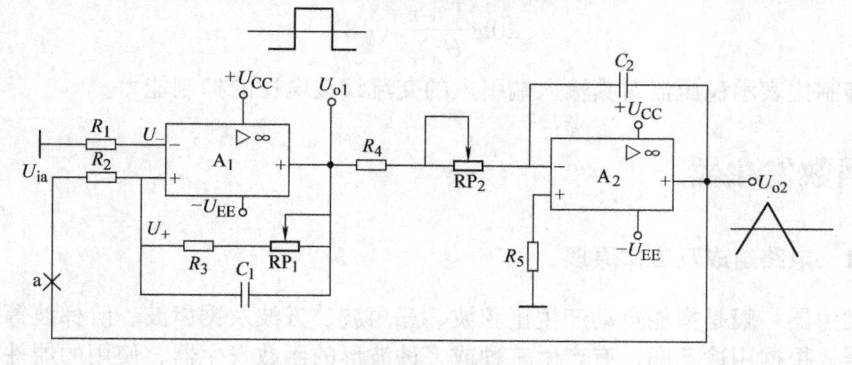

图 11-11 方波-三角波产生电路

a 点断开后，运算放大器 A_2 与 R_4、RP_2、C_2 及 R_5 组成反相积分器，其输入信号为方波 U_{o1}，则积分器的输出 U_{o2} 为

$$U_{o2}=\frac{-1}{(R_4+R_{RP_2})\ C_2}\int U_{o1}\mathrm{d}t \tag{11-11}$$

$U_{o1}=+U_{CC}$时，有

$$U_{o2}=\frac{-\ (+U_{CC})}{(R_4+R_{RP_2})\ C_2}t=\frac{-U_{CC}}{(R_4+R_{RP_2})\ C_2}t \tag{11-12}$$

$U_{o1}=+U_{EE}$时，有

$$U_{o2}=\frac{-(-U_{EE})}{(R_4+R_{RP_2})C_2}t=\frac{U_{CC}}{(R_4+R_{RP_2})C_2}t \tag{11-13}$$

可见积分器的输入为方波时，输出是一个上升速率与下降速率相等的三角波，其波形关系如图 11-13 所示。

a 点闭合，即比较器与积分器首尾相连，形成闭环电路，则自动产生方波-三角波。三角波的幅度 U_{o2m} 为

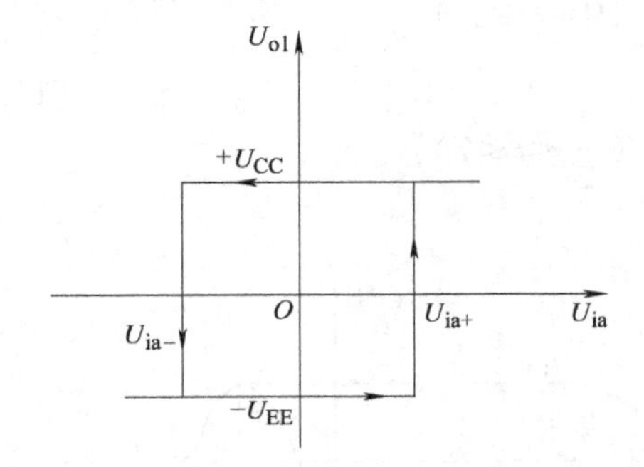

图 11-12　比较器电压传输特性

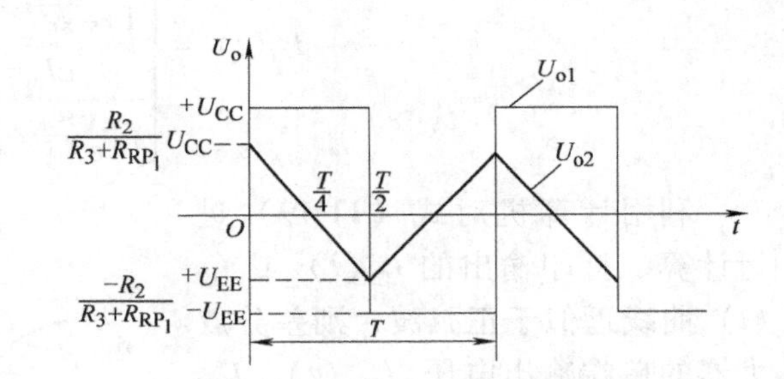

图 11-13　方波-三角波波形关系

$$U_{o2m}=\frac{R_2}{R_3+R_{RP_1}}U_{CC} \tag{11-14}$$

方波-三角波的频率 f 为

$$f=\frac{R_3+R_{RP_1}}{4R_2(R_4+R_{RP_1})C_2} \tag{11-15}$$

由式（11-14）、式（11-15）可以得出以下结论：

1）电位器 RP_2 在调整方波-三角波的输出频率时，不会影响输出波形的幅度。若要求输出频率范围较宽，可用 C_2 改变频率的范围，RP_2 实现频率微调。

2）方波的输出幅度应等于电源电压$+U_{CC}$，三角波的输出幅度应不超过电源电压$+U_{CC}$。电位器 RP_1 可实现幅度微调，但会影响方波-三角波的频率。

2. 三角波-正弦波变换电路

根据图 11-11 所示的电路，三角波-正弦波的变换电路主要由差分放大器来完成。差分放大器具有工作点稳定，输入阻抗高、抗干扰能力较强等优点。特别是作为直流放大器时，可以有效地抑制零点漂移，因此可将频率很低的三角波变换成正弦波。波形变换的原理是利用差分放大器传输特性曲线的非线性。分析表明，传输特性曲线的表达式为

$$I_{C1}=aI_{E1}=\frac{aI_0}{1+e^{-U_{id}/U_T}} \tag{11-16}$$

$$I_{C2}=aI_{E2}=\frac{aI_0}{1+e^{-U_{id}/U_T}} \tag{11-17}$$

式中，$a=I_C/I_E\approx 1$；I_0 为差分放大器的恒定电流；U_T 为温度的电压当量。当室温为 25℃时，$U_T\approx 26\text{mV}$。

如果 U_{id}为三角波，表达式为

$$U_{id}=\begin{cases}\dfrac{4U_m}{T}\left(t-\dfrac{T}{4}\right) & \left(0\leqslant t\leqslant \dfrac{T}{2}\right)\\[2ex] \dfrac{-4U_m}{T}\left(t-\dfrac{3}{4}T\right) & \left(\dfrac{T}{2}\leqslant t\leqslant T\right)\end{cases} \tag{11-18}$$

式中，U_m 为三角波的幅度；T 为三角波的周期。

将式（11-18）代入式（11-16）或式（11-17），则有

$$I_{C1}(t)=\begin{cases}\dfrac{aI_0}{1+e^{\frac{-4U_m}{U_T T}\left(t-\frac{T}{4}\right)}} & \left(0\leqslant t\leqslant \dfrac{T}{2}\right)\\[3ex] \dfrac{aI_0}{1+e^{\frac{-4U_m}{U_T T}\left(t-\frac{3}{4}T\right)}} & \left(\dfrac{T}{2}\leqslant t\leqslant T\right)\end{cases} \tag{11-19}$$

利用计算机对式（11-19）进行计算，打印输出的 $I_{C1}(t)$ 或 $I_{C2}(t)$ 曲线近似于正弦波，则差分放大器的单端输出电压 $U_{C1}(t)$、$U_{C2}(t)$ 也近似正弦波，从而实现了三角波-正弦波变换，波形变换过程如图 11-14 所示。由图 11-14 所示曲线可见，为使输出波形更接近正弦波，要求①传输特性曲线越对称，线性区越窄越好；②三角波的幅度 U_m 应正好使晶体管接近饱和区或截止区。

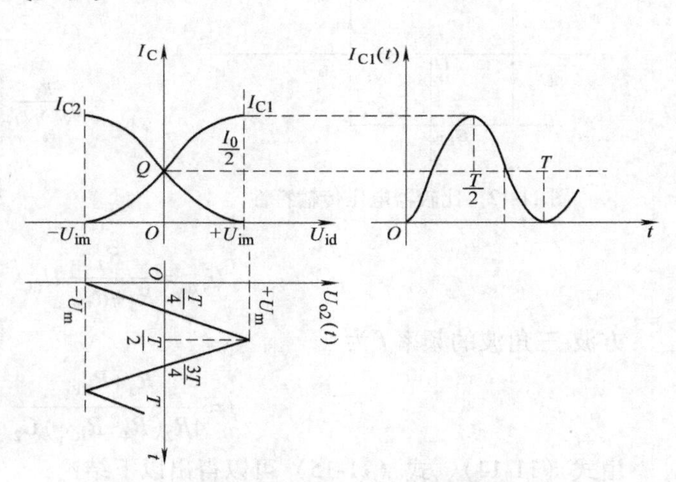

图 11-14 三角波-正弦波的变换

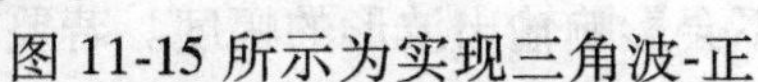

图 11-15 所示为实现三角波-正弦波变换的电路。其中，RP_1 调节三角波的幅度，RP_2 调整电路的对称性，其并联电阻 R_{E2} 用来减小差分放大器的线性区。电容 C_1、C_2、C_3 为隔直电容；C_4 为滤波电容，以滤除谐波分量，改善输出波形。

11.2.2 装配与调试

图 11-6 所示方波-三角波-正弦波函数发生器电路，它是由三级单元电路组成的，在装调多级电路时，通常按照单元电路的先后顺序进行分级装调与级联。

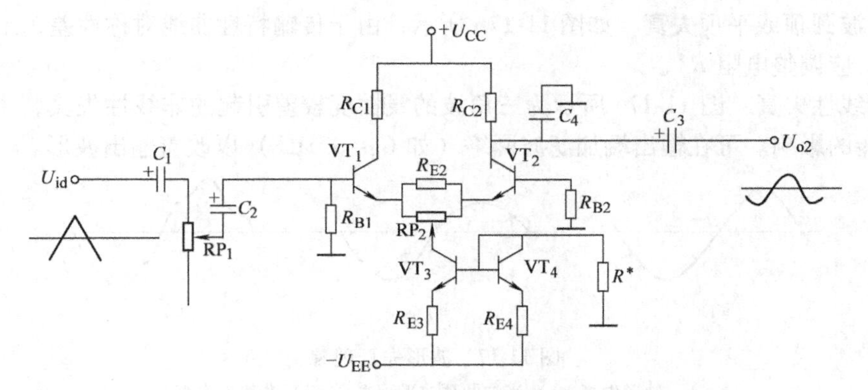

图 11-15　三角波-正弦波变换电路

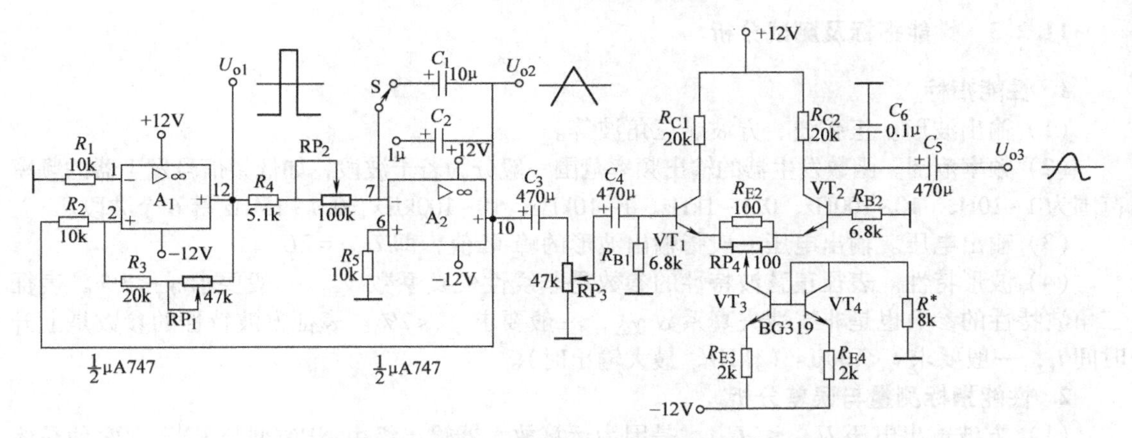

图 11-16　方波-三角波-正弦波函数发生器电路

1. 方波-三角波变换电路的装配与调试

由于比较器 A_1 与积分器 A_2 组成正反馈闭环电路，同时输出方波与三角波，这两个单元电路可以同时安装。需要注意的是，安装电位器 RP_1 与 RP_2 之前，要先将其调整到设计值。如设计举例题中，应先使 $R_{RP_1}=10k\Omega$，RP_2 取 2.5~70kΩ 内的任一阻值，否则电路可能会不起振。只要电路接线正确，上电后，U_{o1}的输出为方波，U_{o2}的输出为三角波，微调 RP_1，使三角波的输出幅度满足设计指标要求，调节 RP_2，则输出频率在对应波段内连续可变。

2. 三角波-正弦波变换电路的装配与调试

按图 11-16 所示装配调试三角波-正弦波变换电路，电路的调试步骤如下：

(1) 经电容 C_4 输入差模信号电压 $U_{id}=50mV$，$f_i=100Hz$ 的正弦波。调节 RP_4 及电阻 R^*，使传输特性曲线对称。再逐渐增大 U_{id}，直到传输特性曲线形状如图 11-12 所示。记下此时对应的 U_{id}，即 U_{idm}值。移去信号源，再将 C_4 左端接地，测量差分放大器的静态工作点 I_0、U_{C1}、U_{C2}、U_{C3}、U_{C4}。

(2) 将 RP_3 与 C_4 连接，调节 RP_3 使三角波的输出幅度经 RP_3 后输出等于 U_{idm}值。这时 U_{o3}的输出波形应接近正弦波，调整 C_6 大小可改善输出波形。如果 U_{o3}的波形出现图 11-17 所示的几种正弦波失真，则应调整和修改电路参数，产生失真的原因及采取的相应措施如下：

1) 钟形失真　如图 11-17a 所示，传输特性曲线的线性区太宽，应减小 R_{E2}。

2）半波圆顶或平顶失真　如图11-17b所示，由于传输特性曲线对称性差，工作点Q偏上或偏下，应调整电阻R^*。

3）非线性失真　图11-17c所示为三角波的线性度较差引起的非线性失真，主要受运算放大器性能的影响。可在输出端加滤波网络（如$C_6=0.1\mu F$）以改善输出波形。

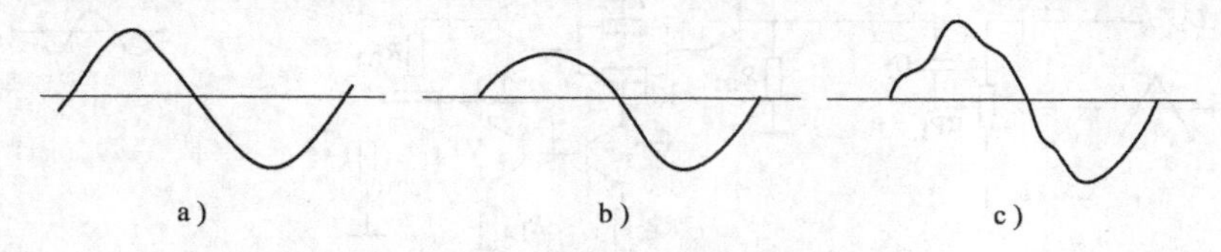

图11-17　波形失真现象

a）钟形失真　b）半波圆顶或平顶失真　c）非线性失真

11.2.3　性能指标及测试分析

1. 性能指标

（1）输出波形。正弦波、方波、三角波等。

（2）频率范围。函数发生器的输出频率范围一般分为若干波段，如低频信号发生器的频率范围为1~10Hz、10~100Hz、0.1~1kHz、1~10kHz、10~100kHz、0.1~1MHz等6个波段。

（3）输出电压。输出电压一般指输出波形的峰-峰值，即$U_{p-p}=2U_m$。

（4）波形特性。表征正弦波特性的参数是非线性失真系数$\gamma_{\sim}$，一般要求$\gamma_{\sim}<3\%$。表征三角波特性的参数也是非线性失真系数$\gamma_{\triangle}$，一般要求$\gamma_{\triangle}<2\%$。表征方波特性的参数是上升时间t_r，一般要求$t_r<100\mu s$（1kHz，最大输出时）。

2. 性能指标测量与误差分析

（1）方波输出电压$U_{p-p}\leqslant 2U_{CC}$，是因为运算放大器输出级由NPN型与PNP型两种晶体管组成复合互补对称电路，输出方波时，两管轮流截止与饱和导通，由于导通时输出电阻的影响，使方波输出幅度小于电源电压值。

（2）方波的上升时间t_r，主要受运算放大器转换速率的限制。如果输出频率较高，可接入加速电容C_1（见图11-11），一般C_1为几十皮法。可用脉冲示波器测量t_r。

11.3　晶体管外差式收音机

本节主要介绍适合电子工艺实训的收音机电路，包括收音机的原理和焊接工艺。它由分立元器件组成，是一个比较适合进行工艺实训的产品。它的功能电路较多、元器件数量适中、种类较全，具有一定的代表性。通过制作晶体管超外差收音机，来加深对电子工艺知识的理解，掌握该产品的工作原理及焊装工艺，使学生在动手能力上得到训练。

11.3.1　电路组成及工作原理

中波广播是利用调幅的形式进行信号传送的。调幅是用音频信号调制高频载波的振幅，调幅的载波频率（又简称载频）不变，其包络的频率和幅度是随音频调制信号的频率和振幅变化的。所以，中波收音机又称为调幅收音机。中波收音机按对信号处理的方式不同，有直放式与外差式，由差频技术构成的收音机称为外差式收音机。

外差式是相对直接放大式而言的一种信号处理方式。直接放大式收音机在接收电台载频信号时，是将该电台的频率信号不经过变换直接放大送入检波级。而外差式收音机无论收听哪一个电台，是将接收到的电台载频信号经过变频器进行变换，产生一个频率为 465kHz 的信号，经放大后送入检波级。这个 465kHz 的信号即为差频信号，常被称为中频信号。中频信号只改变了载波频率，而代表音频的调制信号（包络线）不变，经中频放大器进行放大后，465kHz 信号幅度大大增加。由于有了中频放大器的放大，提高了外差电路的接收性能，这就是超外差式电路。

超外差式收音机是目前收音机的主流，它具有灵敏度高、选择性好的特点。但也存在一些缺点，如抗干扰的能力较差。超外差式收音机一般由输入电路、变频器（混频、本机振荡）、中频放大器、检波器、低频放大器和功率放大器组成。图 11-18 所示是它的原理框图及各级电路的输出波形。波形 A、C、D、E 叫调幅波，其中的高频部分叫载频，由高频信号振幅所形成的波形叫调制频率（包络），也就是常说的音频。在收音机对接收到的调幅波信号进行处理的过程中，音频信号的频率始终没有改变。

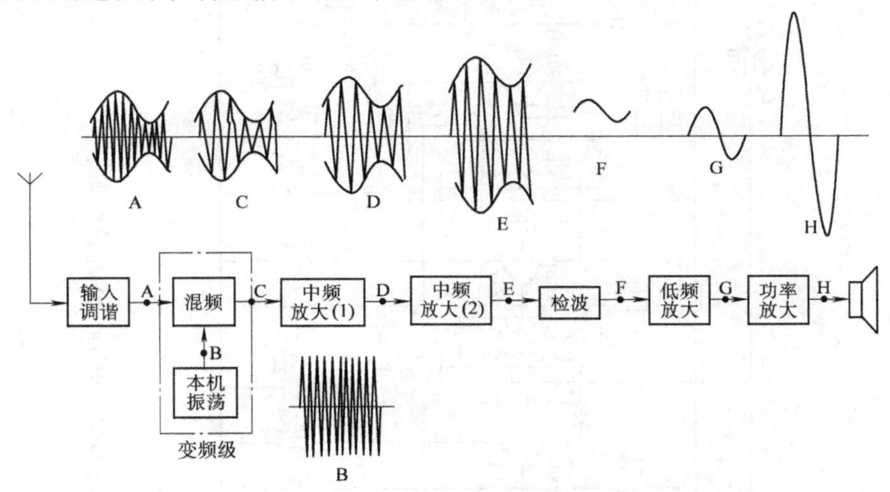

图 11-18　超外差式收音机原理框图及波形

超外差式收音机的工作原理：空中传播的调幅广播信号，在收音机天线线圈中感应出高频电动势，输入调谐电路中就产生感应电流。通过输入电路的串联谐振，选择出所需的电台信号，送到变频管的输入端，同时本机振荡信号也送到变频管的输入端。两种信号通过变频管进行混频，产生出两种频率信号的差频（即中频 465kHz 信号）。中频信号由变频部分的选频电路选频后，送到中频放大器进行中频放大，然后通过检波器把音频信号“提炼”出来，送到低频放大器进行音频放大，然后输入功率放大器，最后经过功率放大，使其具有足够的功率，推动扬声器发出声音。中波收音机电路原理图如图 11-19 所示。

由于采用了差频技术，提高了收音机的整机性能，465kHz 的中频信号不但比载频信号的频率低，而且不随接收信号的频率变化而变化，为增加放大级数创造了条件。中频信号在中频放大器各级电路中被逐级放大，不同频率的电台信号均能获得比较均匀的放大，又因中频放大级设有选频回路，使接收灵敏度和选择性大大提高。

直接放大式收音机因没有变频电路，若增加放大级数，必须在每级放大电路中设置调谐电路，每换一个电台时，各级电路都需调谐，而且要调谐在同一个电台频率上，这样将使电路变得极其复杂。

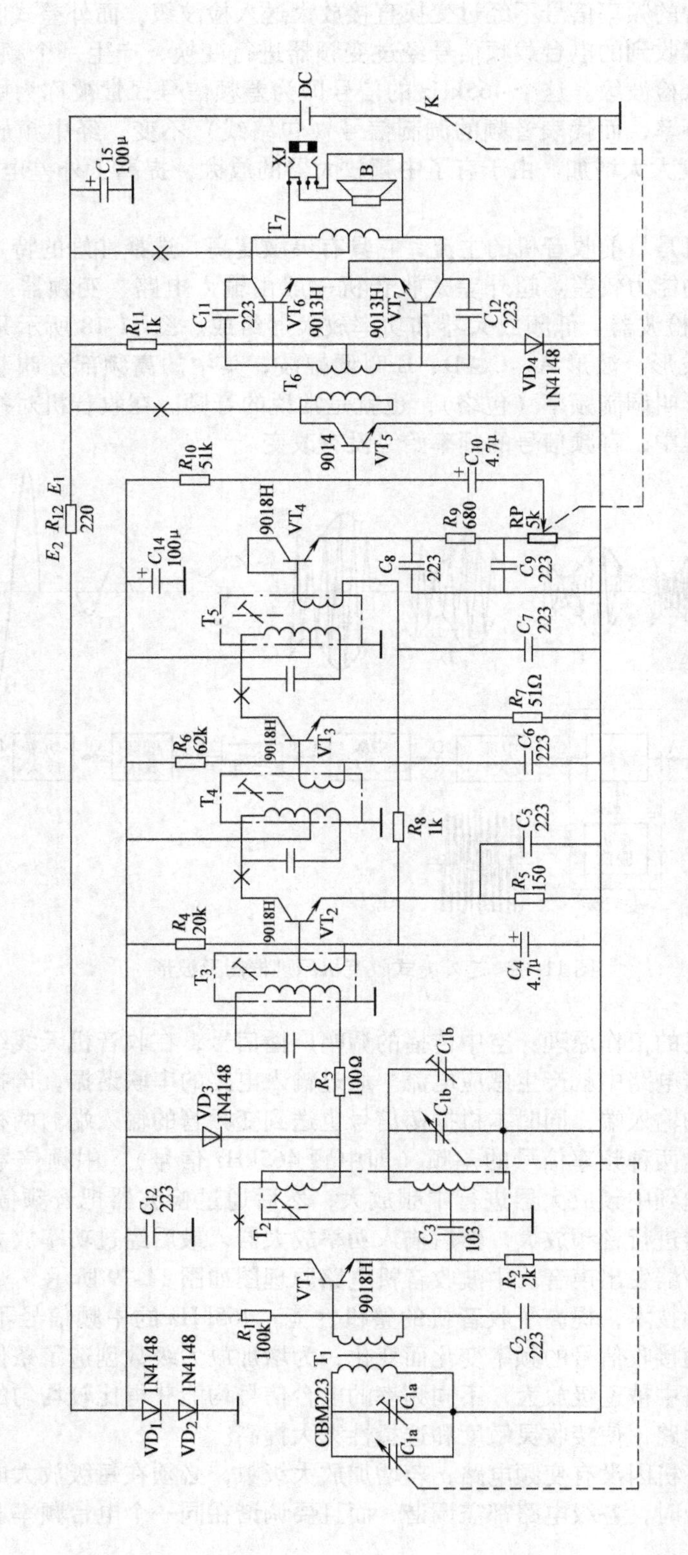

图 11-19 中波收音机电路原理图

11.3.2　焊接与装配

下面以分立元器件中波收音机为例介绍其焊接与装配。

1. 焊装前准备

必要的准备是优质焊装的前提。首先，要经过焊接的基本训练，掌握电子焊接的基础，包括元器件的整形、镀锡及拆焊等。其次，要能看懂装配图，会使用万用表并具备元器件的检测与识别的能力。

（1）元器件清点测试。将所有元器件按照材料单逐个清点后，利用万用表进行测试，其目的有两个：一是保证焊装在电路板上的元器件都是好的；二是加强万用表检测元器件的训练，所有元器件都要认真检查测试。在检测之前，要按电子元器件的标注方法正确读出含义，包括标称值、精度、材料和类型等。机械件、铸塑件使用目测的方法检查好坏。严格按照电子产品生产工艺要求，电子元器件在焊装前都应进行通电老化，再经过检测将老化后不合格的电子元器件挑选出来。

收音机结构件清单见表 11-4，元器件材料清单见表 11-5。

表 11-4　结构件清单

位号	名称规格	数量	位号	名称规格	数量	位号	名称规格	数量
1	前框	1	2	后盖	1	3	调频板	1
4	调谐盘	1	5	电位器盘	1	6	磁棒架	1
7	印制电路板	1	8	电源正极片	2	9	电源负极弹簧	2
10	拎带	1	11	调谐盘螺钉 M2.5×4mm	1	12	双联螺钉 M2.5×5mm	2
13	机芯自攻螺钉 M2.5×5mm	1	14	电位器螺钉 M1.7×4mm	1	15	正极导线（长 9cm）	1
16	负极导线（长 10cm）mm	1	17	扬声器导线（长 8cm）	2	18	耳机插孔导线（长 10cm）	

表 11-5　电子元器件清单

位号	名称规格	位号	名称规格	位号	名称规格
R_1	电阻 100kΩ	R_2	电阻 2kΩ	R_3	电阻 100Ω
R_4	电阻 20kΩ	R_5	电阻 150Ω	R_6	电阻 62kΩ
R_7	电阻 100Ω	R_8	电阻 1kΩ	R_9	电阻 680Ω
R_{10}	电阻 51kΩ	R_{11}	电阻 1kΩ	R_{12}	电阻 220Ω
C_1	双联电容 CBM223	C_2	瓷介电容 0.022μF	C_3	瓷介电容 0.01μF
C_4	电解电容 4.7μF	C_5	瓷介电容 0.022μF	C_6	瓷介电容 0.022μF
C_7	瓷介电容 0.022μF	C_8	瓷介电容 0.022μF	C_9	瓷介电容 0.022μF
C_{10}	电解电容 4.7μF	C_{11}	瓷介电容 0.022μF	C_{12}	瓷介电容 0.022μF
C_{13}	瓷介电容 0.022μF	C_{14}	电解电容 100μF	C_{15}	电解电容 100μF
T_1	天线线圈 B5×13×55	T_2	中波振荡线圈（红）	T_3	中频变压器（黄）
T_4	中频变压器（白）	T_5	中频变压器（黑）	T_6	输入变压器（蓝、绿）
T_7	输出变压器（黄、红）	VD_1	二极管 1N4148	VD_2	二极管 1N4148
VD_3	二极管 1N4148	VD_4	二极管 1N4148	VT_1	晶体管 9018H
VT_2	晶体管 9018H	VT_3	晶体管 9018H	VT_4	晶体管 9018H
VT_5	晶体管 9014C	VT_6	晶体管 9013H	VT_7	晶体管 9013H
RP	电位器 5kΩ	BL	扬声器 8Ω	XS	ϕ3.5mm 耳机插孔

（2）烙铁头修整。烙铁头的形状、大小直接影响焊点的质量，焊接前要根据印制电路板上焊盘的大小、形状及焊盘的间距，对烙铁头进行修整。

（3）检查印制电路板。焊接前还有一项工作就是检查印制电路板，主要看焊盘是否钻孔、有无剥离；印制导线有无毛刺短路、断裂；定位凹槽、安装孔及固定孔是否齐全等现象。

2. 焊接

焊接是保证产品质量的关键，避免焊接中出现虚焊、桥接等不合格焊点。焊接时力求仔细认真，做到焊一个焊点，合格一个焊点。

（1）焊接要求。大型电子产品的焊接装配都有严格的工艺要求，焊装时应按工艺要求进行，不可随意乱装。收音机属于小型电子产品，一般没有严格的工艺要求，因其结构紧凑，元器件大都采用立式安装。至于元器件距印制电路板的高度、安装方向等，均按照元器件焊接常规要求即可。

（2）插件。插件是手工焊接的第一步，按照图11-20所示的收音机PCB装配图，将元器件插在印制电路板上，首先，要保证元器件安装位置无误，极性插装正确，并对元器件的引脚进行镀锡、整形处理。元器件的焊接顺序根据具体情况，有些电器焊接装配时，先插装矮而小的元器件，后插装大而高的元器件，有些电器则相反。若收音机的结构比较紧凑，插件时可先插装矮而小的元器件，以免大而高的元件焊装完，矮而小的元器件安装比较困难。为使焊装的元器件不至于过高而影响后期的整机装配，可先焊装一至两个适合高度下的较高的元器件，作为其他元器件的参考高度。

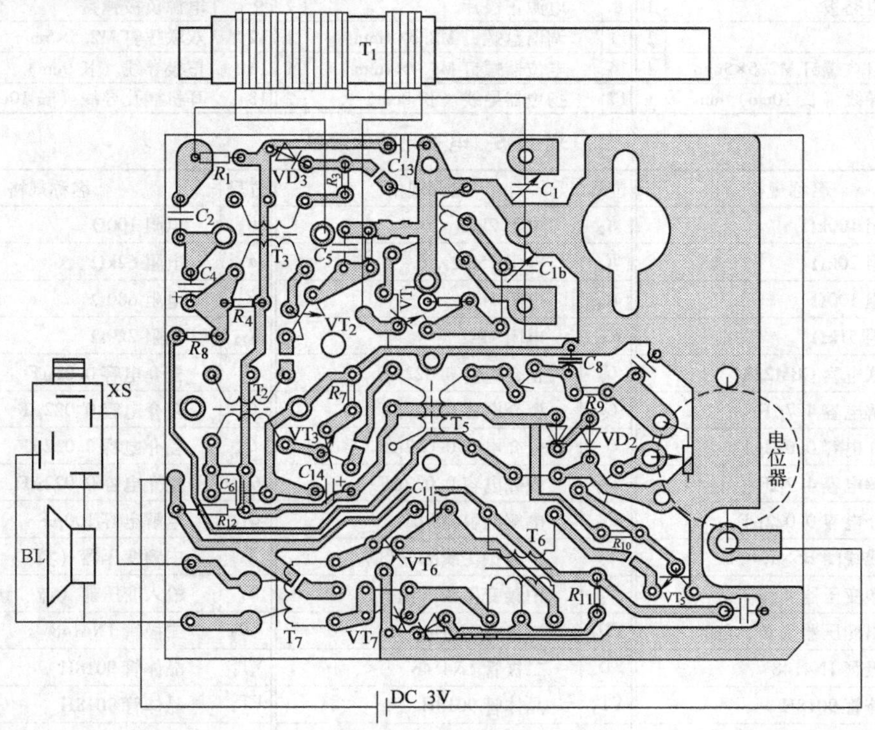

图11-20 印制电路板及装配图

（3）焊接。元器件插装完后可进行焊接，焊接前要对插入印制电路板的元器件再次进行检查，确保元器件位置、极性正确后，方可实施焊接。焊接时，请不要将所有元器件全部插装完后再进行焊接，这样如果焊接面的元器件引脚密集，不但影响对元器件插装正误的检查，还对焊点的正确焊接造成影响。正确的焊接方法：插装一部分，检查一部分，焊接一部分。有些收音机的印制电路板预留有电流测试断点，在收音机试听前应将这些断点连通。

3. 组装

印制电路板上的元器件焊装完成后，可进行其他器件的组装。组装是焊装产品的最后一道工序，印制电路板与外界的连线，以及结构件、机械件及铸塑件的安装固定都在组装中进行。

（1）磁棒架与双联电容的安装。磁棒架应放在印制电路板与双联电容器之间，用螺钉紧固，如图 11-21 所示。

（2）扬声器的安装。将扬声器放入指定位置，并将其压入卡住。若机壳没有设计卡位，可在扬声器位置周围，将机壳高出的塑料用电烙铁将其烫软，堆在扬声器上（只需 3 处）。

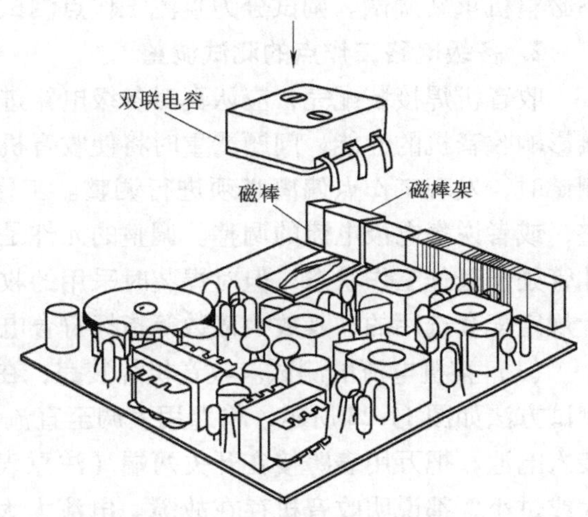

图 11-21　电路板上器件组装图

4. 检查试听

收音机组装完后请不要急于通电，应对组装好的收音机进行检查。检查无误后装入电池，不要接通电源，首先检测整机电流是否正常，无论电流过大还是过小，都说明焊装阶段存在故障，应查出原因将其解决后，再进行试听。收音机组装完后需要检查的内容有：

1）印制电路板对外连接线（电源连线、扬声器连线等）是否正确。

2）电子元器件的焊接是否可靠，是否存在漏焊、虚焊或桥接等现象。

3）印制电路板元器件面是否有因元器件过高或不正造成引脚相碰而形成短路的情况。

4）频率盘、电位器盘转动是否灵活，螺钉是否上紧。

5）焊装好的电路板能否顺利装入机壳。

经过以上检查后检测电流，若发现电流仍然不正常，还应对电路板上元器件的安装是否正确进行再次检查。

消除故障后，检测电流应为正常值，这时可接通电源开关进行试听。无论是否经过调试，焊装好的收音机都应能收到两个以上的电台广播，这样可视为收音机焊接装配工作结束。

11.3.3　调试

收音机的调试是收音机生产过程中不可缺少的一个环节。产品在焊装过程中难免出现错误，使产品不能正常工作。调试是为了使产品的各项指标达到要求。实习产品的焊装是动手能力的训练，而产品的调试则是一项综合能力的训练。它不但要求有一定的焊接基础和技巧，要对元器件的性能及电子仪器的功能有所了解，同时还要清楚电子产品的工作原理并学会使用各种检修方法。

1. 调试的目的和意义

电子产品在完成设计后，相关技术文件也同时形成。在产品的技术文件中，规定了该产品的功能、技术指标及焊装调试工艺等。在生产过程中，必须严格按照产品工艺的要求进行。电子产品不调试很难达到设计要求，不同的产品，调试的内容和方法也不相同。收音机焊装完成后，只要元器件焊接正确，装入电池，简单调谐就可收到电台广播。但因为电路分布参数的存在（分布电容与分布电感）和可调元器件参数的随机性，以及各放大电路中晶体管放大倍数上的差异，使各级电路的参数无法达到其预期值，从而影响收音机的收听质量。要使收音机达到设计要求，获得理想的收听效果，各级电路必须经过调试。若收音机经过检修，特别是更换了变压器、晶体管等元器件后，只需对更换元器件的电路做局部调整，不必整机重新调试。调试分为直流工作点测试调整、工作频率调整及指标测试。

2. 各级电路工作点的测试调整

收音机焊接装配完，应认真对各级电路进行测试调整。晶体管工作状态是否合适，将直接影响收音机的性能，问题严重时将使收音机无法工作，因此工作状态的调整十分重要。在测试时，发现工作点偏离必须进行调整。工作状态的调整主要是指放大电路基极偏压的调整，或者说集电极电流的调整。调整的元件是放大电路的上偏置电阻。调整偏置电阻以使晶体管处于最佳工作状态。但对焊装时采用的收音机散件产品，因其晶体管等元器件是按原设计规定配套选用的，其放大倍数等指标符合电路要求，基本不需要调整，但应该进行测试。

（1）整机电流的测试。收音机焊装完，在接通电源前首先要做的就是整机电流的测试。测试方法如图 11-22 所示，将万用表调至直流电流（DC mA）25mA 档，收音机开关断开并装入电池，把万用表跨接在开关两端（注意表笔的极性），电流值应为 10mA 左右。电流过大或过小，都说明收音机存在故障。电流太大如超过 30mA 时，切记不可长时间接通电源，以免因电流过大而将其他元器件烧坏。

（2）供电电源的测试。检测电源电路对功率放大、低频放大、中频放大及变频级电路的供电是否正常。利用万用表的直流电压（DC V）10V 档，分别测量 R_{12} 电阻两端（E_1、E_2）对地的电压。

（3）放大器工作点的测试。放大电路静态工作点的测试包括各级放大电路的静态工作电流和静态工作点电位两项测试内容。

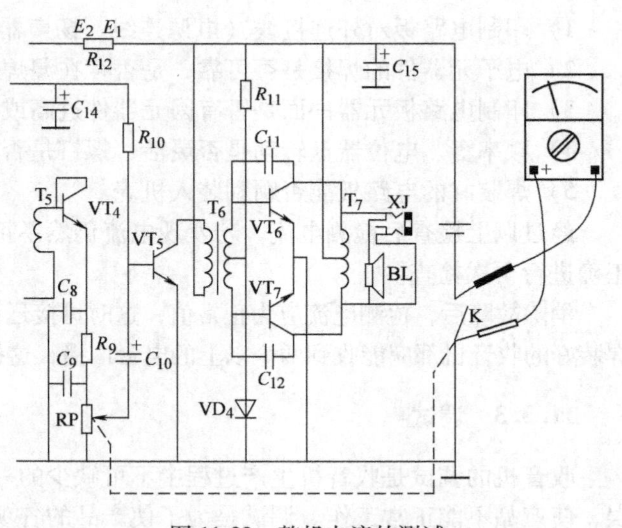

图 11-22 整机电流的测试

静态工作电流是指无信号时各级放大电路的电流。测量放大电路各级静态电流时，可以在产品工作频率调试之前进行。为了测试各级电流及检修的方便，在收音机印制电路板上，预留了多处电流测试点（电路中“×”的位置）。这些点一般在晶体管的集电极电路上，测试完毕后，要用焊锡将断点连通（见图 11-19、图 11-20）。印制电路板上没有预留电流测试点的，可在收音机焊装完后，直接测得整机电流。若需要测量各级电流，可以断开晶体管集电极电路进行测量，也可以通过测试发射极电阻得到各级电流。但要注意的是，负载为调谐回路的放大器，如变频级和中频放大级电路。收音机正常工作时，在晶体管集电极接入万用表测电流，会造成谐振电路失谐，所测电流只能作为参考。在收音机焊装时，可焊装完一级电路测一级电流，发现问题及时解决，也可以整机焊装完后，分别测试。

静态工作点电位是指无信号时放大电路中晶体管基极、集电极及发射极对地的电压。合适的静态工作点是放大器很好地放大交流信号的前提。

收音机各测试项目的测试结果见表 11-6。

表 11-6　中波收音机静态测试数据

I_o		10~12mA			E_1		3V			E_2		1.3~1.4V	
V_{1e}	0.58V	V_{2e}	85mV	V_{3e}	64mV	V_{4e}	134mV	V_{5e}	0V	V_{6e}	0V	V_{7e}	0V
V_{1b}	1.11V	V_{2b}	0.76V	V_{3b}	0.76V	V_{4b}	0.74V	V_{5b}	0.66V	V_{6b}	0.64V	V_{7b}	0.64V
V_{1c}	1.35V	V_{2c}	1.38V	V_{3c}	1.38V	V_{4c}	0.74V	V_{5c}	2.3V	V_{6c}	3V	V_{7c}	3V
I_{1c}	0.18~0.22mA	I_{2c}	0.4~0.8mA	I_{3c}	1~2mA	I_{4c}		I_{5c}	2~4mA	I_{6c}	4~10mA	I_{7c}	4~10mA

（4）变频级电流的调整。变频管集电极电流的大小对变频级性能的好坏有直接影响。无论是变频器还是混频器，都要求晶体管工作在非线性区，故集电极电流不能调得太大，否则变频增益会下降或消失。收音机在调谐电台时出现的啸叫声，与变频级的电流偏大有很大关系。若集电极电流过小，会使本机振荡电压下降，造成变频增益下降。另外，当电池电压下降时，会造成本机振荡停振，使收音机无法收听。

变频级的静态电流应在 0.18~0.22mA，若达不到该值则需进行调整。调整时将电阻 R_1 拆下，接入一个 100kΩ 的电位器（最好串接一个 10kΩ 的保护电阻）。万用表调为直流电流 0.5mA 档，串接在变频管 VT_1 的集电极电流测试点处（图 11-19 所示“×”位置）。极性不要接反，调整电位器 RP，使电流值达到0.18~0.22mA，然后拆下电位器，测出电位器与保护电阻的串联阻值，按此值换上固定电阻。若没有电流测试点的产品，可利用测试发射极电阻 R_2 两端的电压计算出电流值。

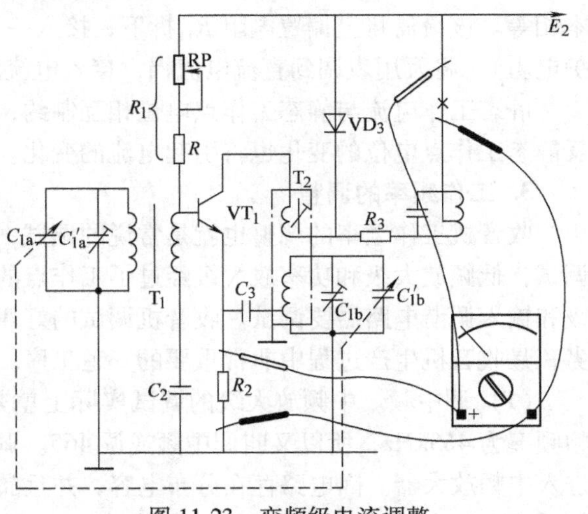

图 11-23　变频级电流调整

变频级电流的测试调整如图 11-23 所示。收音机的其他各级电流的测试调整参照此图进行。调整的元件均为放大器的上偏置电阻。

（5）中频放大级电流的调整。收音机一般具有两级中频放大，因第一级中频放大带有自动增益电路，要求这一级在受到控制时的增益有较大的变化。同时，因为这一级输入信号较弱，所以选取的集电极电流也可以小一些。但又不能太小，否则功率增益就太小，从而影响整机的增益，所以通常第一级中放的集电极静态电流选取0.3~0.6mA。

第二级中频放大一般都没有自动增益控制电路，对这一级的要求是有足够的功率增益，以便给检波器提供较大的信号功率，所以这一级集电极静态电流就选得大一些，通常调整到0.6~1.0mA为宜。因为当集电极静态电流达到1mA时，功率增益已接近于最大值，此时电流再增加，功率增益也增加不多了，但会使收音机的“沙沙”声增大了。

调整的方法与调整变频级一样，静态电流可直接在电流测试点测得，调整时拆下偏置电阻R_4、R_6，接入一个100kΩ电位器（最好串接一个10kΩ的保护电阻）。调整电位器，在电流测试点观察电流值的变化，使电流达到静态要求。然后切断电源，换上阻值为10kΩ（保护电阻阻值）加上电位器阻值的固定电阻即可。同样，如果是没有电流测试点的产品，可通过测试发射极电阻R_5、R_7两端的电压计算出电流值。在此强调一点，当调节第一级中放集电极电流时，一定要在自动增益控制电路不起作用的条件下进行（将第三级的中频变压器二次绕组短路或将收音机输入回路短路即可）。

（6）低频放大级电流的调整。低频放大级要求有较大的功率增益，并要求这一级与功率放大级配合时失真较小，本级电流一般为2~3mA。低频放大级电流的调整，可直接将万用表调到直流电流档，接入电流测试点上。拆下上偏置电阻R_{10}，接入一个100kΩ电位器（最好串接一个10kΩ的保护电阻），调整电位器，使电流为2~3mA。

（7）功率放大级的调整。功率放大级要求有较大的功率输出，因本级采用甲乙类推挽电路，为了减小失真提高输出功率，在无信号时仍使功放管有一定的电流，也就是集电极静态工作电流。这个电流不能选得过小，过小会发生交越失真。但电流也不宜过大，过大的电流会使整机损耗加大，推挽放大的效率也会随之下降。一般，电流在4~8mA为宜。调整后还要判断两个功放管的电流是否对称，把两管的基极分别对地，看电流表电流减小值是否基本相等。该级需将上偏置电阻R_{11}拆下，接入一个10kΩ的电位器（最好串接一个1kΩ的保护电阻）。将万用表调到直流电流档，接入电流测试点上，调整电位器使电流为4~8mA。

静态工作电流与静态工作点电位相互制约，静态电流的变化将影响各级电位的变化，相反静态工作点电位的变化也将引起电流的变化。

3. 工作频率的调整

收音机工作频率的调整也就是常说的调试，主要针对检波以前的各级电路。检波级不需调试，低频放大级和功率放大级经过了工作点的调整，也不需调试。只有中频放大级、变频级和输入调谐电路需要调试。收音机调试的好坏直接影响收音机的收听效果和各项指标的优劣，是收音机生产过程中非常重要的一道工序。

（1）调中频。中频放大级的调试实际上就是调整收音机中频的频率，因为收音机的中频频率为465kHz，所以又叫调中频或调465。调试的目的就是使465kHz的中频信号能顺利进入中频放大器。因电路存在分布电容，并且晶体管的输入和输出电容难以确定，要想使中频选频电路准确地谐振在465kHz的频点上，就需对中频变压器进行调整。收音机的灵敏度和选择性很大程度上取决于中频放大级的调试，调试的元件为中频变压器。

1）使用仪器调试。将FM/AM高频信号发生器的调制方式开关置于AM，调制量程开关置于30（调制度为30%），调制选择开关置于1000（调制频率为1000Hz），载波频率调到

465kHz。收音机双联电容器全部旋至频率的低端（此处无电台广播），接通电源并将音量电位器调到最大音量的 2/3 处，使收音机接收高频信号发生器环形天线发射的调幅中频信号。适当调整高频信号发生器输出强度，使扬声器发出清晰的 1000Hz 音频声，毫伏表上出现电压指示，示波器出现正弦波信号。此时，用无感螺钉旋具从后级向前级逐个调整 T_5、T_4、T_3 中频变压器的磁帽，使毫伏表指示最大，示波器显示的正弦波信号稳定无干扰。反复调整几次，使中频变压器谐振在 465kHz 的最佳状态，直到毫伏表的指示不再增大为止。注意，在调整时，要根据示波器显示正弦波波形的具体情况，随时加强或减弱高频信号发生器的输出强度。信号太强，毫伏表电压变化迟钝，正弦波出现“平顶”失真；信号太弱，毫伏表电压指示偏低，示波器无正弦波显示。仪器的连接如图 11-24 所示。

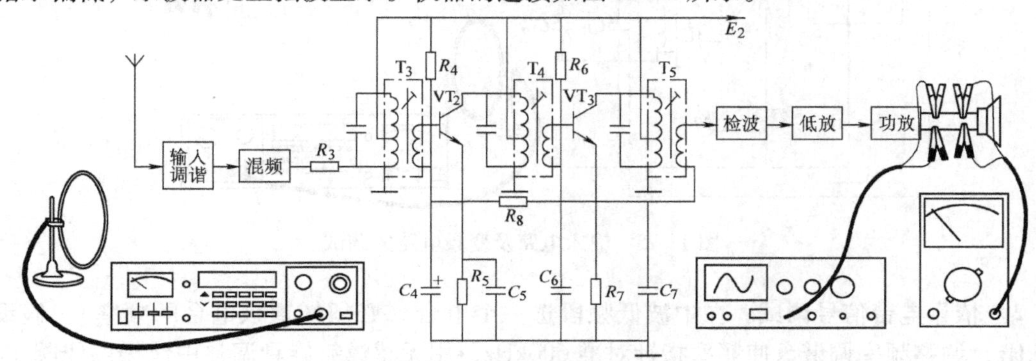

图 11-24　中频放大级的调试

使用简易高频信号发生器调试时，只需将频率调至 465kHz，通过改变收音机与信号发生器的距离，来调整收音机接收信号的强度。

2）依靠电台信号调试。在没有高频信号发生器等调试设备的情况下，也可通过电台广播信号进行中频的调试。用此方法调试，收音机必须能收到两个以上的电台广播，每收到一个电台时，都用无感螺钉旋具调整中频变压器的磁帽，使扬声器的声音最大。改变收音机的方向再进行调试，直到每个电台的声音都最大。

（2）频率范围的调试。调整频率范围也叫“调覆盖”或“对刻度”，调试的电路为本机振荡电路，中波广播为 535～1605kHz，收音机能否收到该频率段的电台，且各电台的频率是否与收音机的频率刻度相对应，关键取决于频率范围的调试。本机振荡的频率信号与电台的频率信号在混频时能否产生 465kHz 的差频（中频）信号，不取决于输入回路的谐振频率。因此，调整频率范围的实质就是校正本机振荡频率与中频（465kHz）频率的差值能否落在 535～1605kHz 之内。

为了保证收音机接收的频率范围能充分覆盖到中波段的频率，在调试时应使收音机高端的接收频率比中波广播高端频率高 5～15kHz，而低端应比中波广播低端频率低 5～15kHz，所以收音机调试后的接收频率可为 520～1620kHz。

1）使用仪器调试。高频信号发生器的设置与调中频基本相同，只是根据高、低端的调整改变载波频率。将高频信号发生器的载波频率调到 520kHz，收音机频率调谐盘旋至低频端（旋到底），用无感螺钉旋具调整振荡线圈 T_2 的磁帽，示波器出现正弦波显示，并使毫伏表电压指示最大。然后，将高频信号发生器的载波频率调到 1620kHz，收音机频率调谐盘旋至高频端（旋到底），调整振荡回路中的补偿电容 C'_{1b}，示波器出现正弦波显示，并使毫伏表电压指示最大，仪器接法如图 11-25 所示。高、低端频率在调整时相互影响，所以要反复调整几次，直至调准为止。

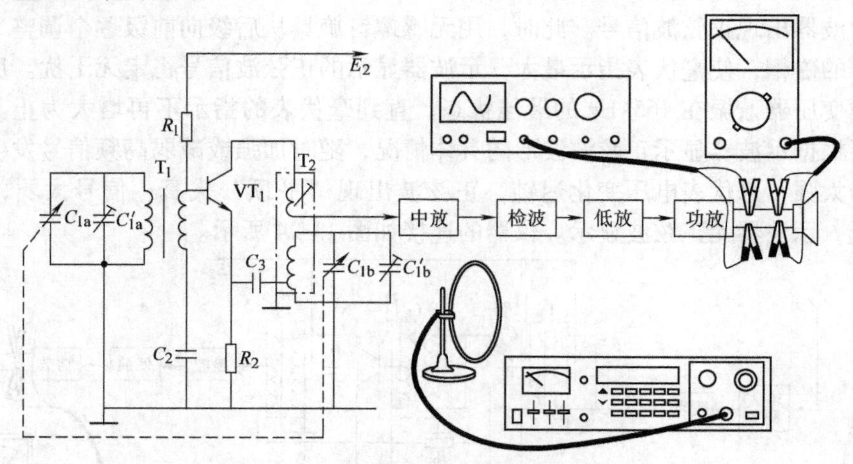

图 11-25 输入电路及变频电路的调试

2）依靠电台信号调试。在中波低频段选一个电台（必须知道该电台的频率），假设为 600kHz，调整频率调谐盘使频率指针对准 600kHz，用无感螺钉旋具调整中波振荡线圈 T_2 的磁帽，收到这个电台的播音并将声音调到最大。然后，再在中波高频段选一个电台（必须知道该电台的频率），假设为 1500kHz，调整频率调谐盘使频率指针对准 1500kHz，用螺钉旋具调整补偿电容 C'_{1b}，收到这个电台的播音并将声音调到最大。同样要反复调整几次，直至调准为止。

（3）统调。统调又叫调“跟踪”或调灵敏度。统调的目的是使本机振荡电路的频率随着输入调谐电路频率的“踪迹”变化，以满足两电路频率之差为 465kHz 的关系。这样可使收音机的灵敏度达到最高。在使用空气双联等容电容器的收音机中，采用三点统调，三点的频率分别为 600kHz、1000kHz 和 1500kHz。在便携式收音机中普遍采用封闭式双联差容电容器，故可采用两点统调，统调的频率可为 800kHz 和 1200kHz。

1）使用仪器调试。高频信号发生器的设置不变，将高频信号发生器的载波频率调到 800kHz，调整频率调谐盘，使收音机接收到 800kHz 的信号，认真调谐使示波器显示波形最好，毫伏表电压指示最大，用无感螺钉旋具调整高频变压器 T_1 的线圈在磁棒上的位置，使毫伏表电压不再增大为止。然后，将高频信号发生器的载波频率调到 1200kHz，调整频率调谐盘，使收音机接收到 1200kHz 的信号，认真调谐使示波器显示的波形最好，毫伏表电压指示最大，用无感螺钉旋具调整补偿电容 C'_{1a}，使毫伏表电压不再增大为止，仪器接法如图 11-55 所示。高、低端频率在调整时相互影响，所以要反复调整几次。

2）依靠电台信号调试。先将收音机调谐到 800kHz 附近的一个电台上，用无感螺钉旋具调整高频变压器 T_1 的线圈在磁棒上的位置，使收音机的声音最大。然后，将收音机调谐到 1200kHz 附近的一个电台上，用无感螺钉旋具调整补偿电容 C'_{1a}，使收音机的声音最大。为使统调准确，应反复调整几次。

在以上的各项调试中，为使调试的频率更加准确，调试时要根据示波器波形的失真程度，随时减弱高频信号发生器的输出强度，或利用磁性天线的方向控制接收信号的强度，并使收音机的音量保持在最大音量的2/3处。

11.3.4 检修方法

电子产品的检修方法很多，常用的有观察法、元器件代换法、调整法、测量法、信号注入法、干扰法、信号寻迹法、示波法、开路法和短路法等。在具体检修时使用哪种方法，要根据电子产品的故障情况而定。只有掌握了各种检修方法，才能在电子产品的维修过程中灵活运用，从而排除故障。

1. 观察法

观察法是用看、听、摸、动等办法直接查找故障，是对收音机故障进行初步检查的方法。这样可对收音机当前的工作状态和可能发生故障的范围有大概的了解，并可以解决一些明显而简单的故障。在使用观察法时，还要结合询问时得到的信息，有针对性地进行检查。

（1）用“看”的方法可以发现比较直观的故障，如电池夹、电池弹簧生锈腐蚀，电阻器烧焦，电容器爆裂，线头脱落，元器件引脚断，焊点腐蚀或元器件过热冒烟等。

（2）用“听”的办法可以发现收音机的异常声响。在检修收音机时，只要整机电流正常，一般都要接通电源试听。先旋动音量电位器，试听是否有接触不良引起的“喀喀”声，再旋动双联电容器，检查调谐盘转动是否灵活，并试听双联是否有碰片引起的“嚓啦”声。同时听收音机能否收到电台广播、接收电台的多少、音质好坏、噪声是否太大及有无串台现象。通过试听能够发现完全无声、有“沙沙”声、无电台播音、时响时不响、灵敏度低、失真、啸叫或杂音等故障，并能够初步判断故障范围。

（3）用“摸”的方法可以判断故障所在的位置。将收音机开机一定时间后，用手摸元器件，如发现某些元器件发烫，说明这些元器件已经损坏或周围电路有故障。

（4）用“动”的方法可以进行检查。使用镊子、螺钉旋具或手，拨动、转动元器件，从中发现故障。拨动电路中的元器件，转动电位器、微调电阻、可变电容等，并观察故障的变化，将会发现元器件是否接触不良，可调器件是否失效或损坏。

特别是对刚刚焊装完毕的收音机无法正常工作时，有可能存在焊接装配的错误，观察是最好的检修方法。焊接装配过程中的故障有其自身特点，检修对象比较明确。例如，收音机焊装完成后，无法收到电台广播，在检修时首先使用观察法检查元器件安装是否正确（特别是带有极性的元器件），焊点有无漏焊、虚焊、桥接短路的现象，元器件安装是否过高使引脚相碰，电源耳机插孔、扬声器等连接线是否正确，印制电路板有无裂痕。只要认真检查，就能发现故障，并一一排除。

观察法作为各种检修方法的第一步简单易行、快捷有效，而且不使用任何测试仪器。因此，不可忽视这种方法，要养成良好的习惯，在每次检修时都要从观察法开始。

2. 测量法

测量法是指使用万用表测量电路的电压、电流、电阻器，判断故障的方法，所以在测量法中又分为电流测量法、电压测量法和电阻测量法。它是检修收音机时使用最多的一种方法。另外，检测电子元器件的好坏，往往也是使用万用表来测量的。

（1）电流测量法。电流测量法是使用万用表的电流档，通过检测电路电流值的大小来判断故障的方法。许多电路都以电流值的大小来确定工作点，因此测量这些电流值的大小就成为判断电路工作是否正常的重要方法。适用电流测量法的电路主要有以下两类：

第一类是以直流电阻值较低的电感元件作为集电极负载的电路。例如，各种变频、混频电路、中放电路、变压器输出甲类或乙类低频功放电路等。这类电路的负载直流压降很小，通常在0.2V以下，甚至用一般万用表都检测不出来，就只能测它们的工作电流。

第二类是各种功率输出电路。此类电路的特点是都工作于大电流工作状态，如各类功放集成电路（OTL、OCL电路）、电源电路等，并且电流值分静态电流（即无信号输入时的电流）和大信号电流（即电路工作于最大功率时的电流）两种，测量时应予以区分。

在利用电流测量法检修收音机时，首先要了解收音机各级电路的电流值的大小，检测电流值是否在规定的范围之内，过大或过小都将影响收音机的性能，或说明有故障存在。例如，收音机变频级电流的大小对变频增益和整机性能影响极大，电流小于规定值时，变频增益低，当电池电压降低后，本振电路起振困难，无法收到广播；电流大于规定值时，虽然本振起振容易，但收音机的噪声大且伴有啸叫声。

在收音机的说明书上，一般都给出各级电流值和整机静态电流值。整机静态电流基本等于各级静态电流之和。在检测整机静态电流时，必须把万用表串接在电源电路中，因为收音机的电源开关是与电源串联的，当断开开关，把万用表跨接在开关的两端时，就能测得整机静态电流。表笔的极性要根据开关连接的电源极性来确定。

测得整机电流太小或者为零时，说明电路中部分或全部没有接通电源，应把电路疏通。如果测得整机电流过大，说明机内有短路故障。收音机中的短路故障，往往是由管子击穿或严重漏电或中频变压器线圈与屏蔽外壳相碰短接，或各变压器一、二次侧之间短路等引起的。

通过对收音机各级电路电流值的测量，可直接反映该级电路工作是否正常。收音机整机电流和各晶体管的集电极电流在检修时是必须了解的数据，因此在一些收音机印制板上都留有集电极电流的测试缺口。这些测试缺口平时用焊锡封连，需要测量电流时可用电烙铁烫开，将万用表选择合适的电流档后串入缺口两端进行测量。根据测得的电流值和正常值比较后，再经过分析，可以找出故障存在的大致范围。如没有电流测试口，测量电流时一般采用开路法，即焊下某个元器件的一只引脚，串接上万用表，或用刀切断印制电路板的某根铜箔，将万用表串接在电路中。

对于以电阻为集电极负载的电路，或有发射极电阻的电路，不必使用开路法切断电路，只要测量该电阻上的压降，就可以算出电流值。

收音机各级电路电流过大的常见原因：电路自激、半导体器件击穿短路、输出端或负载短路、负反馈电路失效、晶体管基极偏流太大等。

电路电流值偏小的常见原因：晶体管基极偏流太小、负反馈过强、晶体管β值偏小、晶体管等半导体器件击穿开路等。

另外，测量电池是否有电，利用测电流的方法比测电池电压的方法更准确，标称电压为1.5V的电池即使没电，电池两端的电压仍在1V以上。判断方法是测量各电池的瞬时短路电流，将万用表置于直流500mA（或1A）档，黑表笔接电池的负极，用红表笔迅速碰接一下电池正极。较新电池在接通的瞬间，电流指示应大于500mA，否则电池已旧。

（2）电压测量法。电压测量法是利用万用表的电压档，通过测量电路的电压来判断故障的方法。它是各种检修方法中使用最多的一种方法，电子产品的很多故障往往不需要检测仪器进行检修，使用万用表通过测量电压的方法就可找到故障点。只要电子产品的整机电流不是很大，就可将电子产品接通电源进行检修，这样就为使用电压测量法提供了保证。很多电子产品上的关键点对地的电压都标在原理图上，检修这类电子产品时将测得的电压值与原理图中给出的电压值相比较，测得的电压值过大或过小都说明该电路或相关电路存在故障。

放大器能可靠地工作是由晶体管正确的静态工作点来支持的。在检修放大电路时，可通过检测晶体管的三个极对地的直流电压（静态工作点）U_E、U_B、U_C，以及测量U_{CE}、U_{CB}判断本级电路是否有故障。收音机的电路原理比较简单，图中没有标出参考电压值，可以通过估算得出各级放大电路静态工作电压的大致范围。检修时若某级电路的静态工作电流偏离估算值较大，说明该级电路有故障。所以，在收音机的检修中，经常使用测量各级放大器静态工作点的办法来判断收音机的故障之所在。

如在检测收音机电源电路时，可先把电源开关断开，测量电源空载电压，若测得电压为零，说明电池没接通；若测得收音机电源电压值低于额定值的2/3，说明电池电量不足。

由于是在通电的情况下进行电子产品检修，所以电压测量法对于判断电路的开路、短路及电子元器件是否损坏更加方便快捷。图11-26所示为收音机前置低放电路，检测该放大电路是否正常，首先测晶体管VT的集电极电位，通过集电极电位的高、低来判断放大器是否存在故障。该放大电路晶体管集电极的电位为$0<U_C<E$，如测量结果U_C接近电源电压E或接近0V，都说明电路有故障。

若测得U_C电压值较高，近似于电源电压E（或等于电源电压），晶体管处于截止状态的特点，可能的故障有晶体管集电极与电源短路（R_3短路）、发射极电阻R_4开路（此时发射极电压U_E较高）、晶体管内部开路（此时发射极电压U_E较低）、因基极电压过低使晶体管截止（R_1开路或R_2短路）。

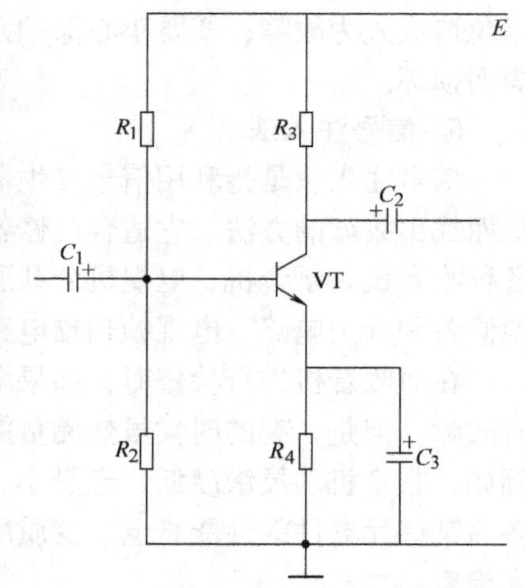

图11-26　晶体管放大电路

若测得U_C电压值较低或近似U_E，晶体管处于饱和状态的特点，可能的故障有集电极电阻R_3开路、晶体管VT短路击穿、发射极电阻R_4短路、基极电压过高使晶体管饱和（R_1短路或R_2开路）。

用电压测量法检修收音机故障的一般规律：先测量电源电压，如电源供不上电，所有电路都不能正常工作；再测量其他各点电压，先测量关键点电压，再测量一般点电压。首先，确定故障出现在哪一"级"，再确定是哪一"路"，最后确定为哪一"点"，并找出损坏的元器件。"级"是指电子产品中具有基本功能的电路，"路"指的是各支路，"点"是指出现故障的部位或元器件。

（3）电阻测量法。电阻测量法是使用万用表电阻档，通过检查被测电路与地之间的直流值及有关元器件的阻值是否正常，来分析故障所在的方法。使用电阻测量法时，一定要断开电源，并把电源电路中的电解电容短路放电，使存储的电荷释放掉，以免影响测量结果。

收音机不仅由元器件组成，还需要依靠印制电路板、引线和接插件，把所有的元器件连接成一个整体，所以这些引线对整个电路的正常工作起着重要的作用，同样应该引起足够的重视。常见的故障：印制电路板铜箔断裂、缠绕式接线头因氧化而接触不良、接插件接触不良、电池夹接触不良、电源开关接触不良等。这些都可以通过电阻测量法发现。检修中最终判断元器件的好坏，还要依靠万用表的电阻档进行检测。

3. 调整法

通过调整电子产品中的微调电阻、微调电容、电感磁心等可调元件，可消除一些常见故障。收音机等电子产品中多用电容器和电感器组成的*LC*振荡电路来调谐频率。在调整这些*LC*振荡电路时要借助仪器，不可盲目乱调。收音机灵敏度低、接收的频率范围不准、中频放大级失谐，都可通过调整的方法解决。收音机在维修时更换过元器件，特别是更换了晶体管、可调电感和微调电容后，必须重新进行调试。

4. 元器件代换法

元器件代换法是经过故障分析，对怀疑范围内的电阻、电容、电感、晶体管或集成电路等元器件逐一拆下检测，发现性能不良或损坏的用性能好的元器件更换的方法。

在收音机的检修过程中，当怀疑某个元器件本身质量不佳或可能失效、变质时，常使用相同规格的元器件代替，把怀疑的元器件换下来，以证实故障是否因被怀疑的元器件质量不好而引起。此方法简单可靠，能解决一些判断不准、悬而未决的故障或从电路原理难以分析出的故障。这些故障往往都是一些“软故障”，用万用表或仪器暂时难以准确判断。

使用代换法检修时要注意三个问题：①要避免盲目性，应尽可能缩小拆卸范围；②要保持原样，最好事先做好记录，先记下元器件原来的接法，再动手拆卸，最后按原位置装入，以免造成人为故障；③要小心保护元器件，不要使原来没有毛病的元器件及印制电路板因拆焊而损坏。

5. 信号注入法

信号注入法是指利用信号发生器，对待修电子产品施加性质与电路要求完全相同的信号从而找出故障的方法。它适合检修各种不带有开关电路性质或自激振荡性质的放大电路，如各种收音机、录音机、电视机公共通道及视放电路、电视机伴音电路等。信号注入法不适宜检修各种开关电路、电视帧扫描电路或场扫描电路及晶闸管电路。

在对收音机进行检修时，如果测量某一级的直流工作状态不正常，就可以断定该级电路有故障。但是，有的时候虽然测量的直流工作状态为正常，却不能断定交流工作状态正常。例如，收音机的灵敏度低、音量小、失真等故障，很多情况下是直流工作状态正常，其故障多为某些元器件的性能衰退、变质所引起的，不易用万用表测出。因此，需要用信号注入法来检查。

检查低频放大电路时，可用音频信号发生器注入1000Hz或400Hz的低频信号。在检查变频、中频放大各级时，可用高频信号发生器注入频段内的信号及465kHz的中频调幅信号（调制频率1000 Hz或400Hz、调制度30%）。信号一般从晶体管的基极或集电极注入，为防止直流电压被仪器所短路，在信号发生器输出端，要串接一个电容器。音频信号可选5~30μF的电解电容器；高频信号可选0.01~0.047μF的瓷介质电容器。在进行检修时，音频信号发生器的输出地线要与收音机的低频地（检波级之后）连接；高频信号发生器的输出地线要与收音机的高频地连接，以防止因接地不当引起不应有的寄生振荡。

被检修电路无论是高频放大电路，还是低频放大电路，都可以由基极或集电极注入信号。从基极注入信号可以检查本级放大器的晶体管是否良好，偏流及发射极反馈电路是否正常，集电极负载电路是否正常。从集电极注入信号，主要检查集电极负载是否正常，本级与后一级的耦合电路有无故障。从基极、集电极注入信号是这种检修方法的普遍规律，检修多级放大器，一般从后逐级向前注入检查。

在使用信号注入法检修收音机时，最好在扬声器两端接上示波器观察波形变化。从前一级（基极）注入信号时，音频输出比从后一级（基极）注入信号波形的幅度要大，扬声器的声音要响，否则前一级放大电路就可能有故障（无放大作用或放大倍数不够）。若发觉扬声器的声音刺耳，这说明注入信号太强，可以适当减弱信号强度。

信号注入法一般是在收音机直流工作状态基本正常的情况下采用的。重点应检查作为交流通路的电容器、变压器等元器件，利用信号注入法检查故障时，不必逐点注入，要根据具体情况灵活运用。

6. 干扰法

干扰法是对电路间歇断续地施加偏值，干扰放大器的工作状态，从而判断故障的一种方法。干扰法与信号注入法相似，信号注入法施加的是标准信号，干扰法施加的是干扰信号。如万用表电阻档在检修收音机等音响电子产品时，还有一个特殊功能，万用表的 $R\times1k$ 档可以看做内阻等于中心阻值（一般为 24kΩ），电压为 1.5V 或 3V 的偏流电源。

在收音机等音响电子产品开机通电的状态下，用一个表笔接收音机的“地”，另一个表笔“碰”晶体管的基极 B 和集电极 C，就相当于给电路另接偏流源。检修中用这种方法从功率放大级往前级“碰”，会从扬声器中听到“喀喀”声，而且越往前级“碰”，扬声器发出的“喀喀”越大。这种方法也可称为干扰法。

另外，空间存有各种电磁波，人体也就处在一个电磁场中，会感应出微弱的低频电动势，所以检修者若手头没有万用表，可使用小螺钉旋具、镊子等于具，手握工具的金属部分，“碰”电路中的特殊点及晶体管的基极 B 和集电极 C，同样可将感应到的微弱低频电动势施加于电路中，使扬声器发出“喀喀”声。

在收音机的检修中，首先要确定收音机的故障出在哪一级电路。最快捷的手段是利用干扰法，从收音机的功率放大级开始检查。其顺序是，功率放大级→低频放大级→检波级→中频放大级→变频振荡级→输入电路，依次“碰”各级电路晶体管的基极和集电极，就可很快锁定故障的范围。

为了使故障判断更快，可先将收音机的前后级分成两部分，一部分叫收音，另一部分叫低放。收音部分是由输入电路、变频级振荡、中频放大级、检波级组成的。低放部分是由低频放大级和功率放大级组成的。两部分的分界点是音量电位器 RP 的滑动端，判断收音机故障时首先“碰”音量电位器 RP 的滑动端（电位器不可放在音量最小处），确定故障是在收音机的前级还是后级，这样可以节省大量检修时间。

图 11-27 所示为干扰法检修收音机实例。收音机收不到广播信号，使用干扰法判断故障，万用表置于电阻 $R\times1k\Omega$ 档，将一根表笔接至收音机的零电位上，用另一表笔首先“碰”音量电位器 RP 的滑动端，听扬声器是否有“喀喀”声。若没有“喀喀”声，说明低放部分有故障。那么故障究竟是在低频放大级还是在功率放大级，这时可继续“碰”晶体管 VT_4 的 B、C 极及 VT_5 的 B 极、VT_6 的 B 极，将有故障的电路确定下来。在“碰”到功放管的基极和集电极时，扬声器的“喀喀”声会很小，这时可适当增加干扰信号的偏流，将万用表调到电阻 $R\times10\Omega$ 或 $R\times1\Omega$ 档，可使“喀喀”声变大，利于故障的判断。在“碰”RP 滑动端时，若扬声器中能听到“喀喀”声，就说明低放部分没有故障，故障存在于收音部分，此时可继续“碰”前级电路晶体管的基极和集电极，将故障存在的电路中确定下来。

在“碰”的过程中，越往前级“碰”，扬声器发出的“喀喀”，声越大。检查输入调谐电路时，可“碰”双联电容的非接地端，扬声器同样有“喀喀”声，说明收音机信号畅通，可收到电台广播。若“碰”变频级晶体管 VT_1 的B极，扬声器有“喀喀”声，而“碰”输入电路的非接地端，扬声器没有“喀喀”声，多为本振电路或输入电路有故障。

在确定了故障存在于哪一级后，再利用测量法最终找出故障点。

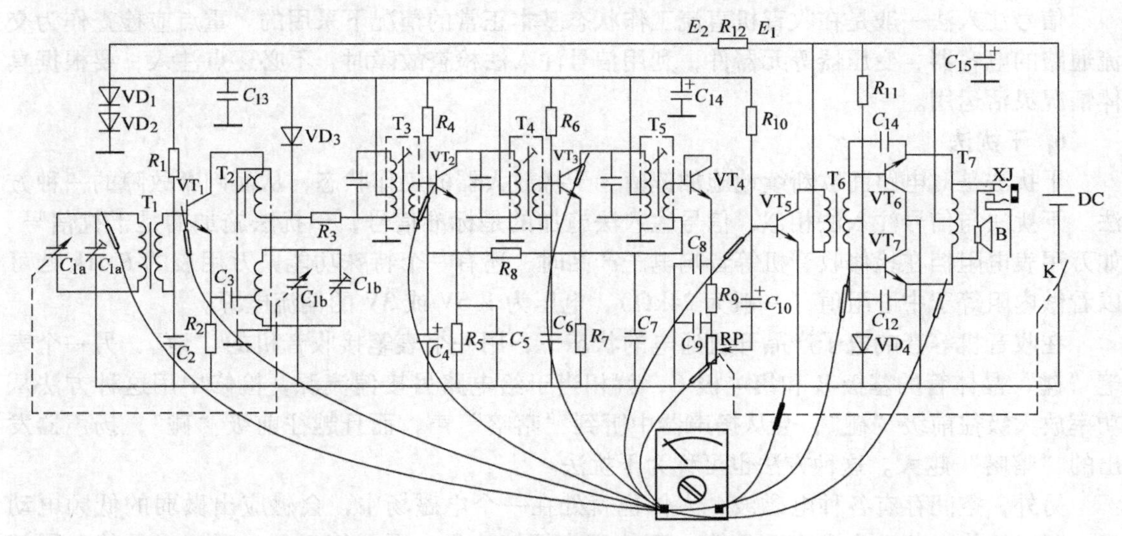

图11-27 干扰法检测晶体管收音机

11.3.5 故障排除

收音机产生故障的原因很多，情况也错综复杂。像完全无声、声音小、灵敏度低、声音失真、有噪声无电台信号等故障，是经常出现的。一种故障现象可能是一种原因，也可能是多种原因造成的。但只要掌握了收音机故障的类型及特点，使用正确的检修方法，就会很快查出故障。

1. 完全无声的故障

收音机无声是一种常见的故障，所涉及的原因较多。电源供不上电、扬声器损坏、低频放大级或功率放大级电路不工作，都能使收音机出现完全无声的故障。收音机出现完全无声的故障有两种情况：一是在收音机焊接装配完毕后，试听时收音机没有任何声音；二是在收音机使用期间，出现了完全无声的故障。同样故障出现在两种不同的场合，就具备了不同的特点，因此检修时的侧重点也不同。

收音机焊装完毕出现无声的故障，最好使用观察法进行检修。检修时重点检查元器件安装和焊接的错误，如电池夹是否焊牢，电池连接线和扬声器连接线是否接错，元器件相对位置及带有极性的元器件焊装是否正确，是否有因元器件过高造成引脚相碰形成短路，焊接时是否存在漏焊、虚焊、桥接等现象。将焊装完的收音机对照电路原理图和装配图认真仔细地检查，也可发现由于焊装的疏忽大意而造成的故障。经过认真的观察、检查，仍然无法发现故障的，可按下述步骤进行检修。

（1）测整机电流。将万用表置于直流电流 25mA 档（DC 25mA），断开收音机电源开关，将电流表跨接在开关两端，正常时收音机的整机静态工作电流一般为10~20mA。测量方法如图11-22所示，测量时注意以下几点：

1）无电流　首先检查电池电压是否正常、电池夹是否生锈、正负极片与电池接触是否良好、电源线是否接错、印制电路板电源电路有无断裂现象。

2）电流较小　检查电池是否有电，检查时不能只测电池两端的电压，要检测其瞬间短路电流才是正确的方法。可用万用表直流电流500mA档，红表笔接电池的正极，黑表笔接电池的负极，快速瞬时测量，电量充足时可达500mA以上；若电流小于250mA，说明电量不足。检查各电阻阻值、晶体管极性安装是否正确，检查电池夹、开关接触电阻是否过大，检查焊点有无漏焊、虚焊等接触不良的现象。

3）电流较大　当整机电流较大（≥50mA）时，不要长时间接通电源，应查出故障后再通电，否则会因电流过大而损坏其他元器件。如果是刚刚焊装完的收音机，首先应检查焊点是否有桥接短路的情况，再检查晶体管和起稳压作用的二极管极性是否接反。实践中发现中频变压器在焊接时，由于焊接时间过长或焊锡量过多，容易使焊锡流到元器件表面与中频变压器屏蔽壳接触处，从而造成短路。

当整机电流大于100mA，说明电路有严重的短路现象，或放大电路静态工作点偏离比较严重，或晶体管被击穿。电容器漏电或击穿、变压器一次侧与二次侧漏电或短路、放大电路偏置电阻开路或阻值增大、电源正负极相碰短路，都是造成整机电流大的原因。

当整机电流在30~50mA时，先检查电源电路是否正常；检查电容器C_{15}、C_{14}（见图11-27）有无漏电；二极管VD_4极性是否接反或正向电阻变大；中频放大级偏置电阻阻值是否变小。

整机电流大的故障，适合使用开路法检修，可分别切断各放大器集电极的印制导线，若放大电路集电极预留有电流测试缺口的，逐一将缺口焊开，观察整机电流的变化，可确定故障的范围。

（2）测电源。检查电源电路是否正常，首先测电池两端电压，再测电池接入电路板的电压。若无电压，说明电源连接线路开路（电池夹接触不良）或开关没有接通。若为正常的3V左右，再测电阻R_{12}两端的电位E_1、E_2，E_1为电源电压3V，E_2为1.3~1.4V；若E_2小于1V，应检查检波级及前级电路。

（3）检查低放及功放电路。低频部分的检查应先检查功率放大级，再检查低频放大级。如图11-27所示，使用干扰法判断故障在低频放大级，还是在功率放大级。首先“碰”音量电位器的滑动端（电位器不可放在音量最小处），确定低频部分的确有故障，再“碰”晶体管VT_5、VT_6及VT_7的基极和集电极，判断故障是在功率放大级还是在低频放大级，最后用电压测量法找出损坏的元器件。利用电压测量法，检查输出变压器和输入变压器一次侧与二次侧是否开路，晶体管是否损坏。也可以将怀疑的元器件焊下，用万用表的电阻档进行测量，以确认是否真的损坏。

通过测量低放级与功放级电路的电流及静态工作点电压是否正常，同样可以找出哪级电路存在故障。

（4）检查扬声器。将扬声器连线焊下，用万用表电阻档（$R\times1$）测扬声器的阻抗应为7.5~8Ω，再检查连接扬声器、耳机插孔的导线是否断线、错接，耳机插孔开关接触是否良好。

2. 有“沙沙”噪声但无电台信号的故障

收音机接通电源后，能听到“沙沙”的噪声，而收不到电台广播，基本可以断定低频电路是正常的。收不到电台信号，应重点检查检波以前的各级电路。在检修这类故障时先使用观察法，查看检波以前各级电路元器件是否有明显的相碰短路或引脚虚接、天线线圈是否断线或接错。

检查时可根据收听到“沙沙”声的大小，分析故障可能出现在收音部分前级电路还是后级电路，因为“沙沙”声越大，经过放大的级数越多，故障在前级的可能性就越大。相反，经放大电路的级数越少，“沙沙”声就越小。没有检修经验的初学者，无法从“沙沙”声的大小判断故障是在前级，还是在后级。在实际检修中，往往使用干扰法判断故障在哪一级电路。

图11-27所示的收音机有“沙沙”声、无广播，检修时首先利用干扰法，“碰”电位器RP的滑动端，从扬声器发出的“喀喀”声断定，低频部分没有故障。再“碰”晶体管VT_2的基极，若扬声器没有“喀喀”声，说明从第一级中放到音量电位器RP之间可能有故障。进一步判断可继续“碰”VT_2的集电极和VT_3的基极，“碰”VT_2集电极扬声器没有响声，而“碰”VT_3基极时有响声，那么故障就在VT_2集电极与VT_3基极之间，重点检查中频变压器T_4，其他各级检查与此类似。若“碰”晶体管VT_2的基极，扬声器仍然有“喀喀”声，说明从第一级中频放大往后没有故障，故障在变频级或输入电路，这时可“碰”VT_1的集电极、基极和输入电路的非地端。如果收音机是正常的，当“碰”输入电路的非地端时，扬声器会发出较大的“喀喀”声，从而确定故障。

3. 声音小、灵敏度低的故障

声音小、灵敏度低的故障涉及的范围较大。声音小，除低频放大电路是主要考虑的部位以外，还与中频放大电路和变频电路有关。灵敏度低，一般是中频放大和变频电路存在问题，与低频放大电路关系不大。检修时先试听，如果各个电台声音都很小，则是声音小的故障；如果有的电台声音大、有的声音小，则是灵敏度低的故障。声音小的故障应重点检查低频放大电路，灵敏度低则应检查中频放大电路和变频电路。

声音小和灵敏度低这两种故障，有时可能同时存在，在检修时应先排除声音小的故障后，再排除灵敏度低的故障。

（1）声音小的检查。电路如图11-27所示，先使用干扰法“碰”电位器RP的滑动端，判断低频电路是否有较响的“喀喀”声，如果听不到“喀喀”声或“喀喀”声较小，说明低频电路可能有故障，可继续检查各个元器件。功放管VT_6、VT_7是否损坏，若其中一个晶体管集电极与基极击穿短路时，电流变大，输出音量变小；若基极与发射极击穿短路，将造成一个晶体管工作，输出音量变小；反馈电容C_{11}、C_{12}是否漏电；输入变压器T_6、输出变压器T_7是否存在线圈间短路；低放管放大倍数是否太低。

（2）灵敏度低的检查。灵敏度低的故障主要出现在低频放大以前的各级电路中，电路如图11-28所示。检波管VT_4极间是否开路或击穿；滤波电容C_8，C_9是否漏电；偏置电阻R_4、R_6及自动增益反馈电阻R_8的阻值是否发生变化；中放管VT_2、VT_3的放大倍数是否过小；二次自动增益控制二极管VD_3是否变质，若反向电阻变小，使中频变压器T_3的Q值降低，灵敏度就会下降；电阻R_1是否开路或阻值变大，而使变频管VT_1集电极电流减小，振荡减弱，灵敏度下降；高频旁路电容C_2的电容量是否减小或开路，使高频信号不能满足旁路，灵敏度下降；发射极电阻 R_2 的阻值是否变大，使收音机收台少或无声；天线线圈是否断股使灵敏度下降；中频频率是否调乱，造成灵敏度降低。

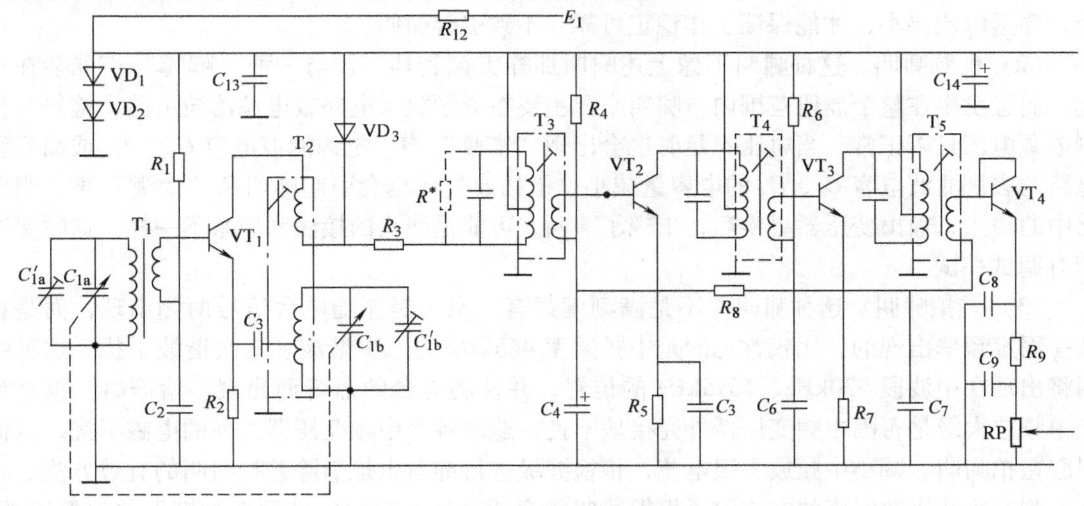

图 11-28　输入混频及中放电路

4. 啸叫声的故障

超外差式收音机因灵敏度高、放大级数多，容易产生各种啸叫声和干扰。引起啸叫声的原因很多，查找起来比较困难。检修时，要根据啸叫声的特点，判断该啸叫声是否属于高频、低频或差拍啸叫，并根据啸叫声频率的高低，针对不同电路进行检查。

（1）高频啸叫。收音机在调谐电台时，常常在频率的高端产生刺耳的尖叫声，这种啸叫出现在中波频率 1000kHz 以上位置时，可能是变频电路的电流大、元器件变质、本振或输入电路调偏等原因。如果啸叫出现在频率的低端位置，可能是中频频率调得太高，接近于中波段的低端频率，此时收音机很容易接收到由中放末级和检波级辐射出的中频信号，以致形成正反馈而形成自激啸叫。另外还有一种啸叫在频率的高、低端都出现，且无明显变化，并在所接收的电台附近啸叫声强，这多是由于中频放大级的自激原因造成的。

对高端的啸叫主要检查输入电路和变频级电路。先检查偏置电路是否正常，测变频级电流是否在规定的范围内。在调整电流时，要注意用硅二极管作为偏压的变频级。输入混频及中放电路如图 11-28 所示。二极管 VD_1、VD_2 两端电压应为 1.3V 左右。如果变频级电流正常，高端仍有啸叫声，可能是振荡太强，振荡耦合电容 C_3 可由原来的 0.01μF 减小到 6800pF 或 5600pF，发射极电阻 R_2 可增加 1~5kΩ。对天线输入电路或振荡电路失谐产生的啸叫，最好用信号发生器重新进行跟踪统调，并用铜铁棒两端测试后将天线线圈固定好。

低频的啸叫可用校准中频 465kHz 的方法解决，用信号发生器送 465kHz 中频信号，从中放末级向前级依次反复调整 3 只中频变压器。

在整个波段范围的啸叫，一般是中频放大自激引起的。先检查两级中频放大电路的静态电流，断开电流测试点或晶体管集电极开路，串联电流表，若两级中频放大电路的静态电流在正常值的范围内，可检查中频变压器是否失谐于 465kHz，调谐曲线是否调得过分尖锐，失谐就要重新调中周。曲线调得尖锐时，可用无感螺钉旋具将中周磁心微微调偏。对中周线圈本身 Q 值高引起的啸叫，还可在中周初级并联阻尼电阻 R^*（100~150kΩ），如图 11-28 所示。对有自动增益控制电路的收音机，当 AGC 的滤波电容 C_4 干枯、电容量减小，或 AGC 电阻 R_8 阻值变化、开路时，也会产生轻微的失真和啸叫。变频管和中放管的放大倍数要适当，穿透电流要小，才能保证工作稳定可靠，不致引起啸叫。

（2）低频啸叫。这种啸叫不像上述啸叫那样尖锐刺耳，且与一种“嘟嘟”声混杂在一起，而且发生在整个波段范围内。啸叫来源主要在低频放大电路或电源滤波电路，检修时先测电源电压是否正常，当电压不足时也会出现“嘟嘟”声。电源滤波电容 C_{15}、C_{14}或前后级电路的去耦滤波电容 C_4、C_6 的电容量减小、干枯或失效也会引起啸叫和“嘟嘟”声。当电路中的输入、输出变压器更换后，出现了啸叫，可能是线头的接法和原来不一样，这时要互相对调试一试。

（3）差拍啸叫。这种啸叫并不是满刻度都有，也不是伴随电台信号两侧出现，而是在某一固定频率出现的。比较常见的是中频频率 465kHz 的二次谐波、三次谐波干扰，这种啸叫将出现在中波段 930kHz、1395kHz 的位置，并伴随电台的播音而出现。检修时，重点检查中频放大级是否因中频变压器外壳接地不良，造成各个中频变压器之间的电磁干扰，从而引起差拍啸叫。减小中频放大级电流，将检波级进行屏蔽也是消除差拍啸叫的有效方法。

判断收音机啸叫声的方法除了根据啸叫频率的高低、啸叫所处频率刻度上的位置以外，通常以电位器为分界点。先判断啸叫在前级还是在后级，当关小音量时啸叫声仍然存在，说明故障在电位器后面的低频电路；若关小音量时啸叫声减小或消失，说明故障在电位器前的各级电路。故障范围确定后，再采用基极信号短路的方法判断故障在哪一级电路中。

5. 声音失真的故障

声音失真是收音机常见的故障，收听电台广播时扬声器发出的声音走调、断续、阻塞、含糊不清，失去了正常的音质。引起声音失真的原因较多，常见的失真现象可能与以下电路有关。

（1）电源电压不足。当电池使用时间较长，其内阻会变大，这样就造成了电池电压的下降，同时电池所能提供的电流也严重不足，使收音机各级电路的静态工作电位及工作电流受到影响；电池夹生锈，接触电阻增大，也会使收音机受到相同的影响，当音量开大时整机消耗电流将增加，失真现象更加明显；电源滤波电容器电容量不足，也会使收音机产生失真。

（2）扬声器损坏。收音机严重磕碰，会使扬声器的磁钢松动脱位而将线圈卡住，此时表现为声音小且发尖。扬声器纸盆的破损，会使收听广播时的声音嘶哑，音量增大时伴有“吱吱”声。

（3）功率放大级引起的失真。推挽功放部分引起失真的原因如下：

1）推挽管一只工作，另一只开路或断脚，此时可以分别测试两管的集电极电流来判断。

2）输入变压器二次侧有一组断线，使两只功率管一只管子有偏置电压，另一只管子基极无偏置电压而不工作。

3）输出变压器一次侧有一组断线，使一只推挽管的集电极无电压。

4）上偏置电阻 R_{11} 阻值变化或开路，功放管静态电流不正常，这样将引起交越失真，当音量小时失真严重，声音开大失真并不明显。

5）两只推挽功放管不对称，放大倍数 β 相差太大。

（4）其他各级电路的失真。低频放大级偏置电压不合适，使低放管的集电极电流过大或过小；二极管检波电路的检波管正反向电阻差值小或正负极接反；中频变压器严重失谐；自动增益控制电路的电阻变大或开路；变频级本振信号弱等，都可能引起收音机的收听效果失真。

收音机因元器件损坏，线路接触不良、开路、短路等现象，造成收音机无法收到广播信号所引起的故障，一般称为硬故障。硬故障的检修只要合理运用检修方法，就很容易发现故障点。灵敏度低、啸叫声、失真、串台等故障，一般称为软故障，此类故障的检修难度要大一些，不像硬故障那样容易被发现。检修时要有耐心，根据故障的特点认真分析电路，找出产生故障的电路。有些软故障可以通过重新调试收音机的办法将故障消除。

11.4　低频功率放大器

在电子电路中，通过放大、运算及波形的产生和变换等电路处理后的信号一般要送到负载，带动一定的装置，例如送到扩大机使扬声器发出声音或送到控制电动机执行一定的动作。对于这类将输入信号放大并向负载提供足够大功率的放大器叫功率放大器。由于功率放大器运行中的信号（如电压和电流）的幅度大，所以突出的问题是解决非线性失真和各种瞬态失真。在保证安全和输出所需功率的前提下，一般在电路结构上采用不同的形式来减小信号失真，以提高输出功率及其性能，满足人们对电子设备的不同需求。下面以分立元器件电路作为训练的课题。

11.4.1　电路组成及工作原理

1. 电路组成

本节以互补对称式（互补推挽）低频功率放大，（Output Transformer Less，OTL）电路为例介绍其电路的印制板制作、安装、调试及检测方法。互补对称式功率放大电路原理图如图 11-29 所示。

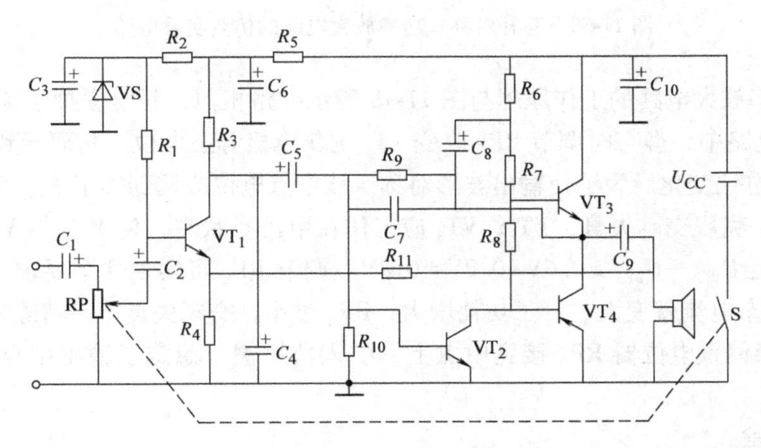

图 11-29　互补对称式功率放大电路原理图

2. 工作原理

图 11-29 所示电路中 VT_1 是前置放大管，采用 NPN 型硅晶体管。硅晶体管的温度稳定性较好，可采用由偏置电阻 R_1 构成的简单偏置电路。发射极电阻 R_4 的阻值很小，主要起交流负反馈的作用。

VT_2 为激励发大管，它给功率放大的输出级以足够的推动信号。R_9、R_{10} 是 VT_2 的偏置电阻，R_6、R_7、R_8 是 VT_2 的集电极负载电阻，VT_3、VT_4 是互补对称推挽功率放大管，组成功率放大的输出级。C_8 为自举电容。

11.4.2 仿真分析

1. 仿真电路

进入 Multisim 电子工作平台后，建立互补对称式功率放大电路的仿真实验电路如图 11-30 所示。

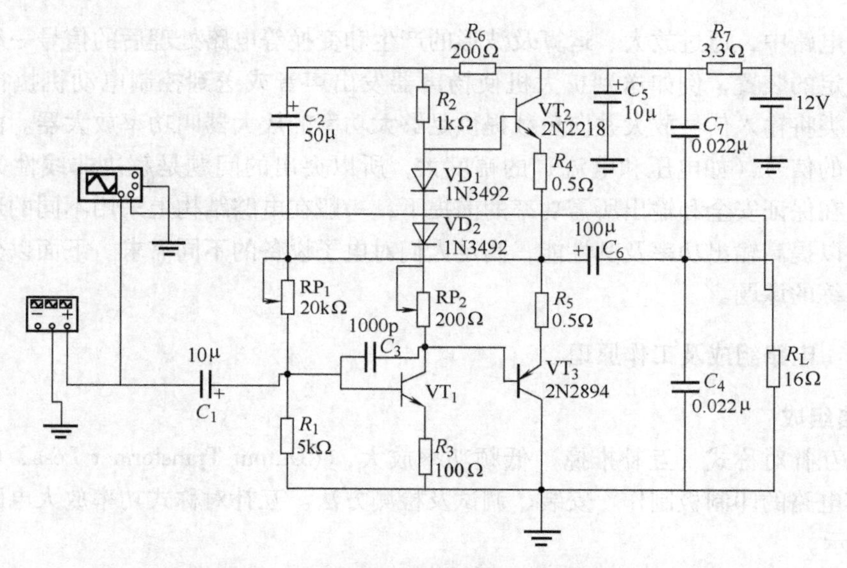

图 11-30 互补对称式功率放大电路的仿真实验电路

该仿真功率放大电路的工作原理与图 11-18 所示电路相似，只是去掉了前置放大级。在图 11-30 所示电路中，静态时调节 RP_1 改变 VT_1 的集电极静态电位，从而导致 R_4 与 R_5 的交点（即中点）电位变化。为了使输出波形对称，该中点电位应调到等于 $U_{CC}/2$。

另外，为了克服交越失真，VT_2、VT_3 应工作在甲乙类状态，使 VT_2 与 VT_3 之间的静态基极电位差满足 $U_{BE2}+U_{BE3}\geq0.6V+0.2V=0.8V$。调节 RP_2 可实现这个要求。若 RP_2 过大，VT_2、VT_3 的静态电流就变大，管子功耗增大；RP_2 过小，交越失真不易清除。

VT_1 的基极偏置电位器 RP_1 接到中点上，引入负反馈，稳定了输出中点静态电位。C_2 是自举电容。

2. 仿真实验

仿真实验步骤如下：

（1）启动 Multisim 软件，打开文件。

（2）调节电位器 RP_1，使输出电容 C_6 上的静态电压（即中点电压）为 6V。

（3）打开示波器，在图 11-30 中设置相应参数，观察输入、输出波形，如图 11-31 所示。图中下面的波形是消除交越失真后的波形。

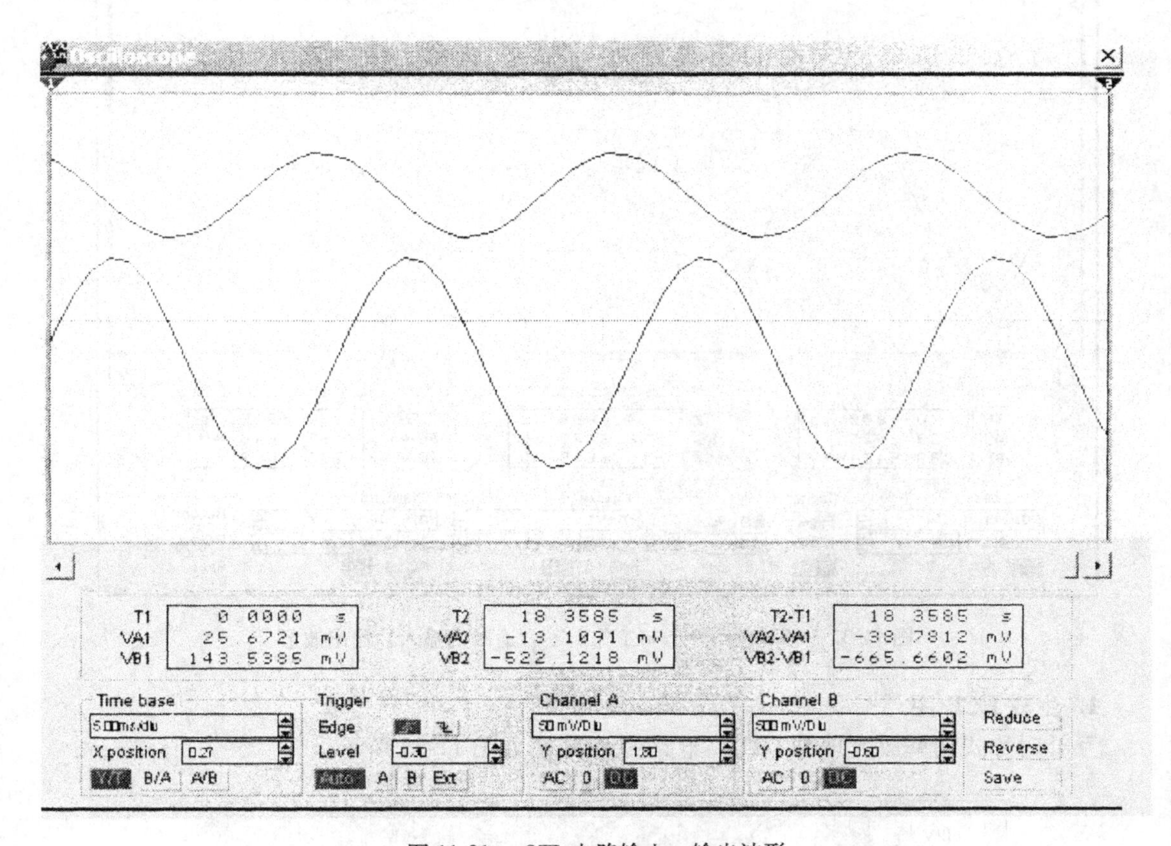

图 11-31　OTL 电路输入、输出波形

（4）置 VD_1（或 VD_2）短路，观察输出与输入波形，如图 11-32 所示。可以看到，静态工作点不合适导致输出波形出现交越失真（图 11-32 所示下面的波形）。

（5）调节 RP_2，再观察交越失真，并把输出波形调到最佳状态。

（6）调节 RP_1，观察输入、输出波形，用动态调零的方法把输出波形调节到最佳状态。所谓动态调零是把输出波形调节至横轴上对称。当然静态调零也是可以的。

（7）测试功率放大电路的最大输出范围。在电路测试状态时，用鼠标双击信号发生器，逐步增加输入信号至输出发生明显的饱和失真，此时用示波器度量的输出范围即是功率放大电路的最大输出范围。

11.4.3　制作

虽然目前低频功率放大器大都采用集成功放电路，但它只适用于输出功率不大的功放电路。对输出大功率的功放电路，由于散热困难，还不便于集成化，所以仍采用分立元器件的 OTL 电路。

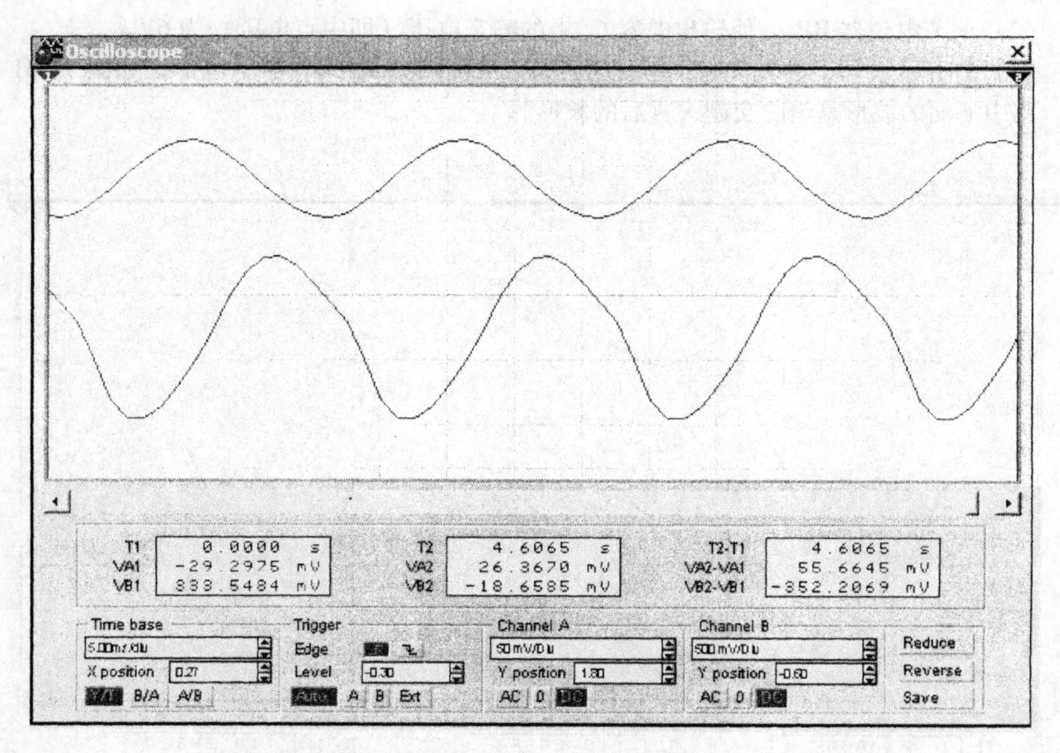

图 11-32 OTL 电路静态与工作点不合适时的输入、输出波形

1. 生成 PCB 图

互补对称式功率放大（即 OTL）电路的 PCB 图如图 11-33 所示。

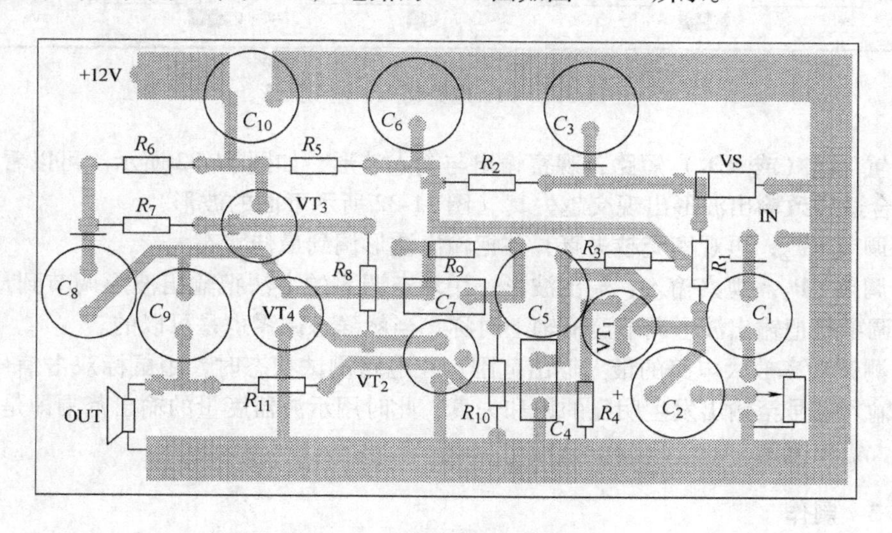

图 11-33 OTL 电路的 PCB 图

2. 元器件准备

电路元器件选择见表 11-7。

表11-7 互补对称式功率放大（OTL）电路元器件选择表

名称	代号	参数值	名称	代号	参数值
电阻	R_1	47kΩ	电解电容器	C_3	33μF/16V
电阻	R_2	3.9kΩ	无片电容器	C_4	0.01μF
电阻	R_3	2.7kΩ	电解电容器	C_6、C_8、C_9	100μF/16V×3
电阻	R_4	6.2Ω	无片电容器	C_7	6800μF
电阻	R_5	100Ω	电解电容器	C_{10}	220μF/16V
电阻	R_6	150Ω	二极管	VD_1、VD_2	1N4007×2
电阻	R_7	680Ω	晶体管	VT_1、VT_2	3DG12×2
电阻	R_8	51Ω	晶体管	VT_3	3BX83
电阻	R_9	13kΩ	晶体管	VT_4	3AX83
电阻	R_{10}	5.1kΩ	扬声器	Y	8Ω
电阻	R_{11}	2kΩ	直流电源	U_{CC}	12V
带开关电位器	RP	4.7kΩ	印制电路板	PCB	1块
电解电容器	C_1、C_2、C_5	10μF/16V×3			

3. 电路印制板制作

这里只介绍手工制作印制板的方法及步骤，请读者按介绍的方法自己制作OTL电路的印制电路板。并能举一反三制作其他印制板。

手工制作印制板可分为复制印制板图、掩膜、腐蚀、钻孔、修板等过程，分别介绍如下。

（1）复制印制板图。印制板的材料采用敷铜箔层压板（简称敷铜板）。按照印制板尺寸图裁好敷铜板，然后在排版草图下垫一张复写纸，将排版草图复印到敷铜板的铜箔面上。特别要注意集成电路块的引脚穿线孔位置应准确无误。否则，由于引脚间间距不对，容易造成引脚接点间短路，集成电路插入困难等情况。复印好排版草图后，用小冲子在敷铜板上的每个穿线孔上冲一个小凹洞，以便钻孔时定位。

（2）掩膜。掩膜指在复制好电路图的敷铜板上需要保留的部位覆盖上一层保护膜，借以在烂板过程中被保留下来。其方法如下：

1）喷漆法　找一张大小适中的投影胶片，按排版草图将需要掩膜的部分用刀刻去。刻好后即可将其覆盖在已裁好的敷铜板上，用市售罐装快干喷漆对电路板喷一遍，漆层不要太厚，过厚黏附力反而下降，待漆膜稍干后揭胶片即可。

2）漆膜法　清漆（或磁漆）一瓶、细毛笔一支、香蕉水一瓶。将少量清漆倒入一个小玻璃瓶中，再渗入适量香蕉水将其稀释，然后用细毛笔蘸上清漆，按复印好的电路仔细掩膜描绘，特别在穿线孔处要描出接点。如果描出边线或粘连造成短路时可暂不处理，待电路描完后让其自然干燥或加热烘干。使漆膜固化后再参照排版草图用裁纸刀将导线上的毛刺和粘连部分修理掉。最后再检查一遍，如无遗漏便可进行腐蚀了。

3）胶纸法　在已复制好电路图的敷铜板上用透明胶带贴满，如果有较大部位不需掩膜的也可不贴。用裁纸刀沿导线和接点边缘刻下，待全部刻完后将不需掩膜处的胶纸揭去后即可。

（3）腐蚀。印制电路板的腐蚀液可采用三氯化铁溶液。固体三氯化铁可在化工商店买到，由于其吸湿性很强，存放时必须置于密封的塑料瓶或玻璃瓶中。三氯化铁具有较强的腐蚀性，在使用过程中应避免溅到皮肤或衣服上。

配制腐蚀液可取1份三氯化铁固体与2份水混合（重量比），将它们放在大小合适的玻璃烧杯或搪瓷盘中，加热至40℃左右（最高不宜超过50℃），然后将掩膜好的敷铜板放入溶液中浸没，并不时搅动液体使之流动，以加速其腐蚀。夹取印制板的夹子可用竹夹子，也可以用竹片自制，不宜使用金属夹。

腐蚀过程是从有线条和接点的地方向周边逐渐腐蚀。腐蚀的时间最好短些，避免导线边缘被溶液浸入形成锯齿形，当未掩膜的铜箔被腐蚀掉时，应及时将印制板取出用清水冲洗干净，然后用细砂纸将电路板上的漆膜轻轻砂去。

（4）钻孔。在印制板上钻孔最好采用小型台钻。不宜采用手枪电钻和手摇钻。它们在工作中很难保持垂直，既容易钻偏、又容易把钻头折断。钻头大多选用0.8mm或1.0mm的麻花钻头。由于钻头太细，不易夹紧（特别是使用日久又经常夹大钻头的钻夹头）或在移动印制板时折断钻头，建议用质地较硬的纸在钻头杆上紧绕几层，让钻头露出约3~4mm（对2mm厚的敷铜板而言），这样既可使钻杆直径增大，增加夹持力，又可减少钻头折断的机会。

（5）修板。钻好孔后再用砂纸或小平钻将焊接面轻轻打磨一遍，如在腐蚀过程中留下铜斑或少量短路的部分可用小刀修去（先在两边用小刀刻断后再用刀剔去多余部分）。最后用酒精松香液在焊接面上涂一遍，待酒精挥发后，便留下一层松香，既可助焊，又能防潮防腐。

经过上述过程的处理，一块精心设计制作的印制电路板便完成了。

4. 装配及注意事项

对低频功率放大电路的装配工艺按如下要求进行：

1）按图11-33所示装配正确安装各元器件。

2）检查印制板上所焊接的元器件有无虚焊、漏焊、假焊及毛刺。若有，应及时进行处理。

3）电阻、二极管（除发光二极管外）一律采用水平安装，并贴紧印制板。

4）晶体管、场效应晶体管应采用直立式安装，其底面离印制板应有5mm±1mm的距离。

5）电解电容器、涤纶电容器应尽量插到底，元器件底面离印制板最高不能大于4mm。

6）微调电位器应尽量插到底，不能倾斜，三只引脚均需焊接。

7）钮子开关（俗称扳手开关）用配套螺母安装，开关体在印制板的导线面，钮子在元器件面。

8）电路中的输入、输出变压器装配时应紧贴印制板。

9）集成电路的底面与印制板贴紧。

10）插件装配美观、均匀、端正、整齐、不能歪斜、高矮有序。

11）所有插入焊片孔的元器件引脚及导线均采用直脚焊，剪脚留头在焊面以上1mm±0.5mm，焊点要求圆滑、光亮、防止虚焊、搭焊和散锡。

11.4.4 调试与检测

（1）接上12V直流电源（开关S处于断开状态），用电流表接在开关S两端，电流正常值约为10mA。然后接通开关，用电压表测量VT_3、VT_4的发射极中点电压，调整R_9的阻值，使中点电压为6V。

（2）用电流表接入VT_1集电极A点断口处，调节R_1的阻值，使电流在1.8~3mA范围内，然后把断口处用焊锡接通。

（3）信号从输入端输入，调节RP，使扬声器发出适中的声音。

（4）最大不失真输出功率的测量。最大不失真输出功率指的是在不超过规定的失真度（规定为10%）下，低频放大电路所能输出的最大功率。

将低频信号发生器接到OTL电路的输入端，晶体管毫伏表、示波器和失真度仪都接在输出端上以测量输出信号。

逐步增大低频信号发生器的输出电压，调整失真度仪，观察失真度，直到输出信号的失真度达到10%，将此时的输出电压换算成功率，即为最大不失真输出功率。

（5）功放频率特性的测量。频率特性的中频点规定为1000Hz、0dB。低频信号发生器由输入端接入1000Hz的信号，晶体管毫伏表接在输出端。将音量电位器开到最大位置，调节低频信号发生器的输出达到额定值。这时，在记录纸的交点位置上画一点。然后改变低频信号发生器的频率，但应保持其输出电压不变。分别记录150Hz、200Hz、250Hz、300Hz、400Hz、600Hz、800Hz、1200Hz、1500Hz、2000Hz、2500Hz、3000Hz、3500Hz、4000Hz、5000Hz、6000Hz等不同频率时的输出电压值，并将逐点连接起来即为所求的频率响应曲线。

（6）将制作、调试结果填入表11-8。

表11-8 互补对称式OTL电路测试表

<table>
<tr><td rowspan="2">测量点</td><td colspan="3">电压/V</td><td rowspan="2">绘出频率响应曲线图</td></tr>
<tr><td>e</td><td>b</td><td>c</td></tr>
<tr><td>VT_1</td><td></td><td></td><td></td><td rowspan="5"></td></tr>
<tr><td>VT_2</td><td></td><td></td><td></td></tr>
<tr><td>VT_3</td><td></td><td></td><td></td></tr>
<tr><td>I_{C1}/mA</td><td colspan="3"></td></tr>
<tr><td>RP_1 阻值</td><td colspan="3"></td></tr>
<tr><td>调试过程中出现的故障及排除的方法</td><td colspan="4"></td></tr>
</table>

11.4.5 常见故障及原因

（1）调整R_9时，如果中点电压不变，则可能是VT_2损坏或C_5、C_9短路等原因造成。

（2）产生低频自激振荡，扬声器发出“扑扑”声或“嘟嘟”声。造成的原因可能是电源内阻过大，或者电源滤波电容、退耦电容开路或失效引起的。

（3）产生高频自激振荡，扬声器听不到声音，但推挽管的工作电流很大。消除高频自激，可在VT_2的集电极和基极之间并联一只50~300pF的电容器。

（4）无信号输入时，常听到轻微的“沙沙”声，这主要是由频率较高的晶体管噪声和频率很低的电源交流声造成的。如果产生的“沙沙”声较大，可在 VT_2 的集电极和基极之间并联一只50~300pF的负反馈电容器。此外，应改善电源的滤波和稳压。

11.5 数字电压表

11.5.1 实训目的和要求

（1）掌握数字电压表的设计、装焊与调试方法。

（2）熟悉集成电路 MC14433、MC1413、CD4511、MC1403 的功能和使用方法，并掌握其工作原理。

（3）设计数字电压表电路要求直流电压测量范围：0~1.999V，0~19.99V，0~199.9V，0~1999V。

（4）设计制作数字电压表电路的PCB。

（5）组装调试 $3\frac{1}{2}$ 位数字电压表。

11.5.2 电路组成及工作原理

数字电压表是将被测模拟量转换为数字量，并进行实时数字显示的数字系统。

该电压表可由 MC14433 $3\frac{1}{2}$ 位 A-D 转换器、MC1413 七路达林顿驱动器组、CD4511BCD 七段锁存-译码-驱动器、基准电源 MC1403 和共阴极 LED 数码管组成。电路如图 11-34 所示。

$3\frac{1}{2}$ 位是指十进制数 0000~1999，所谓3位是指个位、十位、百位，其数字范围均为 0~9。而半位是指千位，它不能由0变化到9，而只能由0变1，即二值状态，故称为半位。

1. 电路各部分功能

1）MC14433 $3\frac{1}{2}$ A-D 转换器将输入的模拟信号转换成数字信号。

2）MC1403 基准电源提供精密电压，供 A-D 转换器作参考电压。

3）CD4511 译码-驱动器 将二-十进制 BCD 转换成七段信号，驱动显示器的 a、b、c、d、e、f、g 七个发光段，推动发光管进行显示。

4）LED 显示器 将译码器输出的七段信号进行数字显示，读出 A-D 转换结果。

2. 电路工作原理

$3\frac{1}{2}$ 位数字电压表通过位选信号 $DS_1 \sim DS_4$ 进行动态扫描显示，由于 MC14433 电路的 A-D 转换结果是采用 BCD 码多路调制方法输出，只要配上一块译码器，就可以将转换结果以数字方式实现四位数字的 LED 发光数码管动态扫描显示。$DS_1 \sim DS_4$ 输出多路调制选通脉冲信号，选通脉冲为高电平，则表示对应的数字被选通，此时该位资料在 $Q_0 \sim Q_3$ 端输出。

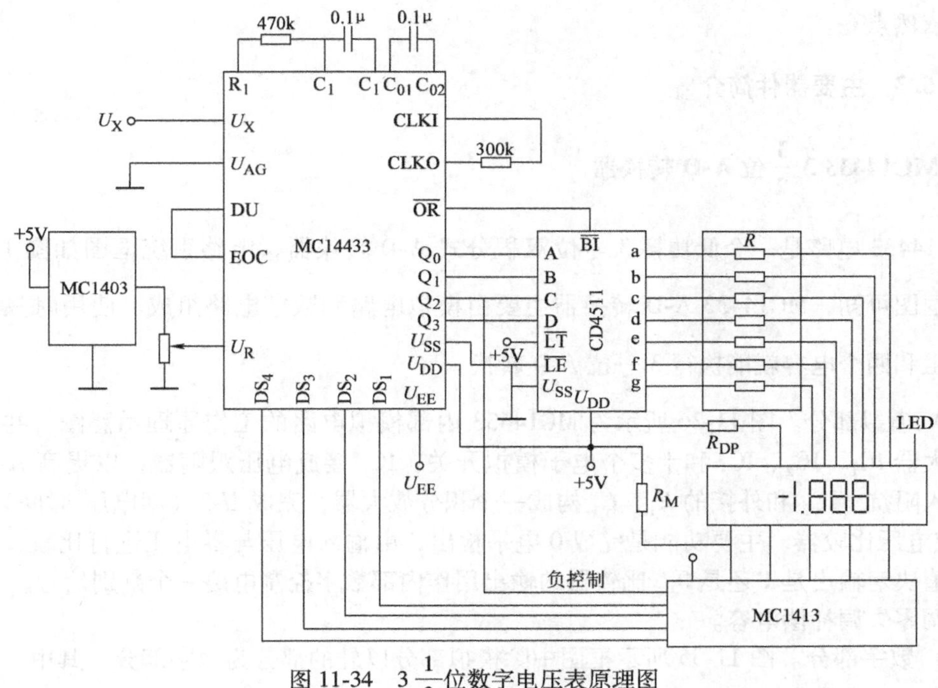

图 11-34　$3\frac{1}{2}$位数字电压表原理图

DS 选通脉冲高电平宽度为 18 个时钟脉冲周期，两个相邻选通脉冲之间间隔 2 个时钟脉冲周期，DS 和 EOC 的时序关系是在 EOC 脉冲结束后，紧接着是 DS_1 输出正脉冲，之后依次为 DS_2、DS_3 和 DS_4。其中，DS_1 对应最高位，DS_4 对应最低位。在 DS_2、DS_3 和 DS_4 选通期间，Q_0~Q_3 输出 BCD 全位资料，即以 8421 码方式输出对应的数字 0~9，在 DS_1 选通期间，Q_0~Q_3 输出千位的半位数 0 或 1 及过量程、欠量程和极性标志信号。在位选信号 DS_1 选通期间 Q_0~Q_3 的输出内容如下：

Q_3 表示千位数，$Q_3=0$ 代表千位数的数字显示为 1，$Q_3=1$ 代表千位数的数字显示为 0。

Q_2 表示被测电压极性，Q_2 的电平为 1，表示极性为正，即 $U_X>0$；Q_2 的电平为 0，表示极性为负，即 $U_X<0$。显示数的负号由 MC1413 中的一只晶体管控制，符号位的“—”阴极与千位数阴极接在一起，当输入信号 U_X 为负电压时，Q_2 端输出置 0，Q_2 负号控制位使驱动器不工作，通过限流电阻 R_M 使显示器的“—”点亮；当输入信号 U_X 为正电压时，Q_2 端输出置 1，负号控制位使达林顿驱动器导通，电阻 R 接地，使“—”旁路熄灭。

小数点显示是由正电源通过限流电阻 R_{DP} 供电点亮，若量程不同则选通对应的小数点。

过量程是当前输入电压 U_X 超过量程范围时，输出过量程标志信号$\overline{OR}$。

当 $Q_3=0$　$Q_0=1$ 时，表示 U_X 处于过量程状态。

当 $Q_3=1$　$Q_0=1$ 时，表示 U_X 处于欠量程状态。

当$\overline{OR}=0$ 时，表示 $|U_X|>1999$，测溢出。$|U_X|>U_R$ 则$\overline{OR}$输出低电平。

当$\overline{OR}=1$ 时，表示 $|U_X|<U_R$，平时$\overline{OR}$为高电平，表示被测量在量程内。

MC14433 的$\overline{OR}$端与 CD4511 的消隐端$\overline{BI}$直接相连，当 U_X 超出量程范围时，则$\overline{OR}$输出低电平，即$\overline{OR}=0\rightarrow\overline{BI}=0$，CD4511 译码器输出全 0，使发光数码管显示数字熄灭，而负号和

小数点依然点亮。

11.5.3 主要器件简介

1. MC14433 $3\frac{1}{2}$位 A-D 转换器

MC14433 电路是一个低功耗 $3\frac{1}{2}$位双积分式 A-D 转换器，电路系统框图如图 11-35 所示。由框图可知，MC14433 A-D 转换器主要由模拟电路和数字电路组成。使用时只要外接两个电阻和两个电容就能执行 $3\frac{1}{2}$位 A-D 转换。

（1）模拟部分。图 11-36 所示为 MC14433 内部模拟电路的工作原理示意图。共有 3 个运算放大器 IC_1、IC_2、IC_3 和十多个电子模拟开关，IC_1 接成电压跟随器，以提高 A-D 转换器的输入阻抗。IC_2 和外接的 R_1、C_1 构成一个积分放大器，完成 U-T（即电压-时间）转换。IC_3 接成电压比较器，主要功能是完成 0 电平检出，由输入电压与零电压进行比较，根据两者的差值决定输出是 1 还是 0。比较器的输出用作内部数字控制电路一个判别信号。电容 C_0 为自动调零失调补偿电容。

（2）数字部分。图 11-35 所示框图中除模拟部分以外的部分为数字部分。其中，四位十进制计数器为 $3\frac{1}{2}$位 BCD 码计数器，对反积分时间进行计数（0~1999），并送到资料寄存器。资料寄存器为 $3\frac{1}{2}$位十进制代码资料寄存器，在控制逻辑和实时取数信号 DU 的作用下，锁定和存储 A-D 转换结果。多路选择开关，从高位到低位逐位输出多路调制 BCD 码 Q_0~

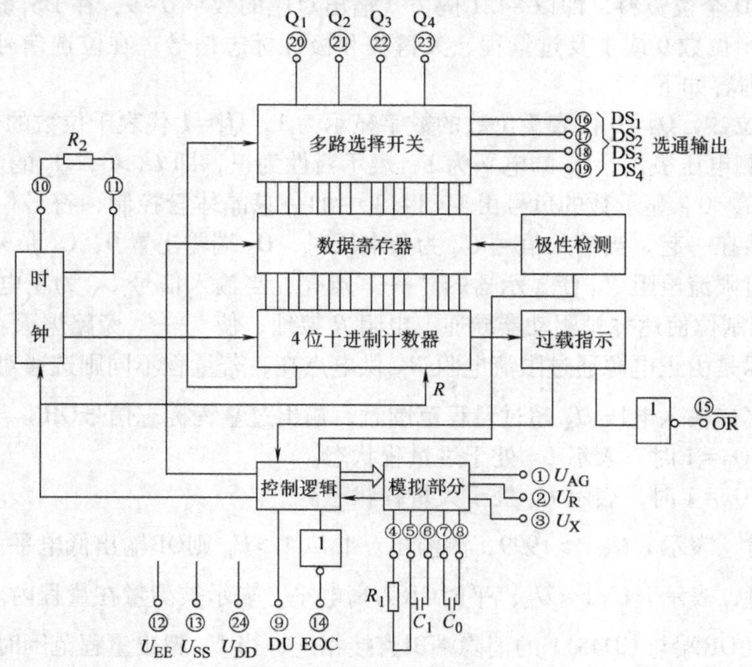

图 11-35 MC14433 电路总框图

Q_3，并输出相应的多路选通脉冲标志信号 $DS_1 \sim DS_4$。控制逻辑，这是 A-D 转换的“指挥中心”，统一控制各部分电路的工作。它是根据比较器的输出极性接通电子模拟开关，完成 A-D 转换 6 个阶段的开关转换和定时转换信号，以及过量程等功能标志信号；并在对基准电压 U_R 进行积分时，令 4 位计数器开始计数，完成 A-D 转换。时钟发生器，它通过外接电阻构成的反馈，并利用内部电容形成振荡，产生节拍时钟脉冲，使电路统一动作。这是一种施密特触发式正反馈 RC 多谐振荡器，一般外接电阻为 360kΩ 时，振荡频率为 100kHz；当外接电阻为 470kΩ 时，振荡频率为 66kHz；当外接电阻为 750kΩ 时，振荡频率则为 50kHz。若采用外时钟频率，则不要外接电阻，外部时钟频率信号从 CLKI（⑩脚）端输入，时钟脉冲 CP 信号可从 CLKO（⑪脚）获得；极性检测，显示输入电压 U_X 的正负极性；过载指示，当输入电压 U_X 超出量程时，输出过量程标志 $\overline{OR}$。

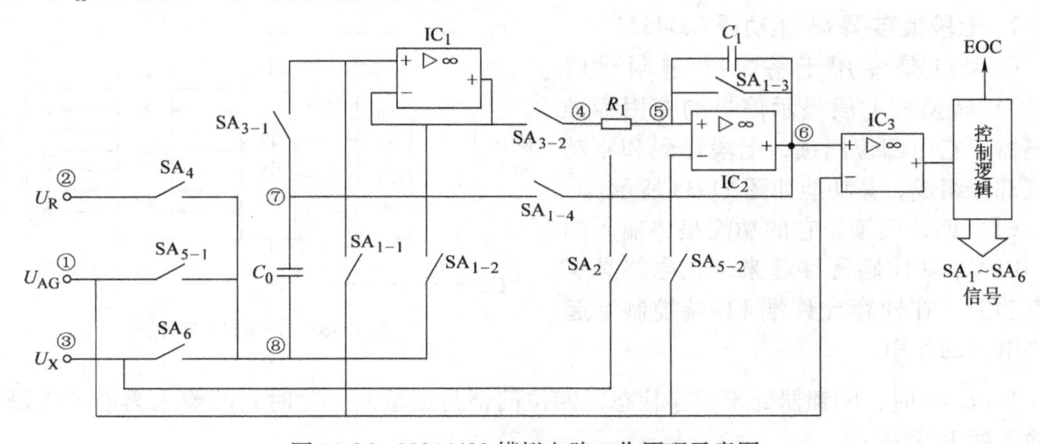

图 11-36　MC14433 模拟电路工作原理示意图

MC14433 A-D 转换器是双斜积分式，采用电压-时间（U-T）间隔方式，通过先后对被测电压模拟量 U_X 和基准电压 U_R 两次积分，将输入的被测电压转换成与其平均值成正比的时间间隔，用计数器测出这个时间间隔内的脉冲数目，即可得到被测电压的数字值。

MC14433 为 24 引脚双列直插式封装，引脚排列如图 11-37 所示。

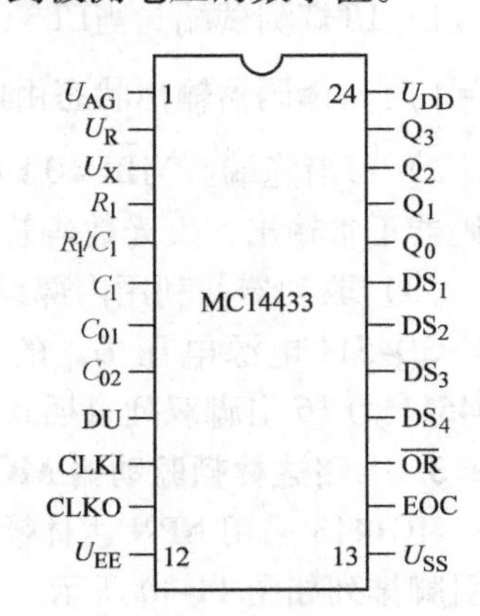

图 11-37　MC14433 引脚排列图

各引脚功能说明如下：

① 脚：U_{AG}，模拟地，是高阻输入端，作为输入电压 U_X 和基准电压的参考点地。

② 脚：U_R，基准电压端，是外接基准电压的输入端。

③ 脚：U_X，被测电压输入端。

④ 脚：R_1，外接积分电阻端。

⑤ 脚：R_1/C_1，外接积分组件电阻和电容的接点。

⑥ 脚：C_1，外接积分电容端，积分波形由该端输出。

⑦ 脚和⑧脚：C_{01} 和 C_{02}，外接失调补偿电容端。

⑨ 脚：DU，实时输出控制端，主要控制转换结果的输出。

⑩ 脚：CLKI，时钟信号输入端。

⑪ 脚：CLKO，时钟信号输出端。

⑫ 脚：U_{EE}，负电源端，是整个电路的电位最低端，主要作为模拟电路部分的负电源。

⑬ 脚：U_{SS}，负电源端。

⑭ 脚：EOC，转换周期结束标志输出端。

⑮ 脚：$\overline{OR}$，过量程标志输出端。

⑯~⑲ 脚：对应为 $DS_4 \sim DS_1$，分别是多路选通脉冲信号个位、十位、百位和千位输出端。

⑳~㉓ 脚：对应为 $Q_0 \sim Q_3$，分别是 A-D 转换结果资料输出 BCD 代码的最低位、次低位、次高位和最高位端。

㉔ 脚：V_{DD}，整个电路的正电源端。

2. 七段锁存-译码-驱动器 CD4511

CD4511 是专用于将二-十进制代码（BCD）转换成七段显示信号的专用标准译码器，它由四位闩锁，七段译码和驱动器三部分组成，其功能如图 11-38 所示。

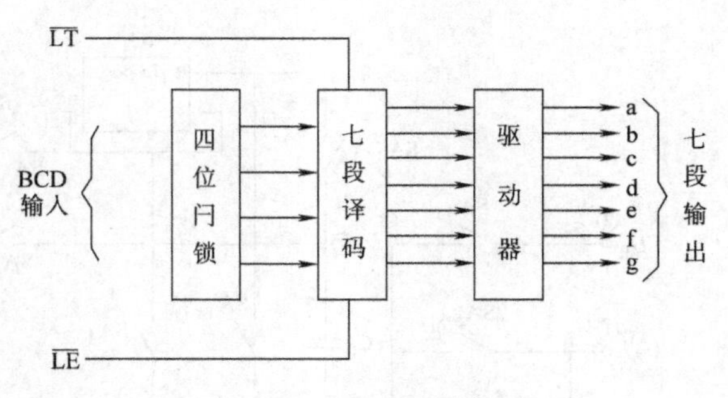

图 11-38　CD4511 功能图

（1）四位闩锁。它的功能是将输入的 A、B、C、D 代码寄存起来，该电路具有锁存功能，在锁存允许端 LE 端控制下起闩锁电路的作用。

当$\overline{LE}=1$ 时，闩锁器处于锁存状态，四位闩锁封锁输入，此时它的输入为前一次$\overline{LE}=0$ 时输入的 BCD 码；

当$\overline{LE}=0$ 时，闩锁器处于选通状态，输出即为输入的代码。

（2）七段译码电路。将来自四位闩锁输出的 BCD 代码译成七段显示码输出，CD4511 中的七段译码器有如下两个控制端：

1）$\overline{LT}$灯测试端。当$\overline{LT}=0$ 时，七段译码器输出全为 1，发光数码管各段全亮显示；当$\overline{LT}=1$ 时，译码器输出状态由$\overline{BI}$端控制。

2）$\overline{BI}$消隐端。当$\overline{BI}=0$ 时，控制译码器输出全为 0，发光数码管各段熄灭。$\overline{BI}=1$ 时，译码器正常输出，发光数码管正常显示。

（3）驱动器。利用内部设置的 NPN 管构成射极输出器，加强驱动能力。

CD4511 电源电压 U_{DD} 的范围为 5 ~ 15V。它可与 NMOS 电路或 TTL 电路兼容工作。CD4511 为 16 引脚双列直插式封装，引脚排列如图 11-39 所示。其真值表见表 11-9。

3. 七路达林顿驱动器 MC1413

MC1413 采用 NPN 达林顿复合晶体管的结构，该电路内含有 7 个 OC 门。MC1413 结构和引脚排列如图 11-40 所示。

4. 基准电源 MC1403

MC1403 的输出电压 U_o 的温度系数为零，即输出电压与温度无关。该电路的特点是，温度系数小，噪声小；输入电压范围大，稳定性好；输出电压值准确度高，U_o 值在 2.475 ~

2. 525V 以内；压差小，适用于低压电源。MC1403 引脚功能如图 11-41 所示。

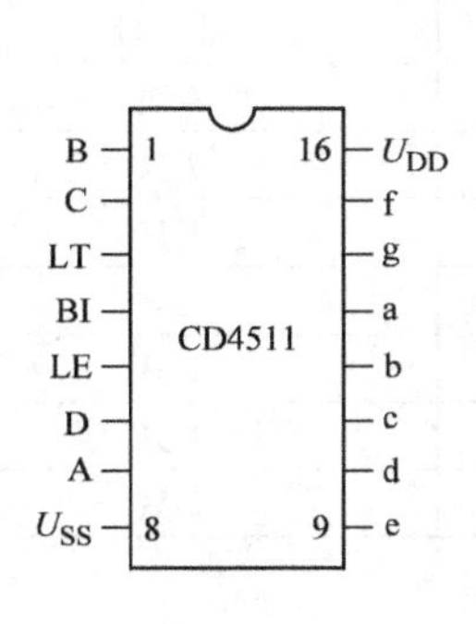

图 11-39　CD4511 引脚图

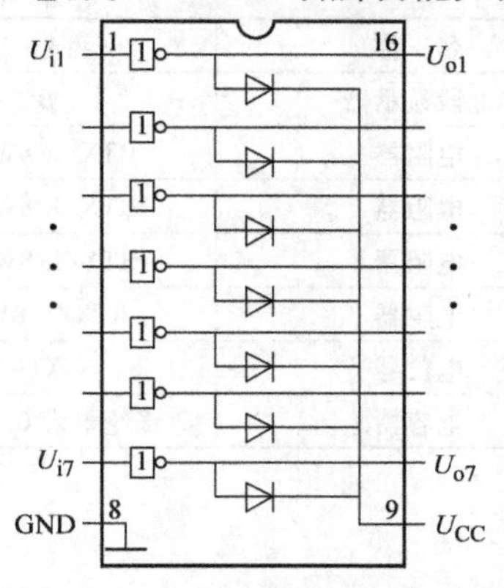

图 11-40　MC1413 引脚和电路结构图

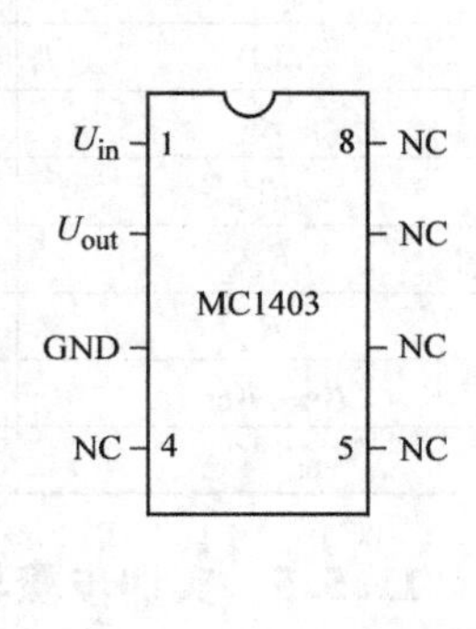

图 11-41　MC1403 引脚图

表 11-9　CD4511 真值表

输入							输出							
$\overline{LE}$	$\overline{BI}$	$\overline{LT}$	D	C	B	A	a	b	c	d	e	f	g	显示
×	×	0	×	×	×	×	1	1	1	1	1	1	1	8
×	0	1	×	×	×	×	0	0	0	0	0	0	0	暗
0	1	1	0	0	0	0	1	1	1	1	1	1	0	0
0	1	1	0	0	0	1	0	1	1	0	0	0	0	1
0	1	1	0	0	1	0	1	1	0	1	1	0	0	2
0	1	1	0	0	1	1	1	1	1	1	0	0	1	3
0	1	1	0	1	0	0	0	1	1	0	0	1	1	4
0	1	1	0	1	0	1	1	0	1	1	0	1	1	5
0	1	1	0	1	1	0	0	0	1	1	1	1	1	6
0	1	1	0	1	1	1	1	1	1	0	0	0	0	7
0	1	1	1	0	0	0	1	1	1	1	1	1	1	8
0	1	1	1	0	0	1	1	1	1	0	0	1	1	9
0	1	1	1	0	1	0	0	0	0	0	0	0	0	暗
0	1	1	1	0	1	0	0	0	0	0	0	0	0	暗
0	1	1	1	1	0	0	0	0	0	0	0	0	0	暗
0	1	1	1	1	0	1	0	0	0	0	0	0	0	暗
0	1	1	1	1	1	0	0	0	0	0	0	0	0	暗
0	1	1	1	1	1	1	0	0	0	0	0	0	0	暗
1	1	1	×	×	×	×	取决于原来$\overline{LE}$=0 时的 BCD 码							

11.5.4　实训器材

万用表 1 只；组装焊接工具 1 套。

元器件配置见表 11-10。

表 11-10　元器件配置表

代　号	名　称	型号、规格	数　量
IC_1	集成电路	MC14433	1 块
IC_2	集成电路	CD4511	1 块
IC_3	集成电路	MC1413	1 块
IC_4	集成电路	MC1403	1 块

（续）

代 号	名 称	型号、规格	数 量
LED	七段显示器	BC201	4块
R	电阻器	RTX/1/8W/100kΩ	7只
R_1	电阻器	RTX/1/8W/470kΩ	1只
R_2	电阻器	RTX/1/8W/300kΩ	1只
R	电阻器	RTX/1/8W/200Ω	2只
R_M、R_{OP}	电位器	WX1-10kΩ	1只
C_{01}、C_{02}	电容器	涤纶电容 0.1μF/160V	2只

11.5.5 实训步骤与方法

1. 装配

（1）按原理图自行设计制作 PCB。设计与制作方法见本书有关章节内容。

（2）按表 11-11 准备好所需元器件并进行检测，保证质量完好后在 PCB 上安装元器件。

2. 调试

（1）安装完成后，仔细对照原理图检查，确定无误后，接通电源电压 $U_{DD}=+5V$、$U_{EE}=-5V$。

（2）用示波器观察 MC1433⑪脚的时钟频率 f_{CLK}，调整 R_2，使 $f_{CLK}=66kHz$。

（3）采用稳压电源，调整其输出电压为 1.999V 或 199mV，以此作为模拟量输入信号 U_X，此值需用标准数字电压表监视，然后调整基准电压 U_R 的电位器，使 LED 显示量为 1.999V 或 1999mV，此时将电位器固定好。

（4）观察 MC14433⑥脚处的积分波形。调整电阻 R_1 的值使 U_X 为 1.999V 或 1999mV 时，使积分波形既不饱和，又能得到最大不失真的摆幅。

（5）检查自动调零功能。当 MC14433 的端子 U_X 与 U_{AG} 短路或 U_X 端没有信号输入时，LED 显示器应显示 0000。

（6）检查超量程溢出功能。调节 U_X 值，当 $U_X=2V$（或 $|U_X|>U_R$），观察 LED 发光数码管是否闪烁显示告警作用。

（7）当 MC14433 的⑨脚与⑭脚直接相连时，观察有无 EOC 信号，当 DU 端置 0 时，观察 LED 显示数字是否锁存。本电路只要按图组装正确，按以上步骤调试即可正常工作。

11.6 双色循环彩灯控制器

循环彩灯的电路很多，彩灯的循环方式更是五花八门，而且有专门的可编程彩灯集成电路。绝大多数的彩灯控制电路都是用数字电路来实现的。用中规模集成电路实现的彩灯控制电路主要由计数器、译码器、分配器和移位寄存器等组成。本节介绍的双色循环彩灯控制器就使用了计数器和译码器。其特点是彩灯用双色发光二极管，能发出红色和绿色两种光。

11.6.1 电路组成及工作原理

1. 技术指标

（1）控制器有八路输出，每路用双色发光二极管指示。

（2）控制器控制的循环方式为，单绿左移→单绿右移→单红左移→单红右移。

（3）用单色发光二极管指示电源。

（4）振荡器的周期约为 50~150ms，可调。

（5）要求用 10V 电源制作。

2. 控制器的组成

控制器由电源指示、计数器、译码器、LED 显示电路、振荡器、控制电路组成，如图 11-42 所示。

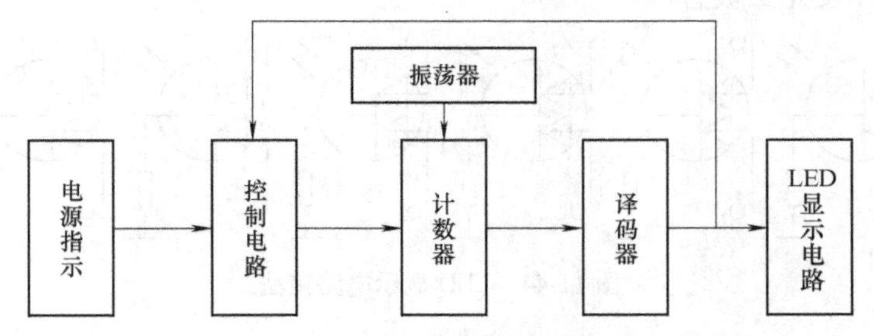

图 11-42　控制器组成框图

3. 计数器和译码器

控制器的核心元器件为计数器和译码器。计数器和译码器采用的是 CMOS 中规模集成电路 CC4516 和 CC4514。CC4516 为 16 脚双列直插、可预置数的 4 位二进制加/减计数器（单时钟），其引脚排列如图 11-43 所示。CC4516 有五种功能：置数、清零、不计数、加计数、减计数。具体功能见表 11-11。

CC4514 是 4 位锁存、4 线-16 线译码器，其输出为高电平有效。CC4514 具有数据锁存、译码和禁止输出三种功能。数据锁存功能由 EL 端施加电平实现，EL=0 时，O_0~O_{15}保持 EL 置“0”前的电平。其禁止端 E 为高电平时，O_0~O_{15}输出全为低电平。因此，CC4514 若作为译码器使用，EL 端应接高电平，E 端应接低电平。CC4514 的引脚排列如图 11-43 所示。

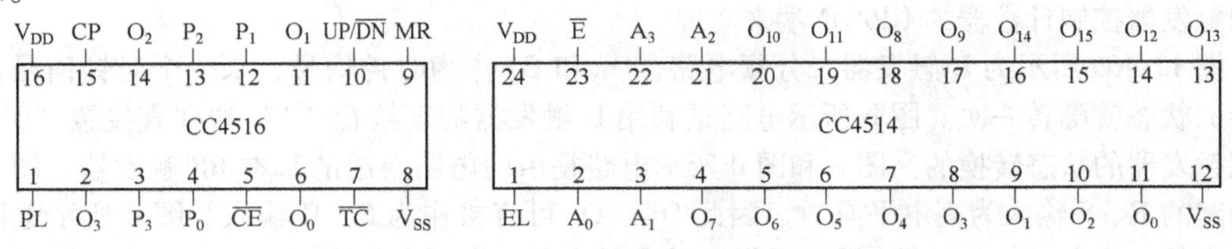

图 11-43　CC4516 和 CC4514 引脚排列

表 11-11　CC4516 功能表

CP	$\overline{CE}$	UP/$\overline{DN}$	PL	MR	功　能
×	×	×	1	0	置数，把 $P_3P_2P_1P_0$ 数据送入 $O_3O_2O_1O_0$
×	×	×	×	1	清零，$O_3O_2O_1O_0$ 全为零
×	1	×	0	0	不计数，$O_3O_2O_1O_0$ 保持不变
↑	0	1	0	0	加计数
↑	0	0	0	0	减计数

4. LED 显示电路

$O_0 \sim O_{15}$为译码器 CC4514 的输出端，CC4514 共有 16 个输出端，而双色发光二极管只有 8 个，因此每两个输出接同一个发光二极管，接法如图 11-44 所示。发光二极管为双色发光二极管。发光二极管限流电阻的连接有三种方法（16 个限流电阻、8 个限流电阻和 1 个限流电阻），本控制器采用 8 个限流电阻的方法。发光二极管的极限电流一般为 20～30mA。发光二极管的压降约为 2V。通过发光二极管的电流可取 10～15mA，以保证发光二极管有足够的亮度，又不易损坏发光二极管。

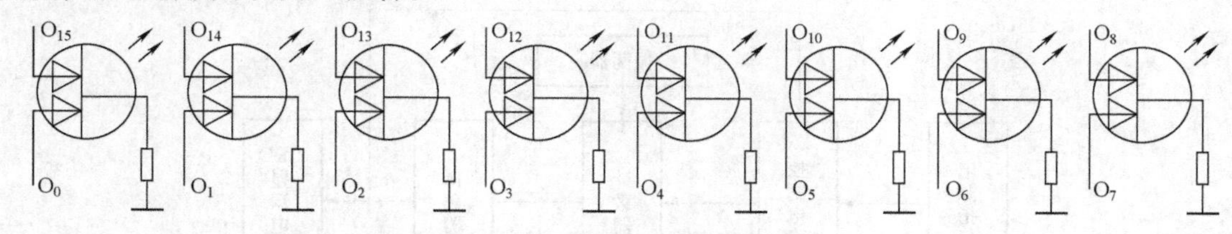

图 11-44 LED 显示电路接法

5. 振荡器

振荡器有多种电路，图 11-45 所示的振荡器比较简单常用。图 11-45a 所示为 CMOS 非门构成的振荡器，图 11-45b 所示为 555 定时器构成的振荡器。CMOS 非门构成的振荡器的振荡周期 $T \approx 1.4RC$，555 定时器构成的振荡器的振荡周期 $T \approx 0.7(R_1+2R_2)C$。

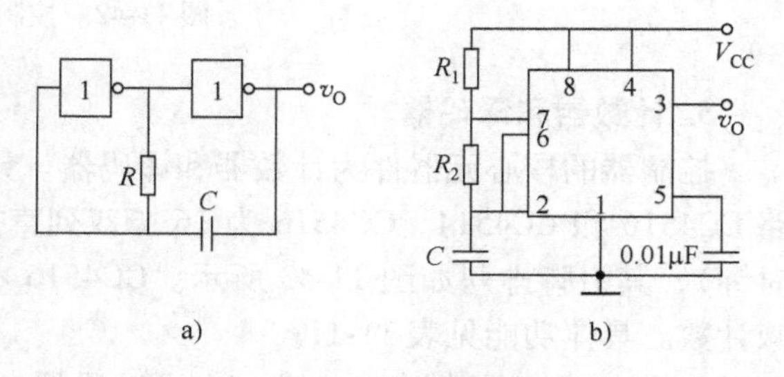

图 11-45 振荡器

a) COMS 非门构成的振荡器 b) 555 定时器构成的振荡器

6. 控制电路

本循环彩灯控制器制作的难点就是控制电路。循环功能能否实现就在于控制电路是否起作用。要实现循环功能，计数器既要加法计数，也要减法计数。即，加法计数到 O_{15}时变为减法计数，减法计数到 O_0 时变为加法计数，可用触发器控制计数器的 $UP/\overline{DN}$端来实现。

图 11-46a 所示为 D 触发器二分频电路，O_{15}和 O_0 作为时钟信号，来一个时钟信号，触发器的状态就翻转一次。图 b 所示电路是利用 D 触发器的直接置“1”端和直接置“0”端实现触发器的状态转换的。图 c 和图 d 所示电路是由门电路组成的基本 RS 触发器。图 c 所示电路的 R、S 输入为高电平有效，因此 O_{15}、O_0 可直接作为 S、R 输入。图 d 所示电路的输入为低电平有效，O_{15}、O_0 反相后作为触发器输入。除以上几种电路外，也可以直接用 RS 触发器或 JK 触发器电路。经实践证明，图 11-46 所示的几种电路都能实现控制作用。

7. 工作原理

根据循环功能要求，能实现功能的原理有多种，不同的原理其工作过程不同，参考仿真软件使用的电路仿真原理图（见图 11-47），其工作原理如下：

接通电源，单色发光二极管 LED16 亮。电源接通瞬间，电容器 C_3 相当于短路，经 C_3 和 R_4 微分电路给 CC4516 的 PL 端短暂的高电平信号，使计数器置数 1000，因此 CC4514 输出端 O_8 为高电平，LED_8 亮。电源接通时，C_2、R_2 微分电路使 CC4013 的直接置“0”端有短暂高电平信号，触发器直接置“0”；CC4013 的 O_1 为低电平，CC4516 的 $UP/\overline{DN}$为高电

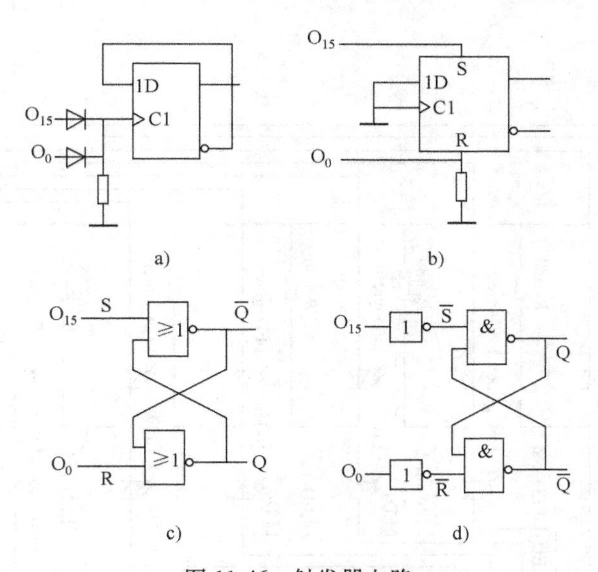

图 11-46　触发器电路

a) D 触发器二分频电路　b) D 触发器电路　c) 高电平有效 RS 触发器电路　d) 低电平有效 RS 触发器电路

平，计数器递增计数，实现单绿左移（上移）功能。当 O_{15} 所接的发光二极管亮时，D 触发器直接置“1”端有效，D 触发器直接置“1”，CC4013 的 O_1 变为高电平，计数器变为递减计数，实现单绿右移（下移）、单红左移（上移）功能，当 O_0 所接的发光二极管亮时，直接置“0”端有效，D 触发器又翻转，计数器变为递增计数；以上过程可简单表示为

$$\text{PL}=1 \quad \text{UP}/\overline{\text{DN}}=1 \quad \text{UP}/\overline{\text{DN}}=0 \quad \text{UP}/\overline{\text{DN}}=1$$

起始置数（1000）→加计数→O_{15} 时减计数→O_0 时加计数

电阻 R_{13}、晶体管 VT、继电器 K_1、交流电源 V_2、灯 X_1 和指示灯 X_2 为仿真所用，具体作用见仿真过程。

改变控制电路形式，可以改变循环灯的循环方式。比如，可以利用 CC4514 的禁止端 E 给电路增加延时功能，延时的时候 8 只双色发光二极管全部熄灭，也可以全部点亮或全部闪烁，延时的时候还可以伴随音乐声。8 只双色发光二极管也可以只亮红色灯循环或只亮绿色灯循环等。

11.6.2　仿真分析

1. 仿真图

这里利用 Multisim 软件进行仿真。从 Multisim 元件库中调出各种电阻器、电容器、集成电路、发光二极管等元器件。元器件调出后，在平台上对元器件的位置做适当调整，使布局合理，如图 11-47 所示，也可用总线方式布线。同时，将电位器的操作键由空格键改为 a 键，这样按 a 键或 A 键可改变电位器的阻值。图中，X_2 为电平指示灯，高电平时指示灯亮，低电平时指示灯不亮；X_1 为虚拟灯泡，双击 X_1 将其工作电压设置为 220V；继电器 K_1 采用常开触点的继电器，注意继电器的引脚连接要正确；双击交流电源 V_2，将交流电源的工作电压设置为 220V，工作频率设置为 50Hz。

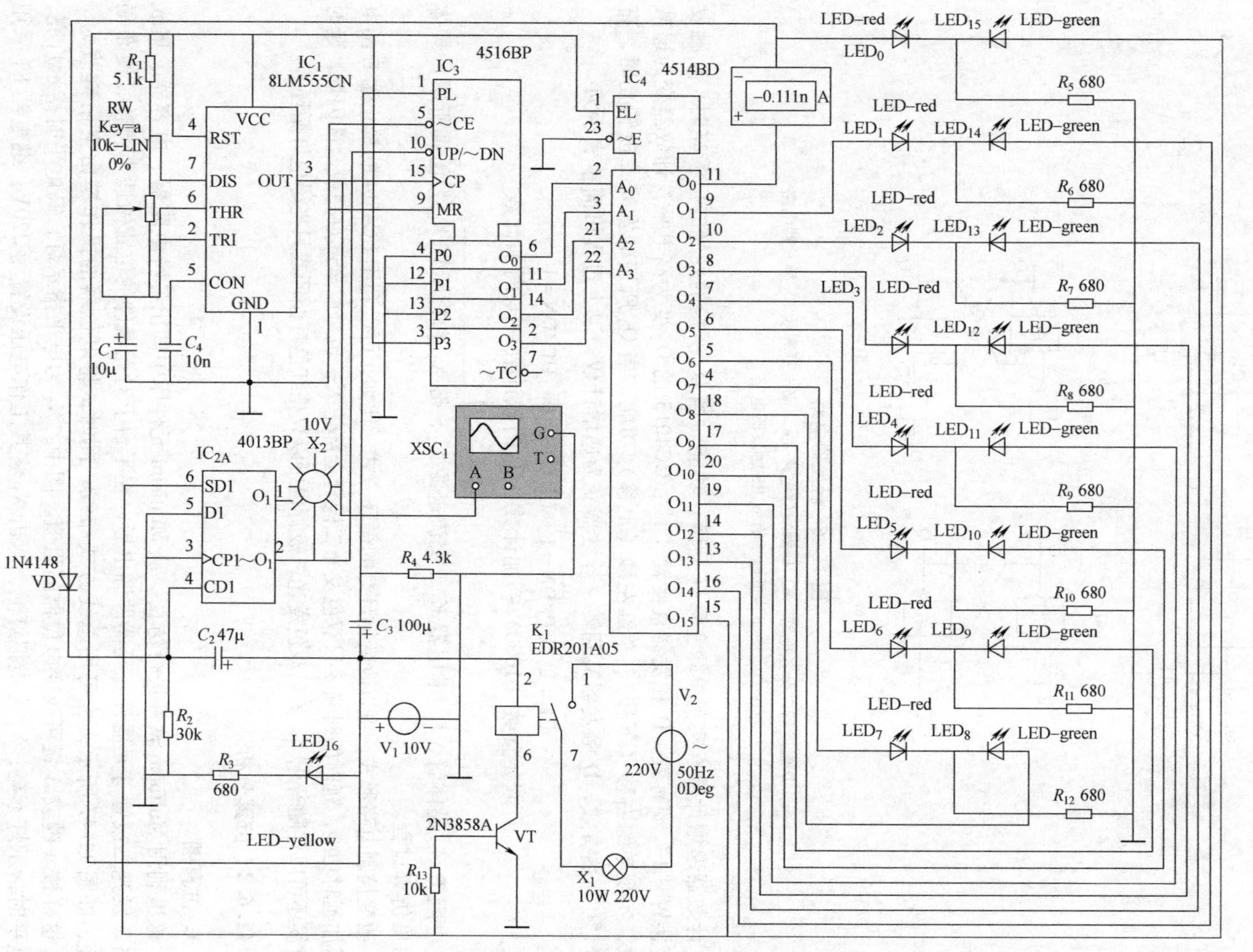

图 11-47 循环彩灯控制器电路仿真原理图

在画原理图时要注意，由于CMOS集成电路不用的输入端绝对不允许悬空。因此不用的输入端应根据逻辑要求接高电平或低电平，如CC4013的CP_1、D_1不用，因此接地；CC4516的MR、$\overline{CE}$接地；CC4514的数据锁存端EL接电源、禁止端$\overline{E}$接地。

2. 仿真过程

原理图检查无误后，可接通电源，模拟循环过程。由于电源接通瞬间，电容器C_2、C_3相当于短路，使D触发器直接置“0”端有效，D触发器直接置“0”，CC4516的置数端PL有效，CC4516置数1000，使发光二极管从LED_8开始点亮并往上移动。但Multisim软件不能模拟电源接通瞬间电容器相当于短路这一过程（在实际电路中是可行的）。因此，电源接通后，发光二极管不一定从LED_8开始点亮，计数器可能递增计数也可能递减计数，但这种现象只会影响第一个循环周期，对循环过程没有影响。只要绿色灯LED_{15}亮，就会使D触发器置“1”，从而使计数器递减计数，发光二极管灯亮顺序按LED_{15}→LED_{14}→…→LED_8→LED_7→…→LED_1→LED_0规律变化，此时指示灯X_2不亮。只要红色灯LED_0亮，就会使D触发器置“0”，从而使计数器递增计数，发光二极管灯亮顺序按LED_0→LED_1→…→LED_7→LED_8→…→LED_{14}→LED_{15}规律变化，此时指示灯X_2点亮。当LED_{15}亮时，晶体管VT导通，继电器K_1吸合，X_1亮。说明，8只双色发光二极管可以用16只彩灯代替。

按a键或A键，改变电位器的百分比，观察灯移动的速度，电位器按图11-47所示连接，百分比增大时，灯移动的速度加快。取不同的百分比，用示波器测量振荡器的周期，将结果填入表11-12所示的记录表中。示波器扫描时间的设置以示波器屏幕上显示两三个周期的波形为宜。这里要特别说明，相同的电路、相同的参数，不同版本的Multisim软件中灯的移动速度可能不同。

表11-12　振荡周期记录表

百分比		0%	10%	30%	50%	70%	90%	100%
周期 T	计算值							
	测量值							

电流表能显示通过发光二极管的电流，改变限流电阻器的阻值，观察发光二极管亮时毫安表数值的变化。将IC1的④脚复位端接地，用示波器观察555的③脚输出端，此时振荡器没有振荡信号产生，LED_0~LED_{15}中某个灯亮。将IC_1的④脚复位端接电源，将CC4514的①脚接地，观察发光二极管灯亮现象，此时LED_0~LED_{15}中某个灯亮。若将CC4514的㉓脚禁止端E接VDD，此时LED_0~LED_{15}全部不亮。

11.6.3　制作与调试

1. 生成PCB图

PCB图可用手动布线，也可用自动布线，其具体操作可参阅本书第9章。制成的双色循环彩灯控制器的PCB图如图11-48所示。图中GND与VCC未单独加粗。

2. 元器件准备

根据电路原理图，需要准备表11-13所示元器件。

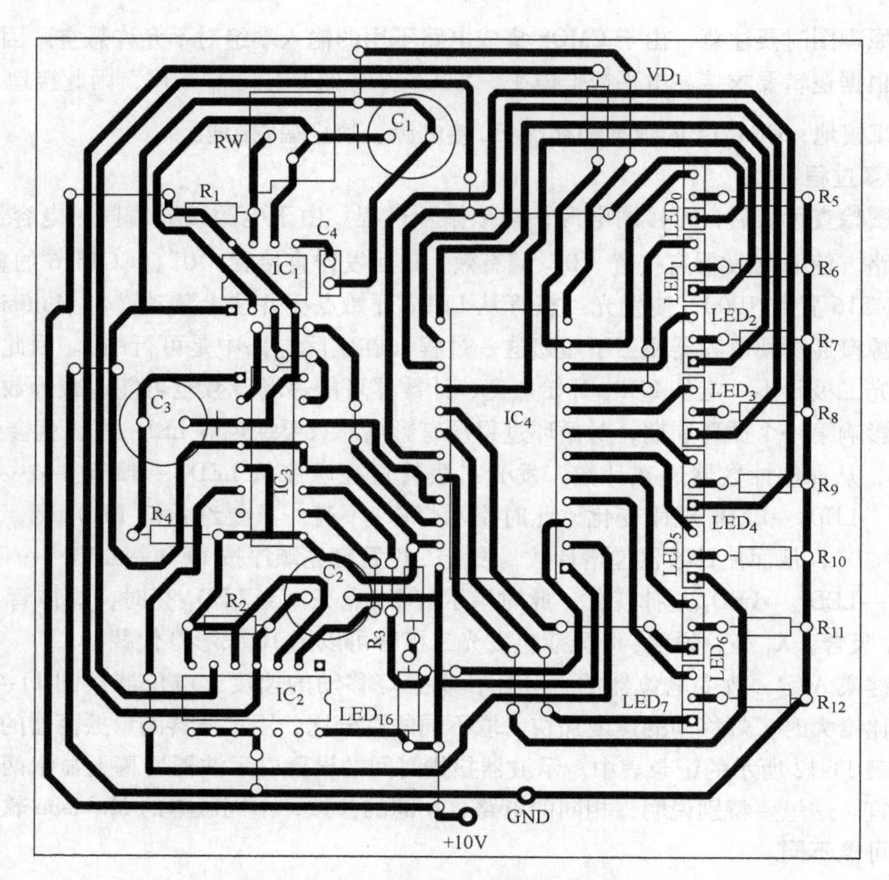

图 11-48 双色循环彩灯控制器 PCB 图

表 11-13 元器件清单

名称	型号	数量	名称	型号	数量
集成电路	NE555	1	电位器	10kΩ	1
	CC4013	1	电容器	10μF/25V	1
	CC4516	1		47μF/25V	1
	CC4514	1		100μF/25V	1
电阻器	5. 1kΩ	1		0. 01μF	1
	30kΩ	1	二极管	1N4148	1
	4. 3kΩ	1	发光二极管	单色 φ5mm	1
	680Ω	9		双色三引脚 φ5mm	8

检查电阻器的阻值是否符合要求，外观是否变黑；用万用表检查电位器能否调节阻值，阻值变化是否均匀；识别电解电容器的极性，并检查是否损坏；二极管 1N4148 玻璃外壳上有黑色一圈的一端为负极，1N4148 用久了，负极标记常看不清楚，要注意用万用表判断正负极，并检查是否损坏；双色发光二极管最长的引脚为公共负极，第二长的引脚为红色正极，最短的引脚为绿色正极。

3. 电路制作、调试与指标测量

根据 PCB 图制作印制电路板，安装元器件时要注意有极性的器件的引脚是否连接正确，焊接 CC4013、CC4516、CC4514 时注意电烙铁的外壳是否良好接地，最好是断电用电烙铁的余热焊接。

焊接完毕后先检查是否漏焊、虚焊、多焊，元器件位置、极性是否正确，检查均正确后再通电调试。通电后观察计数器能否置数，是否递增计数，若不能置数，检查 C_3 是否虚焊或损坏；若置数的时间太久（LED_8 亮太久），则减小 C_3 的电容量或减小 R_4 的电阻值。

由于电路经过仿真，故障主要原因是元器件已损坏或短路、开路等。因此，可根据故障现象判断故障的原因，并排除故障。通电后可能会出现下列故障现象：

1）只有 LED_8 灯亮（测 CC4516 的 PL 端是否始终为高电平，可能 PL 端与电源短路或 C3 短路）。

2）只有 LED_0 灯亮（测 CC4516 的 MR 端是否始终为高电平）。

3）输出只有一盏灯亮（振荡器无振荡信号输出，可能 555 已坏，或测 CC4514 的 EL 端是否为低电平，或测 CC4516 的$\overline{CE}$端是否为高电平）。

4）单绿左（上）移→单红右（下）移循环（计数器始终加法计数，可能 C_2 短路损坏，或 CC4013 虚焊，或 CC4013 已坏）。

5）LED_0 ~ LED_{15} 全部不亮，电源指示灯亮（测 CC4514 的 $\overline{E}$ 端是否为高电平或可能 CC4514 已坏）。

本控制器的主要指标是发光二极管能否按要求循环点亮，其次是振荡器输出周期约在 50~150ms 调节。前者能直观看到，后者可借用示波器测试振荡器输出周期范围。

11.7 流水灯贴片套件和焊接练习

为了进一步提升大家焊接贴片元器件的水平，下面采用流行的一种高级全贴片元器件练习板套件来进行实训。该焊接套件包括两部分：第一部分为贴片元器件练习；第二部分为采用 NE555+CD4017 的流水灯电路练习。

11.7.1 实训目的和要求

（1）通过对该套件的安装、焊接、测试练习，了解电子产品的内部构造，训练动手能力，掌握元器件的识别、简易测试及整机调试。

（2）熟练使用电烙铁、剪钳、万用电表等工具。

（3）对照电路原理图，了解图形符号和工作原理，并与实物对照。

（4）认真仔细地进行安装、焊接，排除安装焊接过程中出现的故障。

11.7.2 流水灯电路组成及原理

NE555+CD4017 流水灯电路由脉冲发生器和一个十进制计数器 CD4017 组成。其电路原理图如图 11-49 所示。脉冲发生器是由 NE555 及外围元器件构成的多谐振荡器。振荡器的频

率由 C_{27}、R_{48}和 R_{49}决定，频率$f=1.44/(R_{48}+2R_{49})\times C_{27}$。振荡器脉冲从 NE555 的第 3 引脚输出，作为 CD4017 的计数脉冲，第 3 引脚输出的时钟信号至 CD4017 的第 14 引脚 CLK 端；CD4017 的第 13、14、15 引脚接地；$Q_0\sim Q_9$通过 10 个限流电阻器外接 10 只发光二极管 $D_2\sim D_{11}$（依次排列成圆形）。$Q_0\sim Q_9$一次输出有效高电平，可驱动 LED 轮流发光，形成流动的光圈。

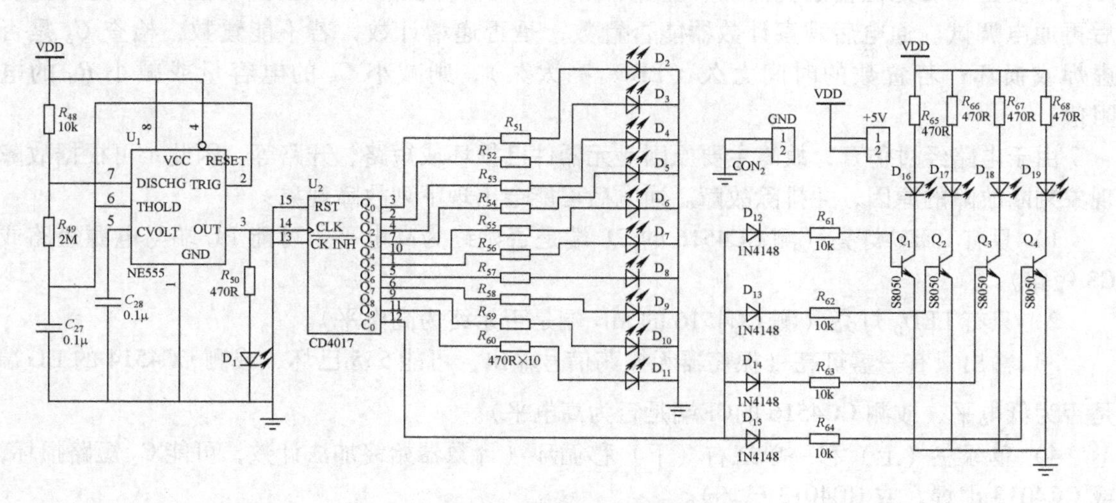

图 11-49 流水灯电路原理图

11.7.3 元器件装配与调试

1. 识别电路板

本实训的套件为双面板，一面可进行流水灯及焊接实训练习，一面提供了 PCB 设计中需要的元器件封装图及导线，并给出了非法定计量单位的换算。图 11-50 所示为元器件布局与 PCB 实物。

套件 PCB 的技术指标如下：

1）板子大小为 90mm×60mm。

2）板子厚度为 1.6mm。

3）板子材料采用国际标准板材，焊盘全部镀锡，材料强度高、防火、防摔，可反复拆装。

4）PCB 设计合理，使用的都是常用的贴片元器件。

5）左右各 3 列元器件分别为练习一区和二区，用来进行焊接练习，每列都带测试点。

6）中间圆形的电路为流水灯电路，由 CD4017、NE555 和发光二极管组成，焊接无误后通电即可工作。

7）电路板另一面也利用上了，有标尺以方便元器件的测量；有 PCB 导线实例，方便 PCB 设计使用。

8）电路工作电压为 3~12V。

2. 清点元器件

本套件一共 121 个元器件。其中有 2 个集成电路、4 只晶体管、15 只发光二极管。元器

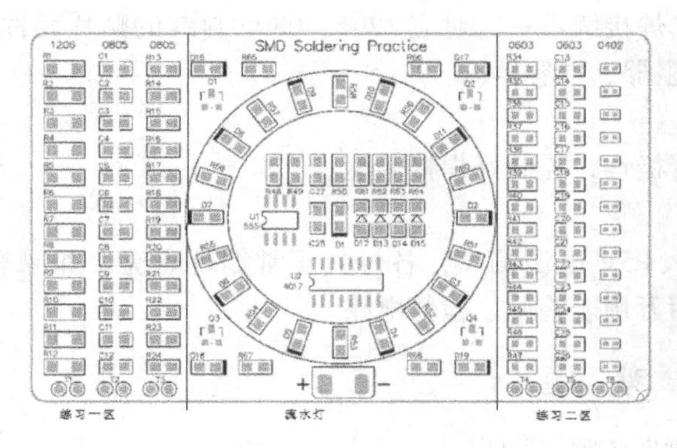

a) 元器件布局

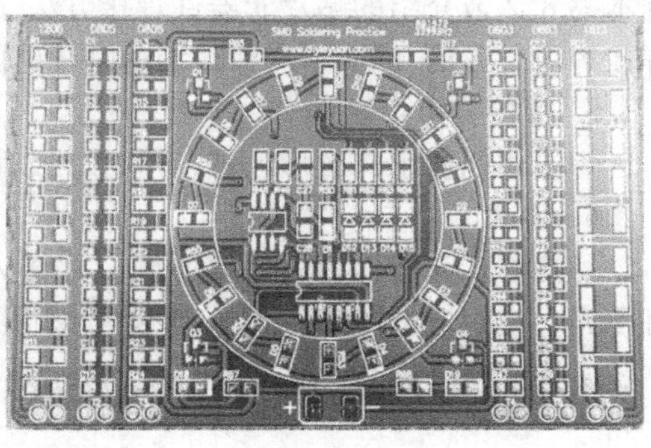

b) PCB 实物

图 11-50　元器件布局与 PCB 实物

件清单见表 11-14 所示。

表 11-14　元器件清单

元器件位置	元器件编号	元器件封装修饰和名称	备注
电路板左边三列（练习一区）	$R_1 \sim R_{12}$	1206，2.2Ω 电阻器	2R2
	$C_1 \sim C_{12}$	0805，电容器	棕色
	$R_{13} \sim R_{24}$	0805，2kΩ 电阻器	202
电路板右边三列（练习二区）	$R_{34} \sim R_{47}$	0603，16kΩ 电阻器	163
	$C_{13} \sim C_{26}$	0603，电容器	棕色
	$R_{25} \sim R_{33}$	0402，电阻器	随机
圆圈外四个角 12 个元器件	$Q_1 \sim Q_4$	8050，SOT23 晶体管	J3Y
	$D_{16} \sim D_{19}$	0805，发光二极管	绿色
	$R_{65} \sim R_{68}$	0805，330Ω 电阻器	331
圆圈内流水灯元器件	R_{48}、R_{49}	0805，电阻器	
	C_{27}、C_{28}	0805，0.01μF 电容	棕色
	R_{50}	0805，330Ω 电阻器	331
	$R_{61} \sim R_{64}$	0805，10kΩ 电阻器	103
	D_1	0805，发光二极管	绿色
	$D_{12} \sim D_{15}$	LL34，1N4148	红色，圆柱形
	U_1	SOP08，NE555	8 引脚 IC
	U_2	SOP16，CD4017	16 引脚 IC

3. 识别元器件

利用万用表或通过观察法来识别二极管的正负极性，判断晶体管的 e、b、c 极，并识别电阻器、电容器等不同封装的贴片元器件。

4. 贴片焊接练习

先根据流水灯电路原理图，将流水灯的元器件清点后单独存放，然后利用恒温烙铁，根据本书8.2节介绍的贴片元器件焊接方法，焊接练习一区对应1206、0805封装的贴片元件，焊接练习二区的0603、0402封装的贴片电阻器、电容器。

5. 焊接流水灯套件

焊接中间流水灯圆形区域，注意二极管极性，控制好焊接温度。

6. 调试

焊接好各元器件后，焊接电源，并接入+5V电源测试，各灯应正常循环点亮。如果有灯不亮，查对应的电路；如全都不亮，利用万用表检测、检修电路。

思 考 题

1. 串联稳压电路主要哪几部分电路组成？请画出电路原理框图。
2. 直流稳压电源有哪些主要技术指标和质量指标？
3. 如何增大可调小型稳压电路中的输出电压？
4. 如何测量直流稳压电源的稳压系数、内阻和纹波电压？
5. 一般来说，装配电子元器件的主要工艺流程有哪些？
6. 什么叫函数发生器？它有哪几部分电路组成？分别能产生哪几种波形？请画出电路原理框图和相应的电压波形。
7. 函数发生器有哪些性能指标？如图11-16所示，其方波、三角波的输出电压和频率分别是多少？（当RP_1、RP_2某一数值时）
8. 如何正确读出函数发生器输出方波、三角波、正弦波的峰-峰值U_{p-p}和频率f？
9. 在调试图11-16所示的方波-三角波产生电路时，请问如分别调节电位器RP_1、RP_2，会使输出电压波形有什么变化？
10. 如何制作互补对称式低频功率放大（OTL）器？请说出其主要制作过程和步骤。
11. 在装配互补对称式低频功率放大（OTL）器时，应注意哪些问题？
12. 互补对称式低频功率放大（OTL）器如何进行调试检测，其内容与方法是什么？
13. 数字式电压表有哪些主要元器件？其主要作用与功能是什么？
14. 数字式电压表如何进行调试检测？其内容与方法是什么？
15. 晶体管超外差收音机有哪几部分电路组成？请画出电路原理框图及各级电路输出波形。
16. 请简述晶体管超外差收音机的工作过程。
17. 在装配晶体管超外差收音机之前，应做哪些准备工作？
18. 在装配、焊接、组装、调试收音机过程中，应注意哪些问题？
19. 收音机在试听前，应主要检查哪些内容？
20. 安装完毕的收音机为什么要进行调试？需要进行哪些调试？
21. 在调试过程中，如果出现完全没有声音的故障，一般该如何查找故障？

附录　常用电子仪器仪表的使用

附录 A　万用表

A.1　概述

电子仪器在电子电路实践和电子科学技术的发展中起着很重要的作用。只有掌握了电子仪器的工作原理和性能，才能更好地使用它们，并利用它们有效地解决电子电路中的理论和实践问题，使它们更好地为电子科学技术服务。

万用表（Multimeter）是一种多功能便携式仪表，其特点是用途广、量程多、使用方便，是从事电气维修、试验和研究人员必备和必须掌握的测量工具。

一般万用表都可以测量直流电压、直流电流、交流电压和电阻，有的万用表还可以测量交流电流、电感、电容等。

万用表分为数字万用表（见图 A-1）和模拟万用表（见图 A-2）两种。从原理上看，数字万用表使用了 A-D 转换电路把模拟量转变为数字量，然后对数字量进行显示。模拟万用表则是在灵敏电流计的基础上制作的，灵敏电流计利用电流在磁场中的受力进行工作，通电线圈在磁场中受力发生偏转，而与线圈连在一起的指针的偏转角度与通过线圈的电流强度成正比。

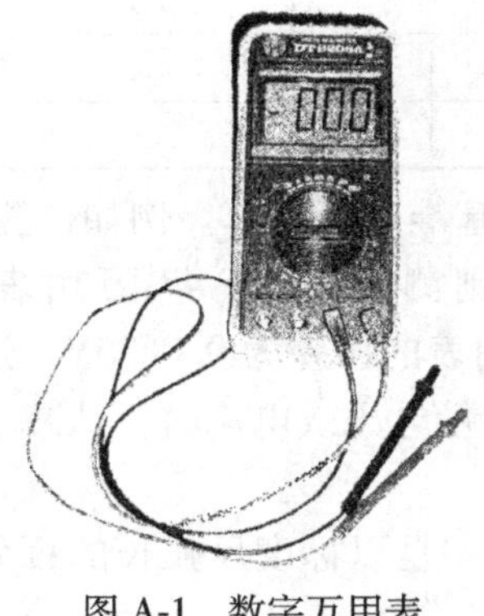

图 A-1　数字万用表

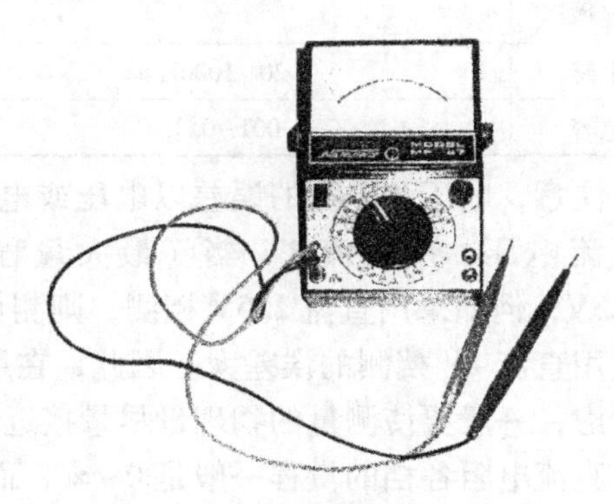

图 A-2　模拟万用表

A.2　MF-47 型指针式万用表

下面以 MF-47 型万用表（见图 A-2）为例来说明万用表的原理和使用。实际上，MF-47 型万用表也有不同的规格和稍微不同的性能指标，读者使用的 MF-47 型万用表可能会与下面介绍的稍有不同，但其基本原理是相同的。

MF-47 型万用表是磁电系整流式便携多量程万用表，属于模拟表，可测量直流电流、交直流电压、直流电阻，有 26 个基本量程和电平、电容、电感、晶体管直流参数等 7 个附加参考量程。其特点是量程多、分档细、灵敏度高、体积轻巧、性能稳定、过载保护可靠、读数清晰、使用方便。

万用表要求在环境温度为0~40℃、相对湿度小于85%的情况下使用。

表A-1给出的准确度也可以叫精度，它反映测量时基本误差的大小。例如2.5级准确度的基本误差为2.5%。

表A-1 MF-47型万用表的技术参数

测量对象	量程范围	灵敏度及电压降	准确度	误差表示方法
直流电流	0mA~0.05mA~0.5mA~5mA ~50mA~500mA	<0.3V	2.5	以满量程的百分数计算
	5A	<0.3V	5	
直流电压	0V~0.25V~1V~2.5V~10V~50V ~250V~500V~1000V	20kΩ/V	2.5	以满量程的百分数计算
	2500V	20kΩ/V	5	
交流电压	0V~10V~50V~250V（45Hz~65Hz ~5000Hz）~2500V（45Hz~65Hz）	4kΩ/V	5	以满量程的百分数计算
直流电阻	R×1，R×10，R×100，R×1k，R×10k，	R×1中心刻度为22Ω	2.5	以标度尺弧长的百分数计算
			10	R×10k以指示值的百分数计算
音频电平	−10~22dB	0dB=1mV 600Ω		
晶体管直流放大倍数	0~300			
电感	20~1000H			
电容	0.001~0.3μF			

注意，电压和电流的误差以电压或电流的上量程为基准进行计算。例如，测量约0.8V的直流电压，用直流1V档（最大量程为1V）测，则测量时MF-47万用表的误差为0.025V，但如果用直流2.5V档测，则测量时MF-47万用表的误差为0.0625V，这个误差显然比用直流1V档测的误差大。因此，在用模拟万用表测量电压或电流时，从减小误差的角度考虑，一般要使测量的物理量尽量接近最大量程。

直流电阻各档的量程一般是0~∞，而直流电阻的误差是以标度尺弧长的百分数进行计算的。

1. 基本量程的测量原理

MF-47型万用表及其他模拟万用表都是在灵敏电流计的基础上扩展而成的，下面介绍万用表的电压、电流和电阻测量是如何在灵敏电流计的基础上进行扩展的。

（1）直流电流的测量。要扩展直流电流的测量量程，可以把一个小阻值电阻与灵敏电流计并联。如图A-3所示，R_1和一个灵敏电流计并联组成了测量表头，把表笔串接于电路中（注意电流由红表笔流入，由黑表笔流出），由于灵敏电流计和R_1两支路的分流比反比于灵敏电流计的内阻和R_1的阻值比，因而可以由灵敏电流计的指示值计算出流过表笔的电流。实际上，在万用表的表面上已标出了流入表笔的电流强度的大小。

如果是理想情况，电流表测量出的电流值就是流过原电路的实际电流，即电流表的接入与否对原电路不应产生任何影响。但实际上由于电流表具有一定的内阻，接入后必然会引起电路上的额外压降，因此要求电流表的内阻越小越好，这样电流表对电路的影响就小些。

表 A-1 给出了 MF-47 型万用表在测量直流电流时引起的额外压降小于 0.3V。图 A-4 所示为 MF-47 型万用表扩展多量程直流电流的实际电路。它是根据分流电路原理设计制作的。

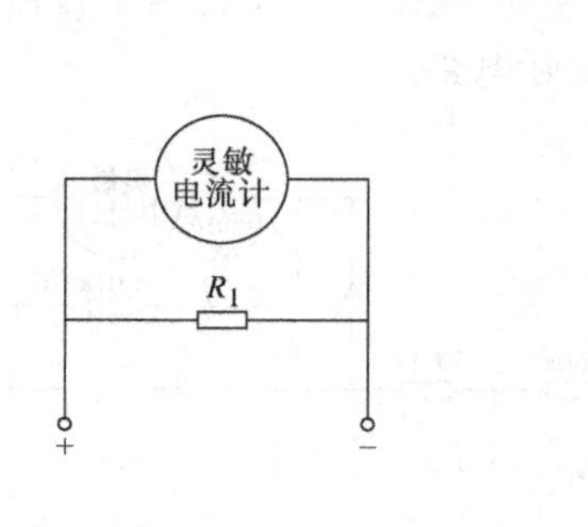

图 A-3　扩展直流电流量程

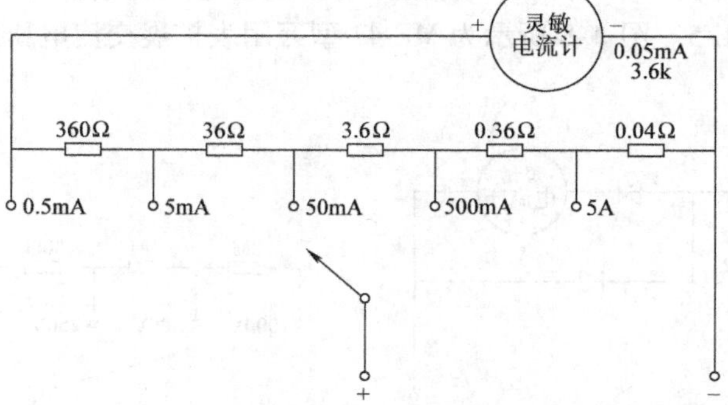

图 A-4　MF-47 型万用表扩展多量程直流电流的实际电路

（2）直流电压的测量。要将灵敏电流计改变为测量直流电压的电表，可以把一个大阻值电阻与灵敏电流计串联。如图 A-5 所示，R_1 和一个灵敏电流计串联组成测量表头，把表笔并接到待测电压上，则流过灵敏电流计的电流值和电阻（内阻与 R_1 之和）的乘积就是待测的电压值。实际上万用表已经把该电压值标明在面板上了。

如果是理想情况，电压表测量出的电压值就是原电路的实际电压，即电压表的接入与否对原电路不应该产生任何影响。但实际上由于电压表具有的内阻不可能是无穷大，接入后必然有额外的电流流入电压表，因此要求流入电压表的电流越小越好，这就要求电压表的内阻越大越好。

表 A-1 给出 MF-47 型万用表在测量直流电压时的内阻是 20kΩ/V，如果采用直流 500V 档来测量直流电压，则此时 MF-47 型万用表的实际内阻为 20kΩ/V×500V=10MΩ。图 A-6 所示为 MF-47 型万用表扩展多量程直流电压的实际电路。

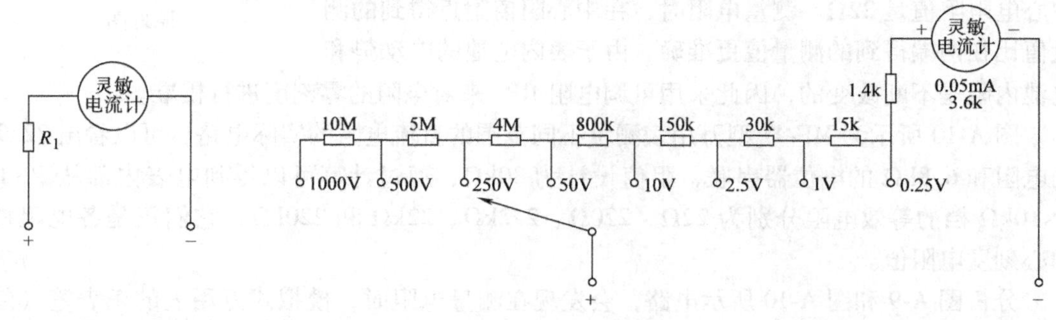

图 A-5　改变为测量直流电压的电表

图 A-6　MF-47 型万用表扩展多量程直流电压的实际电路

（3）交流电压的测量。磁电系电表不能直接测量交流电压，要测量交流电压必须先整流。整流的目的就是把双向流动的交流电转变成单向流动的直流电。

一般利用具有单向导电性的二极管来达到整流的目的。图 A-7 所示是在灵敏电流计增加二极管整流的电路。注意，二极管整流会使连续的交流电变成脉动的直流电，引起电流分量的改变。因此，在串联分压电阻时必须考虑到二极管整流的这一特性。另外，由于二极管正向特性的非线性，因此交流电压的刻度线不是很均匀。这从万用表面板上的交流电压刻度上即可看出。由于引入二极管降低了电表的灵敏度，因此交流电压表的每伏内阻比直流电压表低。由表 A-1 可知 MF-47 型万用表在测量交流电压时的内阻是 4kΩ/V，为其测量直流电压时的 1/5。图 A-8 所示为 MF-47 型万用表扩展交流电压的实际电路。

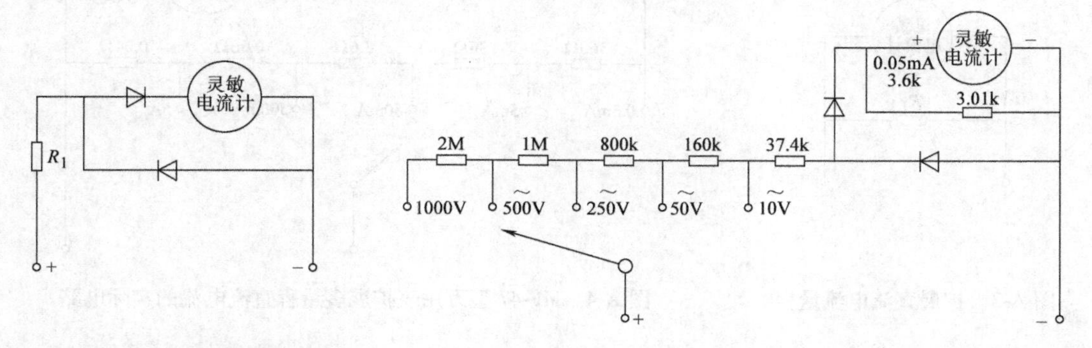

图 A-7 灵敏电流计增加二极管整流电路

图 A-8 MF-47 型万用表扩展交流电压的实际电路

（4）直流电阻的测量。模拟式万用表的直流电阻测量原理如图 A-9 所示。在万用表内部有一个直流电源 E，另外由电阻 R_1、可调电阻 RP_1、灵敏电流计的内阻共同组成的等效电阻为 R，则两表笔短路时，流过外电路的电流 $I_1=E/R$。如果此时 I_1 在灵敏电流计上的分流恰能使灵敏电流计偏转到满刻度，则当两表笔之间接入一个电阻 R 时，流过外电路的电流$I_2=E/2R=I_1/2$，灵敏电流计恰好偏转到中心位置。因此，在测量电阻时，图 A-9 所示电路中的电阻 R_1、可调电阻 RP_1、灵敏电流计的内阻共同组成的等效电阻 R 就等于电阻表的中心阻值。表 A-1 给出 MF-47 型万用表在测量电阻（$R\times1$ 档）时的中心电阻阻值是 22Ω。测量电阻时，在中心阻值附近得到的测量值比在两端得到的测量值更准确。由于表内电池的电动势和电池内阻是不断改变的，因此采用可调电阻 RP_1 来对电阻的零刻度进行校准。

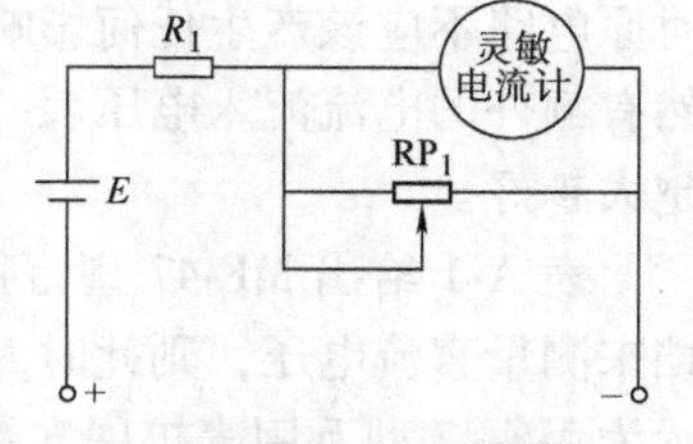

图 A-9 直流电阻的测量原理图

图 A-10 所示为 MF-47 型万用表测量不同范围的直流电阻的实际电路。可以看出 22.9kΩ 的电阻和 6.8kΩ 的电位器串联，阻值设计为 30kΩ，通过计算可以得到电表内部从 $R\times1$ 到 $R\times10k\Omega$ 档的等效电阻分别为 22Ω、220Ω、2.2kΩ、22kΩ 和 220kΩ，它们正是各电阻档的中心刻度电阻值。

分析图 A-9 和图 A-10 所示电路，会发现在测量电阻时，模拟式万用表的正表笔（红表笔）实际上接在万用表内部电池的负极。测量电阻时，电流实际上是从万用表的负表笔（黑表笔）经过被测电阻流向万用表的正表笔。

以上介绍了 MF-47 型万用表测量电流、交直流电压和直流电阻的基本原理，利用万用表还可以进行其他测量，其测量原理将在使用方法中介绍。

2. 使用方法

在使用前应检查指针是否指在机械零位上，如不指在零位，可旋转表盖上的调零器使指针指示在零位。

（1）电压和电流的测量。将红、黑表笔插头分别插入“+”“-”插座中，如测量交、直流 2500V 或直流 5A 时，红表笔则应分别插到标有 2500V 或 5A 的插座中。

测量 0.05～500mA 时，转动开关到所需电流档；测量直流 5A 时，转动开关可放在 500mA 直流电流量程上，而后将表笔串接于被测电路中。

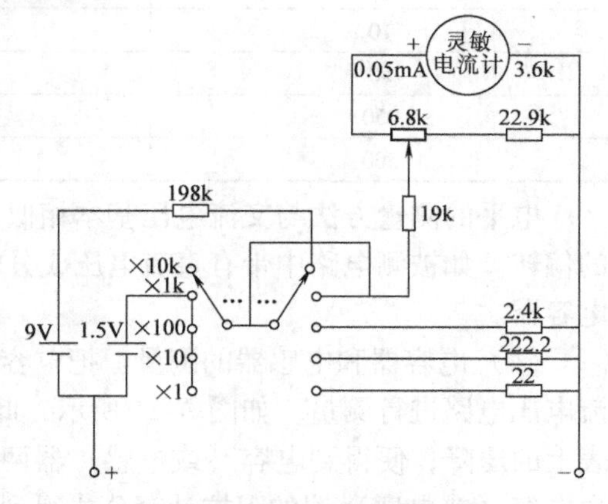

图 A-10　MF-47 型万用表测量直流电阻的实际电路

若测量交流 10～1000V 或直流 0.25～1000V，转动开关至所需电压档；测量交直流 2500V 时，开关应分别旋至交流 1000V 或直流 1000V 位置上，而后将表笔跨接于被测电路两端。

若配以高压探头，就可测量电视机中小于等于 25kV 的高压。测量时，高压红黑表笔的插头分别插入“+”、“-”插座中，接地夹与电视机金属底板连接，而后握住表笔进行测量。

（2）直流电阻的测量。在万用表中装上电池（R14 型 2 号 1.5V 及 6F22 型 9V 电池各一节）。转动开关至所需测量的电阻档，将两表笔短接，调整欧姆调零旋钮，使指针对准欧姆档“0”位，然后分开表笔进行测量。

测量电路中的电阻时，应先切断电源，如电路中有电容则应先对电容放电。

测量电解电容器漏电电阻时，可转动开关至 $R\times1\text{k}\Omega$ 档，红表笔必须接电容器负极，黑表笔接电容器正极。

（3）音频电平的测量。音频信号实际上就是交流信号，因此可以用交流电压档测量音频电平。注意，音频电平 U_{dB} 的刻度系数按 1mW/600Ω 输送线标准设计，即零刻度音频电压为

$$U_{\text{i}}=\sqrt{PZ}=\sqrt{0.001\times600}\ \text{V}=0.775\text{V}$$

电平表的表头是以 dB 为刻度的。0dB 对应于 0.775V，其他 dB 值的刻度是相对于零电平的刻度，根据电压分贝的定义

$$U_{\text{dB}}=20\lg\frac{U_2}{U_1}$$

交流 10V 的电平数为

$$20\lg（10\text{V}/0.775\text{V}）\approx22\text{dB}$$

MF-47 万用表音频电平以交流 10V 为基准刻度，如指示值大于+22dB，可转换到 50V 以上各量程进行测量。对于交流 50V 档，附加的 dB 数为

$$20\lg（50\text{V}/10\text{V}）=13.98\text{dB}\approx14\text{dB}$$

同理，可得到其他各交流电压档的电平附加值，见表 A-2。

表 A-2 MF-47 万用表音频电平测量的修正值

量限/V	按电平刻度增加值/dB	电平的测量范围/dB
10	—	-10~22
50	14	4~36
250	28	18~50
500	34	24~56

电平的测量方法与交流电压基本相似，转动开关至相应的交流电压档，并使指针有较大的偏转。如被测电路中带有直流电压成分时，可在“+”插座中串接一个 0.1μF 的隔离直流电容器。

（4）电容器和电感器的测量。把电容（或电感）器串接于两表笔，然后跨接于 10V 交流电压电路进行测量。如图 A-11 所示，此时电压表等效为一个阻抗，用交流 10V 减去电压表上的压降，便得到电容（或电感）器两端的电压（相减时考虑到了相位关系）。然后可以由电容（或电感）器的阻抗计算公式得到电容（或电感）的值。

测量方法是转动开关至交流 10V 位置，被测电容（或电感）器串接于两表笔，而后跨接于 10V 交流电压电路中进行测量。从万用表面板上即可读得电容（或电感）的值。

（5）二极管和晶体管的测量。二极管和晶体管是通过一定的工艺，由 PN 结构成的器件，PN 结的最基本特性就是单向导电性。

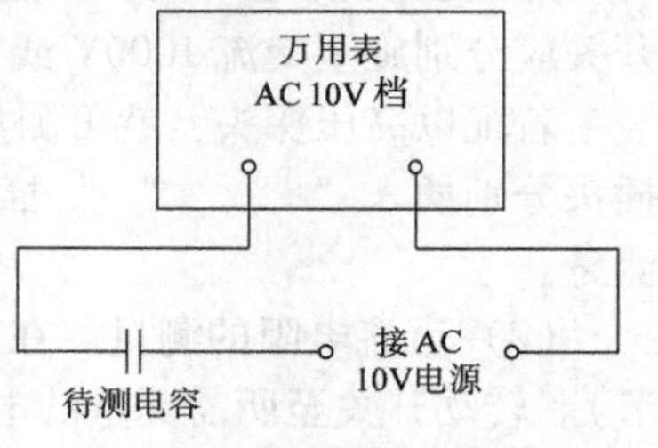

图 A-11 电容测量原理图

1）二极管极性的判别：二极管具有单向导电性，可根据单向导电性判断二极管的极性。测试时，选 $R\times100$ 或 $R\times1\mathrm{k}\Omega$ 档，测得阻值小时，黑表笔连接的一端是二极管的正极。注意，指针式万用表在测量电阻时，红表笔接到电池负极，黑表笔接到电池正极。

2）晶体管极性的判别：晶体管引脚极性，可用 $R\times100$ 或 $R\times1\mathrm{k}\Omega$ 档进行判别。晶体管的类型有 PNP 型和 NPN 型。

先判定基极 B：由于 B 到 C 和 B 到 E 分别是两个 PN 结，其反向电阻很大，而正向电阻很小。测试时，可任意取晶体管一引脚假定为基极，将红表笔接“基极”，黑表笔分别去接触另 2 个引脚，如此时测得都是低阻值，则红表笔所接触的引脚即为基极 B，并且是 PNP 型管（如用上述方法测得均为高阻值，则为 NPN 型管）。如测量时两个引脚的阻值差异很大，可另选一个引脚假定为基极，直至满足上述条件为止。

当基极确定以后，将黑表笔接基极，红表笔分别接其他两极。此时，若测得的电阻值都很小，则该晶体管为 NPN 型管，反之则为 PNP 型管。

再判定集电极 C：对于 PNP 型晶体管，当集电极 C 接红表笔（负电压），发射极 E 接黑表笔（正电压）时，电流放大倍数才比较大，而 NPN 型管则相反。

根据这一原理先假定一个集电极 C：将红黑表笔按假定接入，然后用手捏住基极 B 和集电极 C 极（不能使 B、C 直接接触），通过人体，相当于在 B、C 之间接入偏置电阻，读出并记录表头所示 C、E 间的电阻值。在两次假定的测量中，测得电阻值小的一次的假定是正确的。因为 C、E 间电阻值小正说明通过万用表的电流大，偏置正常。

如果万用表有晶体管测量档，也可根据以上原理测量。基极确定后，将 C、E 极作两次假定测量晶体管的放大倍数，则测得放大倍数大的一次的假定正确。

3）直流放大倍数 h_{FE} 的测量：晶体管（无论 PNP 型或 NPN 型）工作在放大状态时，B、E 间的 PN 结都是正向偏置，B、C 间的 PN 结为反向偏置。下面介绍如何利用万用表测量其放大倍数。先转动开关至晶体管调节 ADJ 位置上，将红黑表笔短接，调节欧姆调零电位器，使指针对准 $300h_{FE}$ 刻度线，然后转动开关到 h_{FE} 位置，将要测的晶体管引脚分别插入晶体管测试座的 E、B、C 管座内，指针偏转所示数值为晶体管的直流放大倍数值。注意，NPN 型晶体管应插入 N 型管孔内，PNP 型晶体管应插入 P 型管孔内。

4）反向截止电流 I_{CEO}、I_{CBO} 的测量：I_{CEO} 为集电极与发射极间的反向截止电流（基极开路）。I_{CBO} 为集电极与基极间的反向截止电流（发射极开路）。转动开关至 $R\times1k\Omega$ 档，将表笔两端短路，调节零欧姆电位器，使指针对准零欧姆，再分开表笔，然后将欲测的晶体管插入管座内（NPN 型晶体管应插入 N 型管座，PNP 型晶体管应插入 P 型管座），此时指针指示的数值可估计为晶体管的反向截止电流值。当 I_{CEO} 电流值较大时，可换用 $R\times100$ 档进行测量。

注意，以上介绍的测试方法，一般都只能用 $R\times10$、$R\times1k\Omega$ 档，这是因为表内有 9V 的较高电压，使用 $R\times10k\Omega$ 档可能将晶体管的 PN 结击穿，若用 $R\times1$ 档测量，则因电流过大（约 90mA），也可能损坏管子。

A.3　数字式万用表

1. 测量原理

数字万用表的原理框图如图 A-12 所示。它主要由功能和量程选择、各类转换电路、A-D（模拟-数字）转换电路和显示电路组成。数字万用表的基本测量是直流电压，它使用 A-D 转换电路把直流模拟量转换为数字量，然后对数字量进行显示。

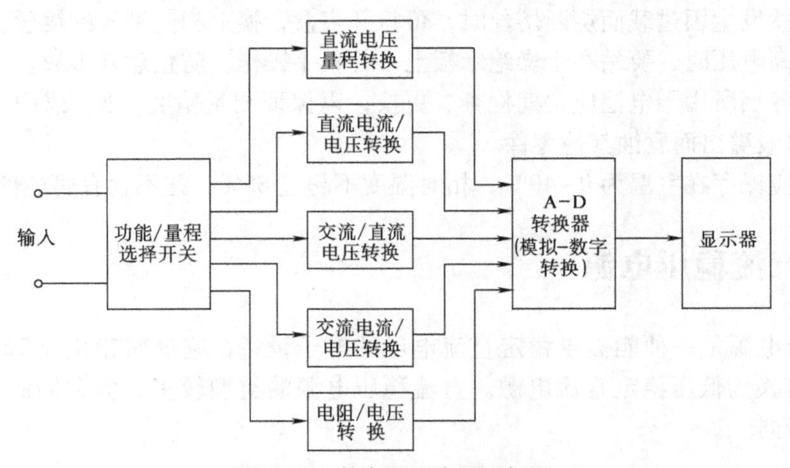

图 A-12　数字万用表原理框图

在把其他各种电参量转换为直流电压的过程中，注意由电阻转换为电压的电路原理与模拟万用表有很大不同，这部分的电路原理框图如图 A-13 所示。在测量电阻时，数字式万用表的正表笔（红表笔）实际上接到了万用表内部标准参考电压的正极。电流是从万用表的正表笔经过被测电阻流向万用表的负表笔（黑表笔），这与用模拟万用表测量电阻有根本的不同。

2. 使用方法

数字式万用表在使用中的许多规定与模拟万用表一样，这里仅就与模拟万用表不同的地方进行说明。

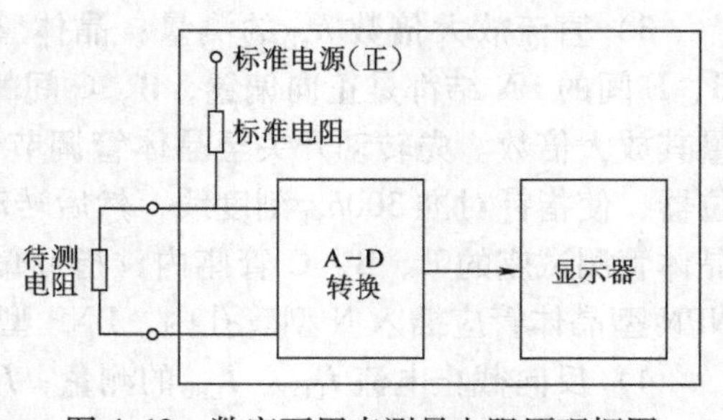

图 A-13 数字万用表测量电阻原理框图

1）数字式万用表在使用前应检查电池是否充足，如电池不足则必须首先更换电池。

2）数字式万用表的超量程一般在最高位显示1，其他位不显示。

3）数字式万用表测量电阻的原理与模拟表不同，其红表笔接内部电池的正极。

4）数字式万用表测量电阻的档位数字指的是电阻量程，而不是倍率。

5）数字式万用表一般有二极管测量档：当红表笔接到二极管正极，黑表笔接到二极管负极时，万用表一般显示正向导通电压的值；如反接则显示超量程。

6）数字式万用表一般有通断音响指示档，当表笔接入的电阻小于 50Ω 时，万用表内部的蜂鸣器会发出声响。

7）数字式万用表测量电容器和电感器一般不需要外加交流电源，在数字万用表内部有交流信号源，测量电容器时要注意一定要让电容器放电完毕后再测量。

A.4 使用注意事项

1）测量高电压或大电流时，为避免烧坏开关，应在切断电源的情况下，变换量程。

2）测量未知量的电压或电流时，应先选择最高量程，待第一次读取数值后，方可逐渐转至适当位置以取得较准读数并避免烧坏电路。

3）如偶然发生因过载而烧断熔丝时，可打开表盒，换上相同型号的熔丝。

4）测量高电压时，要站在干燥绝缘板上，并一手操作，防止意外事故。

5）电阻各档所用干电池应定期检查、更换，以保证测量精度。如长期不用，应取出电池，以防止电液溢出而腐蚀其他零件。

6）仪表应保存在室温为 0~40℃，相对湿度不超过 85%，并不含有腐蚀性气体的场所。

附录 B 直流稳压电源

直流稳压电源是一种能提供稳定直流电压的电子设备，它能将市电（220V/50Hz 的正弦交流电）转换为低压稳定直流电源。直流稳压电源的类型较多，但它们的结构原理和使用方法大体相同。

B.1 工作原理

直流稳压电源的原理框图如图 B-1 所示。它们一般是典型的串联调整式直流稳压电源，其主要特点是输出电压稳定，并连续可调。

图 B-1 所示电路要先将 220V 市电经电源变压器转换为不同数值的交流电压，然后再经桥式整流、电容滤波后送至串联型稳压电路，以获得稳定的直流电压输出。

当电网电压波动或负载变化引起输出电压偏离原来值时，取样电路的取样值会反映这一变化，取样值与基准电压进行比较，经放大后将会去控制调整环节，使调整环节的电压产生一个相应变化，以保证输出电压趋于原来的稳定值，从而达到稳压的效果。

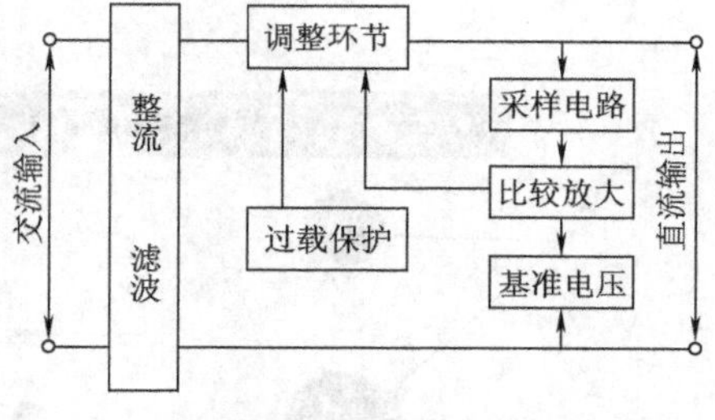

图 B-1 稳压电源原理方框图

B.2 性能指标

1. 输出电压和输出电流的范围

（1）输出电源的路数。输出电源的路数指能同时输出多少路电源。

（2）输出电压。对于常用的稳压电源来说，输出电压是指能够稳定输出的电压范围。例如，某稳压电源输出范围为5~10V，是指输出的电压可以稳定在5~10V之间的任意一个值，不是说输出的电压在5~10V之间变化而不能够稳定。

（3）输出电流。对于常用的稳压电源来说，输出电流是指在保证输出电压稳定的情况可以输出的最大电流。例如，某稳压电源输出电流达5A，是指在保证输出电压稳定的情况下，输出的最大电流为5A，实际上输出电流是随负载情况而变化的。在许多情况下，实际输出电流小于5A。

2. 输出电压的稳定性

对稳压电源来说，输出电压必须稳定，但实际上输出电压或多或少总会受到输入电压和负载变化的影响。

用电压调整率来反映输出电压受输入电压影响的程度，有

电压调整率=输出电压变化率/输入电压变化率

用负载调整率来反映输出电压受负载影响的程度，有

负载调整率=输出电压变化率/负载变化率。

电压调整率和负载调整率都是越小越好，一般实验用稳压电源的电压调整率小于0.5%，负载调整率小于1.5%。

3. 输出纹波

稳压电源输入的是交流电，输出的应该是纯直流电，但实际上总会有少量的交流信号串入到输出电路，造成输出的直流电不纯。

输出纹波指叠加到输出上的交流信号。它一般以毫伏级电压的形式表现。由于纹波电压一般不是正弦波，因此往往用纹波电压的峰-峰值来反映纹波的大小，峰-峰值可以很方便地用示波器进行测量。

除以上基本指标外，稳压电源的效率也是一个重要的指标，有

稳压电源的效率=稳压电源的输出功率/稳压电源的输入功率

B.3 使用方法

下面以JWY-30F型稳压电源为例说明稳压电源的使用，其他型号稳压电源的使用方法大同小异。JWY-30F型稳压电源的面板结构如图B-2所示。

（1）两组粗调与细调旋钮。分别控制左、右两组可独立输出且互不影响的稳压电源。

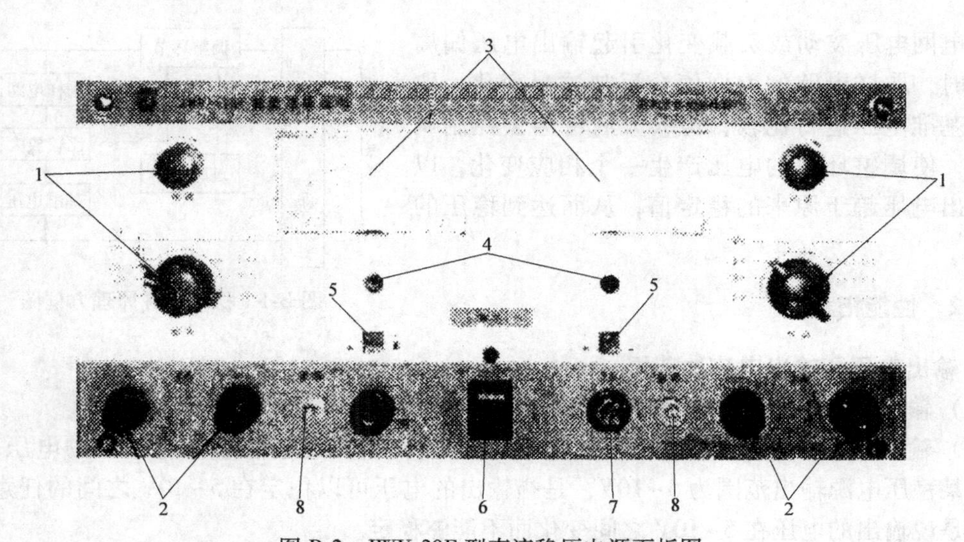

图 B-2 JWY-30F 型直流稳压电源面板图

1—粗调与细调旋钮 2—输出旋钮 3—V-A 表盘 4—黑色小旋钮
5—电流电压切换开关 6—电源总开关 7—熔丝座 8—复位按钮

粗调是 8 档的旋转波段开关，限定了输出电压的大致范围，对于细调，改变其阻值可微调输出电压值。

（2）输出端钮+、-两组。分别为对应的稳压电源的输出，⊥端与机壳相连，与稳压电源输出无关。

（3）V-A 表盘。分别显示左右两组稳压电源的输出电压和电流值。

（4）表盘下的黑色小旋钮。其作用是用来校准表的归零，使读数精确，校准时可以用小螺钉旋具来调节。

（5）电流电压切换开关。该开关用来切换显示值是电压值还是电流值。当开关按下时显示电流值，凸起时显示输出电压值。

（6）电源总开关。在面板正中间的红色指示灯的下方是电源开关，其作用是打开直流稳压电源，当指示灯亮时表示接通。

（7）熔丝座。电源总开关的右边标有 FUSE 的熔丝座，它起保护作用，当输出电流大于 2A，且超过一定时间后就会烧断熔丝。

（8）复位按钮。其作用是当电源被短路时，使对应的输出电压通道复位。

B. 4 使用注意事项

（1）整机必须接入规定的交流电源［220(1±10%) V, (50±2) Hz］。

（2）打开电源开关，开关指示灯亮，调节稳压电位器即可得到所需的工作电压，电压表应有指示。调节稳压电位器到最小时，输出电压应为最小；调节电位器到最大时，输出电压应为最大值。注意，应在空载时将输出电压调至所需值，然后才可接入工作负载。接入工作负载后，电流表应有指示。

（3）操作时应先调准所需的输出电压值，然后再关闭电源开关，连接各连线。这样可以避免将过高电压接入电路而造成器件损坏。改变电路接线前也应先关闭电源开关。

（4）电压调整要先粗调，后细调。例如，粗调置15V档，通过细调得到10~15V之间的任一直流电压。

（5）该电源在开机或调压过程中，继电器发出“喀喀”声属正常现象。

（6）在正常使用过程中如熔丝（俗称保险丝）熔断，应查明原因后更换同型号熔丝后再开机。

（7）稳压电源自身提供的电表误差较大，实验时如需精确测量，应该另外接入精确电表。

（8）两组电源不能并联使用。

（9）输出电压如出现不能调节的现象，首先检测调整管是否击穿，其次检查电压调节电位器是否开路、输出电容是否开路。

附录C 双踪示波器

C.1 简介

双踪示波器是电子领域最重要的测试仪器之一，用途非常广泛。它能把人们无法直接看到的电信号的变化规律转换成可以直接观察的波形。它可以用来测量各种电信号的电压、电流、周期、频率、相位、失真度等参量，同时也是调试、维修、检验各种电子设备不可缺少的工具。如果配上一些换能模块，它还能测量温度、压力、速度、振动、声、光、磁等非电量的参数。

示波器目前的种类和型号很多，它们的用途及特点各异，但大致可分为通用示波器、多束多踪示波器、逻辑示波器、专用示波器等。下面以YB4320G型双踪示波器为例，介绍前面板上各开关及旋钮的作用和常用的测试方法。示波器面板如图C-1所示。

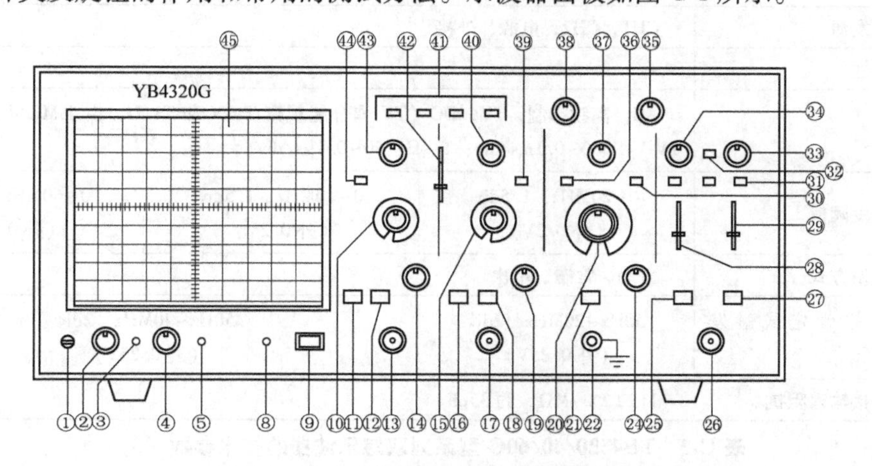

图C-1 YB4320G型双踪示波器面板示意图

C.2 主要技术指标

YB4320G等型号双踪示波器的技术指标见表C-1~表C-5。

表 C-1 YB4320/40/60G 型系列双踪示波器的技术参数（1）

项目	数据＼型号	YB4320G	YB4340G	YB4360G
垂直系统	偏转系数	1~5000mV/div，1-2-5 进制分 12 档，误差为±5%（1~2mV 为±8%）		
	偏转系数微调比	≥2.5：1		
	频带宽度（-3dB）	5~5000mV/div，0~20MHz 1~2mV/div，0~10MHz	5~5000mV/div，0~40MHz 1~2mV/div，0~15MHz	5~5000mV/div，0~60MHz 1~2mV/div，0~15MHz
		AC 耦合，频率下限（-3dB）10Hz		
	上升时间	5~5000mV/div，约 17.5ns 1~2mV/div，约 35ns	5~5000mV/div，约 8.8ns 1~2mV/div，约 23ns	5~5000mV/div，约 6ns 1~2mV/div，约 23ns
	瞬态响应	上冲≤5%，阻尼≤5%（5mV/div）		
	工作方式	CH1、CH2、双踪、叠加		
	相位转换	180°（仅 CH2 通道可转换）		
	输入阻抗	1(1±2%)MΩ，约 27pF；经探极 1(1±5%)MΩ，约 17pF		
	最大输入电压	400V(DC+ACpeak) 频率≤1kHz		

表 C-2 YB4320/40/60G 型系列双踪示波器的技术参数（2）

项目	数据＼型号	YB4320G	YB4340G	YB4360G
垂直系统	延迟时间		有，可观察到脉冲前沿	
	通道隔离度	30：1，20MHz	30：1，40MHz	30：1，60MHz
触发系统	共模抑制比	1000：1，50kHz		
	触发源	CH1，CH2，电源，外接		
	极性	+/-		
	耦合	AC，高频抑制，TV，DC（TV 耦合能观察 TV-V 和 TV-H，由 TIME/div 自动转换，TV-V：500~0.1ms/div；TV-H：50~0.1μs/div）		
	触发阈值	0~20MHz，1.5div （外 0.2V）	0~40MHz，1.5div （外 0.2V）	0~60MHz，1.5div （外 0.2V）
	触发方式	自动、常态、单次		
	电平锁定或触发交替	50Hz~20MHz，2div （外 0.25V）	50Hz~40MHz，2div （外 0.25V）	
	外接输入阻抗	1(1±2%)MΩ，约 35pF		

表 C-3 YB4320/40/60G 型系列双踪示波器的技术参数（3）

项目	数据＼型号	YB4320G	YB4340G	YB4360G
触发系统	最大输入电压	100V(DC+Acpeak)，频率≤1kHz		
	B 触发	有		

（续）

项目	数据 \ 型号	YB4320G	YB4340G	YB4360G
水平系统	水平显示方式	A、A 加亮、B、B 触发		
	A 扫描时基	0.1μs~0.5s/div；1-2-5 近制分 21 档，误差为±5%		
	扫描微调比	≥2.5∶1，连续可调		
	扫描释抑时间	可将释抑时间延长至最小扫描休止期的 8 倍以上，连续可调		
	B 扫描时基	0.1~500μs/div；1-2-5 近制分 12 档，误差为±5%		
	延时时间	1~5000μs/div 连续可调		
	延迟晃动比		≤1∶1000	
	线性误差	×1，±8%；扩展×10：±15%		
X-Y	灵敏度	Y 同 CH2，X 同 CH1，误差为±5%，扩展×10：±10%		
工作方式	X 频带宽度−3dB	0~1MHz，−3dB	0~2MHz，−3dB	
	X-Y 相位差	≤3°，0~50kHz	≤3°，0~100kHz	

表 C-4　YB4320/40/60G 型系列双踪示波器的技术参数（4）

项目	数据 \ 型号	YB4320G	YB4340G	YB4360G
水平外接方式	阈值	约 0.1V/div，在 CHOP 方式时，可使用于外扫描观察两个相关信号的时间、相位		
	频带宽度	到 1MHz、−3dB	到 2MHz、−3dB	
触发系统	阈值	TTL 电平（负电平加亮）		
	频率范围	0~5MHz		
	输入阻抗	约 5kΩ		
	最大输入电压	50V（DC+Acpeak），频率≤1kHz		
探极信号	频率	方波，1kHz（1±2%）		
	幅度	$2V_{p-p}$（1±2%）		
示波管	类型	6in，矩形屏		
	后加速电压	约 2kV	约 15kV	
	有效显示面积	8×10div		

表 C-5　YB4320/40/60G 型系列双踪示波器的技术参数（5）

项目	数据 \ 型号	YB4320G	YB4340G	YB4360G
其余特性	整机尺寸（宽×高×深）/mm	310×150×440		
	重量	约 8kg		
	适应电源	220(1±10%)V，(50±2)Hz		
	额定功率	约 40W		
	工作环境	0~40℃，85%RH		
	贮存环境	−10~60℃，70%RH		

C.3 操作面板说明

1. 电源及示波器控制部分

（1）电源开关⑨。按钮按下示波器电源接通，按钮弹出电源关闭。

（2）电源指示灯⑧。示波器电源接通时，指示灯亮。

（3）辉度旋钮②。控制光点和扫描线的亮度，顺时针方向旋转旋钮，亮度增强。

（4）聚焦旋钮④。用辉度控制旋钮将亮度调至合适的标准，然后调节聚焦控制按钮直至光迹达到最清晰的程度。虽然调节亮度时，聚焦电路可自动调节，但聚焦有时也会轻微变化，如果出现这种情况，需重新调节聚焦旋钮。

（5）光迹旋钮⑤。由于磁场的作用，当光迹在水平方向轻微倾斜时，调节该旋钮使光迹与水平刻度平行。

（6）显示屏㊺。仪器的测量显示终端。

（7）延迟扫描辉度控制钮③。顺时针方向旋转此钮，增加延迟扫描 B 显示光迹亮度。

（8）校准信号输出端子①。提供 1(1±12%)kHz，$2V_{p-p}$(1±2%）方波作为本机 Y 轴、X 轴校准用。

2. 垂直方向部分

（1）通道 1 信号输入端⑬。该输入端用于垂直方向信号的输入，在 X-Y 方式时作为 X 轴信号输入端。

（2）通道 2 输入端⑰。与通道 1 一样，但在 X-Y 方式时，作为 Y 轴信号输入端。

交流-直流-接地（AC-DC-GND）⑪、⑫、⑯、⑱：输入信号与放大器连接方式选择开关。

1）交流（AC）：放大器输入端与信号连接由电容器来连接。

2）接地（GND）：输入信号与放大器断开，放大器的输入端接地。

3）直流（DC）：放大器输入与信号输入端直接耦合。

（3）衰减器开关⑩、⑮。用于选择垂直偏转系数，共 12 档。如果使用 10∶1 的探极，计算时将幅度×10。

（4）垂直微调旋钮⑭、⑲。垂直微调旋钮用于连续改变电压偏转系数。此旋钮在正常情况下应位于顺时针方向旋到底的位置。将旋钮逆时针旋到底，垂直方向的灵敏度下降到 2/5 以上。

（5）断续工作方式开关㊹。CH1，CH2 两个通道按断续方式工作，断续频率为 250kHz，适用于低扫速。

（6）垂直移位㊸、㊵。调节光迹在屏幕中的垂直位置。

（7）垂直方式工作开关㊷。选择垂直方向的工作方式。

1）通道 1 选择（CH1）：屏幕上仅显示 CH1 的信号。

2）通道 2 选择（CH2）：屏幕上仅显示 CH2 的信号。

3）双踪选择：屏幕上显示双踪，自动以交替或断续方式，同时显示 CH1 和 CH2 上的信号。

4）叠加（ADD）：显示 CH1 和 CH2 输入信号的代数和。

5）CH2 极性开关㊴：按此开关时 CH2 显示反相信号。

3. 水平方向部分

（1）主扫描时间系数选择开关⑳。共 20 档，在 0.1μs～0.5s/div 范围选择扫描速率。

（2）X-Y 控制按钮㉚。按下此按钮，垂直偏转信号接入 CH2 输入端，水平偏转信号接入 CH1 输入端。

（3）扫描非校准状态按钮㉑。按入此按钮，扫描时基进入非校准调节状态，此时调节扫描微调有效。

（4）扫描微调控制旋钮㉔。此旋钮以顺时针方向旋转到底时，处于校准位置，扫描由 Time/div 开关指示。此旋钮逆时针方向旋转到底，扫描减慢 2.5 倍以上。当按钮㉑未按入，旋钮㉔调节无效，即为校准状态。

（5）水平移位㉟。用于调节光迹在水平方向移动。顺时针方向旋转该旋钮向右移动光迹，逆时针方向旋转向左移动光迹。

（6）扩展控制按钮㊱。按下去时，扫描因数×5，扫描时间是 Time/div 开关指示数的 1/50。

（7）延迟扫描 B 时间系数选择开关㊲。分 12 档，在 0.1～500μs/div 范围内选择 B 扫描速率。

（8）水平工作方式选择㊶。主扫描 A，按入此按钮主扫描 A 单独工作，用于一般波形观察；A 加亮，选择主扫描 A 的某区段扩展为延迟扫描，可用此扫描方式，与主扫描 A 相对应的 B（被延迟扫描）区段以高亮度显示；被延迟扫描 B，单独显示被延迟扫描 B；B 触发，选择连续延迟扫描和触发延迟扫描。

（9）延迟时间调节旋钮㊳。调节延迟扫描对应于主扫描起始延迟多少时间启动延迟扫描，调节该旋钮，可使延迟扫描在主扫描全程任何时段启动延迟扫描。

（10）接地端子㉒。示波器外壳接地端。

4. 触发系统

（1）触发源选择开关㉙。通道 1 触发（CH1，X-Y），CH1 通道信号为触发信号，当工作方式在 X-Y 方式时，拨动开关应设置于此档；通道 2 触发（CH2），CH2 通道的输入信号是触发信号；电源触发，电源频率信号为触发信号；外触发，输入端的触发信号是外部信号，用于特殊信号的触发。

（2）交替触发㉗。在双踪交替显示时，触发信号来自于两个垂直通道，此方式可用于同时观察两路不相关信号。

（3）外触发输入插座㉖。用于外部触发信号的输入。

（4）触发电平旋钮㉝。用于调节被测信号在某选定电平触发，当旋钮转向“+”时显示波形的触发电平上升，反之触发电平下降。

（5）电平锁定㉜。无论信号如何变化，触发电平自动保持在最佳位置，不需要人工调节电平。

（6）释抑㉞。当信号波形复杂，用电平旋钮不能稳定触发时，可用“释抑”旋钮使波形稳定同步。

（7）触发极性旋钮㉕。触发极性选择。用于选择信号的上升沿和下降沿触发。

（8）触发方式选择㉛有以下几种：

1）自动：在“自动”扫描方式时，扫描电路自动进行扫描。在没有信号输入或输入信号没有被触发同步时，屏幕上仍然可以显示扫描基线。

2）常态：有触发信号才能扫描，否则屏幕上无扫描线显示。当输入信号的频率低于50Hz时，请用“常态”触发方式。

3）单次：当“自动”、“常态”两按钮同时弹出被设置于单次触发工作状态，当触发信号来到时，准备指示灯亮，单次扫描结束后指示灯熄灭，复位按钮按下后，电路又处于触发状态。

C.4 使用说明

在进行电压测量时，一般将垂直微调旋钮⑭或⑲置于“校准”位置上（顺时针旋到底），此时可以按衰减器开关⑩或⑮的指示值直接计算出被测信号的电压值。测信号频率时示波器探头用10∶1时输入电容小，用来观察高频或快速信号较好。

1. 直流电压的测量

将衰减器开关⑩或⑮旋到合适的档位（确定垂直偏转系数），如不知电压高低先多衰减一些，然后再根据情况选择合适的档位，将输入信号与放大器连接方式选择开关⑫或⑱按下，使放大器输入端接地，触发方式选择㉛置于“自动”。此时显示屏上将显示一条水平的扫描线，调节Y轴移位旋钮㊸或㊵，使扫描线落在便于观察的水平刻度线上，接入被测直流电压，将输入信号与放大器连接方式选择开关⑪或⑯按下。此时看到水平扫描线跳离原来的位置，如果向上跳说明被测的电压是正压，向下跳是负压。读出水平扫描线跳跃的距离H（格），则被测电压可由下式算出：

$$U=\text{垂直偏转系数}(\text{V/div})\times H(\text{div})$$

当被测电压经10∶1探头输入时，测得值应10。

2. 交流电压的测量

将衰减器开关⑩或⑮旋到合适的档位上，输入信号与放大器连接方式选择开关⑬或⑯弹出，从屏幕上读出交流电波形上峰点和下峰点之间的距离H（格），按测量直流电压的算法，即可算出被测交流电压的峰-峰值U_{p-p}。

3. 信号周期的测量

首先，把垂直微调旋钮⑭或⑲置于“校准”位置上（顺时针旋到底），这样可以由主扫描时间系数选择开关⑳的指示值直接计算出时基线上被测两点之间距离D（格）的时间间隔T为

$$T=t(\text{s/div})\times D(\text{div})$$

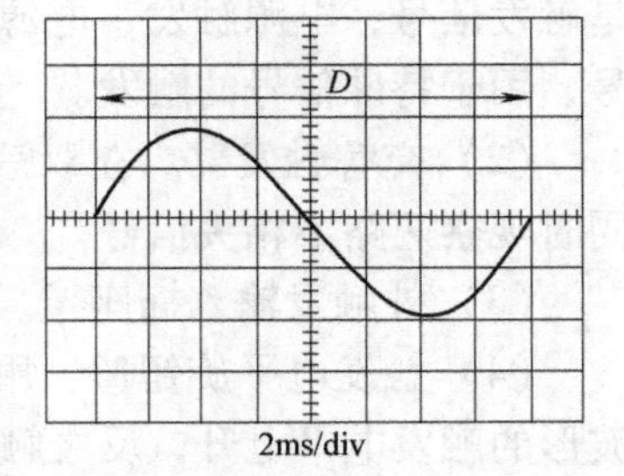

图C-2 信号周期的测量

【例1】 主扫描时间系数选择开关⑳置为2ms，垂直微调旋钮⑭或⑲置于“校准”位置上，显示波形如图C-2所示。由图C-2可得

$$T=2\text{ms/div}\times 8\text{div}=16\text{ms}$$

如果将扩展控制按钮㊱按下，相当于扫描速度加快5倍，其计算方法如下：

$$T=t(\text{s/div})\times D(\text{div})\times 1/5$$

4. 频率的测量

对于信号频率的测量，可以按前面测周期的公式先算出每一周期的时间。因为

$$f(\mathrm{Hz}) = \frac{1}{T(\mathrm{s})}$$

所以，可以求得所需的频率。

【例 2】 信号波形周期为 4div，主扫描时间系数选择开关⑳置为 1μs，垂直微调旋钮⑭或⑲置于“校准”位置上（见图 C-3）。

$$T = 1\mu\mathrm{s} \times 4 = 4\mu\mathrm{s}$$

$$f = \frac{1}{4 \times 10^{-6}}\mathrm{Hz} = 25 \times 10^{4}\mathrm{Hz}$$

5. 相位的测量

利用示波器的双踪功能，可以很方便地测出两个同频率信号之间的相位差。垂直方式工作开关㊷拨到双踪位置，两个信号由 CH1 和 CH2 输入端子输入，调节主扫描时间系数开关⑳和扫描微调旋钮㉔，以及水平位移旋钮㉟，使其中一个信号波形的周期在水平方向上为 9 格，如图 C-4 所示，这样屏幕上每一格的相位角为 40°，从屏幕上读出超前波形与滞后波形在水平轴的间隔 L(格)，按下式即可算出两个信号之间的相位差为

$$\theta(\text{相位差}) = L(\mathrm{div}) \times 40°/\mathrm{div} = 1.5\mathrm{div} \times 40°/\mathrm{div} = 60°$$

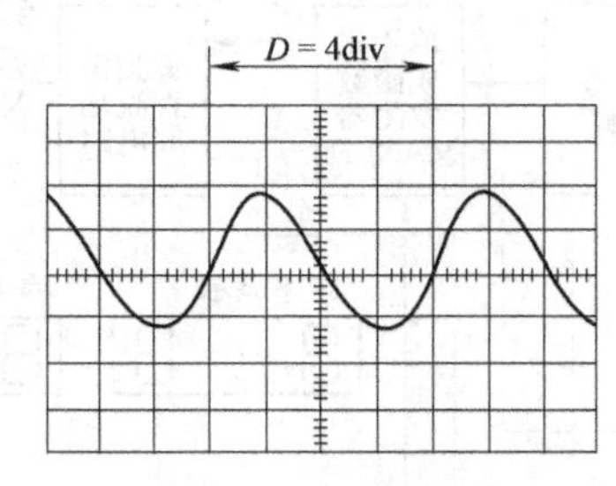

图 C-3　频率的测量

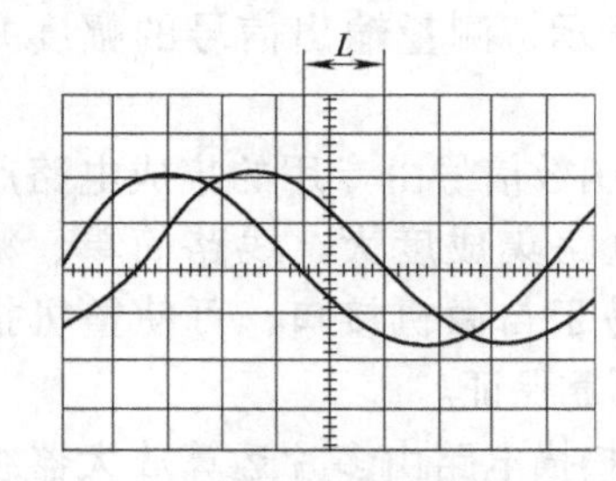

图 C-4　相位的测量

C.5　维护校正及注意事项

(1) 示波器在使用前，应检查供电电源电压是否符合规定值（220V ± 22V，50Hz ± 2.5Hz）。并至少通电预热 5min 之后再进行测量，以保证安全使用和测量的正确。

(2) 调节各旋钮开关时，其调节速度应缓慢进行，不要用力过猛以免损坏控制器件。

(3) 为了防止对示波器的损坏，不要使示波器的扫描线过亮或光点长时间停留在一个点上不动，显示光点的辉度也不宜过亮。

(4) 加到示波器或探极的输入电压不应超过最大允许电压。

(5) 定量观测数值时，应在屏幕的中心区域进行，以尽量减小测量误差。

(6) 示波器应避免在强磁场或电场环境中使用，以免测量受到磁场或电场的干扰。

附录 D　函数信号发生器/计数器

函数信号发生器是一种信号装置，又称函数发生器。在科研、生产测试和维修中需要信

号源时，可用它来提供不同频率、不同波形的电压、电流信号，并将其加到各种电子电路、部件和整机设备上，再用其他测量仪器观察其有关性能参数。

D.1 简述

本节介绍 EE1641B1 型函数信号发生器/计数器，它能产生正弦波、三角波、方波、锯齿波、脉冲波和扫频信号，频率范围为 0.2Hz~2MHz。由于该仪器还具有外部测频功能，所以定名为函数信号发生器/计数器。

该仪器输出信号幅度连续可调，函数输出信号的非对称性在 25%~75%内连续调节，函数输出信号的直流电平在-5~5V 内连续调节，有 3 位幅度显示和 4 位频率显示。另外具有 VCF 输入控制功能及 TTL/CMOS 与 OUTPUT 同步输出。频率计可作内部频率显示，也可外测频率，电压用 LED 显示。

EE1641B1 型函数信号发生器/计数器的原理框图如图 D-1 所示。它主要由两片单片机（CPU1，CPU2）及单片集成函数发生器、宽带直流功放电路、直流电源及数字显示屏组成。整机电路由两片单片机进行控制，其主要功能与工作原理如下：

1）控制函数发生器可产生的信号频率，控制输出信号的波形，测量输出信号的频率或测量外部输入信号的频率并显示，测量输出信号的幅度并显示。

2）函数信号由专用的集成电路产生，该电路集成度大、线路简单、精度高并易于与微机接口，可使整机指标得到可靠保证。

3）扫描电路由多片运算放大器组成，以满足扫描宽度、扫描速度的需要。选用宽带直流功放电路，以保证输出信号的带负载能力和输出信号的直流电平偏移，以上均由面板电位器调节控制。

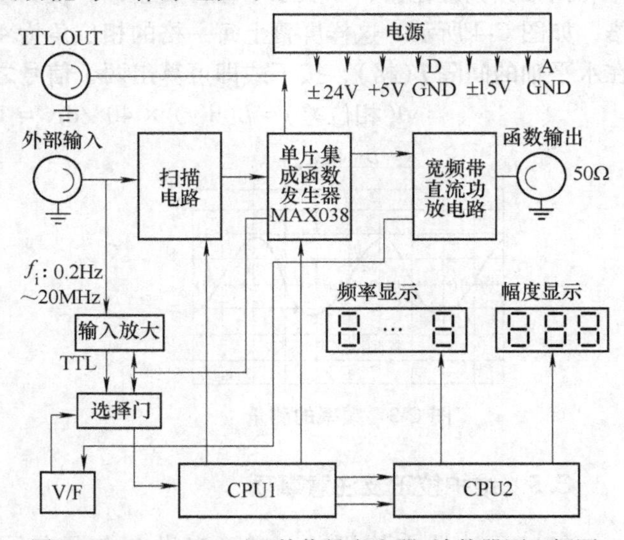

图 D-1 EE1641B1 型函数信号发生器/计数器原理框图

4）整机电源采用线性电路以保证输出波形的纯净性，具有过电压、过电流和过热保护。

5）函数信号发生器工作时，由 *U/I*（电压-电流）变换器产生里两个恒流源。恒流源对时基电容 *C* 进行充电和放电，电容的充电和放电使电容上的电压随时间分别呈线性上升和线性下降，因而在电容两端得到三角波电压。三角波电压经方波形成电路得到方波电压。三角波电压经正弦波形成电路得到正弦波电压，最后经过功率放大输出。

EE1641B1 型函数信号发生器/计数器的主要特点如下：

1）采用大规模单片集成精密函数发生器电路，使得该仪器具有很高的可靠性及优良的性能/价格比。

2）采用单片机电路进行周期频率测量和智能化管理，对于输出信号的频率及幅度，用户可以直观、准确地观测（特别是低频时也是如此），因此极大地方便了用户。

3）该机采用了精密电流源电路，使输出信号在整个频带内均具有相当高的精度，同时由于多种电流源的变换使用，使仪器不仅有正弦波、三角波、方波等基本波形，还有锯齿波、脉冲波等多种非对称波形输出，同时可对各种波形进行扫描。

4）整机电路采用大规模集成电路并进行优化设计，元器件降额使用，以保证仪器高可靠性，平均无故障时间高达数千小时以上。

D.2　面板标志及功能、使用说明

图 D-2 所示为 EE1641B1 型函数信号发生器/计数器的前面板图，面板上各器件、旋钮的标志及功能、使用说明如下。

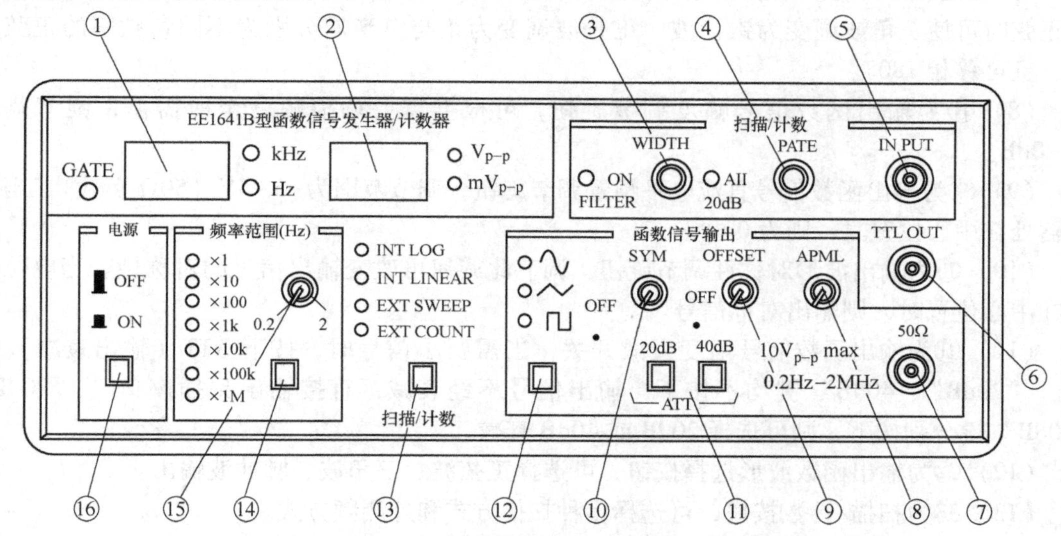

图 D-2　EE1641B1 型函数信号发生器/计数器前面板图

1. 前面板说明

（1）①为频率显示窗口，显示输出信号的频率或外测频信号的频率。

（2）②为幅度显示窗口，显示函数输出信号的幅度。

（3）③为扫描宽度调节旋钮，调节此电位器可以改变内扫描的时间长短。在外测频时，逆时针旋到底（绿灯亮），为外输入测量信号经过低通开关进入测量系统。

（4）④为扫描速率调节旋钮，调节此电位器可调节扫频输出的扫频范围。在外测频时，逆时针旋到底（绿灯亮），为外输入测量信号经过衰减 20dB 进入测量系统。

（5）⑤为外部输入插座，当扫描/计数按钮⑬功能选择在外扫描状态或外测频功能时，外扫描控制信号或外测频信号由此输入。

（6）⑥为 TTL 脉冲信号输出端，输出标准的 TTL 幅度脉冲信号，输出阻抗为 600Ω。

1）除信号电平为标准 TTL（晶体管-晶体管逻辑，Transistor-Transistor Logic）电平外，其重复频率、调控操作均与函数输出信号一致。

2）用测试电缆（终端不加 50Ω 匹配器）由⑥输出 TTL 脉冲信号。

（7）⑦为函数信号输出端，输出多种波形受控的函数信号，输出幅度 $20V_{p-p}$（1MΩ 负载），$10V_{p-p}$（50Ω 负载）。如用 50Ω 主函数信号输出，那么：

1）用终端连接 50Ω 匹配器的测试电缆，由前面板⑦输出函数信号。

2）由频率范围选择按钮⑭选定输出函数信号的频段，由频率微调旋钮调整输出信号频率，直到所需的工作频率值。

3）由输出函数波形选择按钮⑫选定输出函数的波形分别获得正弦波、三角波、脉冲波。

4）由输出函数信号幅度衰减开关⑪和输出函数信号幅度调节旋钮⑧来选定和调节输出信号的幅度。

5）由信号电平设定器⑨选定输出信号所携带的直流电平。

6）输出波形对称调节旋钮⑩可改变输出脉冲信号空度比。与此类似，输出波形为三角或正弦时可使三角波调变为锯齿波，正弦波调变为正与负半周分别为不同角频率的正弦波形，且可移相 180°。

（8）⑧为输出函数信号幅度调节旋钮，可根据需要调节幅度至所需值，调节范围为 20dB。

（9）⑨为输出函数信号直流电平预置调节旋钮，调节范围为-5～5V（50Ω 负载），当电位器处在中心位置时，则为 0 电平。

（10）⑩为输出波形对称性调节旋钮，调节此旋钮可改变输出信号的对称性。当电位器处在中心位置时，则输出对称信号。

（11）⑪为输出函数信号幅度衰减开关，当需要小信号时，按下 ATT（输出衰减）按钮。“20dB”“40dB”键均不按下，输出信号不经衰减，直接输出到插座口。“20dB”“40dB”键分别按下，则可选择 20dB 或 40dB 衰减。

（12）⑫为输出函数波形选择按钮，可选择正弦波、三角波、脉冲波输出。

（13）⑬为扫描/计数按钮，可选择多种扫描方式和外测频方式。

1）扫描/计数按钮⑬选定为“内扫描方式”。分别调节扫描宽度调节旋钮③和扫描速率调节旋钮④获得所需的扫描信号输出；函数输出端⑦、TTL 脉冲信号输出端⑥均输出相应的内扫描扫频信号。

2）扫描/计数按钮⑬选定为“外扫描方式”。由外部输入插座⑤输入相应的控制信号，即可得到相应的受控扫描信号。

3）扫描/计数按钮⑬选定为“外计数方式”。用本机提供的测试电缆，将函数信号引入外部输入插座⑤，观察显示频率应与“内”测量时相同。

（14）⑭为频率范围选择按钮，每按一次此按钮可改变输出频率的 1 个频段。

（15）⑮为频率微调旋钮，调节此旋钮可微调输出信号频率，调节基数范围为从0.2～2。

（16）⑯为整机电源开关，此按键按下时，机内电源接通，整机工作。此键释放为关掉整机电源。

2. 后面板说明

后面板示意图如图 D-3 所示。

电源插座。交流市电 220V 输入插座：该插座内置熔丝管座，熔丝容量为 0.5A。

测量、试验的准备工作：请先检查市电电压，确认市电电压在 220(1±10%)V 范围内，方可将电源线插头插入仪器后面板电源线插座内，供仪器随时开启工作。

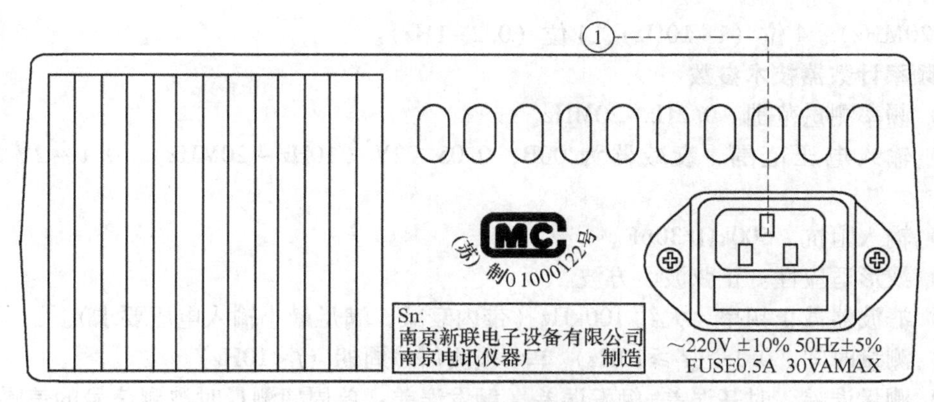

图 D-3　后面板示意图

D. 3　主要技术参数

1. 函数信号发生器技术参数

（1）输出频率。EE1641B1，0. 2Hz~2MHz 按十进制分类共分七档实行频率调节。

（2）输出信号阻抗。函数输出为 50Ω，TTL 信号同步输出阻抗为 600Ω。

（3）输出信号波形。函数输出为（对称或非对称输出）正弦波、三角波、方波，TTL 同步输出为脉冲波。

（4）输出信号幅度。函数输出为 $10V_{p-p}$（1±10%）（50Ω 负载），$20V_{p-p}$（1±10%）（1MΩ 负载）；TTL 脉冲信号输出为标准 TTL 幅度。

（5）函数输出信号直流电平。-5~5V，可调（50Ω 负载）。

（6）函数输出信号衰减。0dB/20dB/40dB，三档可调。

（7）输出信号类型。单频信号、扫频信号、调频信号（受外控）。

（8）函数输出非对称性调节范围。25%~75%。

（9）扫描方式。内扫描方式为线性/对数扫描方式，外扫描方式为由 VCF 输入信号决定。

（10）内扫描特性。扫描时间为 10~5000ms，扫描宽度为<1 倍频程。

（11）外扫描特性。输入阻抗约 100kΩ，输入信号幅度为 0~2V，输入信号周期为 10~5000ms。

（12）输出信号特征。正弦波失真度<2%，三角波线性度>90%，脉冲波上升、下降沿时间≤100ns，测试条件为 10kHz 频率输出、输出幅度 1V、信号直流电平为 0V、整机预热 10min、扫描计数为外计数功能（无外信号）、输入低通且衰减打开（灯亮）。

（13）输出信号频率稳定度。±0. 1%/min，测试条件为 100kHz 正弦波频率输出、输出幅度 $5V_{p-p}$、信号直流电平为 0V、环境温度 15~25℃、整机预热 30min。

（14）幅度显示。显示位数为 3 位（小数点自动定位），显示单位为 V_{p-p} 或 mV_{p-p}，显示误差为 V_O±20%（负载电阻为 50Ω），分辨率为 $0.1V_{p-p}$（衰减 0dB）、$10mV_{p-p}$（衰减 20dB）、$1mV_{p-p}$（衰减 40dB）。

（15）频率显示。显示范围为 0. 2Hz~20MHz。在用作信号源输出频率指示时，闸门指示灯不闪亮，显示位数 4 位（其中 500~999Hz 为 3 位）。在外测频时，显示有效位数为 5 位

(10Hz~20MHz)、4位(1~10Hz)、3位(0.2~1Hz)。

2. 频率计数器技术参数

(1) 频率测量范围。0.2Hz~20MHz。

(2) 输入电压范围。衰减器为0dB,0.05~2V(10Hz~20MHz)、0.1~2V(0.2~10Hz)。

(3) 输入阻抗。500kΩ/30pF。

(4) 波形适应性。正弦波、方波。

(5) 滤波器截止频率。大约100kHz(带内衰减,满足最小输入电压要求)。

(6) 测量时间。0.1s($f_i \geqslant 10Hz$) 单个被测信号周期($f_i < 10Hz$)。

(7) 测量误差。时基误差±触发误差(触发误差:单周期测量时被测信号的信噪声比优于40dB,则触发误差小于或等于0.3%)。

(8) 时基。标称频率为10MHz,频率稳定度为$\pm 5 \times 10^{-5}$。

D.4 维护校正

在使用仪器进行测试工作之前,可对其进行自校检查,以确定仪器工作正常与否。自校检查程序如图D-4所示。

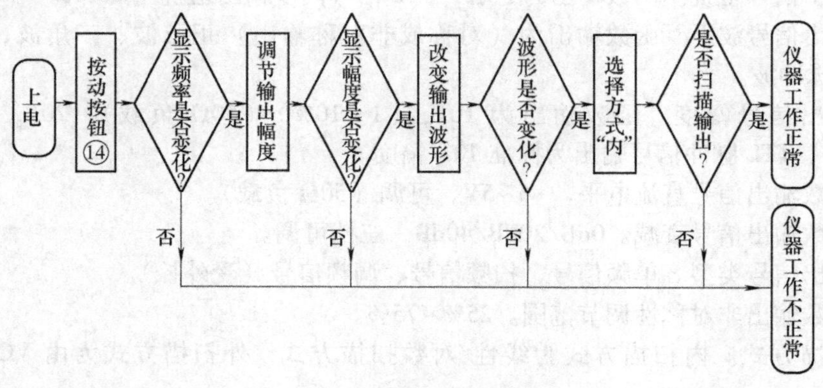

图D-4 自校检查程序

参 考 文 献

[1] 张大彪．电子技能与实训［M］. 北京：电子工业出版社，2007.
[2] 夏西泉．电子工艺实训教程［M］. 北京：机械工业出版社，2005.
[3] 王涛．电工电子工艺实习实验教程［M］. 济南：山东大学出版社．2006.
[4] 焦轴厚．电子工艺实习教程［M］. 哈尔滨：哈尔滨工业大学出版社，1992.
[5] 王卫平．电子工艺基础［M］. 北京：电子工业出版社，2003.
[6] 王天曦，李鸿儒，等．电子技术工艺基础［M］. 2 版．北京：清华大学出版社，2009.
[7] 肖俊武. 电工电子实训与设计［M］. 2 版. 北京：电子工业出版社，2009.
[8] 孟贵华．电子技术工艺基础［M］. 5 版．北京：电子工业出版社，2008.
[9] 沈长生．常用电子元器件使用一读通［M］. 北京：人民邮电出版社，2002.
[10]《无线电》杂志社. 无线电元器件精汇［M］. 2 版. 北京：人民邮电出版社，2005.
[11] 老虎工作室. 电路设计与制板 Protel 99SE 入门与提高［M］. 北京：人民邮电出版社，2007.
[12] 汤元信，等. 电子工艺及电子工程设计［M］. 北京：北京航空航天大学出版社. 1999.
[13] 郭永贞. 电子技术实验与课程设计指导［M］. 南京：东南大学出版社. 2004.
[14] 邱寄帆. Protel 99SE 印制电路板设计与仿真［M］. 北京：人民邮电出版社，2006.
[15] 黄河，鲍宏亚，等．Protel DXP 培训教程［M］. 北京：清华大学出版社，2004.